H3C 认证系列教程

云计算技术

详解与实践 第1卷

新华三技术有限公司 / 编著

清华大学出版社
北京

内 容 简 介

虚拟化作为云计算的核心技术之一,是多种云服务实现和交付的基础。本书详细讨论了云计算和虚拟化技术,包括虚拟化与云计算概述、云计算基础设施、虚拟化平台介绍、部署虚拟化平台、虚拟化平台基本功能、虚拟化平台高级功能、维护虚拟化平台、云平台介绍。本书的最大特点是理论与实践紧密结合,通过在 H3C 虚拟化平台上进行大量而翔实的实验,能够使读者更快、更直观地掌握云计算和虚拟化理论与动手技能。本书附有实验手册。

本书是 H3C 认证系列教程之一,是为对云计算和虚拟化技术感兴趣的人员编写。对于专业的科学研究人员与工程技术人员,本书是全面了解和掌握云计算和虚拟化知识的指南。而对于大中专院校计算机专业二年级以上的学生,本书是掌握云计算基本概念和前沿技术的教材。

图书在版编目(CIP)数据

云计算技术详解与实践. 第 1 卷/新华三技术有限公司编著. —北京:清华大学出版社,2023.7
H3C 认证系列教程
ISBN 978-7-302-63532-1

Ⅰ. ①云… Ⅱ. ①新… Ⅲ. ①云计算—教材 Ⅳ. ①TP393.027

中国国家版本馆 CIP 数据核字(2023)第 091363 号

责任编辑:田在儒
封面设计:李　丹
责任校对:刘　静
责任印制:丛怀宇

出版发行:清华大学出版社
　　　　网　　　址:http://www.tup.com.cn,http://www.wqbook.com
　　　　地　　　址:北京清华大学学研大厦 A 座　　邮　　编:100084
　　　　社 总 机:010-83470000　　邮　　购:010-62786544
　　　　投稿与读者服务:010-62776969,c-service@tup.tsinghua.edu.cn
　　　　质量反馈:010-62772015,zhiliang@tup.tsinghua.edu.cn
印 装 者:北京鑫海金澳胶印有限公司
经　　销:全国新华书店
开　　本:185mm×260mm　　印　张:26　　　　　　字　　数:620 千字
版　　次:2023 年 7 月第 1 版　　　　　　　　　　印　　次:2023 年 7 月第 1 次印刷
定　　价:88.00 元(附实验手册)

产品编号:097070-01

新华三人才研学中心认证培训开发委员会

顾　问　　于英涛　尤学军　毕首文
主　任　　李　涛
副主任　　徐　洋　刘小兵　陈国华　李劲松
　　　　　邹双根　解麟猛

认证培训编委会

陈　喆　曲文娟　张东亮　朱嗣子　吴　昊
金莹莹　陈洋飞　曹　珂　毕伟飞　胡金雷
王力新　尹溶芳　郁楚凡

本书编审人员

主　编　　尹溶芳　昝丽芬
参编人员　吴　谦　郭柏林　赵　阳　王　晨
　　　　　昀　日　唐周璇　蒋立明　吕喜庆
　　　　　孟小涛

版 权 声 明

H3C 认证系列教程

云计算技术详解与实践 第 1 卷

新华三技术有限公司 编著

2023 年 7 月印刷

H3C认证简介

        H3C 认证培训体系是中国第一家建立国际规范的完整的网络技术认证体系,H3C 认证是中国第一个走向国际市场的 IT 厂商认证。H3C 致力于行业的长期增长,通过培训实现知识转移,着力培养高业绩的缔造者。目前 H3C 在全国拥有 20 余家授权培训中心和 450 余家网络学院;已有 40 多个国家和地区的 25 万多人接受过培训,13 多万人获得各类认证证书。曾获得"十大影响力认证品牌""最具价值课程""高校网络技术教育杰出贡献奖""校企合作奖"等数项专业奖项。H3C 认证将秉承"专业务实,学以致用"的理念,快速响应客户需求的变化,提供丰富的标准化培训认证方案及定制化培训解决方案,帮助客户实现梦想、制胜未来。

        按照技术应用场合的不同,同时充分考虑客户不同层次的需求,H3C 公司为客户提供了从工程师到技术专家的三级数字化技术认证体系,更轻、更快、更专的数字化专题认证体系,以及注重 ICT 基础设施规划与设计的架构认证体系。

        H3C 认证将秉承"专业务实,学以致用"的理念,与各行各业建立更紧密的合作关系,认真研究各类客户不同层次的需求,不断完善认证体系,提升认证的含金量,使 H3C 认证能有效证明客户所具备的网络技术知识和实践技能,帮助客户在竞争激烈的职业生涯中保持强有力的竞争实力。

前 言

中国共产党第二十次全国代表大会报告指出："我们要坚持教育优先发展、科技自立自强、人才引领驱动，加快建设教育强国、科技强国、人才强国，坚持为党育人、为国育才，全面提高人才自主培养质量，着力造就拔尖创新人才，聚天下英才而用之。"

21世纪初以来，互联网经济高速增长，以互联网为代表的新一代信息技术日新月异，从而带来了新型IT人才需求量的不断增加，这对高校的专业建设及人才培养提出了严峻挑战，如何培养高素质的新型IT人才成为全国各类院校计算机网络相关专业面临的重要问题。

为助力高校推进人才培养模式改革，促进人才培养与产业需求紧密衔接，深化产教融合、校企合作，H3C依托自身处于业界前沿的技术积累及多年校企合作的成功经验，本着"专业务实，学以致用"的理念，联合高校教师将产业前沿技术、项目实践与高校的教学、科研相结合，共同推出适用于高校人才培养的"H3C认证系列教程"，本系列教程注重实践应用能力的培养，以满足国家对新型IT人才的迫切需求。

本系列教程涵盖云计算、网络安全、路由交换等技术方向，既可作为高校相关专业课程的教学用书，也可作为读者考取对应技术方向H3C认证的参考用书。

本书所关联的认证为H3CNE-Cloud（H3C certified network engineer for cloud，H3C认证云计算工程师）。读者学习后可具备H3CNE-Cloud的备考能力。

本书读者群大致分为以下几类。

- 本科、高职院校计算机类、电子信息类相关专业学生：本书可作为本科、高职院校计算机类、电子信息类相关专业学生的专业教材及参考书。

- 公司职员：本书能够用于公司进行网络技术的培训，帮助员工理解和熟悉各类网络应用，提升工作效率。

- IT技术爱好者：本书可以作为所有对IT技术感兴趣的爱好者学习IT技术的自学参考书籍。

本书的内容涵盖了云计算和虚拟化的基础知识以及搭建与维护虚拟化平台所需的知识和技能，内容由浅入深，并包括大量实践内容，对虚拟化相关特性精心设计了相关实验。这充分凸显了H3C认证课程的特点——专业务实、学以致用。凭借H3C强大的研发和生产能力，每项技术都有其对应的产品支撑，能够使学员更好地理解和掌握。本书课程经过精心设计，便于知识的连贯和理解，学员可以在较短的学时内完成全部内容的学习。书中所有内容都遵循国际标准，从而保证了良好的开放性和兼容性。

本书共包含两册，分别是教程和实验手册，教程的内容介绍如下。

第1章　虚拟化与云计算概述

本章分析了传统 IT 面临的困境,介绍了虚拟化和虚拟化的定义及产品,讲述了 H3C 云计算解决方案。

第2章　云计算基础设施

本章首先介绍了云计算服务器基础知识,其次介绍了云计算网络基础知识,最后介绍了云计算存储基础知识。

第3章　虚拟化平台介绍

本章介绍了服务器虚拟化实现原理及虚拟化架构,并介绍了主流虚拟化原理,即全虚拟化、半虚拟化、硬件辅助虚拟化,还介绍了 H3C CAS 虚拟化技术优势及典型组网。

第4章　部署虚拟化平台

本章主要对部署虚拟化平台前准备要求及规划进行了详细讲解,并介绍了 H3C CAS 虚拟化平台安装部署流程及操作方式。此外,本章也对虚拟机配置部署进行了简要的介绍。

第5章　虚拟化平台基本功能

本章首先对云资源进行介绍,然后分别对计算资源、网络资源、存储资源进行详细讲解,并对虚拟机基本功能做了详细介绍。

第6章　虚拟化平台高级功能

本章详细介绍了虚拟化特性,即高可靠特性、计算特性、网络特性及存储特性,还介绍了外设重定向技术及云迁移和容灾解决方案。

第7章　维护虚拟化平台

本章对虚拟化平台的日常维护工作及常见变更操作做了详细讲解,还介绍了虚拟化平台常用的维护命令。

第8章　云平台介绍

本章重点介绍 OpenStack 主要服务及运行机制,然后简单介绍了 H3C CloudOS 云平台的架构和功能。

实验手册的内容介绍如下。

实验1　部署云计算虚拟化平台

实验1对应教程第4章的内容,主要包括服务器配置、H3C CAS 虚拟化平台部署及双机热备搭建、License 申请。

实验2　部署云资源

实验2对应教程第5章的内容,主要包括主机池、集群、主机、虚拟机、共享文件系统的添加,虚拟机创建等实验。

实验3　虚拟机管理

实验3对应教程第6章的内容,主要包括虚拟机模板制作、虚拟机克隆、快照、备份、迁移和动态资源调度等实验。

实验4　维护管理

实验4对应教程第7章的内容,主要包括 CAS 平台及虚拟机日志收集、常见变更操作、版本升级等实验。

新华三人才研学中心

2023 年 3 月

目　录

第1章

虚拟化与云计算概述

云计算最早是由谷歌的 CEO 埃里克·施密特在 2006 年搜索引擎大会上提出的。一经提出，云计算即成为一个广受关注的名词。在 2009 年新兴技术展望图中，可以看到云计算处于快速发展阶段；2010 年不可忽视的十大关键技术中，云计算位居首位。许多 IT 厂商纷纷转型，发布云计算产品和解决方案，宣称自己是云计算的引领者和开拓者，但是真正可以落地的云计算解决方案少之又少。

近几年，随着云计算涉及的相关技术，如虚拟化、云平台逐渐成熟，网络带宽也得到大幅提升，逐渐出现了可落地的云计算解决方案，这其中就包含 H3C 发布的 H3Cloud 云计算解决方案。

本章首先介绍云计算产生的背景，其次对虚拟化、云计算基本概念进行介绍，最后介绍 H3Cloud 云计算解决方案相关产品。

1.1 本章目标

学习完本课程，可达成以下目标。

(1) 理解云计算、虚拟化的基本概念。

(2) 理解云计算的特征、服务和类型。

(3) 了解最常见的几种云计算应用。

(4) 了解 H3Cloud 云计算解决方案相关产品。

1.2 IT 的困境与机遇

1.2.1 面临挑战

IT 从诞生之日起，经历了两次技术浪潮，第一次技术浪潮是从大型机到 PC，IT 从稀缺资源逐渐变得普及，成为企业业务开展的辅助工具。第二次技术浪潮是从个人计算到联网计算，IT 逐渐成为企业业务的综合承载平台。IT 在企业业务中的角色越来越重要，同时企业 IT 服务也面临着越来越严峻的挑战，如图 1-1 所示。

从图 1-1 中可以看出企业 IT 服务主要面临如下挑战。

(1) 业务中断。企业 IT 运维人员最大的压力来自业务中断。例如订单服务器宕机导致市场无法下单，存储故障导致数据库数据无法访问。如何快速有效地恢复业务是对 IT 运维人员最严峻的考验。

(2) 新业务上线。企业经常会有新业务上线的需求，而新业务上线通常涉及业务需求分析、设备选型、硬件安装、软件部署、业务调试上线等。一个新业务上线周期很长，通常需要 2～3 个月的时间。

图 1-1　企业 IT 服务面临的挑战

（3）老业务扩容升级。企业业务的发展，通常会涉及业务系统硬件的扩容和软件的升级。如何实现软硬件平滑升级和扩容，是 IT 运维人员经常需要面对的问题。

（4）周边部门影响。业务上线或扩容通常还受到周边部门影响，例如采购询价、订单履行、供应商生产供货、物流运输，任何一个环节出现问题都可能导致业务无法及时上线。

1.2.2　困境原因

如图 1-2 所示，造成企业 IT 服务困境的主要原因包括以下几方面。

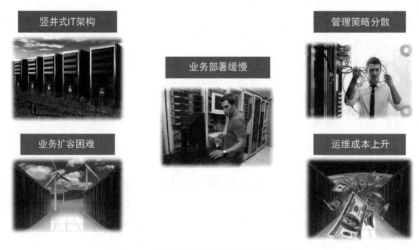

图 1-2　造成企业 IT 服务困境的原因

（1）竖井式 IT 架构。竖井式 IT 架构是指为每个业务构建独立的 IT 架构，包括计算、网络、存储等组件。随着业务扩展，逐渐增加相应组件，使得竖井越建越高，但各个业务之间的架构是独立的，无法共享底层资源，造成大量资源浪费。

（2）业务部署缓慢。新业务上线可能涉及不同的硬件、软件产品，从业务评估到软硬件部署，需要较长周期，通常一个业务上线需要 2～3 个月。

（3）管理策略分散。不同业务系统可能基于不同的软硬件架构，基于不同的管理平台，而平台之间通常没有接口,统一管理困难。

(4)业务扩容困难。硬件扩容通常涉及业务迁移、扩容、回迁;软件升级通常涉及数据备份、迁移、升级,还需制订可靠的回退措施,操作管理复杂。

(5)运维成本上升。竖井式IT架构需要各个厂家支持,需要配备多个专业的运维人员,随着业务持续增长,设备维保成本直线上升。

如何将企业IT转变为按需服务的、灵活的、能够支持企业业务发展的驱动力,在当今的竞争环境中显得尤为重要。

1.2.3 系统变革

为了满足企业业务快速发展的需求,IT系统应具备如下特点。

(1)资源灵活。根据不同业务系统需求,实现资源的按需供给、灵活回收。

(2)快速上线。缩短业务评估、采购、部署、调试周期,实现业务快速上线。

(3)数据可靠。通过复制、备份等功能,保障业务数据高可靠性。

(4)统一管理。IT系统统一管理,降低管理成本。

(5)高使用率。打破竖井式架构资源壁垒,实现资源共享,提升资源使用率。

(6)节约成本。简化部署、管理、维护,降低相应成本。

基于上述需求,IT迎来了第三次技术变革,这个变革就是基于物联网、云计算和大数据的新IT架构,如图1-3所示。

图1-3 新IT的深层次变革

新IT是由互联网思维催生的数据中心深层次变革。新IT通过云计算革新了业务运作模式,并通过大数据技术对业务数据进行深度挖掘,提供分析结果指引了企业业务新的发展方向。传统IT是企业运营辅助性工具,新IT与企业业务进行了深度融合,引领了企业业务发展,颠覆了传统商业逻辑,提升了传统商业逻辑效率。

新IT的核心价值在于基础设施平台化、运维管理集约化、业务交付服务化。

(1)基础设施平台化。通过虚拟化技术将硬件资源池化,实现底层资源共享,打破竖井式架构。

(2)运维管理集约化。基于新IT架构,可以实现统一、集中的运维管理,降低运营成本。

(3)业务交付服务化。基于新IT架构,可以实现以服务方式交付业务,新业务可以快速上线。

1.2.4　开启新 IT

新 IT 颠覆了传统竖井式 IT 架构,将硬件资源抽象池化,并按需为应用提供资源,其中核心技术即为虚拟化和云计算,如图 1-4 所示。

图 1-4　新 IT 基础架构

虚拟化和云计算是构建新 IT 基础架构的核心组件。通过虚拟化可以将计算、存储、网络等硬件资源形成资源池,通过云计算可以将池化的资源按需提供给最终用户,实现资源的弹性供给,提升资源使用率,降低系统维护管理成本。

1.3　虚拟化概述

1.3.1　虚拟化的定义

造成 IT 困境的最主要因素在于竖井式 IT 架构,所以解决 IT 困境首先需要打破竖井式架构,将资源池化,并按需提供给应用,这就需要用到虚拟化技术。

虚拟化使用软件定义的方式重新划分 IT 资源,可以实现 IT 资源的动态分配、灵活调度、跨域共享,提高 IT 资源利用率,使 IT 资源能够真正成为社会基础设施,服务于各行各业中灵活多变的应用需求。

虚拟化具有如下三个特点。

(1) 虚拟化的对象是各种各样的资源,例如计算、存储、网络等 IT 资源。

(2) 经过虚拟化后的逻辑资源对用户隐藏了不必要的细节,例如使用虚拟机的用户既不需要了解虚拟机的 CPU 和内存是通过硬件模拟还是软件模拟的,也不需要了解存储资源是来自本地存储还是网络存储,阵列使用 RAID 1 还是 RAID 5 等类似细节。

(3) 虚拟化环境可以实现真实环境部分或全部功能,例如用户使用一台安装 CentOS 的虚拟机,在该虚拟机上既可以部署 Web Server,也可以部署数据库,功能与性能都和部署在一台物理主机上没有差异。

综上所述,虚拟化可为用户带来如下价值。

1. 简化资源管理

(1) 高可靠性:虚拟化的 HA 能力保障业务连续运行。

（2）高效性利用：资源复用与自动调度保障资源的高效利用。

（3）敏捷性：快速响应业务需求，灵活的弹性调度策略，自适应业务突发访问流量。

（4）可扩展性：打破传统的竖井架构，易于资源的横向和纵向扩展。

2. 节约运维成本

（1）硬件成本节约：服务器虚拟化技术最直观的体现。

（2）软件成本节约：降低软件授权费用，如 Windows Server 数据中心版按物理 CPU 授权。

（3）电力成本节约：虚拟化整合及智能电源管理特性最多能节约 90% 的电力成本。

（4）管理成本节约：更少的维护设备、集中的维护平台、更少的维护人力。

1.3.2　虚拟化的形式

虚拟化的形式分为 $N:1$ 和 $1:N$ 两类。

（1）$N:1$ 虚拟化是指将多个物理资源虚拟化为一个逻辑资源。常见的 $N:1$ 虚拟化形式有服务器集群、IRF(intelligent resilient framework，智能弹性架构)和存储集群。通过 $N:1$ 虚拟化可以将多个物理设备虚拟为一台逻辑设备，可以扩展计算能力、交换能力以及存储容量，并提供设备级可靠性，如图 1-5 所示。

图 1-5　$N:1$ 虚拟化形式

（2）$1:N$ 虚拟化是指将一个物理资源虚拟化为多个逻辑资源。常见的 $1:N$ 虚拟化形式有服务器虚拟化、MDC(multitenant device context，多租户设备环境)和存储设备虚拟化。通过 $1:N$ 虚拟化可以将一个物理设备虚拟化为多台虚拟设备，具有物理资源复用、逻辑资源隔离、弹性等优点，如图 1-6 所示。

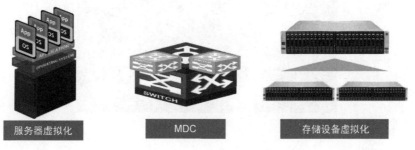

图 1-6　$1:N$ 虚拟化形式

1.3.3　虚拟化的类型

虚拟化是一个广义的概念，IT 环境中的资源几乎都可以被虚拟化，除常见的计算、网络、存储之外，还包括桌面、应用等，如图 1-7 所示。

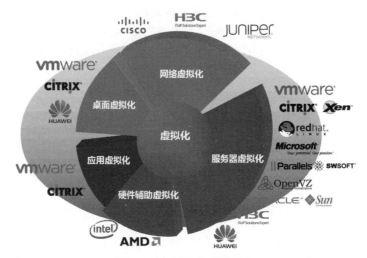

图 1-7　包罗万象的虚拟化

下文重点介绍服务器虚拟化、网络虚拟化和存储虚拟化。

1. 服务器虚拟化

服务器虚拟化是指将服务器物理资源抽象成逻辑资源,在一台物理服务器上创建并运行几台甚至上百台相互隔离的虚拟服务器。CPU、内存、磁盘、网卡等硬件变成可以动态管理的"资源池",资源不再受物理上的限制,从而提高资源的利用率,简化系统管理,实现服务器整合,让 IT 对业务的变化更具适应性,如图 1-8 所示。

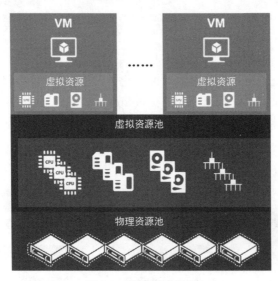

图 1-8　服务器虚拟化

2. 网络虚拟化

网络虚拟化不是一个很新的概念,例如 VLAN、VPN、VRF、VPLS 都属于网络虚拟化,而从设备虚拟化层面,网络虚拟化主要包括 $N:1$ 形式的 IRF 和 $1:N$ 形式的 MDC,如图 1-9 所示。

(1) IRF 将多台交换设备互相连接起来形成一个"联合设备",用户可以将该"联合设备"视为一台单一设备进行管理和使用。这样既可以通过增加设备来扩展端口数量和交换能力,同时也通过多台设备之间的互相备份增强了设备的可靠性。

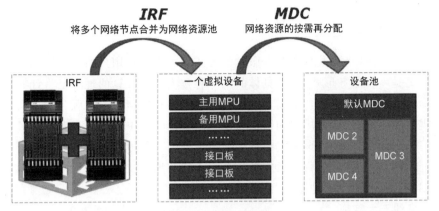

图 1-9　网络虚拟化

（2）MDC 将一台物理网络设备通过软件虚拟化形成多台逻辑网络设备，不仅可以将板卡、端口等硬件资源划分到独立的逻辑设备，而且可配置每个逻辑设备的 CPU 权重、内存、存储空间等资源。MDC 技术具备了复用、隔离以及高伸缩性的优点。

3．存储虚拟化

存储的虚拟化可以分为基于主机的存储虚拟化、基于存储设备的存储虚拟化和基于网络的存储虚拟化，如图 1-10 所示。

（1）基于主机的存储虚拟化通常称为分布式存储，是指通过将服务器主机的本地存储资源虚拟化为资源池，为服务器应用提供存储空间。在此应用场景中，服务器不再需要外接独立的存储设备。

（2）基于存储设备的存储虚拟化主要有 $N:1$ 形式的存储集群和 $1:N$ 形式的虚拟域。存储集群通过 scale-out 的方式，将多台存储虚拟为一台存储，从而扩展存储容量并提供设备级可靠性。虚拟域是一款虚拟机软件，也称为虚拟专用阵列，可为不同的应用和用户群提供安全的访问和强大的存储服务。所有用户只能访问经过授权的虚拟域，可以独立管理和监控自己的存储资源，为用户之间提供安全隔离。

（3）基于网络的存储虚拟化是指将存储 SCSI 命令和数据封装在 IP 或 FC 网络中传输，服务器通过网络挂载相应的存储资源，就如同通过 DAS 方式挂载了本地存储。但相比 SCSI 本地存储，基于网络的存储虚拟化可以挂载更多的磁盘，可以支持更远距离，可以提升存储资源的使用率。

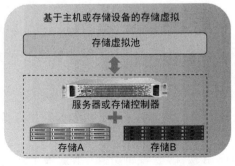
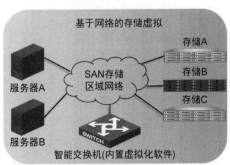

图 1-10　存储虚拟化

1.4　云计算概述

1.4.1　云计算定义

云计算是指通过网络将共享资源以服务的方式按需提供给用户的一种计算方式。严格意义上讲,云计算是一种服务形式,而非具体的某一种技术。云计算的理念是将计算、存储、网络资源池化,形成共享资源,由用户根据业务需求通过网络自助申请。云服务提供商根据用户的请求,按需提供相应的资源,使用户如同消费水和电一样使用 IT 资源。

云计算是一种服务模式。该模式允许用户通过网络方便地获取和释放共享资源池中的资源(如网络、服务器、存储、应用程序及服务等),而无须与服务提供商进行复杂的沟通和交互。

云计算具有五大特征、三种服务、四种模型。

1. 云计算的五大特征

云计算具有如下五大特征。

(1) 资源池化。通过虚拟化技术将物理资源形成资源池,使得应用和硬件平台解耦合,可以方便实现应用的扩展、迁移、备份等功能。资源池化是云计算可以弹性提供资源服务的前提条件。

(2) 灵活调度。云计算可快速和弹性地向用户提供和回收资源。从用户角度看,可以在任何时间以任何量化方式购买资源。例如用户部署 Web Server 初期申请了双路双核 CPU、16GB 内存和 500GB 硬盘的一台虚拟机。随着业务的增加可以随时申请对虚拟机的资源进行扩容或申请新的虚拟机,而随着业务的回落也可以随时释放多余的资源。这种弹性的资源申请及回收可以手工申请,也可以通过动态资源扩展技术自动实现。

(3) 自助服务。用户无须同服务提供商交互就可以自助获取到相应资源,如计算能力、网络带宽和存储空间。

(4) 网络分发。用户不需要部署复杂软硬件基础设施和应用软件,直接通过互联网或企业内部网访问即可获取云中的资源。

(5) 服务可衡量。云服务系统可以根据服务类型提供相应的计量方式,如根据用户使用云资源的时间长短和资源的多少进行服务收费。资源的使用可被监测、控制以及对供应商和用户提供透明的报告。

2. 云计算的三种服务

云计算根据所提供的服务类型,通常可以分为 IaaS(infrastructure as a service,基础设施即服务)、PaaS(platform as a service,平台即服务)和 SaaS(software as a service,软件即服务)三种服务,如图 1-11 所示。

(1) IaaS 是指云计算服务商提供的服务为 IT 基础设施,包括云主机、云存储、云网络、云安全等资源。用户无须购买服务器、网络设备和存储设备,只需通过向云服务商自助申请相应资源即可。IaaS 服务对应的用户通常为企业 IT 管理人员。

(2) PaaS 是指云计算服务商提供的服务为软件开发平台,方便用户在客户端开发及测试应用程序。在这种服务下,用户只需集中精力进行应用软件开发,而不需考虑系统资源的管理。PaaS 服务对应的用户通常是应用的开发者。

(3) SaaS 是指云计算服务商提供的服务为应用软件,软件的升级、维护等工作完全由SaaS 提供商在云端完成。SaaS 提供商只向用户收取软件的使用或者租赁费用而不是将软件出售给用户。SaaS 服务对应的用户是应用软件使用的最终用户。

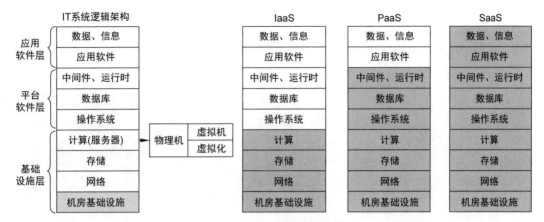

图 1-11 云计算的三种服务

无论是 IaaS、PaaS 还是 SaaS,其核心概念都是为用户提供按需服务。严格意义上讲,IT 环境中所有资源均可以以服务的形式提供给用户使用。从提供设备到提供服务的转变,是 IT 未来发展的趋势。

3. 云计算的四种模型

云计算有四种模型,即公有云、私有云、混合云和行业云,每一种云都具备独特的功能,可以满足不同用户的要求,如图 1-12 所示。

图 1-12 云计算的四种模式

(1)公有云。在公有云模式下,应用程序、资源、存储和其他服务,都由云服务供应商来提供给用户,用户按使用量来付费,这种模式只能使用互联网来访问和使用。公有云通常提供的是标准化的云服务产品,定制化能力较差。

(2)私有云。企业构建私有云计算平台为企业自身业务提供服务。私有云为企业量身定制,可以提供灵活的云服务产品,并且安全性可以得到保障。

(3)混合云。企业出于安全性考虑通常会将业务及数据存放在私有云中,但是随着企业业务的增长,企业私有云规模逐渐增大,将会面临竖井式架构的问题。这种情况下混合云被越来越多地采用。混合云指企业将重要业务运行在私有云,而将非关键业务运行在公有云,将私有云和公有云进行混合使用,获得最佳的应用效果。

(4)行业云。这种模式是建立在一个特定行业用户中,例如政府、医疗、教育,行业用户共享一套基础设施,并可以登录云中获取信息和使用应用程序。行业云具有行业特色、资源高效共享、行业用户高度参与等特点。

1.4.2 OpenStack 概述

1. 云计算与 OpenStack

计算架构的变迁如图 1-13 所示。

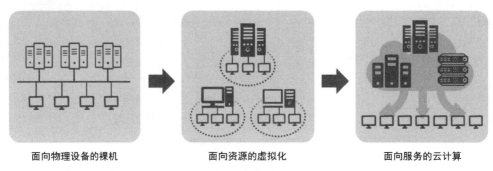

| 面向物理设备的裸机 | 面向资源的虚拟化 | 面向服务的云计算 |

图 1-13　计算架构的变迁

（1）物理机架构。应用部署和运行在物理机上，例如企业内部部署 OA 系统，会直接在物理机上部署 Web 服务、应用服务和数据库服务。在物理机架构下，通常一套应用会独占一套服务器（物理机），而随着硬件发展，物理机性能越来越强，这就会导致系统资源利用率很低。

（2）虚拟化架构。随着物理机的性能越来越强，会出现虚拟化技术，来提高资源利用率。即在物理机上运行若干虚拟机，应用直接部署到虚拟机上，提高单台物理机的资源利用率。

（3）云计算架构。随着虚拟化技术的广泛应用，IT 环境中物理机及其上虚拟机规模越来越大，出现了虚拟机管理灵活性和效率方面的问题。通过云计算架构，可以实现按需供给，对 IT 环境中的虚拟机进行统一和高效的管理。

OpenStack 是一个开源的云计算平台（简称云平台），在云计算架构中，OpenStack 是 IaaS 层服务的一种架构如图 1-14 所示。在 IaaS 层服务的标准功能基础上，还通过额外的组件提供了编排、故障管理、服务管理等功能，旨在为公有云及私有云的建设与管理提供软件，帮助企业实现类似亚马逊 EC2 和 S3 的云基础架构服务。

2. 主流云计算平台

当前主流的开源云平台包括 OpenStack、CloudStack、OpenNebula、Eucalyptus 等，从关注度、厂商参与度、开源社区活跃度等方面综合来看，OpenStack 表现最为突出，已成为云平台事实上的标准，如图 1-15 所示。

OpenStack 架构及其演变版本目前被广泛应用在各行各业，包括自建私有云、公有云、租赁私有云及公私混合云。基于 OpenStack 架构进行云平台产品开发的厂商包括思科、英特尔、IBM、华为、H3C 等。

3. OpenStack 版本

OpenStack 每半年发行一个新版本，不同于其他软件的版本号采用数字编码，OpenStack 采用一个单词来描述不同的版本，其中单词首字母指明版本的新旧。例如版本 Newton 就比 Mitaka 要新，同时"N"在 26 个字母中排行第 14，所以称第 14 版本。

H3C CloudOS 目前已切换到 Pike 版本的 OpenStack 架构，如图 1-16 所示。

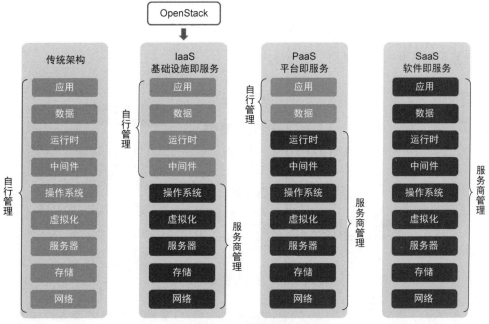

图 1-14 分层介绍

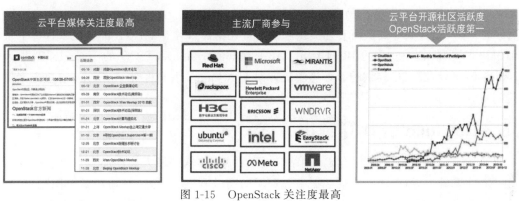

图 1-15 OpenStack 关注度最高

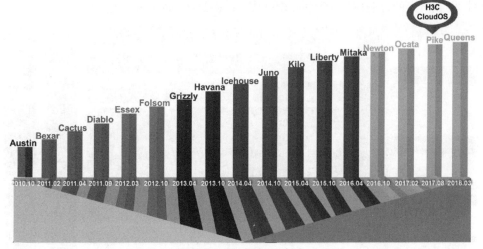

图 1-16 OpenStack 版本

1.4.3　云计算产品及方案

云计算可以从狭义和广义两方面理解,如图 1-17 所示。

图 1-17　云计算产品及方案

云计算从狭义理解是一种服务,按照云计算模式划分,常见的 IaaS 云服务产品有亚马逊提供的 EC2 和 S3;常见的 PaaS 云服产品有 Google 提供的 App Engine 和 Microsoft 提供的 Azure;常见的 SaaS 云服务产品有 Salesforce 提供的 CRM。

从广义上看,云服务提供商对外提供服务需首先构建云计算平台,业界构建云计算平台的主流解决方案有 IBM 公司的 BlueCloud、HP 的 CloudSystem、CISCO 的 Intercloud、华为的 FusionSphere 以及 H3C 提供的云计算解决方案 H3Cloud。下文将对 H3Cloud 解决方案及产品进行详细介绍。

1.5　H3Cloud 云计算解决方案

H3Cloud 云计算解决方案涵盖了网络、计算、存储、云软件四大类产品。在以太网和云计算相关技术基础上,帮助用户实现数据中心资源的高效利用、虚拟化环境下的云网融合、自助式云服务和基于混合云理念的资源动态扩展等功能,此外,H3Cloud 云计算解决方案还为不同用户提供了丰富的行业应用选择并为用户提供"一站式"的交付体验,如图 1-18 所示。

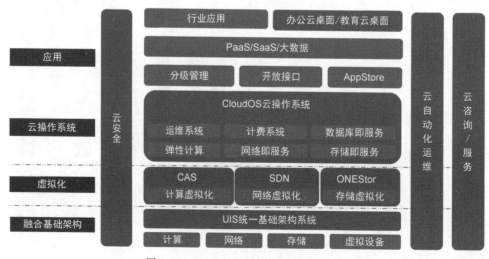

图 1-18　H3Cloud 云计算整体解决方案

（1）从纵向看，底层基于 UIS 融合基础架构，包含融合计算、融合网络、融合存储以及融合的虚拟设备。通过 CAS 虚拟化管理平台，将 UIS 融合资源虚拟化，包括计算虚拟化、网络虚拟化和存储虚拟化，并对虚拟化后的资源池进行管理。CloudOS 作为全栈式云平台，将虚拟化后的资源按需提供给最终用户使用，并提供计算、运维等服务。CloudOS 还可以通过 REST API 接口与第三方平台及应用互通，满足用户定制化需求。

（2）从横向看，通过云安全为 CloudOS 及应用提供安全保障；通过自动化运维工具，方便 IT 运维人员对云平台进行综合管理；H3Cloud 云计算解决方案还提供了云咨询和一系列专业服务为用户业务上线提供全方位技术支持。

1.5.1 CAS 服务器虚拟化产品

1. 产品简介

H3C CAS 服务器虚拟化管理平台是 H3C 公司面向企业和行业数据中心推出的虚拟化和云计算管理软件，是业界领先的虚拟化解决方案，帮助客户实现以下价值，从而提升数据中心基础设施的效率。

（1）帮助客户提升基础设施的资源利用率。常规的资源利用率偏低，一般小于 30％。

（2）帮助客户成倍缩短业务上线周期。常规的业务上线周期长，一般情况下硬件、软件、业务部署将耗费数周时间。

（3）帮助客户成倍降低数据中心能耗。常规的服务器在独占部署模式下，即使在资源利用率低的时候，服务器也需要正常运行，服务器能耗高。

（4）帮助客户实现快速业务恢复，从而降低数据中心的成本。在常规的部署模式下，故障恢复时间长，服务器应用独立维护，缺乏统一维护。一旦物理服务器出现故障，需要更换硬件，重新部署软件和应用耗时较长。

从 2009 年开始到 2023 年，CAS 服务器虚拟化产品已经走过了 10 多个研发技术积累阶段，10 多年的商用实践，CAS 从原来的 CAS 1.0 版本到了现在的 CAS 7.0 版本，从原来的一个小众产品，发展至服务超过 10000 名重要客户的产品。CAS 服务于政府、企业、教育、医疗等行业，包括全国 15 个国家部委级政务云、23 个省级政务云（如四川省政务云）、20 所双一流大学（如清华大学）等，为全行业客户提供稳定高效的虚拟化平台。在中国电信集采项目中，CAS 以性能测试第一名、总体技术分排名国产厂商第一名的优势入围。CAS 在国内的虚拟化品牌的市场份额中占据第一名。

2. 产品架构

CAS 服务器虚拟化产品通过在服务器上部署虚拟化软件，将硬件资源虚拟化，从而使一台物理服务器可以承担多台服务器的工作。通过精简数据中心服务器的数量，整合数据中心 IT 基础设施资源，精简 IT 操作，提高管理效率，达到提高物理资源利用率和降低整体成本的目的。同时，利用先进的云管理理念，建立安全的、可审核的数据中心环境，为业务部门提供成本更低、服务水平更高的基础架构，从而能够针对业务部门的需求做出快速的响应。

H3C CAS 服务器虚拟化管理平台由三个组件构成，如图 1-19 所示。

（1）CVK（cloud virtualization kernel，虚拟化内核系统）是指运行在基础设施层和上层客户操作系统之间的虚拟化内核软件。针对上层客户操作系统对底层硬件资源的访问，CVK 用于屏蔽底层异构硬件之间的差异性，消除上层客户操作系统对硬件设备以及驱动的依赖，同时增强了虚拟化运行环境中的硬件兼容性、高可靠性、高可用性、可扩展性、性能优化等功能。

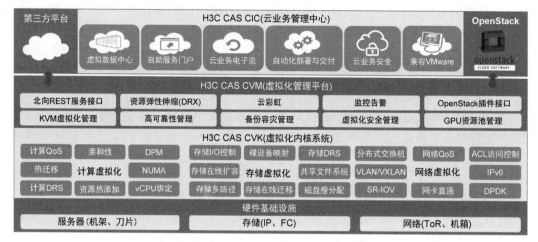

图 1-19　CAS 服务器虚拟化产品架构

（2）CVM（cloud virtualization manager，虚拟化管理平台）主要实现对数据中心内的计算、网络和存储等硬件资源的软件虚拟化管理，对上层应用提供自动化服务。其业务范围包括虚拟计算、虚拟网络、虚拟存储、高可用性（HA）、资源动态调度（DRS）、资源弹性伸缩（dynamic resource extension，DRX）、GPU（graphical processing unit，图形处理器）资源池管理、虚拟机备份与恢复服务、KVM 虚拟化管理、vSwitch 管理、高可靠性管理、虚拟化安全管理、日志审计接口等。同时，虚拟化管理平台提供开放的北向 REST 服务接口和兼容 OpenStack 的插件接口，分别实现与第三方云管理平台和标准的 OpenStack 云平台（包括 Havana、Juno、Kilo、Liberty、Mitaka 等版本）的对接，屏蔽底层复杂和异构的虚拟化基础架构。

（3）CIC（cloud intelligence center，云业务管理中心）由一系列云基础业务模块组成，通过将基础架构资源（包括计算、存储和网络）及其相关策略整合成虚拟数据中心资源池，并允许用户按需消费这些资源，从而构建安全的多租户混合云。其业务范围包括组织（虚拟数据中心）、多租户数据和云业务安全、云业务工作流、云安全工作流、自助式服务门户、兼容 VMware 虚拟化管理平台等。

3. 产品优势

H3C CAS 服务器虚拟化产品基于开源 KVM 内核虚拟化技术开发，累计在开源基础上新开发了超过 209 万行软件代码，如图 1-20 所示。在开源 KVM 的基础上进行了内核的性能与稳定性深度优化、电信级网络高性能转发增强、电信级虚拟机高可靠性增强、虚拟化内核安全与管理加固，并结合 H3C 公司深厚的网络技术与经验积累，在云网融合方面提供了叠加网络解决方案以及独创的云彩虹、DRX、GPU 资源池等创新方案，致力于为客户提供稳定、安全、易用、开放和高性能的虚拟化管理产品与解决方案。

CAS 服务器虚拟化产品具有如下技术优势。

（1）虚拟资源管理：完备的虚拟机生命周期管理；应用按需分配资源的能力；共享存储管理能力；RBD 网络存储；虚拟网络管理；智能资源调度；完善的权限管理；虚拟化安全功能；运维监控管理功能。

（2）自动化管理能力：标准组件的发放及使用；自动化管理功能。

（3）运维管理功能：便捷的一键系列；系统资源统计信息；虚拟化拓扑。

（4）系统资源监控：大屏监控展示；自定义监控页面；性能监测；告警管理。

图 1-20　CAS 基于开源 KVM 的优化与创新

（5）虚拟化云业务管理：动态资源扩展（DRX）；云彩虹；容灾管理；与第三方配合的杀毒方案和备份方案；异构/同构平台业务迁移方案。

（6）开放性且安全可靠：开放的 SOA（service oriented architecture，面向服务的架构）；提供 Havana、Juno、Kilo 等版本的 OpenStack Plugin 接口；支持业界通用的设备；提供全方位的安全体系，包括数据安全、管理安全、安全审计、安全监控等。

1.5.2　ONEStor 分布式融合存储

1. 产品简介

随着存储容量的增长，传统存储设备对性能和稳定性的要求越来越高，其自身的缺陷也逐渐暴露出来。传统存储为 scale-up 扩展方式，当存储容量或系统性能不够时，只能简单在同一机柜内添加硬盘或添加新的扩展柜。由于受到硬件信号传输距离限制，其扩展能力非常有限。分布式架构可以线性地扩展系统的容量及性能，并有效地解决传统和集中式存储的各种限制和问题，其数据可以自动均衡地分布在各个存储节点上，元数据也可以分别存储在不同的元数据节点，同时提供良好的数据一致性保证。

分布式存储消除了集中网关，允许客户端直接和 OSD 守护进程通信。OSD 守护进程自动在其他分布式存储节点上创建对象副本来确保数据安全和高可用性；为保证高可用性，监视器也实现了集群化。为消除中心节点，分布式存储使用了 CRUSH（controlled replication under scalable hashing，可扩展哈希下的受控复制）算法，不再需要查询中心式元数据表，将计算压力下发，提升整体存储性能。

传统存储类似绿皮火车，动力单元完全由机头提供，如图 1-21 所示。一列火车的机头数量有限，无法很好地做到线性扩展。一般情况下，传统存储的机头有 2 个、4 个、8 个、16 个，拥有 8 个以上机头的传统存储价格都非常昂贵，附带的运维成本巨大。如果一开始就购买 8 个控制器，成本将会非常巨大。但一开始购买 2 个控制器，后期又无法扩展成 8 个控制器。

不同于传统存储的绿皮火车，分布式架构的融合存储可以提供线性的扩展能力，性能随节点的增加而大幅增加，每一个分布式存储节点都为上层业务提供动力和负载，如图 1-22 所示。

H3C ONEStor 是一款 H3C 公司面向云计算、大数据场景为主的分布式存储软件产品。ONEStor 基于 SDS 架构，部署在通用硬件上，构建分布式存储池，实现向上层应用提供分布式

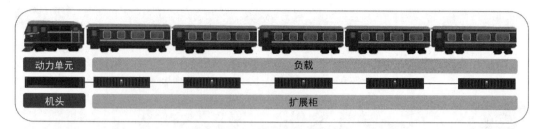

图 1-21 传统存储架构

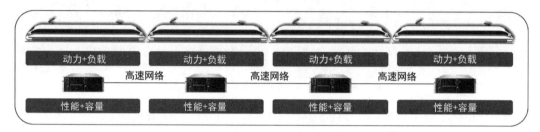

图 1-22 分布式存储架构

块存储、分布式对象存储、分布式文件存储和大数据服务四种存储服务,每种存储服务均可提供丰富的业务功能和增值特性。ONEStor 支持根据业务需要灵活购买和部署一种或同时部署多种存储服务,帮助企业轻松应对业务快速变化时的数据灵活、高效存取需求,构建私有云存储服务。此外,ONEStor 提供标准协议的开放 API,支持融入 H3Cloud 云管理平台以及标准 OpenStack 云基础架构。

H3C ONEStor 系统由分布式存储软件(包括存储集群软件和存储集群管理软件)和 x86 服务器构成,x86 服务器可以选择 H3C 自研服务器或者通过兼容性验证的服务器。ONEStor 在政府、运营商、教育、企业、金融和医疗行业都有广泛的应用场景。

(1) 政府:政务云、视频监控、备份归档等。

(2) 运营商:私有云、IPTV、票据归档等。

(3) 金融:开发测试、票据影像、备份归档等。

(4) 教育:智慧校园、HPC、校园网盘等。

(5) 医疗:HIS 系统、PACS 医疗云、AI 医疗等。

(6) 企业:VDI、文件共享、大数据分析等。

2. 产品架构

ONEStor 存储软件采用全分布式的架构,由硬件层、存储操作系统、分布式管理集群、基础服务、增值服务等模块组成。这种架构为存储系统的可靠性、可用性、自动运维、高性能等方面提供了有力保证,如图 1-23 所示。

3. 产品优势

相比于 TESS 集中式存储的 scale-up 扩展,ONEStor 采用 SDS 分布式存储架构,支持 scale-out 扩展,具体如图 1-24 所示。

ONEStor 基于 SDS 架构具有如下优势。

(1) 完善的可靠性。ONEStor 分布式存储在不可靠的硬件上构造可靠的存储系统。通过软件层面实现冗余机制,故障分区机制和数据校验机制。在硬件故障的情况下能快速地检测故障、隔离故障、切换业务,让上层应用感知不到单点的故障,对外表现为一套可靠的分布式

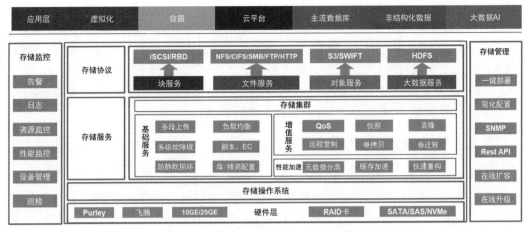

图 1-23　ONEStor 分布式存储架构

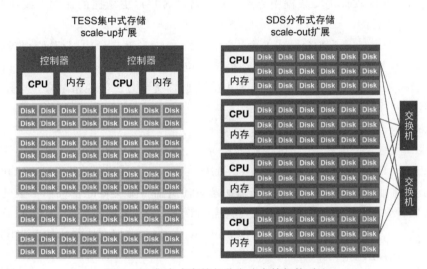

图 1-24　集中式存储与分布式存储架构对比

存储系统。

（2）领先的性能。ONEStor 支持自研的 scache 智能缓存硬盘加速功能，相对于开源 flashcache，平均性能提升 200% 以上。scache 算法会针对当前缓存使用情况，结合前台 IO 的特点，动态调整刷盘策略，包括像水位线的动态调整、开始下刷时间的动态调整、下刷速率的动态调整，这样可提升刷盘效率，并降低对前台 IO 的影响。同时，ONEStor 提供 cachepool 缓存池加速功能，将缓存池化处理，全局共享 SSD 资源，支持灵活扩容和缩容。

（3）强大的可服务性。ONEStor 支持各版本在线升级、大规模集群在线升级，升级过程 Web 化、自动化。

（4）全面的生态兼容。一套 ONEStor 存储和多种 H3C 云平台深度融合。联合 H3C CAS 提供 CAS SRM 容灾解决方案；支撑交付 H3C UIS 两节点、资源隔离、在线升级、性能优化、降低资源占用等；联合 H3C CloudOS，通过 OpenStack 使用 RBD 接口及插件，K8s 使用 NBD 接口及插件；联合 H3C 大数据提供 HDFS plugin，S3 接口；支撑 Workspace 云桌面融合部署解决方案。

（5）安全易用。一套管理软件（块、文件、对象统一管理）、两类系统资源（物理资源和逻辑资源）、四种告警方式（电子邮件、大屏、短信、SNMP）、五大升级功能（统计报表、性能监控、操作日志、审计日志、系统日志），ONEStor 支持极简的部署运维方式，并且从存储业务、网络、设备、管理系统多方面进行防控，通过中国移动安全测试。

（6）丰富的企业级功能。ONEStor 支持全面的数据保护机制，例如快照、克隆、卷拷贝、卷迁移、异步远程复制、同城双活等，为企业数据保驾护航。

1.5.3　UIS 超融合产品

1. 产品简介

H3C UIS 超融合产品是 H3C 公司面向 IaaS（基础设施即服务）推出的新一代云数据中心软硬件融合一体机。UIS 超融合一体机无缝集成了计算、存储、网络、安全、运维监控、云业务等六大软件能力；开箱即用，30 分钟即可搭建云计算环境，实现仅服务器和交换机的极简的硬件架构平台和统一的软件定义数据中心资源池；帮助客户以更敏捷的速度上线业务，达到精简 IT、一步上云的目的。

至 2023 年 H3C UIS 超融合已成熟商用近 10 年，连续多年 IDC 中国超融合市场报告排名市场前两名，并作为中国超融合产业联盟理事长单位牵头撰写了中国超融合技术白皮书以及云计算超融合系统规范等标准文档，彰显了其在行业的领导力。UIS 超融合至今已服务超过 8000 个在网客户，赋能百行百业。

2. 产品架构

H3C UIS 超融合一体机，由超融合硬件服务器、超融合内核与超融合管理软件三部分构成，如图 1-25 所示，一体机包括 UIS 3000 G3、UIS 4500 G3、UIS 5000 G3、UIS 6000 G3、UIS 9000 等多个系列，以 CTO（configure to order，客户化生产）模式交付客户。一体机将物理硬件、计算、存储、网络与安全虚拟化资源统一监控和管理，可快速灵活部署业务，并通过极简的界面统一管理，有效降低整体 TCO（total cost of ownership，总拥有成本），使 UIS 超融合产品成为云计算的最佳基础架构平台。

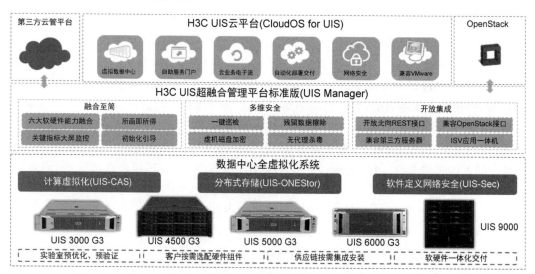

图 1-25　UIS 架构

3．产品优势

1）融合易用

（1）管理融合：计算、存储、网络、安全、运维监控、云业务六大软件能力统一平台管理，融合交付，开箱即用。

（2）内核融合：虚拟化内核与 IPv6、高性能虚拟网络交换机、SR-IOV 硬件网卡驱动、GPU 显卡驱动等无缝集成，从内核层控制系统效率、可靠性与稳定性。

（3）存储融合：UIS 可以通过软件将服务器本地硬盘资源进行整合，构建统一资源池，向上层应用提供块、文件、对象统一存储服务，满足结构化、非结构化和半结构化等多类型数据存储需求。

（4）业务简化部署：集成一键自动化迁移工具，提供 P2V、V2V 的迁移服务，助力客户原有业务快速上云。

（5）可视化极简运维：UIS 超融合管理平台构建了扁平化、随需而变、弹性可扩展的业务敏捷交付平台，集成了自定义大屏展示、六大一键操作、系统健康度模型、所画即所得、首页快捷方式等极简运维操作，使运维可视化、数据化、自动化、智能化。

2）虚拟化成熟度高

H3C UIS 超融合集成了业界领先的虚拟化组件 CAS，在国际权威虚拟化性能基准测试 SPECvirt 中表现优异，并提供业内创新性的 DRX、无代理杀毒、应用 HA、云彩虹等技术。

3）多维度数据保护

（1）灵活丰富的冗余策略：UIS 集成的 ONEStor 组件支持以卷为单位设置纠删码或者多副本冗余策略，无须热备盘就可快速完成数据重构，保障用户数据完整性。

（2）多场景容灾：自带无代理备份功能，无须额外投入即可实现对虚拟机的差异、增量、全量备份功能，同时提供 CDP 连续数据保护和 SRM 异步复制等容灾方案，满足用户对异构站点或同构站点间容灾服务的需求，保障用户业务永续运行。

4）超高性价比

H3C UIS 推出面向小规模数据中心的两节点应用方案，只需两个超融合节点就可以搭建一个具备 scale-out 弹性扩展能力的超融合基础设施。UIS 两节点独有脑裂预防机制，提供稳定、安全、可靠、低成本的企业级超融合解决方案。

（1）业界独有脑裂预防机制：UIS 基于瘦终端或虚拟机提供集群仲裁机制，管理、维护和发布集群状态，解决两副本方案易引发的脑裂问题，保障服务的稳定性。

（2）随需而变，灵活扩展：平滑在线扩容，升级至 3 节点以上标准版。

5）一键上云

（1）IaaS 云服务能力：融合云平台功能，提供丰富的 IaaS 云服务目录，可以实现资源的自助交付、分级分权管理、多租户管理、流程工单管理以及异构虚拟化纳管等功能。

（2）接口开放：开放标准化的 REST API 接口及兼容 OpenStack H/J/K/L/M/P 等版本的插件与接口。

（3）平台开放：兼容 200 多种通用 Guest OS、20 多种开源和商用 VNF 网元。

（4）合作开放：开放安全、备份、特定行业应用、云管平台等垂直领域合作，培育商业生态，跨界融合。

6）丰富自研硬件形态

UIS 超融合产品拥有业界最丰富的硬件产品选型，五大一体机系列、十二个硬件款型、数百种配件可选,基于客户业务灵活选择,全系列硬件出厂预置 UIS 超融合软件,消除软硬件兼容性影响,只需 30 分钟即可搭建超融合平台,5 分钟完成节点的横向扩容。

1.5.4　CloudOS 云操作系统

1. 产品简介

伴随信息化技术的飞跃发展,传统数据中心管理面对诸多挑战,如资源瓶颈、信息孤岛、标准不一、系统复杂、服务水平低下等。为了应对传统数据中心面临的挑战并顺应技术发展趋势,H3C CloudOS 应运而生。

H3C CloudOS 深度整合云计算和大数据的技术能力,建设面向未来的统一基础技术架构平台,构建企业数字化转型的 ABC(AI、大数据、云计算)智能化操作系统,打造一朵具备公有云的技术水准与运营能力,专注服务于企业和行业客户,具有全栈式云服务能力的云,如图 1-26 所示。

图 1-26　设计理念

云计算服务从过去的基础云服务演变为现在的混合云服务,通过 IaaS 与 PaaS 提供丰富的云服务,并额外提供数据服务。未来随着智能计算、智能运维的发展,云服务会向智能云服务的方向演进,如图 1-27 所示。

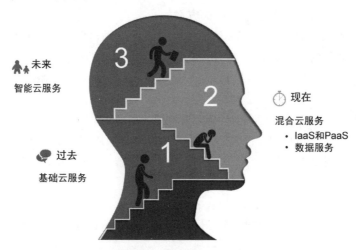

图 1-27　云计算服务进阶

H3C CloudOS 发展至 2021 年,经历了 1.0、2.0、3.0、5.0 四个版本,操作系统在不断优化,匹配云计算业界发展趋势进行演进,如图1-28所示。

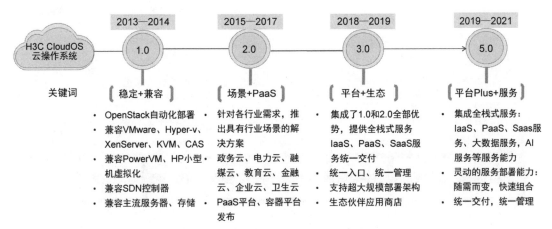

图 1-28　H3C CloudOS 发展历程

H3C CloudOS 5.0 的核心价值(见图 1-29)包括:开放的云服务接入能力;业务敏捷开发,实现业务快速上线;数据全流程服务。

图 1-29　H3C CloudOS 5.0 的核心价值

2. 产品架构

如图 1-30 所示,H3C CloudOS 5.0 的产品架构可以用"1+1+N"来概括。平台采用服务化的架构设计,各个子系统之间采用 REST API 进行交互,每个子系统可以独立运行,对外交付以 1 个基础平台、1 组系统组件、N 组云服务的形式呈现。

1) 1 个基础平台

基础平台是保障管理组件正常运行的功能最小集,为管理组件正常运行提供基本的服务支撑,主要包含以下几点。

- Portal 框架:前端框架,后续的云服务界面可以按需要注册展现。
- API 网关:为本系统的管理组件提供服务路由、访问控制等能力。
- 用户管理及认证:为云服务提供用户方面的统一管理,使得各云服务只需要关注业务相关的权限控制即可。
- 容器相关组件:为本系统管理组件的部署及正常运行提供保证。
- 数据库相关组件:为云服务的数据存储、可靠性等提供强有力的支撑。

图 1-30   H3C CloudOS 5.0 的产品架构

- 故障检测、通知及监控：为本系统管理组件提供基础的运维能力，监控各组件的运行状态，检测管理组件的故障等并发送到相关的接收端。

2）1 组系统组件

系统组件是为本系统的管理组件提供高阶的服务运维、日志分析、运营相关的能力，可按需安装。主要包含以下几点。

- 微服务相关组件：为管理组件提供服务治理、服务拓扑等服务，实现本系统各微服务的可观测性。
- 日志相关组件：提供更高级的日志管理能力，上层的各微服务均可使用此服务能力，通过统一日志中心，实现云服务日志管理。
- 应用部署：支持传统软件部署、容器镜像部署。
- 性能采集：为各服务组件提供资源、应用等性能相关数据的存储。

3）N 组云服务

云服务是本系统最终提供给用户的服务，主要包含 IaaS 服务、PaaS 服务、大数据服务等。其中关键服务有以下几点。

- 多样的虚拟化平台支持：支持的虚拟化平台类型包括 CAS、VMware、KVM、Xen、HP和 PowerVM 等。
- 可扩展的管理规模：在面对多个数据中心可以提供分级管理和分区域管理两种扩展方案。
- 灵活的组网方案：面对不同规模和管理模式的数据中心，可以支持多种组网方案，如VLAN 方案、VLAN VPC 方案、主机/网络/混合 VXLAN VPC 方案。
- 应用调度与资源管理：打通从应用建模、编排部署到资源调度、弹性伸缩、监控自愈的自动化全生命周期管理。
- 应用开发流水线管理：打通从项目源码编译打包到构建、自动部署、升级等一系列 CI/CD 全流程自动化。
- 云中间件服务：应用云化所需要的数据库、消息中间件等服务。
- 微服务管理：为应用提供自动注册、发现、治理、隔离、调用分析等一系列分布式微服务治理能力，屏蔽分布式系统的复杂度。

3. 产品优势

H3C ClousOS 5.0 云操作系统是基于 OpenStack 的开放式商业化云服务平台。在继承 OpenStack 原有架构灵活、扩展性强、开放性和兼容度高的基础上，ClousOS 进行了优化和完善，如图 1-31 所示，具有如下优点。

- 稳定性高：基于业界最主流云计算平台 OpenStack 进行大量优化，产品健壮性大幅提升，稳定性和可靠性大幅增强。
- 支持大规模部署：支持分布式部署，可以承载超大规模云服务。
- 易安装：通过安装控制器实现一键安装，大幅降低安装复杂性。
- 易用性高：ClousOS 云操作系统基于租户到应用的端到端的云服务配置和管理，将用户申请的服务组装成服务链，统一管理和配置，提升云平台易用性。
- 安全性高：ClousOS 云操作系统支持 Overlay、NFV、VEPA，增强了云安全。同时，租户可以申请属于自己的虚拟防火墙服务，定制个性化的域间策略规则，实现安全审计、安全管控。
- 分层分域：ClousOS 云操作系统通过对租户的分级管理，实现了私有云多级资源分配的要求，解决了云资源集中与分散的矛盾。通过定制个性化的审批流程，使得服务的申请更符合某些特殊业务的多级审批要求。通过对服务链的健康状态的整体监控和评分，对每个租户的总体服务质量有全面的把握和管理。

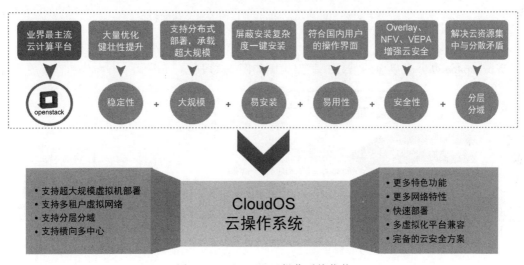

图 1-31 ClousOS 云操作系统优势

1.5.5 Workspace 办公云桌面

1. 产品简介

Workspace 办公云桌面是一种基于云计算的桌面服务。与传统 PC 不同，企业无须投入大量的资金和花费数天的部署时间，即可快速构建桌面办公环境。Workspace 办公云桌面支持多种登录方式，支持广域网、显卡虚拟化、4K 桌面、高音质等高端技术，可让使用人员灵活存取文件及使用应用，实现移动办公。H3C Workspace 以最出色的性能、安全性，以及极低的成本交付 Windows 和 Linux 桌面，满足各种业务需求。

Workspace 办公云桌面支持资源管理融合，即模块化的后台组件(云桌面、分布式存储、虚拟化)统一由一个管理界面呈现。管理平台超融合部署,实现云桌面、虚拟化、存储资源管理的归一化,也简化了部署与运维,提升了产品的完整性和竞争力。同时,对接 VDI、IDV、VOI 终端,形成 3V 架构的融合,支持多种桌面形态,桌面融合管理,灵活可选,以满足不同场景的业务需求。另外,Workspace 支持 UCC(ultra cloud client)胖终端一体化解决方案,凝聚了 IDV、VOI 和 TCI 三种技术能力。除此之外,Workspace 办公云桌面支持对接 CloudOS 5.0,作为 IaaS 服务的一个应用,将 Workspace 办公云桌面管理平台(space console)进行容器化部署,以适配大集群、多集群场景,且扩展简便,可靠性高,如图 1-32 所示。

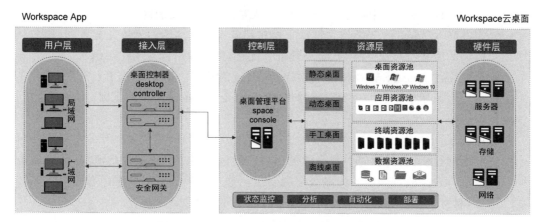

图 1-32　Workspace 办公云桌面方案总体架构

2. 产品架构

Workspace 办公云桌面的"云网端"架构图如图 1-33 所示。

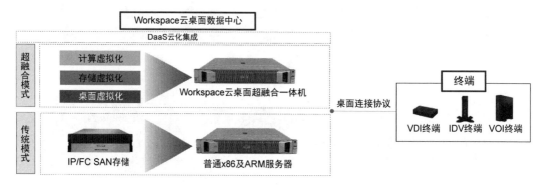

图 1-33　Workspace 办公云桌面"云网端"架构

(1)"云"指超融合一体机预集成。一体机采用超融合架构开箱即用,超高性价比;"3V 一体"架构统一管理;高可靠性设计,支持线性扩容。

(2)"网"指高效的桌面连接协议 VDP。新华三自研的新一代虚拟化桌面连接协议,支持 H.264 和 H.265 编码方式,有效降低带宽和 CPU 负载;根据不同数据类型采用不同压缩算法,支持高音质音频,采样率从 8K 窄带到 48K 全频,音视频完美同步;支持智能数据缓存,使得广域网中云桌面使用更流畅。

(3)"端"指种类齐全、全场景覆盖的终端。VDI 终端(如 C113 系列、C101 系列、C202L 系列、新一代 C100L 系列等)适用于普通办公、安全办公、移动办公、专业图形办公等场景;VOI 终端(如 C107V/C108V、C206V/C207V/C208V、C202V 系列、新一代 C100V 系列)适用于外设全兼容的窗口业务、网络要求低的分支机构、多媒体教室等；IDV 终端(如 C107i Plus)适用于外设兼容要求较低的窗口业务等。胖瘦终端结合,用户可按需选择；各类型终端深度集成,故障率低；管理平台集中管理,运维简单；终端功耗超低,降低用户成本。

3. 产品优势

Workspace 办公云桌面提供了安全可靠的办公环境、高效统一的桌面管理平台,其具有如下优势。

(1)高体验。简单易用,与 PC 体验一致；高效的桌面连接协议 VDP；各种外设独立控制；HTML 5 视频重定向提供优质视频体验；Workspace 办公云桌面和 MagicHub 云屏联合打造高效协同工作空间；安全网关支持广域网接入,实现远程办公；vGPU 技术提升桌面性能,打造高性能图形桌面；个人磁盘跟随,实现用户数据漫游；VIP 桌面,保障 VIP 用户体验等。

(2)强安全。终端接入授信控制,权限可控；桌面明水印防偷拍泄密；桌面盲水印可追溯泄密源；管理分权分域,权责分明；云杀毒,保障桌面安全；软件黑名单,应用层细粒度管控；文件传输系统 iTrans 提供安全的文件传输方式等。

(3)简管理。批量软件分发,业务软件闪电式更新；应用助手便捷的软件下载和安装方式；桌面镜像一键更新；应用虚拟化 vApp,各种应用无须安装,即联即用；消息多维度推送,可定点传送至某个桌面、某个桌面池或全部桌面等。

(4)智运维。用户自助备份,防患于未然；系统告警管理；监控报表,统计时间自定义,统计数据细粒度；虚拟机资源(CPU、内存、磁盘)自助申请；便捷的用户一键求助与管理员远程协助；瘦终端零配置部署与自动升级等。

1.5.6 Learningspace 教育云桌面

1. 产品简介

H3C Learningspace 是基于 VDI 及 VOI 混合架构,针对教育场景提供的云教室融合桌面解决方案,兼顾 VDI 云上的灵活性,集中资源(包括系统、应用、数据等),按需分配虚拟桌面,以及胖终端形式的性价比,低投入情况下满足新课改、3D 建模、视频处理等高负载要求。

(1)云端提供计算和存储资源,用户端采用瘦终端接入,不做计算和数据存放。

(2)资源动态调整,根据不同院系的不同专业课程,给予不同的硬件资源。

(3)不再强依赖 PC 或终端的性能,软件更新迭代,性能不足时,可后端横向扩容。

(4)真正的云化方式,核心由软件提供,灵活度和可定制度更高。

2. 产品架构

Learningspace 教育云桌面由数据中心、传输网络、终端侧三大部分组成。

(1)数据中心包含服务器集群、分布式存储、Learningspace 教育云桌面系统(管理端、教师端、学生端)、无代理杀毒(可选)、负载均衡(可选)、增值应用系统(可选)等。

(2)传输网络包含管理网络、业务网络、存储网络、终端接入网络。

(3)终端侧包含学生胖/瘦终端、教师机。

桌面管理平台集中控制、统一纳管,胖/瘦终端接入数据中心获取桌面,教师端细分权限,管控所辖教室范围内的所有终端及桌面行为。Learningspace 教育云桌面针对普教、职教、高教等计算机室场景,对症下药,覆盖教学培训、多桌面切换、作业空间、学员自习、国家考试、开发编程、3D 设计等多种需求,以及提供校园空间、定制对接教务系统等校园化应用,如图 1-34 所示。

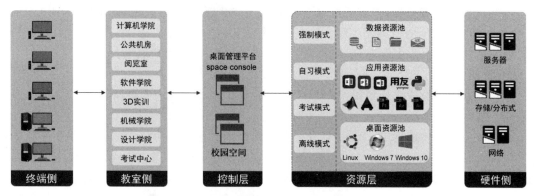

图 1-34　Learningspace 教育云桌面逻辑架构

3. 产品优势

Learningspace 教育云桌面具有如下优势。

1) 简易部署,十倍效率提升

(1) 统一的 Web 管理控制台能实现远程运维,对数据中心资源集中管理、统一监控,概览界面直观展示系统健康度、课程/教室/用户总数量、桌面运行情况、资源使用率、异常报警信息等,可点击各模块进一步查看详细信息。

(2) 自动安装指除一体机出厂已预装的所有必要程序外,还提供裸机安装,底层虚拟化、分布式存储、管理平台程序等集成打包,一个镜像导入,即可自动执行下一步直到安装完毕。

(3) 一键巡检指部署完毕后可进行后期维护、故障定位等,平台一键健康检查,即可自动发现系统隐患,并给出优化建议。

(4) 模板优化指课程镜像通过自动优化工具,对操作系统进行上百条性能优化动作,最大化提高桌面使用体验。

(5) 自动升级指管理平台上传升级包,所有终端自动检测与下载,服务器后台、教师端、学生端自动执行升级操作,无须手动干预。

2) 活力课堂,教学手段多样

(1) 基础功能包括模板切换(一键上下课、不同课程对应不同模板)、屏幕广播、签到、学生演示、收发文件、屏幕监看、一键禁网、离线逃生、一键重启、座位调整、U 盘禁用、全屏肃静、自习模式、账号模式、虚拟教室、远程协助、电子教鞭等。

(2) 语音功能包括语音广播、分组讨论、学生发言、语音会议、个别通话等。

(3) 特色功能包括直播课程等,教师端可随时勾选多个班级合并为一个逻辑大班,进行统一授课与控制。

3) 测试考试,省掉烦琐步骤

(1) 随堂测试指教师可以发起单抢答、全班答、随机答等形式的评估测验,测验结束后系统自动阅卷打分,测试结果计入学生积分系统,在校园空间的积分墙进行排名展示,教师可以此为参考,对学生上课质量进行评估。

(2) 考场定制支持多种考试场景,如国家计算机一、二级等级考试,社会职称考试等,支持 ATA、NCRE 等考试部署要求。同时提供考试专属镜像,自定义保留考试桌面(桌面完整环境与文件数据)周期时间,以便考试结果有异议可后期溯源备查。

4）作业空间，趣味云上答题

（1）云上作业指教师可在此课程组里编辑和发布作业，设置提交截止日期，所有课程内的学生均可见，过期答题，提交拒收。

（2）评论互动指教师在平台批改打分，会自动呈现数据统计报表，如提交人数、平均分等，同时教师可选定优秀答案公开展示，全体学生可对其评论、留言。

（3）微课空间指教师端可在上课期间进行录屏，将上课内容完整上传至微课空间，以作为公开课或复习视频共享，学生可以点播微课视频进行学习、评论和回复。

5）安全策略，确保万无一失

（1）集群技术将每个教室的学生桌面平均分散到所有云主机里，避免单台主机压力过载，确保不会出现某些主机闲置，而某些利用率极高的情况，所有集群资源可在其他教室未上课时，全部集中提供给某个教室使用，性能十倍提升。

（2）双机热备支持集群拆分，每个集群可以独立承担业务功能。拆分后的集群在恢复网络后，可以再次合并，恢复原有业务。满足学校在考试、阅卷期间使用的计算、存储、网络等资源与正常业务实现完全物理隔离，各项业务照常开展。

（3）权限回收指为防止学生错误操作，以及保证考试场景的安全性，学生终端断电、桌面关机、重启、甚至硬件损坏，均不会导致数据被清除，只有教师端点击下课，学生桌面才会还原。故障终端现场换新，虚拟机仍会保持之前的状态，重新自动连接。

（4）教师端离线指教师端实时检测与云桌面平台交互是否异常，从而自行切换离线和在线状态。离线模式下教师可不依赖云桌面数据中心进行屏幕广播、屏幕监控、语音广播、学生发言、语音讨论、远程协助、学生转播等。

6）网盘分享，再无硬件拷贝

Learningspace 教育云桌面内置网盘功能，由分布式存储提供服务，为数据安全加持多重保障。每位师生均可分配一个私人校园网盘，在校期间永久保留个人数据，访问不局限在云环境，校园网范围接入均可登录获取自己的专属数据，减少对移动存储设备的依赖，也阻断病毒的传播途径。Learningspace 教育云桌面还提供分类查询，分享文件，配合作业空间的功能，让数据分享无边界，学习趣味再提升。

7）极致性能，尽情三维渲染

Learningspace 教育云桌面具备 vGPU 技术，可将企业级显卡进行虚拟化切割，把性能强劲的 GPU 算力分配给云桌面，极大增强 VDI 架构的图形处理能力。灵活的显存分配，根据使用需求任意切分，实现 OpenGL 和 DirectX 的 3D 类应用流畅运行。显卡资源云端集中管理，可视化的 GPU 资源监控管理功能，有效降低运维成本。与此同时，Learningspace 教育云桌面也提供更节省成本的解决方案，VOI 组件支持充分发挥胖终端硬件性能，将 CPU 与集成显卡无损耗提供给图形设计或视频处理等高负载应用场景，而后端无须大量服务器资源，节省数据中心建设投入，与此同时，内置的网盘功能可漫游终端生产的文件数据，除了保障安全，更能提供便捷。

8）终端多样，品牌保障品质

不同的终端体系，对应不同场景需求，大幅度提高适用范围。VDI 灵活多变，可塑性强，承载普通业务场景，横向扩容，搭配 vGPU 技术满足高性能 3D 渲染需求；VOI 本地计算，发挥终端全部性能，数据云端存放，节省服务器资源，降低投入成本。

1.6　本章总结

本章主要讲解了以下内容。

（1）云计算和虚拟化概述、云计算的服务模式及特征、虚拟化的技术优势等。

（2）H3C 云计算解决方案，包括 CAS 虚拟化、ONEStor 分布式存储、UIS 超融合、CloudOS 云操作系统、Workspace 办公云桌面、Learningspace 教育云桌面等。

1.7　习题和答案

1.7.1　习题

1. 云计算的五大特征是（　　）。（多选题）

   A. 自助服务　　　　B. 硬件标准化　　　C. 网络分发　　　D. 资源池化

   E. 灵活调度　　　　F. 服务可衡量

2. 以下不属于云计算 IaaS 层的是（　　）。（单选题）

   A. 计算（服务器）　B. 存储　　　　　　C. 网络　　　　　D. 中间件

3. 虚拟化技术存在的价值包括（　　）。（多选题）

   A. 硬件成本、电力成本节约

   B. HA 高可靠性保障业务连续性运行

   C. 计划内停机时间减少

   D. 打破传统的竖井架构，易于资源的横向和纵向扩展

4. 以下关于 H3C 产品中，属于存储虚拟化的是（　　）。（单选题）

   A. H3C CAS　　　　B. H3C CloudOS　　C. H3C ONEStor　D. H3C Workspace

5. OpenStack 属于（　　）层服务。（单选题）

   A. IaaS　　　　　　B. PaaS　　　　　　C. SaaS　　　　　D. KaaS

6. 以下关于 H3C 产品中，说法错误的是（　　）。（单选题）

   A. Learningspace 主要场景是移动办公

   B. UIS 超融合产品支持计算虚拟化和存储虚拟化

   C. ONEStor 分布式存储支持块存储、文件存储和对象存储

   D. CloudOS 支持 CAS 虚拟机和 VMware 虚拟机纳管

1.7.2　答案

1. ACDEF　　　2. D　　　3. ABCD　　　4. C　　　5. A　　　6. A

第2章

云计算基础设施

掌握服务器、网络、存储的知识点在云计算虚拟化的学习过程中是非常重要的,云计算虚拟化技术的基础就是服务器、网络和存储,因此学习这些技术可以提升对于所学知识的了解程度。本章介绍了服务器、网络、存储的基本架构,阐述了关键技术的原理以及这些技术在云计算虚拟化中的实际应用,帮助读者更好地理解云计算虚拟化。

2.1　本章目标

学习完本课程,可达成以下目标。
(1) 掌握服务器硬件结构及软件功能。
(2) 掌握网络 VLAN、链路聚合、DHCP、NTP、ACL、QoS 协议的基本原理。
(3) 掌握存储的基本架构和存储协议。
(4) 掌握存储 RAID、多路径、精简卷、快照等技术。

2.2　服务器基础知识

2.2.1　服务器基础概念及硬件介绍

服务器作为网络的节点,存储和处理网络上 80% 的数据和信息,它是网络上一种为客户端计算机提供各种服务的高可用性计算机,在网络操作系统的控制下,为网络用户提供集中计算、信息发表及数据管理等服务。它的高性能主要体现在高速度的运算能力、长时间的可靠运行、强大的外部数据吞吐能力等方面,如图 2-1 所示。

图 2-1　服务器

1. 服务器分类

从 CPU 数量的维度,服务器按可支持的最大 CPU 个数可分为单路、双路、多路服务器。对于不同路数的服务器对应的 CPU 类别也不相同,如 E5-2600 只能适用于双路服务器,E5-4700 适用于 4 路服务器。CPU 个数越多相对服务器的计算性能越强。

从 CPU 架构的维度,服务器可以分为 x86 服务器、RISC 架构服务器、IA-64 服务器。

x86 服务器使用 CISC(complex instruction set computer,复杂指令集计算机)架构 CPU,

程序的各条指令按顺序串行执行,每条指令中的各个操作也是按顺序串行执行的。顺序执行的优点是控制简单,但计算机各部分的利用率不高,执行速度慢。

RISC(reduced instruction set computer,精简指令集计算机)是和 CISC 相对的一种 CPU 架构,它把较长的指令分拆成若干条长度相同的单一指令,可使 CPU 的工作变得单纯、速度更快,设计和开发也更简单。RISC 指令系统一般使用于 UNIX 操作系统,现在 Linux 也属于类似 UNIX 的操作系统。RISC 型 CPU 与 Intel 和 AMD 的 CPU 在软件和硬件方面不兼容。服务器中采用 RISC 指令的 CPU 主要有以下几类:PowerPC 处理器、SPARC 处理器、PA-RISC 处理器、MIPS 处理器、Alpha 处理器、ARM 处理器。

IA-64 架构是 EPIC(explicitly parallel instruction computing,显式并行指令计算)的 64 位架构。EPIC 是基于超长指令字 VLIW(very long instruction word)的设计架构,通过将多条指令放入一个指令字,有效地提高了 CPU 各个计算功能部件的利用效率,提高了计算机的性能。最初由 Intel 和惠普联合推出。IA-64 不与 IA-32 位兼容,IA-64 是原生的纯 64 位计算处理器,与 x86 指令也不兼容。如果想要执行 x86 指令需要硬件虚拟化支持,但是效率并不高。IA-64 架构体系的优点在于拥有 64 位内存寻址能力,能够支持更大的内存寻址空间。并且由于架构的改变,性能比 x86-64 的 64 位兼容模式更高更强。

2. 服务器特点

服务器具有 I/O 性能高、处理能力强、可靠性高、可用性好、扩展性好、管理能力强等特点。

(1) I/O 性能高:SCSI 技术、RAID 技术、较大的内存扩充能力都是提高 IA 架构服务器的 I/O 能力的有效途径。

(2) 处理能力强:服务器使用特定 CPU,如 Intel Xeon 和多路 CPU。

(3) 可靠性高:为了达到高可靠性,服务器部件都经过专门设计,如通过降低处理器频率、提升工艺等手段来降低散热,保证稳定性。

(4) 可用性好:服务器关键部件的冗余配置,如采用 ECC 内存、RAID 技术、热插拔技术、冗余电源、冗余风扇等做法使服务器具备(支持热插拔功能)容错能力和安全保护能力,从而提高可用性。

(5) 扩展性好:可支持的 CPU、内存和硬盘槽位多,还可以通过扩展卡安装各种 PCI-E 板卡。

(6) 管理能力强:集成独立管理软件,既可以对服务器的硬件状态监控和警示,还可以对服务器做统一管理配置。

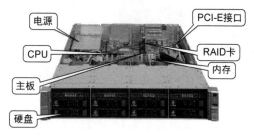

图 2-2 服务器硬件组件

3. 服务器硬件组件

服务器有 CPU、主板、内存、硬盘、RAID 卡、PCI-E 接口、电源等硬件组件,如图 2-2 所示。为了保证服务器的可靠运行,服务器的重要组件都具有冗余特性,如双电源冗余、硬盘的 RAID 组、内存的 ECC 校验等。

1) CPU

CPU 即中央处理器,它是计算机中最重要的一部分,一般由运算器、控制器、寄存器等组成,是决定计算机处理能力的核心部件。运算器主要负责算术逻辑和浮点等运算;控制器包括指令控制器、时序控制器、总线控制器、中断控制器等控制着整个 CPU 的工作。

服务器按 CPU 的分类主要为 x86 服务器、小型机,如图 2-3 所示。x86 服务器使用通用的 CPU 和操作系统,具有良好的兼容性、高性价比的同时,也具备高可靠性、可扩展性、高可用性、可维护性。云计算、移动互联网、大数据市场的蓬勃发展也极大促进了 x86 服务器大力发展。x86 服务器的主力军是 Intel,其占有率超过九成,ARM、高通、AMD 基于 ARM 架构则属于新兴势力。

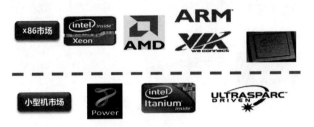

图 2-3　CPU 分类

小型机服务器各厂家专用 UNIX 系统和处理器,如 IBM 公司采用 Power 处理器和 AIX 操作系统,Sun 公司采用 SPARC 处理器和 Solaris 操作系统,HP 采用 Intel 安腾处理器和 HP-UX 操作系统。小型机服务器的显著特点是系统的安全性、可靠性和专用 CPU 的高速运算能力,但是由于它的系统封闭性、兼容性差和昂贵的成本,"去小型机化"日趋明显,越来越多的政府部门和运营商将数据库迁移到 x86 服务器平台。

CPU 关键参数包括主频和缓存。

主频指 CPU 的时钟频率,即 CPU 的工作频率,例如 Intel Xeon E5-2630 v2 2.6GHz,其中 2.6GHz(2600MHz)就是 CPU 的主频。一般说来,一个时钟周期完成的指令数是固定的,所以主频越高,CPU 的速度也就越快。

缓存指可以进行高速数据交换的存储器,它先于内存与 CPU 交换数据,因此速度很快。缓存包括 L1 cache、L2 cache 和 L3 cache,如图 2-4 所示。

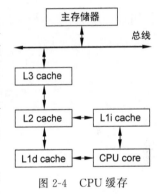

图 2-4　CPU 缓存

(1) L1 cache(一级缓存)是 CPU 的第一层高速缓存,分为数据缓存和指令缓存。内置的 L1 cache 的容量和结构对 CPU 的性能影响较大,不过高速缓冲存储器均由静态 RAM 组成,结构较复杂,在 CPU 管芯面积不能太大的情况下,L1 cache 的容量不能做得太大。一般服务器 CPU 的 L1 cache 的容量通常为 32KB～256KB。

(2) L2 cache(二级缓存)是 CPU 的第二层高速缓存,分内部和外部两种芯片。内部的芯片二级缓存运行速度与主频相同,而外部的二级缓存则只有主频的一半。L2 cache 的容量会影响 CPU 的性能,容量越大,性能越好。

(3) L3 cache(三级缓存)是为读取二级缓存后未命中的数据设计的一种缓存,在拥有三级缓存的 CPU 中,只有约 5% 的数据需要从内存中调用,这进一步提高了 CPU 的效率。

CPU 架构是 CPU 厂商给 CPU 产品定的一个规范,主要目的是区分不同类型的 CPU。如至强 E5-2600 V3 基于 HasWell-EP 构架:支持 DDR4 内存,每 CPU 支持 4 个通道,每个通道可以驱动 3 个 DIMM 条,所以两路 CPU 最大可以扩展 24 根 DIMM 条(2×4×3)。每个 CPU 支持 PCI-E 3.0 的 40 条 Lane,主板芯片 PCH 支持外扩 SATA 3.0;两个 CPU 之间通过

QPI 互联，支持 9.6Gbps 和 8Gbps 不同速率，如图 2-5 所示。

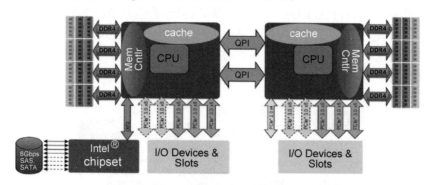

图 2-5　HasWell-EP 构架

2）主板

主板是服务器的主要核心部分，承载着其他组件的各种接口和内部通信，如 CPU、内存、扩展卡、存储等。主板决定了支持的 CPU 和内存数量以及可扩展的槽位数。专业的服务器主板集成管理软件，可通过网口远程对服务器的硬件做实时监控、运行状态的统计和告警触发，同时可以收集诊断日志用作分析，快速有效地解决运行过程中的问题。

主板内部常见接口包括 CPU 槽位、内存插槽、存储接口（SAS、SATA 接口）、PCI-E 插槽以及 PCI-E Riser 卡插槽。主板的 CPU 和内存插槽构架决定了可适配的 CPU 类型和内存类型，如 C610 系列芯片组主板可支持 E5-2600 V3 处理器和 DDR4 内存，如图 2-6 所示。

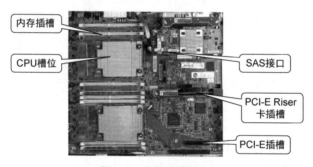

图 2-6　主板内部接口

主板含有丰富的外部接口如网络接口、USB 接口、VGA 显示接口和电源接口。常见的网络接口有常见的业务网口，还有远程管理接口（如 H3C 的 HDM 接口）。USB 接口还分 2.0 和 3.0 不同版本，USB 2.0 接口为黑色、USB 3.0 接口为蓝色，如图 2-7 所示。

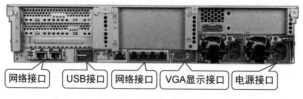

图 2-7　主板外部接口

3）内存

内存是服务器中重要的部件之一，它的内存条是连接 CPU 和其他设备的通道，起到缓冲和数据交换作用。计算机中所有程序的运行都是在内存中进行的,因此内存的性能对计算机的影响非常大。内存(memory)也被称为内存储器,其作用是暂时存放 CPU 中的运算数据,以及与硬盘等外部存储器交换数据。只要计算机在运行中,CPU 就会把需要运算的数据调到内存中进行运算,当运算完成后 CPU 再将结果传送出来,内存的运行也决定了计算机的稳定运行。内存是由内存芯片、电路板、金手指等部分组成的,如图 2-8 所示。

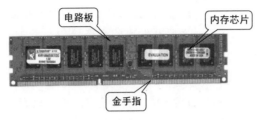

图 2-8 内存

286 时代的内存采用了 SIMM(single in-line memory modules,单边接触内存模组)接口为 30pin,容量为 256KB。随后在 386 和 486 时代,为了适应当时 CPU 的发展,72pin SIMM 内存出现了,容量一般为 512KB 至 2MB。1991 年到 1995 年,486 及早期的奔腾处理器上开始使用 EDO DRAM,此时单条 EDO 内存的容量达到 4MB 至 16MB。

SDRAM 的带宽为 64bit,与当时处理器的总线宽度保持一致,这表示一条 SDRAM 就能够让计算机正常运行,这样大幅降低了内存的购买成本。由于内存的传输信号与处理器外频同步,所以在传输速度上,DIMM 标准 SDRAM 要大幅领先于 SIMM 内存。随后 Intel 与 RAMBUS 内存在 2000 年发布 Rambus DRAM,作为一种高性能、芯片对芯片接口技术的新一代存储产品,它使得当时新一代的处理器发挥出更好的功能。RAMBUS 内存可提供 600MHz、800MHz 和 1066MHz 三种速度,容量有 64MB、128MB、256MB、512MB 四种规格,但它的高昂价格阻碍了它的普及。DDR(double data rate,双数据率)是 SDRAM 的更新换代产品,它允许在时钟脉冲的上升沿和下降沿传输数据,这样不需要提高时钟的频率就能加倍提高 SDRAM 的速度,并具有比 SDRAM 多一倍的传输速率和内存带宽,采用 2.5V 工作电压、184 线接口,价格也比 RAMBUS 要便宜很多。DDR4 内存随 Intel 的 Haswell-E 平台发布,金手指变成弯曲状,频率高达 4266MHz,单条容量可达 128GB,采用 1.2V 的低电压工作。

4) 硬盘

硬盘是服务器主要的存储媒介之一,机械硬盘由一个或者多个铝制或者玻璃制的碟片组成。这些碟片外覆盖有铁磁性材料。绝大多数硬盘都是固定硬盘,被永久性地密封固定在硬盘驱动器中。

硬盘按种类分为 SATA 硬盘、SAS 硬盘和 SSD 固态硬盘等。按硬盘的外观尺寸分为 3.5 寸硬盘、2.5 寸硬盘和 PCI-E 插卡硬盘。SAS 硬盘最高转速为每分钟 15000 转,SATA 硬盘最高为每分钟 7200 转;SSD 固态硬盘不存在转速。

(1) SATA 硬盘。SATA 口的硬盘又叫串口硬盘,SATA 的全称是 serial advanced technology attachment,Intel、APT、Dell、IBM、希捷、迈拓这几大厂商组成的 Serial ATA 委员会正式确立了 Serial ATA 1.0 规范,2002 年,虽然 Serial ATA 的相关设备还未正式上市,但 Serial ATA 委员会已抢先确立了 Serial ATA 2.0 规范。Serial ATA 采用串行连接方式,总线使用嵌入式时钟信号,具备了更强的纠错能力,与以往相比其最大的优势在于能对传输指令(不仅仅是数据)进行检查,如果发现错误会自动校正,这在很大程度上提高了数据传输的可靠

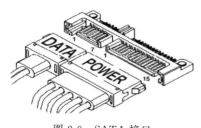

图 2-9　SATA 接口

性。SATA 接口还具有结构简单、支持热插拔的优点,如图 2-9 所示。

(2) SAS 硬盘。SAS(serial attached SCSI)即串行连接 SCSI,是新一代的 SCSI 技术,和现在流行的 SATA 硬盘相同,都是采用串行技术以获得更高的传输速度,并通过缩短连接线改善内部空间等。SAS 是并行 SCSI 接口之后开发出的全新接口。此接口的设计是为了改善存储系统的效能、可用性和扩充性,并且提高 SATA 硬盘的兼容性。

(3) SSD 硬盘。SSD(solid state drives)硬盘是用固态电子存储芯片阵列而制成的硬盘,由控制单元和存储单元(Flash 芯片、DRAM 芯片)组成。固态硬盘在接口的规范和定义、功能及使用方法上与普通硬盘完全相同,在产品外形和尺寸上也与普通硬盘完全一致。固态硬盘的优势在于数据存取快、防震抗摔、无噪音、发热低等,但存在成本高、容量小、写入寿命有限等劣势。

机械硬盘包括如下关键技术参数。

(1) 接口速率。硬盘的接口类型决定了接口速率,如 SAS 2.0 的接口速率就是 6Gbps。

(2) 容量。硬盘容量的单位为兆字节(MB)或千兆字节(GB),目前的主流硬盘容量为 900GB～6TB,影响硬盘容量的因素有单碟容量和碟片数量。

(3) 尺寸。尺寸是指硬盘的外观大小,常见有 3.5 英寸、2.5 英寸两种。

(4) 主轴转速。硬盘主轴马达每分钟(带动盘片)的转速,主流硬盘主轴转速有 7200 RPM、10000 RPM、15000 RPM 等几种类型。

(5) 平均寻道时间。平均寻道时间指硬盘在接收到系统指令后,磁头从开始移动到移动至数据所在的磁道所花费时间的平均值。

(6) 数据传输速率。数据传输速率分为内部数据传输速率和外部数据传输速率。内部数据传输率(internal transfer rate)是指硬盘磁头与缓存之间的数据传输率,即硬盘将数据从盘片上读取出来,然后存储在缓存内的速度。外部数据传输速率(external transfer rate)是指硬盘缓存和计算机系统之间的数据传输率,即计算机通过硬盘接口从缓存中将数据读出交给相应的控制器的速率。

(7) MTBF(mean time between failure,平均故障间隔时间)。MTBF 是指相邻两次故障之间的平均工作时间,也称为平均故障间隔。

(8) S. M. A. R. T.。支持 S. M. A. R. T 技术的硬盘可以通过硬盘上的监测指令和主机上的监测软件对磁头、盘片、马达、电路的运行情况、历史记录及预设的安全值进行分析、比较。当出现安全值范围以外的情况时,就会自动向用户发出警告。

5) RAID 卡

RAID 卡是用来实现 RAID 功能的板卡,通常由 I/O 处理器、硬盘控制器、硬盘连接器和缓存等一系列零件构成。RAID 卡有两大功能:一个是通过 RAID 级别实现容错功能;另一个是多个物理硬盘组成单个逻辑硬盘,使多个硬盘同时传输数据。RAID 卡的接口有 IDE、SCSI、SATA 和 SAS。

常见 RAID 卡有主板集成内置和独立 PCI-E 插卡两种,一般主板集成内置不含缓存,性能上要弱于独立 PCI-E 插卡,如图 2-10 所示。不同型号 RAID 卡对 RAID 类型和硬盘数量的支持都不相同。对于运行重要业务的服务器需配置带缓存和电池的 RAID 卡。

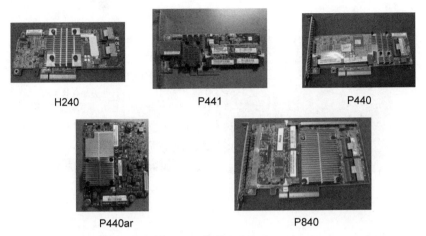

图 2-10　常见 RAID 卡

　　RAID 卡缓存分读缓存和写缓存,如图 2-11 所示。写缓存的作用是只要数据写到缓存就完成写操作,当缓存中数据累积到一定程度才把数据刷到硬盘,相比于直接写入硬盘要大幅提高写的性能。而如果能在缓存中读取数据则无须从硬盘中读取,但这个过程存在命中率的问题。按不同应用场景应调整读写缓存的比例,如点播系统都是以读取为主,所以读缓存应占较大比例。

　　缓存可以提高 RAID 卡的数据读写性能,但是存在一个严重问题,即在掉电情况下会导致缓存中数据丢失;解决这个问题的关键是把缓存中数据写入硬盘,现阶段有两种保护机制,即 BBWC 和 FBWC,前者是用电池对缓存进行供电直到服务器上电,把缓存刷入硬盘;后者使用 Flash 做转存,掉电时先将缓存数据写入 Flash,这个过程一般在几秒钟内完成,待服务器上电后再把 Flash 中缓存数据刷入硬盘。

　　6) PCI-E 接口

　　PCI-E 是指 PCI Express,是新一代的总线接口,如图 2-12 所示。2001 年底 Intel、AMD、IBM 等 20 多家公司开始起草新技术规范,到 2002 年完成正式命名为 PCI Express。它采用点对点的串行连接,每个设备都有专用连接,不需要向总线请求带宽,而且能大幅提高数据传输率,达到 PCI 所不能提供的带宽。

图 2-11　RAID 缓存

图 2-12　PCI-E 接口

　　PCI-E 每更新一代其速率都提升一倍,如从 PCI-E 1.0 的 250MB/s 到 PCI-E 2.0 的 500MB/s,再到 PCI-E 3.0 的 1GB/s。PCI-E 支持向下兼容,PCI-E x16 可以兼容 x8、x4、x1 的卡;同样 PCI-E 3.0 也可向下兼容 PCI-E 2.0 和 PCI-E 1.0,如图 2-13 所示。

x1
x4
x8
x16

性能		尺寸 毫米	(英寸)
PCI Express	x1	25.00	(0.984)
	x4	39.00	(1.535)
	x8	56.00	(2.205)
	x16	89.00	(3.504)
32位 PCI		84.84	(3.400)
64位 PCI/PCI-X		128.02	(5.040)

0
20
40
60
80
100
120
mm
x1
大部分客户端采用的接口
x4
x8
大部分服务器采用的接口
x16
显卡
32位PCI
64位PCI/PCI-X

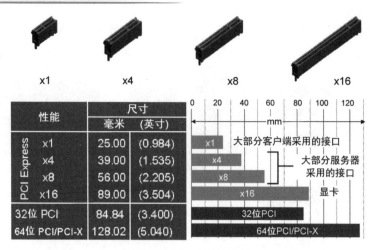

图 2-13 PCI-E 接口规格

7）电源

电源是服务器的供电装置。包括交流稳压电源、直流稳压电源和冗余电源。

（1）交流稳压电源指能够提供一个稳定电压和频率的电源。

（2）直流稳压电源指能为负载提供稳定直流电源的电子装置。

（3）冗余电源由芯片控制电源进行负载均衡，当一个电源出现故障时，另一个电源马上可以接管其工作，在更换电源后，又是两个电源协同工作。

2.2.2 服务器软件功能介绍

1. BIOS

BIOS 是 basic input/output system（基本输入/输出系统）的简称。它是一组固化到计算机内主板上一个 ROM 芯片上的程序，它保存着计算机最重要的基本输入输出的程序、系统设置信息、开机上电自检程序和系统启动自检程序，如图 2-14 所示。其主要功能是为计算机提

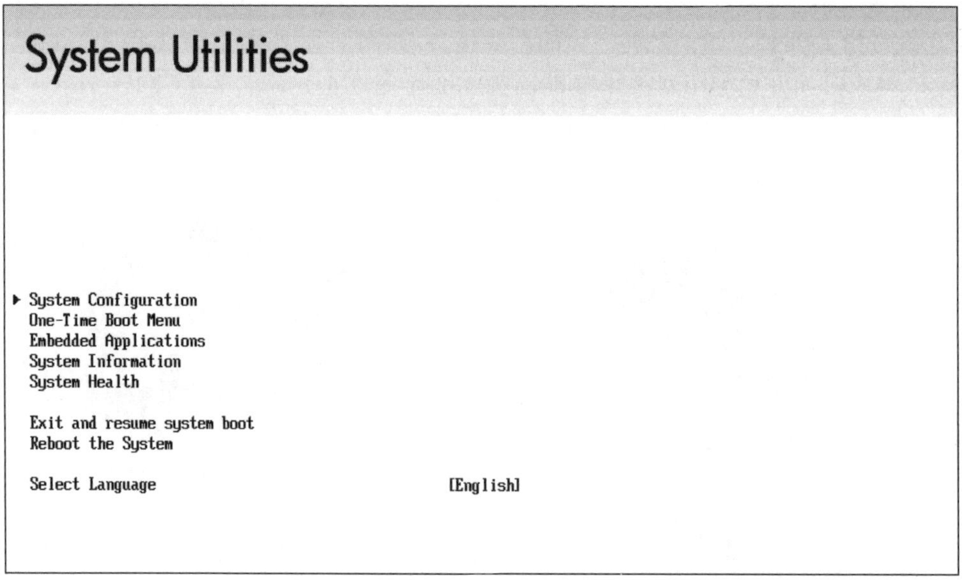

System Utilities
System Configuration
One-Time Boot Menu
Embedded Applications
System Information
System Health
Exit and resume system boot
Reboot the System
Select Language
[English]

图 2-14 BIOS 界面

供最底层的、最直接的硬件设置和控制。CMOS 主要用于存储 BIOS 设置程序所设置的参数与数据,而 BIOS 设置程序主要对基本输入输出系统进行管理和设置,使系统运行在最佳状态下,使用 BIOS 设置程序还可以排除系统故障或者诊断系统问题。从某种意义上来说 BIOS 应该是连接软件程序与硬件设备的纽带,负责解决硬件的即时要求。

UEFI(unified extensible firmware interface,统一的可扩展固件接口)和 Legacy 是两种不同的引导方式。UEFI 是一种详细描述类型接口的标准。这种接口用于操作系统自动从预启动的操作环境,加载到一种操作系统上。其主要目的是提供一组在 OS 加载之前在所有平台上一致的、正确指定的启动服务。UEFI 有安全性高、启动配置灵活、引导分区支持容量大等特点。UEFI 启动在一个独立的分区,它将系统启动文件和操作系统本身隔离,可以更好地保护系统的启动。即使系统启动出错需要重新配置,只要简单对启动分区重新进行配置即可。UEFI 在启动过程中可以调用 EFIShell,并可以加载指定硬件驱动。传统的 Legacy 启动由于 MBR 的限制,默认是无法引导超过 2.1TB 以上的硬盘的;而 UEFI 的 GPT 支持 9.4ZB 的硬盘。

2. RAID 配置程序

RAID 配置程序是用于配置、管理、监视和诊断服务器阵列控制卡的工具。一般分为图形界面和命令行两种模式。可在系统启动前按快捷键进入配置;也可以在操作系统下安装 RAID 配置程序软件包后,再运行配置程序。操作系统下操作的优点是可以在不中断业务的情况下,对阵列进行维护和日志收集,如图 2-15 所示。

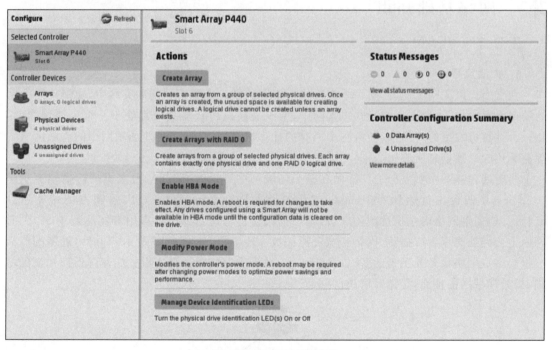

图 2-15　RAID 配置程序

3. 系统管理软件

系统管理软件是服务器的一个标准组件,通过它可以简化服务器初始设置、监控服务器运行状况、优化电源和散热系统以及对服务器进行远程管理等。通过 Web 模式登录,可以实时监控服务器中的温度并向风扇发送校正信号以维持正常的服务器散热,还可以监控固件版本以及风扇、内存、网络、处理器、电源、存储等子系统和设备的状态,如图 2-16 所示。

图 2-16　系统管理软件

2.3　网络基础知识

2.3.1　VLAN

1. 广播风暴

在交换式以太网出现后,同一个交换机下不同的端口处于不同的冲突域中,交换式以太网的效率大幅增加。但是,在交换式以太网中,由于交换机所有的端口都处于一个广播域内,导致一台计算机发出的广播帧,局域网中所有的计算机都能够接收到,使局域网中的有限网络资源被无用的广播信息所占用。

当有四台终端主机发出的广播帧在整个局域网中广播时,假如每台主机的广播帧流量是100Kbps,则四台主机达到400Kbps;如果链路是100Mbps带宽,则广播帧占用带宽达到0.4%。但如果网络内主机达到400台,则广播流量将达到40Mbps,占用带宽达到40%,到时网络上会到处充斥着广播流,网络带宽资源被极大地浪费,如图2-17所示。另外,过多的广播流量会造成网络设备及主机的CPU负担过重,系统反应变慢甚至死机。如何降低广播域的范围,提升局域网的性能,是急需解决的问题。

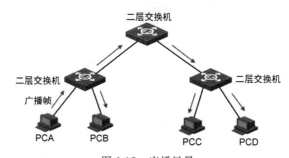

图 2-17　广播风暴

2. 用 VLAN 隔离广播风暴

VLAN 技术的出现,就是为了解决交换机在进行局域网互联时无法限制广播的问题。这种技术可以把一个 LAN 划分多个逻辑的 LAN,即 VLAN,每个 VLAN 是一个广播域,不同 VLAN 间的设备不能直接互通,只能通过路由器等三层设备而互通。由此广播数据帧被限制在一个 VLAN 内,如图 2-18 所示。

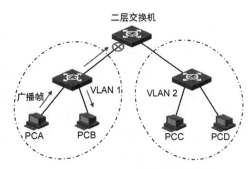

图 2-18　用 VLAN 隔离广播风暴

VLAN 的划分不受物理位置的限制。不在同一物理位置范围的主机可以属于同一个 VLAN;一个 VLAN 包含的用户可以连接在同一个交换机上,也可以跨越交换机,甚至可以跨越路由器。

根据划分方式的不同,VLAN 可分为以下四种类型。

(1)基于端口的 VLAN。根据设备端口来定义 VLAN 成员,将指定端口加入指定 VLAN 中之后,该端口就可以转发指定 VLAN 的数据帧。

(2)基于 MAC 地址的 VLAN。根据每个主机的 MAC 地址来划分,交换机维护 VLAN 映射表,这个 VLAN 映射表记录 MAC 地址和 VLAN 的对应关系。

(3)基于协议的 VLAN。根据端口接收到的报文所属的协议(族)类型来给报文分配不同的 VLAN ID。可用来划分 VLAN 的协议族有 IP、IPX。

(4)基于 IP 子网的 VLAN。根据报文源 IP 地址及子网掩码作为依据来进行划分。

在云计算网络中,通常会根据虚拟交换机的端口和虚拟机的 IP 地址来进行 VLAN 的划分。

3. VLAN 链路端口类型

以太网交换机根据 MAC 地址表来转发数据帧。MAC 地址表中包含了端口和端口所连接终端主机 MAC 地址的映射关系。交换机从端口接收到以太网帧后,通过查看 MAC 地址表来决定从哪一个端口转发出去。如果端口收到的是广播帧,则交换机把广播帧从除源端口外的所有端口转发出去。

在 VLAN 技术中,通过给以太网帧附加一个标签(tag)来标记这个以太网帧能够在哪个 VLAN 中传播。这样,交换机在转发数据帧时,不仅要查找 MAC 地址来决定转发到哪个端口,还要检查端口上的 VLAN 标签是否匹配,如图 2-19 所示。

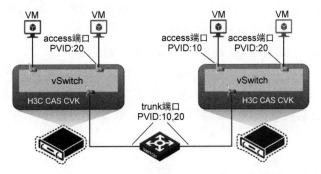

图 2-19　VLAN 链路端口类型

这种只允许默认 VLAN 的以太网帧通过的端口称为 access 链路类型端口。access 端口在收到以太网帧后打 VLAN 标签,转发出端口时剥离 VLAN 标签,对终端主机透明,所以通常用来连接不需要识别 802.1Q 协议的设备,如终端主机、路由器等。

允许多个 VLAN 帧通过的端口称为 trunk 链路类型端口。trunk 端口可以接收和发送多个 VLAN 的数据帧,且在接收和发送过程中不对帧中的标签进行任何操作。

不过,默认 VLAN 帧是一个例外。在发送帧时,trunk 端口要剥离默认 VLAN 帧中的标签;同样,交换机从 trunk 端口接收到不带标签的帧时,要打上默认 VLAN 标签。

Trunk 端口一般用于在交换机之间互连。

4. 云网络中的 VLAN

VLAN 技术在云计算网络中的应用如下(见图 2-20)。

(1)有效控制广播域范围。广播域被限制在一个 VLAN 内,广播流量仅在 VLAN 中传播,节省了带宽,提高了网络处理能力。

(2)增强局域网的安全性。不同 VLAN 内的报文在传输时是相互隔离的,即一个 VLAN 内的用户不能和其他 VLAN 内的用户直接通信,如果不同 VLAN 要进行通信,则需要通过路由器或三层交换机等设备。

(3)灵活构建虚拟工作组。用 VLAN 可以划分不同的虚拟机到不同的工作组,同一工作组的用户也不必局限于某一固定的物理范围,网络构建和维护更方便灵活。

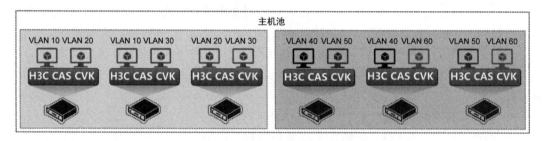

图 2-20　云网络中的 VLAN

2.3.2　链路聚合

链路聚合是将多个物理以太网端口聚合在一起形成一个逻辑上的聚合组,使用链路聚合服务的上层实体把同一聚合组内的多条物理链路视为一条逻辑链路,如图 2-21 所示。

链路聚合可以实现数据流量在聚合组中各个成员端口之间分担,以增加带宽。同时,同一聚合组的各个成员端口之间彼此动态备份,提高了链路的可靠性。

图 2-21　链路聚合

链路聚合技术的正式标准为 IEEE Standard 802.3ad,由 IEEE 制定。标准中定义了链路聚合技术的目标、聚合子层内各模块的功能和操作的原则,以及链路聚合控制的内容等。其中,聚合技术应实现的目标定义为必须能提高链路可用性、线性增加带宽、分担负载、实现自动配置、快速收敛、保证传输质量、对上层用户透明、向下兼容等。

1. 链路聚合概念

1)聚合组、成员端口和聚合接口

(1)多个以太网接口捆绑在一起后形成一个聚合组。

(2)被捆绑在一起的以太网接口被称为该聚合组的成员端口。

（3）每个聚合组唯一对应着一个逻辑接口,被称为聚合接口。

（4）聚合组与聚合接口的编号是相同的。

2）操作 key

操作 key 是系统在进行链路聚合时用来表征成员端口聚合能力的一个数值。它是根据成员端口上的一些信息(包括该端口的速率、双工模式等)的组合自动计算生成的,这个信息组合中任何一项的变化都会引起操作 key 的重新计算。在同一聚合组中,所有的选中端口都必须具有相同的操作 key。

3）成员端口的配置分类

（1）属性类配置指在聚合组中,只有与对应聚合接口的属性类配置完全相同的成员端口才能够成为选中端口。属性类配置包含：端口是否加入隔离组、端口所属的端口隔离组、端口上允许通过的 VLAN、端口默认 VLAN、端口的链路类型(即 trunk、hybrid、access 类型)、VLAN 报文是否带 tag 配置。

（2）协议类配置指在聚合组中,即使某成员端口与对应聚合接口的协议配置存在不同,也不会影响该成员端口成为选中端口。协议类配置是相对于属性类配置而言的,包含的配置内容有生成树等。

4）成员端口的状态

（1）选中(selected)状态。成员端口可以参与数据的转发,处于此状态的成员端口被称为"选中端口"。

（2）非选中(unselected)状态。成员端口不能参与数据的转发,处于此状态的成员端口被称为"非选中端口"。

（3）正常情况下两个端口都是选中状态。

2. 链路聚合模式和类型

按照聚合模式的不同,链路聚合可以分为静态聚合和动态聚合两种模式。

（1）静态聚合模式指成员端口的 LACP(link aggregation control protocol,链路聚合控制协议)为关闭状态,本地端口与对端端口之间不交互信息;选择参考端口时,只需要根据本端设备信息来选择;用户可以通过命令来创建、修改和删除静态聚合组。

（2）动态聚合模式指成员端口的 LACP 协议为使能状态,本地端口与对端端口之间需要交互 LACP 信息;选择参考端口时,需要本端系统和对端系统进行协商,根据两端系统的 LACP 信息进行选择;用户可以通过命令来创建、修改和删除动态聚合组。

按照成员端口类型的不同,链路聚合可以分为二层链路聚合和三层链路聚合两种类型。

（1）二层链路聚合指所有成员端口全部为二层以太网端口,此类聚合的聚合端口天然支持收发携带 VLAN tag 的报文;二层链路聚合后,需要创建相应的三层 VLAN 虚接口,来实现聚合端口收发三层 IP 报文的功能。

（2）三层链路聚合指所有成员端口全部为三层以太网端口,此类聚合的聚合端口天然支持收发三层 IP 报文;三层链路聚合后,为了实现聚合端口支持收发携带 VLAN tag 的报文,需要在聚合端口下创建相应的子接口。

3. 云网络中的链路聚合

链路聚合是以太网交换机所实现的一种非常重要的高可靠性技术。通过链路聚合,多个物理以太网链路聚合在一起形成一个逻辑上的聚合端口组。使用链路聚合服务的上层实体把同一聚合组内的多条物理链路视为一条逻辑链路,数据通过聚合端口组进行传输,如图 2-22

所示。链路聚合在云网络中具有以下作用。

(1)增加链路带宽指通过把数据流分散在聚合组中各个成员端口,实现端口间的流量负载分担,从而有效地增加了交换机间的链路带宽。

(2)提供链路可靠性指聚合组可以实时监控同一聚合组内各个成员端口的状态,从而实现成员端口之间彼此动态备份。如果某个端口故障,聚合组及时把数据流从其他端口传输。

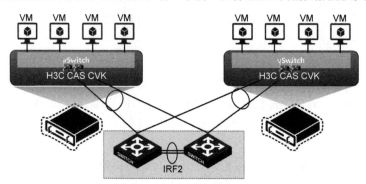

图 2-22   云网络中的链路聚合

2.3.3   DHCP 动态主机配置协议

1. 协议简介

DHCP(dynamic host configuration protocol,动态主机配置协议)的前身是 BOOTP (bootstrap protocol,引导协议)。DHCP 是 BOOTP 的增强版本,能够动态地为主机分配 IP 地址,并设定主机的其他信息,例如默认网关、DNS 服务器地址等。而且 DHCP 完全向下兼容 BOOTP,BOOTP 客户端也能够在 DHCP 的环境中良好运行。

DHCP 运行在客户端/服务器模式,服务器负责集中管理 IP 配置信息(包括 IP 地址、子网掩码、缺省网关、DNS 服务器地址等)。客户端主动向服务器提出请求,服务器根据策略返回相应配置信息;客户端使用从服务器获得的配置信息进行数据通信。

DHCP 协议报文采用 UDP 方式封装。DHCP 服务器所侦听的端口号是 67,客户端的端口号是 68。

2. DHCP 系统组成

在 DHCP 中最常见的术语包括以下几个(见图 2-23)。

(1)DHCP 服务器。DHCP 服务器提供网络设置参数给 DHCP 客户端,通常是一台能提供 DHCP 服务功能的服务器或网络设备。DHCP 服务器对客户端的所有配置信息进行统一管理。通过监听 DHCP 客户端的请求消息,DHCP 服务器给予相应的回复,回应给客户端的配置信息包括 IP 地址、子网掩码、默认网关等参数。DHCP 可以设定所分配 IP 地址资源的使用期限。使用期限到期后的 IP 地址资源可以由 DHCP 服务器进行回收。相比 BOOTP 协议,DHCP 可以更加有效地利用 IP 地址资源。

(2)DHCP 中继。在 DHCP 服务器和 DHCP 客户端之间转发跨网段 DHCP 报文的设备,通常是网络设备。通常情况下,DHCP 采用广播方式实现报文交互,DHCP 服务仅局限在本地网段。如果需要跨本地网段实现 DHCP,则需要使用 DHCP 中继技术实现。

(3)DHCP 客户端。DHCP 客户端通过 DHCP 服务器来获取网络配置参数,通常是一台主机或网络设备。在一个通过 DHCP 实现 IP 地址分配和管理的网络中,DHCP 客户端无须配置即可自动获得所需要的网络参数,网络管理人员和维护人员的工作压力得到了很大程度上的减轻。

图 2-23 DHCP 系统

3. DHCP 地址分配方式

针对客户端的不同需求,DHCP 提供三种 IP 地址分配方式。

(1) 手工分配指由管理员为少数特定 DHCP 客户端(如 DNS、WWW 服务器、打印机等)静态绑定固定的 IP 地址。通过 DHCP 服务器将所绑定的固定 IP 地址分配给 DHCP 客户端。此 IP 地址永久被该客户端使用,其他主机无法使用。

(2) 自动分配指 DHCP 服务器为 DHCP 客户端动态分配租期为无限长的 IP 地址。只有客户端释放该地址后,该地址才能被分配给其他客户端使用。

(3) 动态分配指 DHCP 服务器为 DHCP 客户端分配具有一定有效期限的 IP 地址。如果客户端没有及时续约,到达使用期限后,此地址可能会被其他客户端使用。绝大多数客户端得到的都是这种动态分配的地址。

4. IP 地址动态获取过程

DHCP 客户端从 DHCP 服务器动态获取 IP 地址,主要通过四个阶段进行,如图 2-24 所示。

(1) 发现阶段,即 DHCP 客户端寻找 DHCP 服务器的阶段。客户端以广播方式发送 DHCP-DISCOVER 报文。

(2) 提供阶段,即 DHCP 服务器提供 IP 地址的阶段。DHCP 服务器接收到客户端的 DHCP-DISCOVER 报文后,根据 IP 地址分配的优先次序选出一个 IP 地址,与其他参数一起通过 DHCP-OFFER 报文广播发送给客户端。

(3) 选择阶段,即 DHCP 客户端选择 IP 地址的阶段。如果有多台 DHCP 服务器向该客户端发来 DHCP-OFFER 报文,客户端只接受第一个收到的 DHCP-OFFER 报文,然后以广播方式发送 DHCP-REQUEST 报文,该报文中包含 DHCP 服务器在 DHCP-OFFER 报文中分配的 IP 地址。

(4) 确认阶段,即 DHCP 服务器确认 IP 地址的阶段。DHCP 服务器收到 DHCP 客户端发来的 DHCP-REQUEST 报文后,只有 DHCP 客户端选择的服务器会进行如下操作:如果确认将地址分配给该客户端,则返回 DHCP-ACK 报文;否则返回 DHCP-NAK 报文,表明地址不能分配给该客户端。

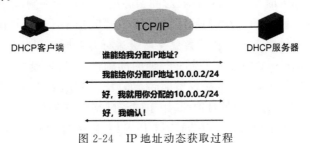

图 2-24 IP 地址动态获取过程

5. 云网络中的 DHCP

DHCP 协议的优点是网络管理员可以验证 IP 地址和其他配置参数,而不用去检查每台主机;DHCP 不会同时租借相同的 IP 地址给两台主机;DHCP 管理员可以约束特定的计算机使用特定的 IP 地址;可以为每个 DHCP 作用域设置很多选项;客户机在不同子网间移动时不需要重新设置 IP 地址。

在云计算网络中,可以配置一台 DHCP 服务器,让整个网络中的虚拟机通过 DHCP 协议来获取相应的 IP 地址,降低 IP 地址人工规划和配置的复杂度、出错率,同时灵活实现了云内主机资源的弹性扩展和地址资源动态分配和回收,如图 2-25 所示。

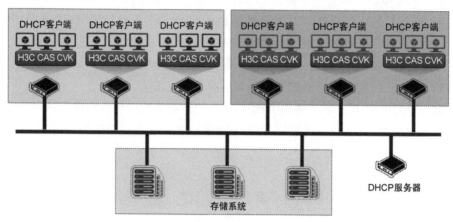

图 2-25 云网络中的 DHCP

2.3.4 NTP

1. 协议简介

NTP(network time protocol,网络时间协议)最早由美国特拉华大学的 Mills 教授设计提出,到目前为止经历了五个版本:v0(RFC958)、v1(RFC1059)、v2(RFC1119)、v3(RFC1305)、v4(RFC5905)。NTP 协议用来在分布式时间服务器和客户端之间进行时间同步的协议。NTP 基于 UDP 进行传输,使用的 UDP 端口号为 123。

使用 NTP 的目的是对网络内所有具有时钟的设备进行时钟同步,使网络内所有设备的时钟保持一致,从而使设备能够提供基于统一时间的多种应用。运行 NTP 的本地系统,既可以接受来自其他时钟源的同步,又可以作为时钟源同步其他的时钟,并且可以和其他设备互相同步。

在实际网络中 NTP 采用客户端/服务器结构运行,但服务器和客户端的概念是相对的,提供时间标准的设备称为时间服务器,接收时间服务的设备称为客户端。作为客户端的 NTP设备同时还可以作为其他 NTP 设备的服务器。因此相互进行时钟同步的各网络设备最终组成树状网络结构。从时钟服务器的根到各分支逐级进行时钟同步,如图 2-26 所示。

NTP 采用分层(stratum)的方法来定义时钟的准确性。NTP 设备的时钟层数越大,说明时钟精度越低。实际网络中,通常将从权威时钟(如原子时钟)获得时钟同步的 NTP 服务器的层数设置为1,并将其作为主参考时钟源,用于同步网络中其他设备的时钟。网络中的设备与主参考时钟源的 NTP 距离,即 NTP 同步链上 NTP 服务器的数目,决定了设备上时钟的层数。

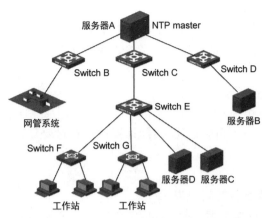

服务器A NTP master

Switch B
Switch C
Switch D

网管系统

Switch E

服务器B

Switch F Switch G

服务器D 服务器C

工作站 工作站

- 服务器A：时钟源
- Switch B、C、D：以服务器A为服务器进行时钟同步
- Switch E向Switch C同步时钟；服务器B向Switch D同步时钟
- Switch F、G和服务器C、D以Switch E为服务器同步时钟

图 2-26　NTP 协议

2. NTP 工作原理

NTP 的基本工作原理如图 2-27 所示。Device A 和 Device B 通过网络相连，它们都有自己独立的系统时钟，需要通过 NTP 实现各自系统时钟的自动同步。为了便于理解，做如下假设。

在 Device A 和 Device B 的系统时钟同步之前，Device A 的时钟设定为 10:00:00 a.m.，Device B 的时钟设定为 11:00:00 a.m.。

Device B 作为 NTP 时间服务器，即 Device A 将使自己的时钟与 Device B 的时钟同步。

NTP 报文在 Device A 和 Device B 之间单向传输所需要的时间为 1 秒。

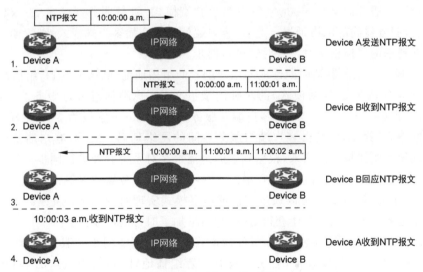

| NTP报文 | 10:00:00 a.m. |
1. Device A　IP网络　Device B　Device A发送NTP报文

| NTP报文 | 10:00:00 a.m. | 11:00:01 a.m. |
2. Device A　IP网络　Device B　Device B收到NTP报文

| NTP报文 | 10:00:00 a.m. | 11:00:01 a.m. | 11:00:02 a.m. |
3. Device A　IP网络　Device B　Device B回应NTP报文

10:00:03 a.m.收到NTP报文
4. Device A　IP网络　Device B　Device A收到NTP报文

图 2-27　NTP 工作过程

在上述假设情况下，系统时钟同步的一个完整工作过程描述如下。

（1）Device A 首先发送一个 NTP 报文给 Device B，该报文包含它离开 Device A 时的时间戳，该时间戳为 10:00:00 a.m.(T1)。

（2）当此 NTP 报文到达 Device B 时，Device B 加上自己的时间戳，该时间戳为 11:00:01 a.m.(T2)。

（3）Device B 正确处理此报文并返回响应报文，此 NTP 响应报文离开 Device B 时，

Device B 再加上自己的时间戳,该时间戳为 11:00:02 a.m.(T3)。

(4) 当 Device A 接收到该响应报文时,Device A 的本地时间为 10:00:03 a.m.(T4)。

(5) Device A 根据上述 4 个时间计算出如下两个重要参数并据此设定自己的时钟,从而达到时间同步。

NTP 报文的往返时延 delay $=(T_4-T_1)-(T_3-T_2)=2$(秒)。

Device A 相对 Device B 的时间差 offset $=[(T_2-T_1)+(T_3-T_4)]/2=1$(小时)。

以上内容只是对 NTP 工作原理的一个粗略描述,实际计算过程相对要复杂得多,具体计算过程以及算法请参阅 NTP 的 v4 版本。

3. NTP 工作模式

设备可以采用多种 NTP 工作模式进行时间同步。

(1) 客户端/服务器模式。客户端向服务器发送 mode 字段为 3(客户端模式)的时钟同步报文。服务器端收到报文后会自动工作在服务器模式,并发送 mode 字段为 4(服务器模式)的应答报文。客户端收到应答报文后,进行时钟过滤和选择,并同步到优选的服务器。

(2) 对等体模式。主动对等体和被动对等体之间首先交互 mode 字段为 3(客户端模式)和 4(服务器模式)的 NTP 报文。之后,主动对等体向被动对等体发送 mode 字段为 1(主动对等体)的时钟同步报文,被动对等体收到报文后自动工作在被动对等体模式,并发送 mode 字段为 2(被动对等体)的应答报文。经过报文的交互,对等体模式建立起来。主动对等体和被动对等体可以互相同步。如果双方的时钟都已经同步,则以层数小的时钟为准。

(3) 广播模式。服务器端周期性地向广播地址 255.255.255.255 发送 mode 字段为 5(广播模式)的时钟同步报文;客户端侦听来自服务器的广播报文。当客户端接收到第一个广播报文后,客户端与服务器交互 mode 字段为 3(客户端模式)和 4(服务器模式)的 NTP 报文,以获得客户端与服务器间的网络延迟。之后,客户端就进入广播客户端模式,继续侦听广播报文的到来,根据到来的广播报文对系统时钟进行同步。

(4) 组播模式。服务器端周期性地向用户配置的组播地址(默认的 NTP 组播地址 224.0.1.1)发送 mode 字段为 5(组播模式)的时钟同步报文;客户端侦听来自服务器的组播报文。当客户端接收到第一个组播报文后,客户端与服务器交互 mode 字段为 3(客户模式)和 4(服务器模式)的 NTP 报文,以获得客户端与服务器间的网络延迟。之后,客户端就进入组播客户模式,继续侦听组播报文的到来,根据到来的组播报文对系统时钟进行同步。

用户可以根据需要选择合适的工作模式。在不能确定服务器或对等体 IP 地址、网络中需要同步的设备很多等情况下,可以通过广播或组播模式实现时钟同步;服务器和对等体模式中,设备从指定的服务器或对等体获得时钟同步,增加了时钟的可靠性。

需要注意两个问题:①在客户端/服务器模式下,客户端能同步到服务器,而服务器无法同步到客户端;②在组播模式下,若用户没有配置组播地址,则使用默认的 NTP 组播地址 224.0.1.1。

4. NTP 验证

在一些对安全性要求较高的网络中,运行 NTP 协议时需要启用验证功能。通过客户端和服务器端的密码验证,可以保证客户端只与通过验证的设备进行同步,提高网络安全性。

NTP 验证功能可以分为客户端的 NTP 验证和服务器端的 NTP 验证两部分。在应用 NTP 验证功能时,应注意以下原则。

(1) 对于所有同步模式,如果使用了 NTP 验证功能,应同时配置验证密钥并将密钥设为可信密钥。否则,无法正常启用 NTP 验证功能。

(2)对于客户端/服务器模式和对等体模式,还应在客户端(对等体模式中的主动对等体)将指定密钥与对应的 NTP 服务器(对等体模式的被动对等体)关联;对于广播服务器模式和组播服务器模式,应在广播服务器或组播服务器上将指定密钥与对应的 NTP 服务器关联。否则,无法正常启用 NTP 验证功能。

(3)对于客户端/服务器同步模式,如果客户端没有成功启用 NTP 验证功能,不论服务器端是否使能 NTP 验证,客户端均可以与服务器端同步;如果客户端上成功启用了 NTP 验证功能,则客户端只会同步到提供可信密钥的服务器,如果服务器提供的密钥不是可信的密钥,那么客户端不会与其同步。

(4)对于所有同步模式,服务器端的配置与客户端的配置应保持一致。

5.云网络中的 NTP

在云计算网络中 NTP 主要有以下应用(见图 2-28)。

(1)在云计算网络中,对于从不同设备采集来的日志信息、调试信息进行分析的时候,需要以一个统一的时钟作为参照依据。

(2)计费系统要求所有设备的时钟保持一致。

(3)在云计算网络中,虚拟机必须与共享文件系统保持时钟一致,否则会导致虚拟机运行错误。

(4)在云计算网络中,多个系统协同处理同一个比较复杂的事件时,为保证正确的执行顺序,多个系统必须参考同一时钟。

(5)在云计算网络中,在对虚拟机进行增量备份时,要求备份服务器和虚拟机之间的时钟同步。

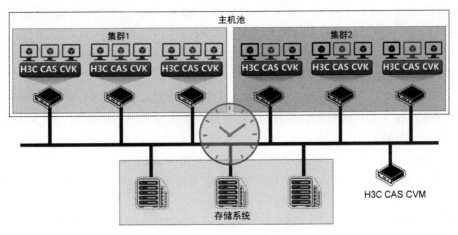

图 2-28 云网络中的 NTP

2.3.5 ACL 和 QoS

1.ACL

ACL(access control list,访问控制列表)是一条或多条规则的集合,用于识别报文流。这里的规则是指描述报文匹配条件的判断语句,匹配条件可以是报文的源地址、目的地址、端口号、协议类型等。网络设备依照这些规则识别出特定的报文,并根据预先设定的策略对其进行处理。

需要用到访问控制列表的应用有很多，主要包括以下几种。

（1）包过滤防火墙（packet filter firewall）指配置基于访问控制列表的包过滤防火墙，可以在保证合法用户的报文通过的同时拒绝非法用户的访问。例如，要实现只允许财务部的员工访问服务器而其他部门的员工不能访问，可以通过包过滤防火墙丢弃其他部门访问服务器的数据包来实现。

（2）NAT（network address translation，网络地址转换）指公网地址的短缺使NAT的应用需求旺盛，而通过设置访问控制列表可以来规定哪些数据包需要进行地址转换。例如，通过设置ACL只允许属于192.168.1.0/24网段的用户通过NAT转换访问Internet。

（3）QoS（quality of service，服务质量）指网络转发数据报文的服务品质保障。QoS通过ACL可以实现数据分类，并进一步对不同类别的数据提供有差别的服务。例如，通过设置ACL来识别语音数据包并对其设置较高优先级，就可以保障语音数据包优先被网络设备所转发，从而保障IP语音通话质量。

（4）路由策略和过滤指路由器在发布与接收路由信息时，可能需要实施一些策略，以便对路由信息进行过滤。例如，路由器可以通过引用ACL来对匹配路由信息的目的网段地址实施路由过滤，过滤掉不需要的路由而只保留必需的路由。

根据所过滤数据包类型的不同，ACL包含IPv4 ACL和IPv6 ACL。

在配置IPv4 ACL的时候，需要定义一个数字序号，并且利用这个序号来唯一标识一个ACL。

ACL有如下几类。

（1）基本ACL（序号为2000～2999）：只根据报文的源IP地址信息制定规则。

（2）高级ACL（序号为3000～3999）：根据报文的源IP地址信息、目的IP地址信息、IP承载的协议类型、协议的特性等三四层信息制定规则。

（3）二层ACL（序号为4000～4999）：根据报文的源MAC地址、目的MAC地址、VLAN优先级、二层协议类型等二层信息制定规则。

（4）用户自定义ACL（序号为5000～5999）：可以以报文的报文头、IP头等为基准，指定从第几个字节开始与掩码进行"与"操作，将从报文提取出来的字符串和用户定义的字符串进行比较，找到匹配的报文。

指定序号的同时，可以为ACL指定一个名称，称为命名的ACL。命名的ACL的好处是容易记忆，便于维护。命名的ACL使用户可以通过名称唯一地确定一个ACL，并对其进行相应的操作。

基本ACL只根据报文的源IP地址信息制定规则，所以比较适用于过滤从特定网络送来报文的情况，如图2-29所示。

在图2-29的例子中，用户希望拒绝来自网络2.2.2.0/24的虚拟机的数据报文通过，而允许来自网络1.1.1.0/24的虚拟机的数据报文被虚拟机转发。这种情况下就可以定义一个基本ACL，包含两条规则，其中一条规则匹配源IP地址1.1.1.0/24，动作是permit；而另一条规则匹配源IP地址2.2.2.0/24，动作是deny。

高级ACL根据报文的源IP地址信息、目的IP地址信息、IP承载的协议类型、协议的特性等三四层信息制定规则，所以比较适合于过滤某些网络中的应用及过滤精确的数据流的情况，如图2-30所示。

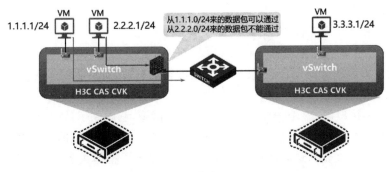

图 2-29　基本 ACL

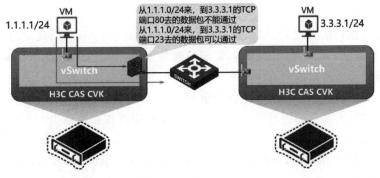

图 2-30　高级 ACL

在图 2-30 的例子中,用户希望拒绝从网络中 1.1.1.0/24 网段的虚拟机到 IP 地址为 3.3.3.1 的虚拟机的 HTTP 协议访问,而允许从网络中 1.1.1.0/24 网段的虚拟机到 IP 地址为 3.3.3.1 的虚拟机的 Telnet 协议访问。这种情况下就可以定义一个高级 ACL,其中的一条规则匹配源 IP 地址 1.1.1.0/24、目的 IP 地址 3.3.3.1/32、目的 TCP 端口 80(HTTP)的数据报文,动作是 deny;另一条规则匹配源 IP 地址 1.1.1.0/24、目的 IP 地址 3.3.3.1/32、目的 TCP 端口 23(Telnet)的数据报文,动作是 permit。

2. QoS

传统的 IP 网络仅提供"尽力而为"(best-effort)的传输服务。网络有可用资源时就转发数据包,网络可用资源不足时就丢弃数据包。网络设备采用先进先出(first in first out)队列,不区分业务,也无法对业务传递提供任何可预期和有保障的服务质量。

新一代互联网以及云计算网络承载了语音、视频等实时互动信息,而这些业务对网络的延迟、抖动等情况都非常敏感,因此要求网络在传统服务之外能进一步提供有保证和可预期的服务质量。

QoS 通过合理地管理和分配网络资源,允许用户的紧急和延迟敏感型业务能获得相对优先的服务,从而在丢包、延迟、抖动和带宽等方面获得可预期的服务水平。QoS 旨在对网络资源提供更好的管理,以在统计层面上对各种业务提供合理而公平的网络服务。其具体的作用包括以下几个方面。

(1) 尽力避免网络拥塞。

(2) 在不能避免拥塞时对带宽进行有效管理。

(3) 降低丢包率。

（4）调控 IP 网络流量。

（5）为特定用户或特定业务提供专用带宽。

（6）支撑网络上的实时业务。

QoS 只能使资源的分配更合理,使网络传输变得更有效,而不能创造网络资源。

3. QoS 限速

LR(line rate,接口限速)是一种主动的流量调节措施,它限制了从一个接口发往下游的报文的总速率,使上游的发送行为能严格符合 SLA/TCA。LR 用令牌桶算法对流量进行测量,将超出承诺速率的报文重新送入队列进行缓存,因而减小了整体丢包率,平滑了流量,但也因此引入了额外的延迟。

LR 位于链路层,因而对于从该接口外出的所有报文均能生效(紧急报文除外),不论是 IP 报文还是非 IP 报文。

LR 同时位于用户队列之后,因此其接收的报文都是通过 QoS 队列调度的。

LR 和 GTS(generic traffic shaping,常规流量整形)一样,是一种面向下游的流量调节机制,因而也只能应用于接口的出方向。

在 LR 中,符合承诺速率的流量将会被放行;超出承诺速率之外的流量会被再次送回到用户队列进行调度,调度后的流量将会被重新送给 LR 并由其令牌桶进行评估,直到 LR 令牌桶中有足够令牌时才能被发送。

LR 本身不提供缓存队列,其缓存是基于整个 QoS 用户队列的,因而比 GTS 的简单缓存队列具有更加丰富的特性。

4. 云网络中的 QoS 限速

QoS 通过合理地管理和分配网络资源,允许用户的紧急和延迟敏感型业务能获得相对优先的服务,从而在丢包、延迟、抖动和带宽等方面获得可预期的服务水平。

在云计算网络中,通常会在虚拟交换机上应用 QoS 限速,限制虚拟机之间互访和虚拟机访问其他资源的速率。实现对于虚拟机关键性业务的网络带宽保障,如图 2-31 所示。

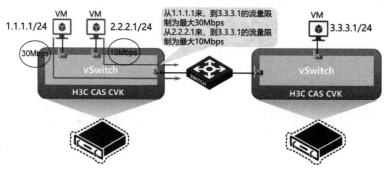

图 2-31　云网络中的 QoS 限速

2.4　存储基础知识

2.4.1　存储基本架构

1. 存储系统组成

存储就是根据不同的应用环境通过采取合理、安全、有效的方式将数据保存到某些介质上并能保证有效的访问,总的来讲可以包含两个方面的含义:一方面,它是数据临时或长期驻留的物理媒介；另一方面，它是保证数据完整安全存放的方式或行为。存储就是把这两个方面结合起来，向客户提供一套数据存放的解决方案。

在计算机发展的历史中，出现了许多种存储介质，如软盘、光盘、磁带、硬盘等，这些存储介质被制作成各种各样的存储设备，用于持久地保存信息。其中机械硬盘和固态硬盘是最为常见和重要的两种存储介质，它们被广泛使用在现在的计算机系统中，如图 2-32 所示，本章将详细介绍使用这两种存储介质的存储系统。

光盘 机械硬盘 磁带 固态硬盘(SSD)

图 2-32 常见的存储介质

一般来说，一套存储系统的使用需要考虑三个方面，包括存储硬件、存储软件及存储方案。

存储硬件分为存储设备和存储连接设备。常用的存储设备有磁带机、磁盘阵列、磁带库和虚拟磁带库等。存储的连接设备包括交换机、网卡、HBA 卡、RAID 卡、光模块、网线、光纤跳线等。

（1）磁盘阵列。磁盘阵列通过把多个较小容量的硬盘连在智能控制器上，增加了存储容量，提高了数据的可用性，免除单块硬盘故障所带来的灾难性后果，提供更快的存取速度和更高的数据安全性。磁盘阵列是一种高效、可靠、易用的存储设备。

（2）磁带机。磁带机由磁带驱动器和磁带构成。磁带机使用磁带作为介质存储数据，使用磁带驱动器对磁带进行读写。磁带机一般用来备份数据。

（3）磁带库。磁带库是像自动加载磁带机一样的基于磁带的备份系统，它能够提供同样的基本自动备份和数据恢复功能，并可由机械臂自动实现磁带拆卸和装填。

（4）虚拟磁带库。虚拟磁带库采用备份软件对本地或者外部存储设备上的硬盘空间进行利用，虚拟一个磁带库来使用，不受文件系统的限制，备份软件不需要任何变化，就可以提高备份和恢复的性能，缩小备份窗口。

存储管理软件为用户提供了存储的配置及维护等功能。

一个好的存储解决方案在数据存储方面能提高 IT 基础架构的整体高可用性，进而保证业务运营的高可持续性。

2. 磁盘阵列

磁盘阵列是采用 RAID 技术、冗余技术和在线维护技术制造的一种高性能、高可用的磁盘存储设备，能够提供在线扩容、动态修改阵列级别、自动数据恢复、驱动器漫游、超高速缓冲等功能，如图 2-33 所示。磁盘阵列是把多个磁盘组成阵列（array），以作为单一磁盘使用。阵列将数据以分段（striping）的方式存储在不同的磁盘中，存取数据时，阵列中的相关磁盘一起动作，大幅减低数据的存取时间，同时提供更佳的空间利用率。RAID 具有不同的阵列级别，不同的级别针对不同的系统及应用，以解决数据存储的安全、性能和容量的问题。

磁盘阵列包括控制框和硬盘框两大部分，控制框和硬盘框两者的有机结合为用户提供了一个高可靠、高性能、大容量的智能存储空间。

控制框不仅提供存储接入、配置的系统管理功能，还可以提供备份、精简、快照、复制等数据安全管理功能。控制框采用模块化设计，主要由系统插框、控制器模块、接口模块、硬盘模块、电源模块、风扇模块、缓存电池模块组成。控制框可分为盘控一体和盘控分离两种。两种

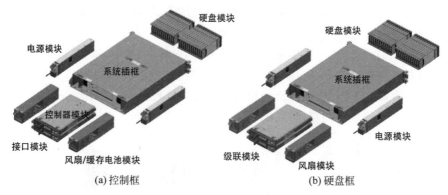

图 2-33 磁盘阵列

设计的主要区别在于盘控分离架构中除去了硬盘模块和缓存电池模块。

　　硬盘框为存储系统提供了充足的存储空间。硬盘框采用部件模块化设计,主要由系统插框、电源模块、风扇模块、级联模块和硬盘模块组成。按照结构划分为 2U 和 4U 硬盘框。其中 2U 使用 2.5 英寸的硬盘,4U 使用 3.5 英寸的硬盘。将存储控制框中控制器的 SAS 接口通过 SAS 级联电缆连接到硬盘框的 SAS 接口形成一个 loop,以整体提升磁盘阵列的存储容量。

　　(1) 系统插框。系统插框通过背板为各种接口模块提供可靠的连接,实现各个模块之间的信号互联与电源互连,系统插框硬件结构灵活,各个存储厂家设计各不相同。

　　(2) 控制器模块(控制框)。控制器是控制框中的核心部件,主要负责处理存储业务、接收用户的配置管理命令并保存配置信息、接入硬盘和保存关键信息到硬盘。

　　(3) 接口模块(控制框)。接口模块包括管理模块、FC(fiber channel,光纤通道)接口模块、iSCSI (internet small computer system interface,internet 小型计算机系统接口)接口模块、FCoE(fibre channel over ethernet,以太网光纤通道)接口模块、SAS(serial attached SCSI,串行连接方式)级联模块。管理模块为存储系统提供管理接口,主要包括管理网口和串口,管理模块将系统配置数据、告警信息及日志信息保存到管理模块的指定存储介质上。FC、iSCSI、FCoE 接口模块提供了应用服务器与存储系统的业务接口,用于接收应用服务器发出数据读写指令和数据流;SAS 级联模块提供传输速率为 12Gbit/s 的级联接口,用于级联硬盘框。

　　(4) 缓存电池模块(控制框)。缓存电池能够在系统外部供电失效的情况下,提供后备电源支持,以保证磁盘阵列缓存中业务数据的安全性。在控制框电源输出正常时处于备份状态,当外部电源断开时,缓存电池能够继续给系统供电。缓存电池支持失效隔离,当缓存电池出现故障时系统会关闭缓存,但不影响系统的正常运行。

　　(5) 级联模块(硬盘框)。级联模块通过级联端口来级联控制框和硬盘框,实现与控制框或硬盘框的通信,是控制框和硬盘框之间进行数据传输的连接点。

　　(6) 硬盘模块。硬盘模块提供了插入各个型号的硬盘接口,包括 SAS 硬盘、SATA 硬盘、SSD 硬盘。

　　(7) 风扇模块。风扇模块为系统提供散热功能,可以支持控制框在最大功耗模式下的正常运行。每个风扇模块支持热插拔功能。控制框配置了多个风扇模块,其中任何一个风扇出现故障都不会影响控制框的正常运行。风扇模块支持多级智能调速,控制器能够根据传感器或感温系统,综合判断风扇转速,智能调节风速,从而在保证散热效果的同时最大限度地节能。

　　(8) 电源模块。控制器配置了多个电源模块形成冗余,其中任何一个电源模块出现故障都不会影响控制框的正常运行,每个电源模块都支持热插拔功能。

3. 存储分类

早先的存储形式是存储设备(通常是磁盘)与应用服务器上的其他硬件直接安装于同一个机箱内,并且该存储设备是给本台应用服务器独占使用的。随着服务器数量的增多,磁盘数量也在增加,且分散在不同的服务器上,这使数据被分割成杂乱分散的"数据孤岛",无法在系统间自由流动,资源的充分利用和数据的共享变得相当困难。如果要更换磁盘,则需要拆开服务器,这样会中断应用。于是一种希望将磁盘从服务器中分离出来,进行集中管理的需求出现了,如图 2-24 所示。

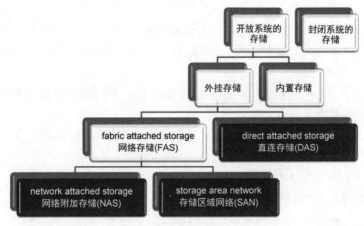

图 2-34 存储分类

为了实现存储设备从服务器中分离出来,厂商提出了使用专用的线缆将服务器的总线和存储设备连接起来,通过专门的 SCSI 指令或 FC 指令来实现数据的存储。最初出现的是 DAS(direct attached storage,直连存储)结构,通过每台服务器挂接一台独立的存储设备,顶替原先内置的硬盘存储的功能。但是由于资源的浪费和管理的困难等原因,这种结构越来越满足不了应用的需求。之后逐步出现了网络存储,比如 NAS(network attached storage,网络附加存储)、SAN(storage area network,存储区域网络),不仅将存储设备从应用服务器中分离出来,进行集中管理,而且可以通过各种网络设备和网络存储设备共同组成整个系统,提供网络信息系统的信息存取和共享服务。

1) DAS

将 RAID 硬盘阵列等各种存储设备通过诸如 SAS、SCSI 或 FC 等 I/O 总线与服务器直接相连,这种形式的存储结构被称为 DAS,如图 2-35 所示。

DAS 存储结构是以服务器为中心的。客户机的数据访问必须通过服务器,然后经过其 I/O 总线访问相应的存储设备,服务器实际上起到一种存储转发的作用。但是一旦服务器出现故障,信息资源也将无法访问。

一个典型的 DAS 系统只包含一台数据存储设备和一台应用服务器,把应用服务器和存储设备直接通过总线适配器相连,就构成了一个最简单的 DAS 系统,其中没有任何类似交换机、集线器的网络设备,如图 2-35 所示的 DAS 组网中,存储设备直接与文件服务器、应用服务器、数据库服务器连接,各服务器只能使用与自己直接连接的存储设备资源,彼此之间不能共享存储资源。

DAS 方式虽然实现了机内存储到存储子系统的跨越,但是仍然有以下缺点。

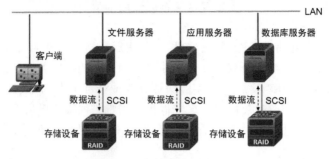

图 2-35　存储架构——DAS

（1）DAS 虽然使得存储设备从服务器中分离出来，但是每台服务器都必须有自己独立的存储设备，投资的成本较大。而且 DAS 方式数据依然是分散的，不同的应用各有一套存储设备，数据无法集中，管理分散。

（2）DAS 方式的存储空间无法充分利用，存在浪费。会出现某些服务器的存储空间不够用，而其他服务器却有大量的存储空间闲置。

（3）采用 DAS 方式时，如果增加新的应用服务器，只能为新增的服务器单独配置存储设备，造成重复投资。

（4）要扩展 DAS，就要改变存储设备，但有限的端口和有限的带宽限制了存储设备的规模，限制其 I/O 处理能力的提升，所以不宜扩展。

图 2-36　存储架构——NAS

2）NAS

使用一个专用存储服务器，去掉了通用服务器原有的不适用的大多数计算功能，而仅仅提供文件系统功能，用于存储服务，这种形式的网络存储结构被称为 NAS，如图 2-36 所示。

NAS 的特点是通过基于 IP 的网络文件协议向多种客户端提供文件级 I/O 服务，客户端可以在 NAS 存储备提供的目录或设备中进行文件级操作。专用服务器利用 CIFS(common internet file system，通用网络文件系统)或 NFS(network file system，网络文件系统)充当远程文件服务器，对外提供了跨平台的文件同时提供存取服务，因此 NAS 主要应用于文件共享任务。

NAS 以数据为中心，实现了对数据的集中管理，从而在提高网络整体性能的同时，也降低了总体成本。

为方便存储到网络之间并以最有效的方式发送数据，NAS 优化了系统软硬件体系结构。NAS 服务器上装有专用的操作系统，通常是简化的 UNIX/Linux 操作系统，或者是一个特殊的 Windows 内核，优化了它的文件系统管理和访问功能。

NAS 的协议可分为 CIFS 和 NFS。CIFS 一般被用于 Windows 系统，是由微软公司开发，用于连接 Windows 客户机和服务器的通用互联网文件系统。而 NFS 一般被用于 UNIX/Linux 系统之间的数据共享。

NAS 有如下特点。

NAS 使用专用存储服务器提供存储服务，因而它不占用应用服务器的资源，不影响应用服务器处理自身的应用程序，即使应用服务器不再工作，其他客户机仍然可以读取 NAS 上的数据。

NAS设备使用的专用操作系统支持不同的文件系统,提供不同操作系统的文件共享,经过优化的文件系统提高了文件的访问效率,也支持相应的网络协议。

在NAS中,可以基于已有的TCP/IP网络增加存储设备或者服务器,可以根据需要方便地扩展,NAS设备的安装和管理也非常简单,它一般都支持基于Web的客户端管理方式。

从性能上看,NAS性能受制于网络传输数据的能力。NAS访问需要经过文件系统格式转换,所以NAS提供的是文件级别的数据访问方式,不适合块级的应用,尤其是要求使用裸设备的数据库系统,NAS设备与客户机通过网络进行连接,因此数据备份或存储过程会占用网络的带宽,这必然会影响网络上的其他应用。

3) SAN

通过网络方式连接存储设备和应用服务器,专用于主机和存储设备之间的访问,当有数据的存取需求时,数据可以通过存储区域网络在服务器和后台存储设备之间高速传输,这种形式的网络存储结构被称为SAN,如图2-37所示。

图 2-37　存储架构——SAN

SAN由应用服务器、后端存储系统、SAN连接设备组成。主要实现形式有光纤通道存储区域网络(FC SAN)和IP存储区域网络(IP SAN),不同的实现形式分别采用不同的通信协议和连接方式在服务器和存储设备之间传输数据、命令和状态。

后端存储系统由SAN控制器和磁盘系统构成。SAN控制器是后端存储系统的关键,它提供存储接入、数据操作及备份、数据共享、数据快照等数据安全管理和系统管理功能。后端存储系统使用磁盘阵列和RAID策略为数据提供存储空间和安全保护措施。

SAN连接设备包括交换机、HBA卡和各种介质的连接线。

SAN方式整合了所有的存储设备和应用服务器。多台服务器可以通过存储网络同时访问后端存储系统,因此不必为每台服务器单独购买存储设备,降低存储设备异构化程度,减轻维护工作量,降低维护费用;不同应用服务器的数据实现了物理上的集中,容量调整和数据复制等工作可以在一台设备上完成,提高了存储资源利用率。

SAN方式使得服务器可以方便地接入现有SAN环境,较好地适应应用变化的需求。相比整合之前大幅降低了重复投资率和长期管理维护成本。由于采用块级别的数据传输,数据在传输时被分成小段,在传输大量数据时,SAN的性能能得到充分的发挥,因此SAN特别适用于存储量很大的块级应用。

4) DAS/NAS/SAN 比较

DAS方式扩展性比较差,存储设备必须预留一定的空间以备扩容之需,一般情况下有超过50%的存储空间闲置,造成资源的严重浪费。而且由于存储资源的分散,管理成本很高。DAS方式在扩充存储容量时还需要应用系统停机,不能实现在线的资源扩展。面对快速增长的存储容量要求,这种构架已经越来越不能满足用户的需要。

　　NAS 在数据共享的实现上有着其独特的优势,但是它不适用于视频、测绘等大文件传输,而且不适用于块级别的数据传输。NAS 使用主网络传输数据,所以性能上受到主网络环境的影响。NAS 的优势和劣势决定了 NAS 的应用范围。共享要求很高,频繁交换小文件的文件级共享访问环境,一般都采用 NAS 架构来实现。

　　SAN 方式可按需提供存储容量,可以在线扩充以支持更多的用户、更多的存储设备和更多的并行数据通道。SAN 方式使用较少的共享存储空间和设备,从而降低成本。通过建立这种集中存储池,可以满足多个应用服务器的存储增长需求,在多个应用服务器同时存在的情况下仅需较少的备用空间。SAN 具备高性能、高灵活性、高扩展性和高安全性等特点,对大文件的传输没有限制,且适合块级别的数据传输,所以核心应用基本上都采用 SAN 架构来实现。

　　各个存储类型的特点如表 2-1 所示。

表 2-1　各个存储类型的特点

类别	DAS	NAS	FC SAN	IP SAN
传输类型	SCSI、SAS、FC	IP	FC	IP
数据类型	块级	文件级	块级	块级
典型应用	任何	文件服务器	数据库应用	视频监控/虚拟化
优点	易于理解; 兼容性好	易于安装; 成本低	高扩展性; 高性能; 高可用性	高扩展性; 成本低
缺点	难以管理; 扩展性有限; 存储空间利用率不高	性能较低; 对某些应用不适合	比较昂贵,配置复杂; 操作性差	性能较低

　　一般来说,SAN 比较适合高带宽场景下的块级数据访问,而 NAS 则更加适合文件系统级的数据访问。用户可以部署 SAN 运行关键应用,如数据库、备份等,以进行数据的集中存取与管理。而 NAS 支持文件共享,所以在日常办公中需要经常交换小文件的情形下,用户可使用 NAS。

　　越来越多的设计使用 SAN 的存储系统作为后端,提供数据的集中管理和备份;而用 NAS 机头提供文件共享服务。NAS 机头只是一个简化的服务器,其本身只具有非常有限的存储空间,用于存放自身的操作系统文件,并不具备文件共享所需的存储资源,必须依托后端的 SAN 存储系统资源,对外提供文件共享服务。

4. 存储性能指标

　　衡量存储性能的主要指标是 IOPS(input/output operations per second,每秒进行读写 I/O 操作的次数)和带宽。IOPS 指每秒钟可服务于 I/O 请求的数量。带宽指单位时间内的流量或吞吐量,一般以 MB/s 为单位。带宽等于块大小与 IOPS 的乘积。

　　应用服务器对存储设备的读写方式分为顺序读写和随机读写两种。如果用一块磁盘来举例,顺序读写方式是指磁头从磁盘上的某个扇区开始,依次连续访问此扇区之后的扇区;随机读写指磁头随机访问整个磁盘上的扇区。随机读写方式比顺序读写增加了磁头的寻址时间,所以一般随机读写的速度都会比顺序读写的速度慢很多。

　　顺序读写与随机读写性能反映了存储性能的不同方面,顺序读写性能反映了存储的吞吐能力,一般用大数据块访问的带宽来衡量,关注的是存储提供的带宽;随机读写性能表示存储对请求反应的快慢,关注的是反应时间,用 IOPS 来衡量。

2.4.2　存储协议介绍

1. SCSI 介绍

SCSI 技术最早研制于 1979 年。到了 1981 年,当时一家声名显赫的软件供应商 NCR 与 Shugart 公司(希捷公司的前身)协力提出由 Shugart 公司开发的早期 I/O 技术——SASI,并历经 5 年,于 1986 年获得 ANSI(美国国家标准协会)承认,并被命名为 SASI。随着 ANSI 对该接口技术标准的接受和认可,和其他存储公司加入该技术的开发,SASI 被正式更名为 SCSI,并逐步发展成为存储 I/O 的传奇。

SCSI 是为小型计算机设计的扩充接口,主要特点是传输速度快、扩展性好、CPU 占用率低、硬盘支持热插拔。它不仅仅用于硬盘接口,还可以使计算机加装其他外部设备(光驱、磁带机和扫描仪等)以提高系统性能或增加新的功能。

SCSI 实际上是一个复杂协议的集合,它规范了一种并行的 I/O 总线和其相关的协议。SCSI 规定数据是以块(block)的方式进行传输。块的概念建立在扇区概念的基础上,扇区是在一个磁盘中最小的存储单元。块是存储设备上一个或多个扇区的集合,块的大小一般用 Byte 或 bit 为单位表示。

SCSI 的基本构成如图 2-38 所示。

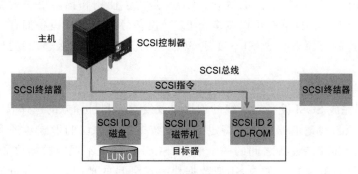

图 2-38　SCSI 的基本构成

SCSI 有如下基本概念。

(1) SCSI 总线。SCSI 总线又被称作 SCSI 通道,是主机和 SCSI 设备之间的数据通路。SCSI 总线是捆在一起的一束线缆,SCSI 设备及控制器采用菊花链的方式连接。主机 SCSI 控制器与外设控制器之间通过 SCSI 总线实现数据传输。所有直接与 SCSI 总线连接的适配器或外设控制器统称为 SCSI 设备。每个外设控制器可以控制一个或多个外部设备。SCSI 系统可以是一台主机、一个主适配器和一个外设控制器构成的最简单形式,也可以由一台或多台主机与多个外设控制器组成。

(2) SCSI 终结器。SCSI 需要进行"终结"设置才能使用。SCSI 终结器位于 SCSI 总线的末端,用来减小相互影响的信号,维持 SCSI 链上的电压恒定。SCSI 终结器的作用是告诉 SCSI 主控制器整条总线在何处终结,SCSI 终结器发出一个反射信号给主控制器,必须在 SCSI 总线的两个物理终端做一个终结信号才能够正常使用 SCSI 总线。绝大部分 SCSI 设备有内置终结器,并用跳线来控制终结器的开/关状态。现在的 SCSI 设备智能化程度很高,能自动控制终结器的开关,如一块硬盘和一个 CD-ROM 相连,无论硬盘的终结器开或关,CD-ROM 都能正常使用。

（3）SCSI控制器。SCSI总线本身不能直接和硬盘之类的SCSI设备进行通信，而是通过SCSI控制器与之进行通信，在每个SCSI设备内，都有一个以上的SCSI设备控制器，其功能类似于网络设备中的网卡，它的功能是实现SCSI设备之间的通信。SCSI控制器相当于一块小型CPU，有自己的命令集和缓存。SCSI控制器的逻辑结构包含一个任务管理单元和一个以上的逻辑单元(LU)，任务管理单元主要是负责处理各种请求，而逻辑单元主要执行针对存储介质的各种操作。

（4）SCSI ID。就像网络设备中的网络地址一样，SCSI ID实际上就是这些SCSI设备的地址。它用来标识连接在SCSI总线上的设备，是SCSI设备在SCSI总线的唯一识别符，绝对不允许重复。但当主机通过多个SCSI适配器与不同的SCSI相连时，这些SCSI总线是相互独立的SCSI域，因而可以在不同的SCSI总线上使用相同的SCSI ID。SCSI按照数据宽度的不同可分为窄SCSI和宽SCSI。窄SCSI的数据宽度是8位，对应有8个SCSI ID；宽SCSI的数据宽度是16位，对应有16个SCSI ID。因为SCSI主机控制器要占用一个地址，所以窄SCSI仅能分配剩下的7个SCSI ID。同样，宽SCSI仅剩下15个SCSI ID可供分配，如果用来连接磁盘，最多可以连接15块SCSI磁盘。

（5）LUN。SCSI总线上可挂接的设备数量是有限的，除了SCSI控制器外，只能挂载7个或者15个额外设备。而实际上需要用来描述的对象，是远远超过该数字的，于是引进了LUN(logical unit number，逻辑单元号)的概念。LUN是为了使用和描述更多设备及对象而引进的一个方法。每个SCSI ID下都可以有多个LUN设备，每个LUN设备拥有一个LUN ID，这样每个设备的描述就由原来的SCSI x变成SCSI x LUN y了，那么显而易见的，描述设备的能力增强了。

2. SCSI通信模型

SCSI互联层完成SCSI设备对总线的连接以及发送方和目标方的选择等功能。

在SCSI协议层，写请求被看成是特定数量的数据块以协议的形式传递到指定位置的命令。作为操作系统和存储设备之间的一个中介，SCSI协议既不规定数据块如何组织，也不规定怎样把数据块放到磁盘上。在SCSI把数据块发送到目的地时，目标方可能是单个物理磁盘，也可能是把数据块在多个物理盘上分条存放的RAID控制器。SCSI协议的责任，就是在确认写操作已经正确完成后向操作系统报告成功，而不管在磁盘上物理存储是如何配置以及写操作是如何执行的。在传输协议层，SCSI设备之间通过一系列的命令实现数据的传送，大致分成三个阶段：命令的执行，数据的传送和命令的确认。

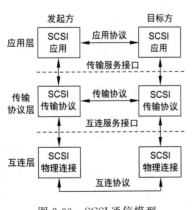

在应用层，SCSI体系结构把发起方(主机)和目标方(如磁盘)的通信定义为客户/服务器交换。SCSI客户位于主机中，代表上层应用程序，对文件系统和操作系统发出I/O请求。SCSI设备服务器位于目标设备中，对请求做出响应。客户/服务器请求和响应通过某种形式的底层协议进行传输，如图2-39所示。

3. iSCSI介绍

SCSI协议虽然是目前最为流行的数据传输协议，但是也存在着很多的缺点，例如SCSI总线上设备数限制为15，不适用于多服务器多存储设备的网络结构；SCSI总线的长度限制在25米，不适用于构造各种网络拓扑结构等。

图2-39　SCSI通信模型

可以通过网络来传输 SCSI 数据块的方法来解决 SCSI 允许连接设备数量较少、距离近的问题。通过网络传输 SCSI 数据块的方法有以下两种方式(见图 2-40)。

(1) iSCSI 协议通过 TCP/IP 协议来封装 SCSI 命令,并在 IP 网络上传输。

(2) FC 在逻辑上是一个双向的、点对点的、为实现高性能而构架的串行数据通道,FC 可以通过构建帧来传输 SCSI 的指令、数据和状态信息单元,光纤信道协议实际上可以看作 SCSI over FC。

图 2-40　基于网络的 SCSI

2003 年 2 月 11 日,IETF(internet engineering task force,互联网工程任务组)通过了 iSCSI 标准,它是 SCSI 传输协议的一种。

iSCSI 的通信机制也像 SCSI 一样,是使用发起方(initiator)和目标方(target)的方式建立连接的。发起方始终是连接的发起者。

iSCSI 的认证机制是基于名字的,这个名字一般被称为 iSCSI Name。建立连接时,发起方发起一个请求,目标方收到请求后,确认发起方发起的请求中所携带的 iSCSI name 是否与目标方绑定的 iSCSI name 一致。如果一致,便建立通信连接。iqn(iSCSI qualified name)规范定义的发起方携带的名字格式为 iqn. domaindate. reverse. domain. name:optional name,如 iqn. 2015-08. com. h3c:linux1。

每一个 iSCSI 节点只允许有一个 iSCSI Name,一个 iSCSI Name 可以被用来建立一个发起方到多个目标方的连接,多个 iSCSI Name 可以被用来建立一个目标方到多个发起方的连接,如图 2-41 所示。

iSCSI 和其他任何一个协议一样,也有一个清晰的层次结构。iSCSI 的协议栈自顶向下一共可以分为以下五层。

(1) SCSI 层。根据应用发出的请求建立 SCSI CDB(命令描述块),并传给 iSCSI 层;同时接受来自 iSCSI 层的 CDB,并向应用返回数据。

(2) iSCSI 层。iSCSI 层对 SCSI CDB 进行封装,以便能够在基于 TCP/IP 协议的网络上进行传输,完成 SCSI 到 TCP/IP 的协议映射。这一层是 iSCSI 协议的核心层。

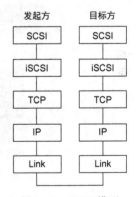

图 2-41　iSCSI 模型

(3) TCP 层。TCP 层提供端到端的透明可靠传输。

(4) IP 层。IP 层对 IP 报文进行路由和转发。

(5) Link 层。Link 层提供点到点的无差错传输。

iSCSI 发起方为了和 iSCSI 目标方建立 iSCSI 会话,需要知道 iSCSI 目标方的 IP 地址、TCP 端口号和 iSCSI name 三个信息。iSCSI 发现的目的是让 iSCSI 发起方获取一条到 iSCSI 目标方的通路。

TCP 报文中规定了 iSCSI 的端口,默认的 iSCSI 端口是 3260。

iSCSI 的报文被称为 PDU(protocol data unit,协议数据单元),一个 iSCSI PDU 由一个或多个基本报头段和一个可选的数据段组成。基本报头段被称作 BHS(basic header segment),它是一个固定长度为 48 字节的头段,在很多情况下它是唯一的段。在基本报头段之后,可能会有一个附加头段,因此,如果只有一个基本报头段,没有携带数据段,iSCSI PDU 的长度就是 48 字节。由于 iSCSI 提供可变大小的 PDU,所以 iSCSI 传输方式使系统 I/O 得到了优化。

iSCSI 工作流程包含以下几步(见图 2-42)。

(1) 当用户向一个 iSCSI 目标方设备发出访问请求时,应用程序通过系统调用访问文件系统。

(2) 文件系统解释这个 I/O 命令,分析 I/O 命令所在的设备和地址,然后将请求发送给 SCSI 上层驱动程序。

(3) SCSI 上层驱动程序将相应的 I/O 命令转换为 SCSI 命令,并发送给 iSCSI 发起方。

(4) iSCSI 发起方将 SCSI 命令封装打包,通过网络发送到 iSCSI 目标方模块。

(5) iSCSI 目标方模块收到 iSCSI 命令包后,将 iSCSI 命令包中的 SCSI 命令发送给 SCSI 底层驱动程序。

(6) 由 SCSI 底层驱动程序完成 I/O 请求,将数据按原路径返回给用户。

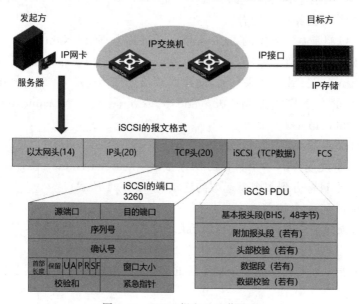

图 2-42　iSCSI 报文及工作流程

4. FC

(1) FC 协议。FC(fiber channel,光纤通道)是 ANSI(American national standards institute,美国国家标准协会)为网络和通道 I/O 接口建立的一个标准集。这组标准用以定义通过铜缆或光缆进行串行通信从而将网络上各节点相连接所采用的机制,为服务器与存储设备之间提供了高速连接。

FC 是一种数据传输技术,侧重于数据的快速、高效、可靠传输。随着数据存储在带宽上的需求提高,才逐渐应用到存储系统上。在计算机设备之间的 FC 数据传输率可以达到 16Gbps,尤其适用于服务器共享存储设备的连接,存储控制器和驱动器之间的内部连接。

FC 协议与 TCP/IP 协议类似,采用 5 层光纤协议封装和承载 SCSI 协议,通常使用光纤作为介质传输,也可以使用同轴电缆和屏蔽双绞线。FC可以提高多硬盘存储系统的速度和灵活性。

FC协议栈分为FC-0、FC-1、FC-2、FC-3、FC-4共5层,如图2-43所示。

① FC-0层(物理层)。FC-0层定义了连接的物理端口特性,主要由传输介质、发送端、接收端以及它们之间的接口组成,FC定义了四种可传输介质,分别是单模光纤、多模光纤、同轴电缆和屏蔽双绞线。

② FC-1层(传输协议)。FC-1层规定了编码方式和传输协议,包括串行解码、编码及差错控制的传输协议,FC-1层的基本功能是传输字节。

③ FC-2层(帧协议)。FC-2层规定了具体的传输机制,指明了传输规则,并提供了进行端到端数据块传输时所需的传输机制。FC-2层核心作用是负责设备所收发数据包的分段和重组。

④ FC-3层(公共服务)。FC-3层提供高级特性的公共服务,即端口间的结构协议和流动控制,如条块化(striping)、搜索组(hunt group)和多路播放(broadcast multicast)。

⑤ FC-4层(上层协议映射)。FC-4层定义了FC和IP、SCSI以及其他的上层协议(ULP)之间的接口,是FC标准集的最高层。

OSI 参考模型		光纤通道
将传输的信息转换为接收服务器可以识别的格式(如ASCII)	应用层	数据和应用
对信息传输,压缩和加密	表示层	
有关通信会话的详细信息	会话层	
数据分块	传输层	FC-4:上层协议映射
追加地址和路由信息	网络层	
为向专用途径或物理媒介通信准备数据	数据链路层	FC-3:公共服务 FC-2:帧协议 FC-1:传输协议
从服务器向媒介进行传输(如铜和光)	物理层	FC-0:物理层

图 2-43 FC 协议栈

(2) FC地址。在SAN环境中,FC通过WWN(world wide name,全球名称)来标识一个唯一的设备。WWN是一个64位的地址。WWN对于FC设备就像Ethernet的MAC地址一样都是全球唯一的,它们是由电气和电子工程师协会(IEEE)标准委员会指定给制造商,在制造时被直接内置到设备中去的,如图2-44所示。

WWN 分为 WWNN(world wide node name,全球节点名称)和 WWPN(world wide port name,全球端口名称)。WWNN 一般是针对存储设备或存储控制器(controller)的,而 WWPN 是针对每个端口的。因为实际通信是对应到端口的,在实际的应用中,常被使用的是 WWPN,例如 SAN 分区、存储设备 LUN 映射等,都

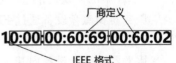

厂商定义

10:00:00:60:69:00:60:02

IEEE 格式
节点WWN: 1 = b '**0001** 000 000 000'
端口WWN: 2 = b '**0010** 000 000 000'

图 2-44 FC 地址

涉及对 WWPN 的操作。通常用 node WWN 来标识每台不同的 FC 交换机,因为它是唯一的,而对于 FC 交换机的端口,则使用 port WWPN 来标识。所以一台交换机只有一个 node WWN 和多个 port WWPN。

由于 WWN 的地址太长所以用这个地址来寻址的话会影响到路由的性能,因此 FC 网络采用了另外一种寻址方案。这种方案是用基于交换光纤网络中的光纤端口来寻址,被称为 FCID。基于交换光纤网络中的每个端口有一个唯一的 24 位的地址 FCID,这种 FCID 就类似于 TCP/IP 中的 IP 地址。用这种 24 位地址方案,可以得到了一个较小的帧头,这能加速路由的处理。

在 FC SAN 环境中,FC 交换机本身负责分配和维持端口地址。当有一个 WWN 登录到交换机的某一个端口时,交换机将会为其分配一个 FCID 地址,同时交换机也会创建 FCID 和登录的 WWN 地址之间的关联关系表并维护它们的关系。交换机的这一个功能是使用名字服务器(name server)来实现的。

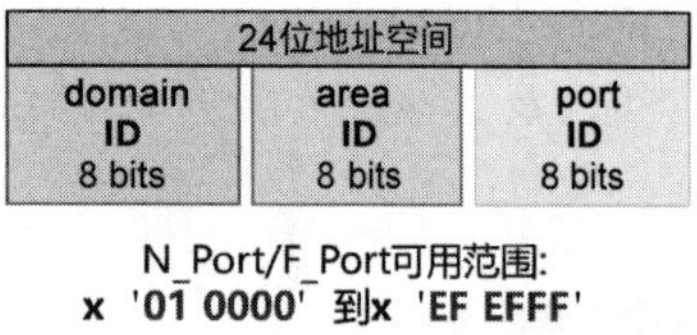

图 2-45 动态地址 FCID

动态地址 FCID,是动态分配的地址,占 24 位,由交换机给 N_Port 分配,由 domain、area 和 port 三部分组成,FCID 地址出现在 FC 报文头中,FC switch 用这个地址来转发 FC 报文,如图 2-45 所示。

端口地址中最重要的字节是 domain。这是标识交换机本身的地址。最多只能达到 256 个地址。除了一些被保留使用的地址外,实际上只有 239 个地址可用。这意味着在 SAN 环境中最多只可能有 239 台交换机。同时 domain 可以用来标识 SAN 网络中 FC 交换机的唯一性。

area 提供 256 个地址。area ID 是用来区分同一交换机上的不同端口组。每个 FC 接口都会由一块芯片来管理,处于同一块芯片管理的端口位于同一 area,因此具有同样的 area ID。

port 提供 256 个地址,用于识别相连的 N_Port 和 NL_Port。

按上面介绍,可以计算出一个 SAN 网络最大的地址数目为 domain×area×port=239× 256×256=15663104 个地址。

(3)FC 端口类型。FC 常用的端口类型分为以下几种。

① N_Port:节点端口,点到点连接时,在服务器或存储设备侧的接口。

② F_Port:fabric 端口,点到点连接时,与 N_Port 连接的 fabric 中交换机侧端口。

③ E_Port:扩展端口,点到点连接时,将两台交换机连接起来构成一个 fabric,是交换机之间连接使用的端口类型。

④ U_Port:交换机的通用端口,当连接服务器、存储等设备时变为 F_Port,当交换机级联时端口变为 E_Port。

(4)FC 通信过程。

FC SAN 中的协议通信过程包含以下几步(见图 2-46)。

① 服务器和磁盘设备通过 FLOGI(fabric login)协议向 FCF 交换机进行注册,FCF 交换机为与之直连的每个节点设备分配 FC 地址。

② 服务器和磁盘设备向其直连的 FCF 交换机发送名称服务注册请求,注册其名称服务信息(名称服务信息包括节点设备的 WWN、FC 地址等)。最终,fabric 网络中的每台 FCF 交换机上都保存着所有节点设备的名称服务信息。

③ 当服务器要访问磁盘设备时,服务器要向其直连的 FCF 交换机发送名称服务查询请

求,获取 fabric 网络中存在的磁盘设备列表,以及这些磁盘设备的 WWN、FC 地址等信息。

④ 服务器获取到磁盘设备的 FC 地址后,就可以将 FC 报文发送给就近的 FCF 交换机。FC 报文的目的 FC 地址就是磁盘设备的 FC 地址。

⑤ FCF 交换机收到服务器发送来的 FC 报文后,根据报文中的目的 FC 地址查找转发表(该转发表是 FCF 交换机根据 FC 路由协议或配置的静态路由信息计算后生成的),选择数据转发路径,将报文转发到下一跳 FCF 交换机。下一跳 FCF 交换机同样对 FC 报文进行转发,直到最后一跳 FCF 交换机将 FC 报文转发给目的磁盘设备。

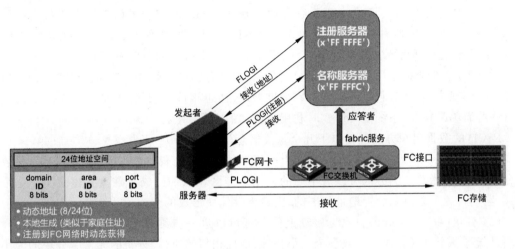

图 2-46　FC 协议通信过程

5. 存储协议的比较

存储协议的技术特点如表 2-2 所示。

表 2-2　存储协议的技术特点

协 议 类 型	SCSI 协议	FC 协议	iSCSI 协议
接口技术	SCSI	FC	Ethernet
接口类型	并行	串行	串行
适配器	SCSI 卡	FC HBA	iSCSI HBA 或 Ethernet 卡
交换机	无	FC 交换机	Ethernet 交换机、路由器
目前最大速率	320MB/s	16GB/s	20GB/s
兼容性	好	差	好

2.4.3　存储 RAID 技术

1. RAID

RAID 这个概念最早是在 1987 年由加州大学伯克利分校提出来的,开发这项数据保护技术的初衷是为了组合小的廉价磁盘来代替大的昂贵磁盘,同时希望磁盘失效时不会令数据受损失。

RAID 将多个独立的物理磁盘按照某种方式组合起来,形成一个虚拟的磁盘。RAID 在操作系统下作为一个独立的存储设备出现,它可以充分发挥出多块磁盘的优势,提升读写性能,增大容量,提供容错功能以确保数据安全性,同时也易于管理,在冗余阵列出现降级的情况下都可以继续工作,不会受到磁盘失效的影响。

　　基于不同的架构,RAID 的实现方式可以分为软件 RAID 和硬件 RAID。

　　(1) 软件 RAID。软件 RAID 指通过网络操作系统自身提供的磁盘管理功能将连接的普通 SCSI 卡上的多块硬盘配置成逻辑盘,如 Windows、Linux 系统都可以提供软件阵列功能。软件 RAID 中的所有操作都由中央处理器负责,所以系统资源的使用率会很高,从而使系统性能降低。软件 RAID 不需要另外添加任何硬件设备,依靠操作系统的 CPU 功能提供所有现成的资源。但不能提供硬件热插拔、硬件热备份、远程阵列管理等功能。

　　(2) 硬件 RAID。硬件 RAID 通常是一张 PCI 卡,包含了处理器及内存,可以提供一切 RAID 所需要的资源,所以不会占用系统资源。硬件 RAID 的应用可以连接内置硬盘或外置存储设备。无论连接何种硬盘,控制权都在 RAID 卡上,即由系统所操控。在系统里硬件 RAID PCI 卡通常都需要安驱动程序,否则系统会拒绝支持。磁盘阵列可以在安装系统之前或之后产生,系统会将之视为一个(大型)硬盘,它也具有容错及冗余的功能。磁盘阵列不但可以加入一个现成的系统,它还可以支持容量扩展,方法也很简单,只需要加入一个新的硬盘并执行一些简单的指令,系统便可以实时利用这新加的容量。

　　RAID 的数据组织方式包括以下几个重要概念(见图 2-47)。

　　(1) 分区(extent)。分区指成员磁盘上一组地址连续的存储块,一个磁盘可以有一个或多个分区,同一个磁盘上的分区可以有不同的大小。分区在 RAID 成员磁盘上建立了一个个的边界,它们将成员磁盘划分为地址相邻的、由若干存储块形成的组。

　　(2) 分块(declustering)。成员磁盘上的分区可以进一步细分为更小的段,被称为分块。分块是指将一个分区分成一个或多个大小相等、地址相邻的块,是分条的元素。分块的大小一般是磁盘扇区大小(512B)的整数倍。

　　(3) 分条(stripe)。分区和分块是在单个磁盘上进行的,而不是在阵列上。分条是磁盘阵列中的两个或更多分区上的一组位置相关的分块,"位置相关"意味着每个分区上的第一分块属于第一分条,每个分区上的第二分块属于第二分条,以此类推。

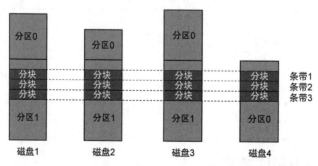

图 2-47　RAID 数据组织方式中的重要概念

　　RAID 的数据存取方式有以下几种。

　　(1) 并行存取。并行存取是精密控制所有磁盘的主轴马达,使每个磁盘的位置都彼此同步,然后对每个磁盘进行 I/O 数据传送,由于并行存取 RAID 架构的特性,RAID 控制器一次只能处理一个 I/O 请求,无法执行多个任务,因此不适合应用在 I/O 频繁、数据随机存取、每次数据传输量小的环境,并行存取更适合应用在大型、数据连续的档案存取任务中。

　　(2) 独立存取。独立存取并不对成员磁盘进行同步转动的控制,其对每个磁盘的存取都独立且没有顺序和时间间隔的限制。独立存取可以进行重叠多任务,并且可以处理来自多个主机的不同 I/O 请求,适合应用在数据存取频繁、I/O 少的系统。

RAID 可以通过不同的方式对数据进行不同级别的保护,包括镜像冗余和校验冗余。

RAID 技术在容量和管理上的优势体现得很明显,如图 2-48 所示。RAID 技术实现了设备的虚拟化,尽管一个 RAID 系统带有许多磁盘,但在主机系统看来,RAID 系统就像一个大、快、可靠的磁盘,就像蜜蜂的蜂巢一样,许多小的部分组合起来构成了单一的更大的部分。

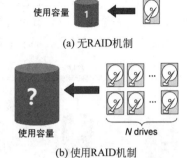

(a) 无RAID机制

(b) 使用RAID机制

图 2-48 提高容量的优势

例如一个 RAID 系统可以由 6 个磁盘组成,而在存储总线或网络上却以单一的地址出现,这样既能够减轻对存储 I/O 总线的占用,同时也提供了更大的存储能力。统一管理是适应存储数据爆炸性增长的一个必需的前提,RAID 系统使管理员在大多数情况下只需管理单个的虚拟设备,而无须管理这 6 个实际磁盘。

RAID 有超过单个磁盘的性能优势。一般来说,单个磁盘性能方面的瓶颈主要集中在转动延迟和寻道时间上,它们都由单个磁盘的机电部分的工作方式决定。而 RAID 技术中一个重要的概念是"磁盘分块",它的基本思想是将数据分成更小的"块",分散到各个不同的磁盘中操作,使主机 I/O 控制器能够处理更多的操作,这是在单个磁盘下所不能达到的。

2. RAID 级别

1) RAID 0

RAID 0 被称为条带化(striping)存储,以条带的形式将数据均匀分布在阵列的各个磁盘上。RAID 0 在存储数据时由 RAID 控制器将数据分割成大小相同的数据条,同时写入阵列中并联的磁盘,在读取时,也是顺序从阵列磁盘中读取后再由 RAID 控制器进行组合,如图 2-49 所示。

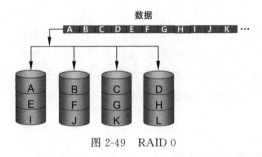

图 2-49 RAID 0

用于描述条带中容量大小的术语通常有以下两个。

① RAID 条带宽度。RAID 条带宽度指同时可以并发读或写的条带数量。这个数量等于 RAID 中的物理硬盘数量。例如一个经过条带化的,具有 4 块物理硬盘的阵列的条带宽度就是 4。增加条带宽度,可以增加阵列的读写性能;增加更多的硬盘,也就增加了可以同时并发读或写的条带数量。在其他条件一样的前提下,一个由 8 块 18GB 硬盘组成的阵列相比一个由 4 块 36GB 硬盘组成的阵列具有更高的传输性能。

② RAID 条带深度。RAID 条带深度指条带的大小,也叫条带大小。这个参数指的是写在每块磁盘上的条带数据块的大小。RAID 的数据块大小一般在 2KB 到 512KB 之间(或者更大),其数值是 2 的次方,即 2KB、4KB、8KB、16KB,以此类推,条带大小对性能的影响比条带宽度难以量化得多。

RAID 0 要将数据分成条带进行存取,构成 RAID 0 至少需要 2 块磁盘。由于使用了并行存取方式,数据被并行地写入或读取,从而非常有助于提高存储系统的性能。对于两个磁盘的 RAID 0 系统,提高一倍的读写性能可能有些夸张(毕竟要考虑到同时增加的数据分割与组合等的操作处理时间),但提高 50% 的性能是完全可以的。因此,RAID 0 具有各种 RAID 级别中最高的存储性能。

RAID 0 最大的缺点就是没有数据冗余能力。由于没有备份或校验恢复设计,在 RAID 0 阵列中任何一个磁盘损坏就可能导致整个阵列数据的损坏。

RAID 0 的特点使它特别适用于对存储性能要求较高,而对数据安全要求并不高的领域。

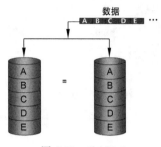

图 2-50　RAID 1

2)RAID 1

RAID 1 又被称为 mirror 或 mirroring,它的宗旨是最大限度地保证用户数据的可用性和可修复性,如图 2-50 所示。

和 RAID 0 相比较,RAID 1 的读写方式完全不同,阵列中的两个成员磁盘,在写入时,RAID 控制器并不是将数据分成条带,而是将数据同时写入两个磁盘。在读取时,首先从其中一个磁盘读取数据,如果读取成功,就不用去读另一个磁盘上的数据;如果其中任何一个磁盘的数据出现问题,可以马上从另一个磁盘中进行读取,不会造成工作任务的间断。两个磁盘是相互镜像的关系,可以相互恢复。对于镜像冗余方式,当有多个读取操作时,镜像可以分散工作负荷,使一个磁盘处理这一组请求,另一个磁盘处理另一组请求,使用这种方法,数据的读取速度将会加倍。

RAID 1 的操作方式是把用户写入硬盘的数据百分之百地自动复制到另外一个硬盘上,在所有 RAID 级别中,RAID 1 提供最高的数据安全保障。同样,由于数据的百分之百备份,备份数据占了总存储空间的一半,因而,RAID 1 的磁盘空间利用率低,存储成本高。

RAID 1 技术支持“热替换”,即不断电的情况下对故障磁盘进行更换,更换完毕只要从镜像盘上恢复数据即可。当主硬盘损坏时,镜像硬盘就可以代替主硬盘工作。镜像硬盘相当于一个备份盘,这种硬盘模式的安全性最高。

3)RAID 5

RAID 5 是一种存储性能、数据安全和存储成本兼顾的存储解决方案,RAID 5 可以用在三块或更多的磁盘上。RAID 5 不对存储的数据进行备份,而是把数据和相对应的奇偶校验信息存储到组成 RAID 5 的各个磁盘上,并且奇偶校验信息和相对应的数据分别存储于不同的磁盘上。当 RAID 5 的一个磁盘数据发生损坏后,利用剩下的数据和相应的奇偶校验信息去恢复被损坏的数据,如图 2-51 所示。

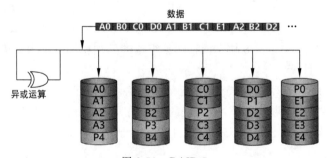

图 2-51　RAID 5

在图 2-51 中,RAID 5 的奇偶校验码存在于所有磁盘上,其中的 P0 代表第 0 带区的奇偶校验值,P1 代表第 1 带区的奇偶校验值,以此类推。RAID 5 的读出效率很高,写入效率一般,块式的集体访问效率较高。因为奇偶校验码在不同的磁盘上,所以提高了可靠性,允许单个磁盘出错。RAID 5 以数据的校验位来保证数据的安全,但它不是以单独硬盘来存放数据的校验位,而是将数据段的校验位交互存放于各个硬盘上。因此任何一个硬盘损坏,都可以根据其他硬盘上的校验位来重建损坏的数据。硬盘的利用率为$(N-1)/N$。

校验冗余通过计算阵列中的成员磁盘上数据的校验值,将校验信息保存在各个磁盘资源上。常用的校验算法是 XOR 算法。

当 RAID 5 阵列中的一个成员磁盘失效时,需要对剩余磁盘上的数据使用 XOR 操作,恢复失效磁盘上的数据。当主机请求数据时,阵列控制器将从所有成员磁盘读出存在的数据和校验数据,使用 XOR 操作计算出丢失的数据,恢复后的数据必须与丢失的数据保持一致,然后,将恢复的数据发送到主机,完成 I/O 请求操作。

在某个时间,新的磁盘将要替代阵列中的失效磁盘,这时会运行一个校验恢复进程。校验恢复进程读出所有其他磁盘上的数据(包括校验数据),然后,在新加入的磁盘上使用 XOR 算法恢复数据。

使用校验冗余时,由于每一个磁盘的写操作都需要计算校验,随着成员磁盘数量的增长,将要求更多的内存和处理器资源,这可能对存储系统的性能有所影响。如果 RAID 5 在重建过程中,再损坏一个磁盘,那么整个 RAID 5 将不可用。

4) RAID 6

作为比较新的 RAID 技术,RAID 6 是对 RAID 5 的扩展,主要适用于要求数据绝对不能出错的场合。它能够提供两级冗余,即阵列中的两个成员磁盘失效时,阵列仍然能够继续工作。它需要 $N+2$ 个磁盘,对控制器的设计十分复杂,写入速度也不好,计算奇偶校验值和验证数据正确性所花费的时间比较多,造成了不必要的负载。RAID 6 比其他级别 RAID 更复杂和更昂贵,如图 2-52 所示。

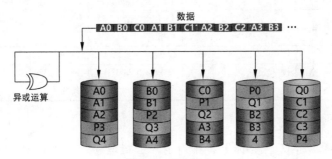

图 2-52 RAID 6

当对每个数据块执行写操作时,RAID 6 就做两个独立的校验计算,如 XOR 和某种其他的函数。RAID 6 有 RAID6 P+Q 和 RAID 6 DP 两种技术。其中,RAID 6 P+Q 中用的 P 和 Q 代表两个相互独立的校验值,即它们的计算是互不干扰的,都是由其他数据磁盘上的数据根据不同的算法计算而来的。因此,如果一块磁盘故障,根本不需要使用 Q,用校验值 P 直接通过 XOR 计算就可以得到原数据,这点和 RAID 5 一样。如果两块磁盘故障,又分为两种情况,一是故障磁盘有 Q 所在的磁盘,这种情况和 RAID 5 中一块磁盘发生故障一样,使用 P 通过 XOR 即可恢复;二是故障的磁盘没有 Q 所在的磁盘,则需要经过两次更复杂的计算来恢复数据。

5) RAID 10

RAID 10 综合了 RAID 0 和 RAID 1 的优点,适合用在速度需求高,又要完全容错的场合。RAID 10 首先实现了 RAID 1 的镜像对,然后再把若干个镜像对组合成高一级的 RAID 0

条带化,如图 2-53 所示。

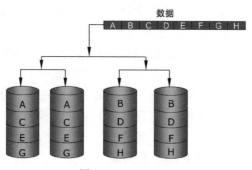

图 2-53　RAID 10

RAID 10 把高可靠性与高性能磁盘结合起来,但它存在价格高的缺点,只不过价格高是相对于只有 50% 的磁盘利用率而言的。

总体来说,RAID 10 适合读写速率需求高,又要完全容错,而且对费用没有太多限制的领域。

6)RAID 级别的比较

RAID 级别的特点如表 2-3 所示。

表 2-3　RAID 级别

项　　目	RAID 0	RAID 1	RAID 10	RAID 5	RAID 6
最小硬盘数量	1	2	4	3	4
性能	最高	最低	RAID 5<RAID 10<RAID 0	RAID 1<RAID 5<RAID 10	RAID 6 < RAID 5<RAID 10
特点	无容错	最佳的容错	最佳容错兼顾性能	提供容错	提供容错
磁盘利用率	100%	50%	50%	$(N-1)/N$	$(N-2)/N$
描述	不带奇偶校验的条带集	磁盘镜像	RAID 0 与 RAID 1 的结合	带奇偶校验的条带集	双校验位

3. RAID 使用

RAID 由几个硬盘组成,从整体上看相当于一个物理卷。服务器无法直接对 RAID 进行读写操作,所以需要在物理卷的基础上按照指定容量创建一个或多个逻辑卷,通过 LUN 来标识,逻辑卷是唯一对主机可见的数据层,通过磁盘阵列导出到主机供主机读写数据,如图 2-54 所示。

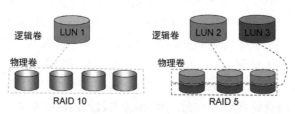

图 2-54　物理卷和逻辑卷

逻辑卷可分为完全配置卷和精简配置卷,完全配置卷在系统中具有分配给用户数据的固定用户空间大小。其需要系统保留完全配置卷所需的整体空间量,不论这些空间是否已被实际使用。完全配置卷大小是固定的,精简配置卷则按需分配空间。

4. RAID 热备盘

RAID 的镜像冗余和校验冗余可以极大地提高数据的可靠性,但当系统需要支持不间断应用时,冗余本身并不能充分地维护可用性,因此需要有个办法,在没有断电和撤除连接的情况下,使冗余磁盘立即投入使用。RAID 可以使用热备技术实现这种要求。

热备(hot spare)指当冗余的 RAID 阵列中某个磁盘失效时,在不干扰当前 RAID 系统正常使用的情况下,用 RAID 系统中另外一个正常的备用磁盘顶替失效磁盘,及时保持 RAID 系统的冗余性,如图 2-55 所示。

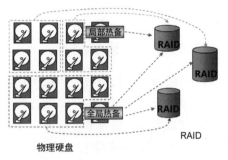

图 2-55 热备盘

热备通过配置热备盘实现。热备盘可以分为全局热备盘和局部热备盘。全局热备盘指为整个系统中多个阵列分配的、作为备用盘的磁盘。当系统中任意一个具有冗余特性的 RAID 阵列中的单个成员磁盘失效时,全局热备盘会顶替该磁盘。局部热备盘是为系统中某一个指定的 RAID 阵列提供备件的磁盘,其他的 RAID 阵列发生磁盘失效时是不能够使用该热备盘的。局部热备盘又可以分为专用热备盘和分布式热备盘等。

不论热备盘以何种方式为 RAID 阵列提供保护,若某个冗余的 RAID 阵列已使用某个热备盘完成重建,那么该热备盘就成为该阵列的组成部分。该阵列和其他阵列需要再次重建时,它们不能再使用这个热备盘。

热备的主要优点是在使用新磁盘替代失效磁盘的过程中,不需要花费等待时间。热备盘能把自身"逻辑地"插入阵列中,可以使校验恢复立即开始执行。热备也是防止另一个磁盘失效而导致数据丢失的最快的保护方式。

5. RAID 重构

具有冗余数据的磁盘阵列中的磁盘发生故障时,该磁盘上的所有用户数据或校验数据重新生成的过程,或者将这些数据写到一块或多块备用磁盘上的过程被称为重构(regenaration)。重构可以分为镜像冗余重构与校验冗余重构,如图 2-56 所示。

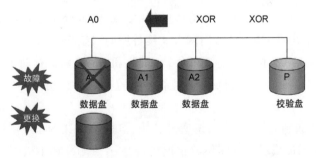

图 2-56 RAID 重构

镜像冗余重构是在其中的一块磁盘故障之后,由于备份盘上保存有相同的数据,可以直接从存有相同数据的磁盘上读取所需要的数据并将数据写入备用磁盘中,从而实现阵列的重构。镜像冗余阵列的重构仅仅是数据的读取与写入的过程,没有涉及数据的运算操作,因此重构的过程较为简单。

重构是计算校验数据的逆过程,即根据校验数据和剩余的成员磁盘数据恢复出故障磁盘上的数据,如果校验数据丢失,则需要重新生成校验数据。例如在 RAID 5 中,任何一个数据盘发生故障时,在有热备盘的情况下热备盘会自动顶替,无热备盘时手动更换故障盘后,可以通过其他数据盘和校验盘对应位置上的数据进行异或运算重新构建出故障盘上的数据,但超过一块磁盘故障则无法重构。由于重构需要进行额外的计算来获得丢失的数据,所以重构的过程比镜像冗余更加复杂。

2.4.4 存储多路径

多路径指在主机访问存储设备时,从发起端有一条以上的物理连接可与目标端进行通信及数据传输。主机能够将存储设备的 I/O 请求定向到多条访问路径上,智能分配 I/O 流量,最大限度地提高存储效率并增强系统性能。将 I/O 流量均衡地分配到多条路径上,可以提高存储路径的带宽,当某条存储路径故障时,多路径能够将其 I/O 流量透明地重新定向至备用存储路径,保证业务连续性。

多路径解决方案使用冗余的物理路径组件(适配器、电缆和交换机)在服务器与存储设备之间创建逻辑路径。如果这些组件中的一个或多个发生故障,导致路径无法使用,多路径逻辑就使用 I/O 的备用路径以使应用程序仍然能够访问其数据。

多路径的作用如下。

(1)提高可靠性。当主存储路径(首选路径)出现故障时,可以将 I/O 自动地、透明地切换至备用路径,这是业务系统的一项重要冗余机制。

(2)负载均衡。负载均衡允许两个或更多存储路径同时用于读写操作,自动将 I/O 平均分配至所有可用的活动路径以提升性能。

(3)增加带宽。单一通道的传输速度受理论值限制,可以通过多路径功能来增加数据传输的带宽,解决系统的带宽瓶颈。

多路径的实现方式如下。

(1)活动—活动(active-active)模式是指多链路的两块网卡始终都处于工作状态,没有主从的区别。

(2)活动—备用(active-passive)模式是指其中一块网卡处于工作状态,另一块处于后备状态,只有当工作网卡出现故障时,备用网卡才接替原网卡工作。

服务器使用两块 HBA 卡分别连接两台 FC 交换机,存储系统有两个控制器,每个控制器分别连接两台 FC 交换机,因此主机共有 4 条不同的物理路径访问 SAN 中的磁盘阵列,如图 2-57 所示。

多路径有时也会遇到问题,操作系统通过总线、目标 ID、LUN ID 来识别设备,只要链路、ID 不同,就认为是不同的设备。在多链路情况下,同一个 LUN 在主机端通过不同链路被识别多次,导致在存储设备上的同一个 LUN 在主机端却被识别为不同的物理设备。

在特定的组网条件下,同一个 LUN 在主机端可能被识别为 4 个 LUN,如图 2-58 所示。主机如果同时对 4 个 LUN 进行写入操作,将导致 I/O 流量不知道如何选择路径。从操作系统的角度来看,操作系统会认为每条路径是一个实际存在的物理盘,但实际上只是通向同一个物理盘的不同路径而已,这将导致数据毁坏或 I/O 错误。

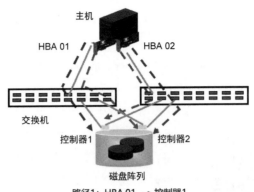

图 2-57 存储多路径

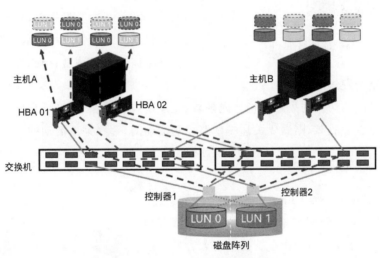

图 2-58 多路径问题

多路径管理软件就是为了解决上面的问题应运而生的,这个软件的作用就是将操作系统识别到的多个 LUN 合并成一个 LUN,提供给主机正常访问,如图 2-59 所示。

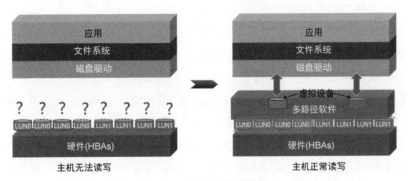

图 2-59 多路径管理软件

多路径软件需要和存储配合使用,可以使用操作系统自带的多路径软件或者使用存储厂商配套的多路径软件。操作系统自带的管理软件有 Windows 系统的 MPIO 和 Linux 系统的 Multipath。

不同的存储厂商有不同的多路径软件,如 HDS HDLM、HP SecurePath、EMC PowerPath、Veritas DMP 和 IBM RDAC 等。

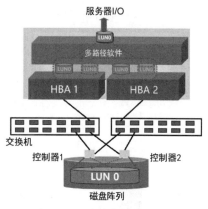

图 2-60　多路径故障切换

如果发生路径故障,多路径软件将该路径上的 I/O 重新分配到正常工作的路径。多路径软件停止向故障路径发送 I/O 并检查可用路径,如果没有可用路径,则将替代或备用路径投入使用,I/O 导入替代路径,如图 2-60 所示。

多路径软件使用周期性路径测试以确认路径是否能够正常工作。路径测试指多路径软件通过发送一系列 I/O 以确认路径的可用性。如果测试失败,多路径软件关闭该路径并停止向其发送 I/O。

多路径软件继续周期性地检测故障路径,以确认其是否恢复。如果路径通过测试,多路径软件将恢复对该路径的使用并重新发送 I/O。

导致多路径故障切换的故障点包括光模块、光纤跳线、HBA 卡、光纤交换机、存储控制器。如果故障点发生故障,则需要关注哪些路径是活动的,哪些是不活动的。

2.4.5　存储精简卷

精简配置(thin provisioning)是一种先进的、智能的、高效的容量分配和管理技术,它扩展了存储管理功能,可以用小的物理容量为操作系统提供超大容量的虚拟存储空间。并且随着应用的数据量增长,实际存储空间也可以及时扩展,而无须手动扩展,如图 2-61 所示。总而言之,精简配置提供的是"运行时空间",可以显著减少已分配但是未使用的存储空间。

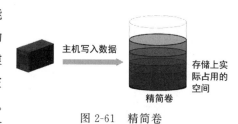

图 2-61　精简卷

精简配置的核心原理是"欺骗"操作系统,利用主机不会去逐字节检查所有空间,并且分配给主机的存储空间不会被瞬间写满这个特点,把传统的完全供给变为按需供给。

如果采用传统的磁盘分配方法,需要用户对当前和未来业务发展规模进行正确的预判,提前做好空间资源的规划。但这并不是一件容易的事情,在实际应用中,由于对应用系统规模的估计不准确,往往会造成容量分配的浪费,例如为一个应用系统预分配了 5TB 的空间,但该应用却只需要 1TB 的容量,这就造成了 4TB 的容量浪费,而且这 4TB 容量被分配了之后,很难再被别的应用系统使用。即使是最优秀的系统管理员,也不可能恰如其分地为应用分配好存储资源,而没有一点的浪费。

精简配置技术有效地解决了存储资源的空间分配难题,提高了资源利用率。采用精简配置技术的数据卷分配给用户的是一个逻辑的虚拟容量,而不是一个固定的物理空间,只有当用户向该逻辑资源真正写入数据时,才按照预先设定好的策略从物理空间分配实际容量。

管理员只需要在创建逻辑资源时指定初始物理空间的大小以及逻辑资源的最大容量(即该逻辑资源最多可分配的存储空间)即可。系统将自动根据指定的初始物理空间大小创建逻辑资源,该资源分配给客户端后,在客户端看到的可用存储空间则是指定的最大容量。

客户端可直接对整个资源进行读写,系统将持续统计客户端写入数据的情况,一旦当前已分配的物理存储空间使用率达到一定比例,将自动从可用存储池中为该逻辑资源分配更多的物理空间。系统统计物理空间的数据写入情况,而不是写入数据总量,从而避免了客户端持续更新某一块数据,数据变化量很大从而导致逻辑资源扩容的情况。

在如图 2-62 所示的案例中,一个应用系统预分配了 500GB 的空间,但该应用运行后只占用了 200GB 的容量,这就造成了 300GB 的容量浪费,而且这 500GB 容量被分配了之后,就不能再被别的应用系统使用。

在如图 2-63 所示的案例中,预先为应用系统分配 500GB 的逻辑空间,但实际占用的物理空间可以只有 200GB,只有当应用的实际容量接近或超过 200GB 时,才会按照预先设定好的策略再为应用系统分配一部分新的物理空间,例如再分配 100GB,使得该应用的实际物理空间达到 300GB。

图 2-62 普通 LUN   图 2-63 精简配置 LUN

精简配置不仅解决了单个应用的初始空间分配和扩容的难题,还大幅提高了整个存储系统的资源利用率。此外,由于容量扩展过程由存储阵列完成,应用完全感知不到,因此能够实现真正的不停机扩容,给业务连续性提供了坚实的保障。

在对 LUN 进行镜像、克隆、复制操作时,普通全卷会对整个数据卷进行操作,但在精简配置 LUN 的情况下,只对实际分配的空间执行操作,节省网络带宽及存储资源消耗。

例如对 500GB 的普通 LUN 进行镜像、克隆、复制操作时会对整个 500GB 的数据进行操作。但对只使用了 200GB 空间的 500GB 精简卷进行镜像、克隆、复制操作时,只需对 200GB 的数据进行操作。

如果存储池内的物理资源被用尽,同时未能及时添加新的物理资源时,一旦精简配置 LUN 无法正常扩展空间,会导致主机端 I/O 无法正常写入,会出现"底层物理空间错误"等故障提示,情况严重时会导致数据丢失,如图 2-64 所示。存储系统内部针对每个精简配置 LUN 和存储池进行状态监控,IT 管理人员需要密切关注存储池运行状态。

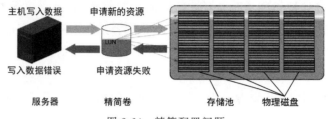

图 2-64　精简配置问题

2.4.6　存储快照

SNIA(存储网络行业协会)对快照(snapshot)的定义是关于指定数据集合的一个完全可用拷贝,该拷贝包括相应数据在某个时间点(拷贝开始的时间点)的映像。快照可以是其所表示的数据的一个副本,也可以是数据的一个复制品。

快照的价值有以下三点。

(1)快速备份/恢复。快照可迅速生成,并可用作传统备份和归档的数据源,缩小甚至消除了数据备份窗口,快照存储在磁盘上,可以快速直接存取,大幅提高数据恢复的速度。

(2)保存多个恢复点目标。基于磁盘的快照使存储设备有灵活和频繁的恢复点,可以快速通过不同时间点的快照恢复数据。

(3)重新定义数据用途。快照提供一份接近实况数据的副本,可供测试、归档、查询使用,既保护生产系统又赋予备份数据新的用途。

根据实现方式的不同,最常用快照可以分成两类:写时复制和写时重定向。

COW(copy on write,写时复制)时源卷始终保持最新状态。

当一个新的写入操作执行时,会产生以下步骤。

(1)先读出写入操作将要覆盖地址的当前数据。

(2)将读出数据保存至专用空间并建立索引。

(3)执行新的写入操作(写入目标地址)。

读写路径会产生以下影响(见图 2-65)。

(1)源卷的读路径基本无影响。

(2)源卷的写入操作受复制影响。

(3)对快照(卷)的读写路径都有影响。

ROW(redirect on write,写时重定向)的源卷状态为冻结状态。

读写操作步骤包含以下几步。

(1)到源盘的新的写入操作被存入日志(并索引)。

(2)读源卷时,先检索日志。

(3)读快照时,源卷需要引用。

(4)当快照取消时,写日志必须全部执行以与源卷保证数据状态同步更新。

读写路径会产生以下影响(见图 2-66)。

(1)源卷的写入操作基本无影响。

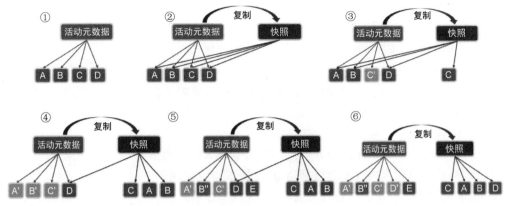

图 2-65 写时复制

（2）源卷的读路径受潜在影响。

（3）快照（卷）的读写路径最优化。

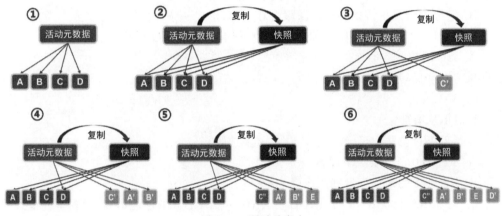

图 2-66 写时重定向

2.5 本章总结

本章主要讲解了以下内容。

（1）服务器 BIOS、RAID 配置程序和管理软件的使用。

（2）VLAN、链路聚合、DHCP、NTP、ACL、QoS 协议的基本原理。

（3）存储的 DAS、NAS、SAN 基本架构。

（4）存储 SCSI、iSCSI、FC 存储协议的原理。

（5）存储 RAID、多路径、精简卷和快照技术关键点。

2.6 习题和答案

2.6.1 习题

1. 关于硬盘的说法中错误的是（   ）。（单选题）

　　A. 硬盘按种类分有 SATA 硬盘、SAS 硬盘、FC 硬盘、SSD 硬盘

　　B. 硬盘按尺寸分有 3.5 寸、2.5 寸、1.8 寸

C. 硬盘按照转速分有 7200RPM、10000RPM 和 15000RPM 等

D. 15000RPM 转速的硬盘比 10000RPM 转速的硬盘性能更高、寿命更长

2. 关于阵列卡的说法中正确的是（　　）。（多选题）

A. RAID 卡支持 write through 和 write back 模式，前者系统的写入请求直接写入硬盘，安全性很高，性能很低；后者系统的写入请求先存放到缓存中，性能高，安全性相对较低

B. RAID 卡缓存越大越好

C. 缓存电池是为了保证服务器掉电情况下，RAID 卡缓存中数据的安全

D. 一般主板集成内置不含缓存，性能上要弱于独立插卡

3. 关于链路聚合的说法中错误的是（　　）。（单选题）

A. 链路聚合分为静态链路聚合和动态链路聚合

B. 如果是服务器配合交换机使用，只需要在服务器侧配置动态链路聚合，交换机侧配置静态链路聚合，两者也可以协商成功

C. 链路聚合可以增加链路网络带宽，增加链路可靠性

D. 链路聚合是把多条物理链路聚合在一起，形成一条逻辑链路

4. 关于 DHCP 动态分配 IP 地址，适合的场景有（　　）。（多选题）

A. AD 域控服务器

B. 企业内部办公桌面

C. VDI 场景

D. DRX 场景

5. 关于 RAID 说法中正确的是（　　）。（多选题）

A. RAID 0 至少要 2 块硬盘

B. RAID 1 的磁盘容量利用率是 50%

C. 对比 RAID 0/RAID 1/RAID 5/RAID 6，RAID 0 的性能最高，但安全性也最差

D. RAID 5 组中，可以允许两块硬盘同时出现故障

6. 关于多路径的说法中正确是（　　）。（多选题）

A. 多路径的实现方式有 active-active 模式、active-passive 模式

B. 多路径的主要作用是提高可靠性，实现负载均衡，但不能增加链路带宽

C. 如果没有多路径软件，则一个 LUN 在主机端会被识别为多个 LUN

D. 如果主机有两个 HBA 口，存储侧有两个控制器，每个控制器有两个 HBA 口，那主机侧一共能发现 4 条存储路径

7. 关于存储精简卷的说法中正确的是（　　）。（多选题）

A. 精简卷允许存储超分配使用

B. 对于关键业务，建议使用厚置备存储卷，保证对存储资源的占有

C. 使用精简卷有可能会发生在主机侧的磁盘使用率少于存储侧容量使用率的问题

D. 当精简卷在存储内镜像、克隆和存储间复制时，只需同步实际使用的数据，节省CPU、磁盘和带宽开销

2.6.2　答案

1. D　　2. ABCD　　3. B　　4. BCD　　5. ABC　　6. ACD　　7. ABCD

虚拟化平台介绍

H3C CAS 服务器虚拟化管理平台是 H3C 公司面向企业和行业数据中心推出的虚拟化平台软件,通过精简数据中心服务器的数量,整合数据中心 IT 基础设施资源,精简 IT 操作,提高管理效率,达到提高物理资源利用率和降低整体成本的目的。

3.1 本章目标

学习完本课程,可达成以下目标。

(1) 了解服务器虚拟化的技术背景。

(2) 了解 CAS 虚拟化的技术优势。

(3) 了解 CAS 虚拟化的典型案例及应用场景。

3.2 服务器虚拟化技术

3.2.1 演进历史

服务器虚拟化应用的演进可分为三个时期,分别为萌芽期、发展期和爆发期。

(1) 萌芽期。1959 年克里斯托弗·斯特雷奇(Christopher Strachey)发表了一篇名为《大型高速计算机的时间共享》的学术报告,第一次提出了"虚拟化"的概念。而在时隔六年后的 1965 年,IBM 推出了 IBM System/360 Model 67 和 TSS 分时共享系统,允许多个远程用户共享同一高性能计算设备,这就是最初的虚拟机。

(2) 发展期。1972 年,IBM 发布了用于创建灵活大型主机的虚拟化技术,IBM 360/40、IBM 360/67 等大型机通过 hypervisor 技术,在物理硬件上生成多个可以运行独立操作系统的虚拟机。在虚拟化技术的帮助下,用户可以对造价昂贵的大型机硬件进行逻辑分区,实现"多任务处理",更充分地利用了大型机的昂贵资源。

(3) 爆发期。在大型机和 UNIX 平台的虚拟化技术不断发展的同时,x86 平台却由于架构和性能上的缺陷,而与虚拟化绝缘。随着 x86 架构的普及,人们开始考虑把虚拟化技术应用到更广泛的 x86 平台,Intel、AMD 修改了 x86 处理器的指令集,再加上多核处理器的出现,使得虚拟化技术在 x86 平台快速发展起来。1999 年,VMware 针对 x86 平台推出了第一款商业虚拟化软件 VMware Workstation。从此虚拟化技术终于走下了大型机的神坛,x86 时代正式开启。

3.2.2 实现方法

Hypervisor 即虚拟化引擎,也称为 VMM(virtual machine monitor,虚拟机监控器),是一种运行在物理服务器和操作系统之间的中间层软件,可允许多个操作系统和应用共享硬件,服务器虚拟化是通过 hypervisor 实现的。

将软件和硬件相互分离,在操作系统与硬件之间加入一个虚拟化软件层(hypervisor)。通过空间上的分割、时间上的分时以及模拟,将服务器物理资源抽象成逻辑资源,向上层操作系统提供一个服务器硬件环境,使得上层操作系统可以直接运行在虚拟环境上,并允许具有不同操作系统的多个虚拟机相互隔离,并发运行在一台物理服务器上。

hypervisor 运行在物理服务器上,管理和使用物理资源,将物理资源形成共享资源池并进行虚拟化,向上分配给虚拟机,并对虚拟机进行管理。在这个环境中,每台虚拟机都认为自己运行在一台真实的计算机上,并唯一拥有这台计算机的所有资源,如图 3-1 所示。

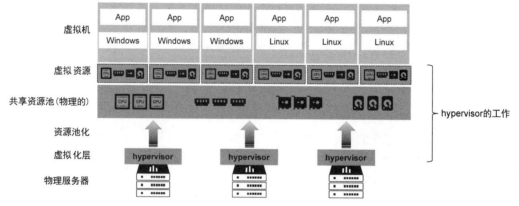

图 3-1　hypervisor 架构

3.2.3　架构分类

根据 hypervisor 的实现方式和所处位置,虚拟化分为Ⅰ型(裸金属型)和Ⅱ型(宿主型)两种类型。

1. Ⅰ型(裸金属型)

裸金属型架构是指 hypervisor 直接安装在物理主机上。多个虚拟机在 hypervisor 上运行。Guest OS(客户操作系统)对物理资源的访问都要经过 hypervisor 来完成,hypervisor 拥有硬件的驱动程序。Xen 和 VMware ESX Server 都属于这一类型。

裸金属型虚拟化一般会对硬件虚拟化功能进行优化,因此性能较好,但需要修改操作系统,hypervisor 实现方式一般是一个特殊定制的 Linux 系统,而 Windows 系统不支持,如图 3-2 所示。

图 3-2　裸金属型虚拟化架构

2. Ⅱ型(宿主型)

宿主型架构指物理主机先安装操作系统,包括 CentOS、Ubuntu 和 Windows 等,hypervisor 作为操作系统的一个程序模块运行,并对虚拟机进行管理。KVM、VirtualBox、VMware Workstation 都属于这一类型。

Guest OS 对硬件的访问必须经过宿主操作系统,因此有额外的性能开销,其性能通常不如裸金属架构。但宿主型架构可充分利用宿主操作系统的设备驱动和底层服务来管理和调度资源,且兼容的操作系统类型较多,较灵活。宿主型架构支持虚拟机嵌套,即可以在 KVM 虚拟机中再运行 KVM,如图 3-3 所示。

3.2.4　KVM 虚拟化

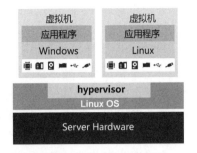

KVM 是一个开源软件,它是 x86 平台上应用最广泛的虚拟化方案,全称是 kernel-based virtual machine,基于 Linux 内核实现。在 Linux 内核的基础上添加虚拟机管理模块,重用 Linux 内核中已经完善的进程调度、内存管理、IO 管理等,无须修改虚拟化操作系统,使之成为一个可以支持运行虚拟机的 hypervisor,如图 3-4 所示。

图 3-3　宿主型虚拟化架构

KVM 由两个组件组成,分别是 kvm. ko 和 QEMU。kvm. ko 用于管理 CPU 和内存虚拟化,负责 vCPU、内存的分配。QEMU 是一个纯软件设计的虚拟化模拟器,KVM 在 QEMU 的基础上进行修改,负责 IO 设备虚拟化,为虚拟机提供访问外设的途径。

KVM 虚拟化需要 CPU 硬件支持,如 Intel 的 VT、AMD-V 等硬件辅助虚拟化技术。

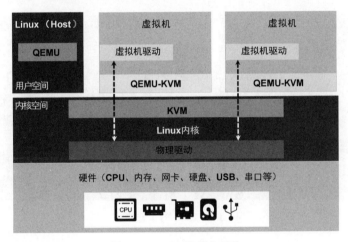

图 3-4　KVM 虚拟化架构

3.2.5　CPU 虚拟化

虚拟化技术包括 CPU 虚拟化、内存虚拟化、网络虚拟化和存储虚拟化,本节主要介绍 CPU 虚拟化技术。

1. CPU 虚拟化概念

CPU 虚拟化指将物理 CPU 虚拟为多个 vCPU,从而被多台虚拟机共用并实现相互隔离。CPU 的运转是以时间为单位的,CPU 虚拟化要解决的问题主要是隔离和调度问题,隔离指让不同的虚拟机之间能够相互独立地执行命令,调度指 hypervisor 决定 CPU 当前在哪台虚拟机上执行,虚拟机的运行可以看作 hypervisor 调用不同的 vCPU。由于 x86 体系设计在 CPU 虚拟化上有一定的缺陷,所以起初 x86 架构并不适用于虚拟化。

2. CPU 的工作原理

在 x86 架构中有 4 个特权级别分别为 Ring 0、Ring 1、Ring 2 和 Ring 3,数值越小级别越高。操作系统运行在 Ring 0 上,驱动程序运行在 Ring 1 和 Ring 2 上,应用程序运行在 Ring 3 上。

CPU 的指令分为两大类,分别是特权指令和非特权指令。特权指令主要用于底层物理资源的分配和管理,一般由操作系统发出,运行在权限级别最高的 Ring 0 上。非特权指令一般由应用程序发出,运行在 Ring 1、Ring 2 和 Ring 3 上,大部分非特权指令无须调用底层物理资源,但是有 17 条指令需要调用底层物理资源,这些指令被称为敏感非特权指令,且可以在 Ring 0 上正常运行。敏感指令包括修改虚拟机的运行模式或物理机状态的指令,读写时钟、中断等寄存器的指令,访问存储保护系统、地址重定位系统的指令,以及所有的 I/O 指令。

在非虚拟化的环境中运行的操作系统是唯一的,在其调度下不同应用程序发出的敏感非特权指令可以轮询调度底层物理资源,因此不会产生冲突。

在虚拟化环境中由 hypervisor 统一管理所有的系统资源,如果其运行在 Ring 0 上,则 Guest OS 会降级在 Ring 1 上运行。特权指令在 Ring 1 上运行会产生异常,该异常会被 hypervisor 捕获处理并将结果返回给 Guest OS;而敏感非特权指令因为可以在非 Ring 0 权限等级上正常运行,所以 hypervisor 无法捕获。同一台物理服务器上不同 Guest OS 的敏感非特权指令在调用底层物理资源时可能导致系统资源冲突,因此 x86 架构在最初不适合于虚拟化。为解决上述问题,引入了全虚拟化、半虚拟化和硬件辅助虚拟化,如图 3-5 所示。

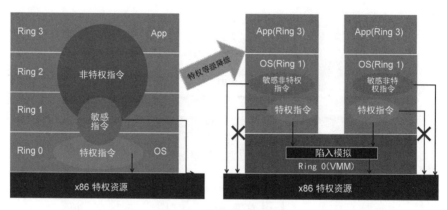

图 3-5　CPU 的工作原理

3.2.6　全虚拟化

全虚拟化是通过 BT(binary translation,二进制翻译)技术来实现 x86 架构,支持虚拟化的一种方案。最先实现这种 CPU 全虚拟化技术的是 trap-and-emulation 技术,即陷入模拟和模拟仿真技术。这种技术通过将 Guest OS 的特权指令通过 hypervisor 自动捕获的方式运行后再返回给 Guest OS。hypervisor 会使用模拟仿真将特权指令执行一遍。

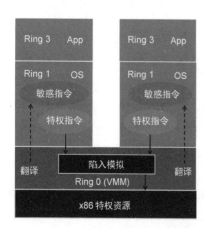

图 3-6　全虚拟化工作原理

1. 工作原理

全虚拟化工作原理包含以下几点,如图 3-6 所示。

(1) Guest OS 指令段在执行前进行整段翻译,将其中的 17 条敏感指令替换为在 Ring 0 中执行的对应特权指令。

(2) hypervisor 先将所有指令进行扫描,特权指令将被陷入 hypervisor。hypervisor 通过一系列的模拟操作来执行特权指令并统一对底层物理资源进行调度,将执行结果返回给 Guest OS,Guest OS 从上次被中断的地方继续执行。

（3）非特权指令则直接执行。

2. 优缺点

（1）优点：Guest OS 无须修改，且感知不到是否发生了虚拟化。

（2）缺点：当负载较大且敏感指令被频繁执行时，会引起性能下降。

3.2.7 半虚拟化

为了规避全虚拟化带来的性能下降，提高资源的利用率，引入了半虚拟化技术来解决 x86 架构下 CPU 的敏感指令问题。半虚拟化主要采用 hypercall 技术。

1. 工作原理

半虚拟化工作原理包含以下几点，如图 3-7 所示。

（1）在 hypervisor 上运行的 Guest OS 已经集成了与半虚拟化有关的代码，使得 Guest OS 能够非常好地配合 hypervisor 来实现虚拟化。

（2）Guest OS 的部分代码被修改，从而使 Guest OS 将和特权指令相关的操作都转换为发给 hypervisor 的 hypercall（超级调用），由 hypervisor 继续进行处理。hypervisor 提供 hypercall 接口来满足 Guest OS 的关键内核操作，如内存管理、中断和时间同步等。

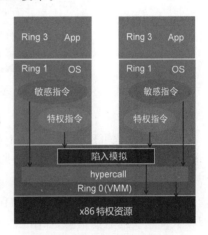

图 3-7 半虚拟化工作原理

2. 优缺点

（1）优点：hypercall 支持的批处理和异步的优化方式，可以实现近似于物理机的处理速度。

（2）缺点：仅支持开源操作系统，不支持闭源操作系统，所以半虚拟化解决方案兼容性和可移植性差。

3.2.8 硬件辅助虚拟化

无论是全虚拟化还是半虚拟化解决方案都有自身无法避免的缺陷，不能同时满足用户对效率高和兼容性强的需求，随着硬件技术不断发展，Intel 公司推出基于硬件实现的 CPU 虚拟化解决方案——VT-x。硬件辅助虚拟化指支持虚拟化技术的 CPU 带有优化指令集，能自动控制虚拟化过程。硬件辅助虚拟化技术有 Intel VT-x 和 AMD-V 两种。

下面以 Intel VT-x 技术为例，说明硬件辅助虚拟化是如何提升虚拟化效率，并实现安全隔离的。Intel VT-x 引入了一种新的 CPU 操作，被称为 VMX（virtual machine extensions），以及两种新的 CPU 工作模式和 10 条新的虚拟化专用指令。

1. VMX 模式

针对 x86 架构中 17 条敏感指令无法陷入的问题，VT-x 虚拟化引入了 VMX 模式。VMX 模式包含 VMX 根模式和 VMX 非根模式两种模式。VMX 根模式是 hypervisor 运行所处的模式；VMX 非根模式是 Guest OS 运行所处模式，但 Guest OS 并不会感知到其运行在非根模式。

Guest OS 的内核运行于非根模式下的 Ring 0，不能操作某些资源，也不能运行敏感指令。Guest OS 的应用程序运行于非根模式下的 Ring 3。hypervisor 运行于根模式下的 Ring 0。

虚拟机需要执行某些敏感指令,如硬件 I/O 访问,或调用退出指令等。通过 VM-exit 将 CPU 控制权返回给 hypervisor,从而陷入根模式下 Ring 0 内的 hypervisor。hypervisor 处理完特殊操作后再通过 VM-entry 把结果和控制权返回给虚拟机,如图 3-8 所示。

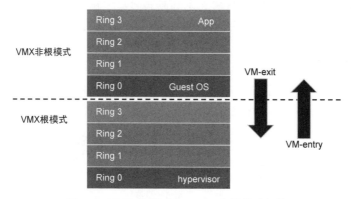

图 3-8　VMX 根模式和 VMX 非根模式切换

2. VMCS

CPU 虚拟化可以为物理主机上的每一个虚拟机提供一个或者多个 vCPU,每个 vCPU 分时复用物理 CPU,在任意时刻一个物理 CPU 只能被一个 vCPU 使用,hypervisor 要在整个过程中合理分配时间片以及维护所有 vCPU 的状态。VMCS(virtual-machine control structure,虚拟机控制结构)就是用来描述和保存每台虚拟机对应的 vCPU 在 VMX 非根模式与 VMX 根模式间切换的状态信息,如图 3-9 所示。

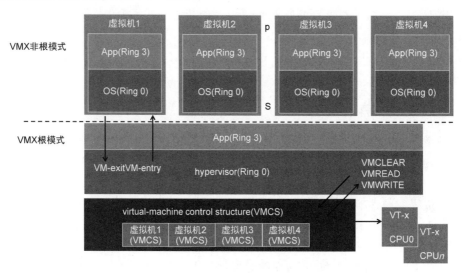

图 3-9　VMCS 工作原理

由于 hypervisor 和 Guest OS 共享底层的处理器资源,因此,硬件需要一个物理内存区域来自动保存或恢复彼此执行的上下文。VT-x 为每个 VM 设计了一个控制结构 VMCS 来保存虚拟机和 hypervisor 信息。VMCS 包括以下 6 个域。

(1) 主机状态域(host state area):保存 hypervisor 的各种状态信息。

(2) 客户状态域(guest state area):记录了虚拟机的各种状态信息,包括寄存器状态,如段寄存器、控制寄存器等,还包括 VM 的虚拟 CPU 所处的状态。

（3）虚拟机执行控制域（VM execution control fields）：定义了虚拟机在非根模式下的执行行为，即用来指定何种事件会触发 VM-exit，或何种事件不会触发 VM-exit。

（4）VM-exit 控制域（VM-exit control fields）：保存 VM-exit 相关的控制信息。

（5）VM-entry 控制域（VM-entry control fields）：保存 VM-entry 相关的控制信息。

（6）VM-exit 信息域（VM-exit information fields）：记录上一次发生 VM-exit 的信息，而且是只读权限，不能对这个域进行写操作。

3. 10 条新增指令

硬件辅助虚拟化新增了 10 条指令，分别是 VMPTRLD、VMPTRST、VMCLEAR、VMREAD、VMWRITE、VMCALL、VMLAUNCH、VMRESUME、VMXOFF 和 VMXON。其中有如下 3 个重要指令。

（1）VMCLEAR：用来解除 VMCS 与 vCPU 的绑定。

（2）VMREAD：对 VMCS 数据域进行读操作指令。

（3）VMWRITE：对 VMCS 数据域进行写操作指令。

4. 硬件辅助虚拟化工作原理

硬件辅助虚拟化工作原理包含以下内容，如图 3-10 所示。

（1）Guest OS 遇到需要 hypervisor 处理的事件时，调用 VMCALL 指令，硬件自动挂起 Guest OS，切换到根模式，这种转换被称为 VM-exit。VM 的状态信息保存到 VMCS 的客户状态域，并加载 VMCS 的主机状态域到 CPU 中。

（2）根模式下的 hypervisor 通过调用 VMLAUNCH 或 VMRESUME 指令切换到非根模式，这种转换被称为 VM-entry。硬件自动加载 Guest OS 的上下文，将 hypervisor 的状态信息保存到 VMCS 的主机状态域，并加载相应的 VM 的客户状态域到 CPU 中。

（3）hypervisor 和 Guest OS 共享底层的处理器资源，VMCS 保留了虚拟机和 hypervisor 的各种状态信息。

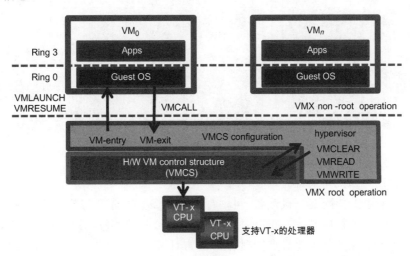

图 3-10 硬件辅助虚拟化工作原理

5. 硬件辅助虚拟化的优点

硬件辅助虚拟化技术不需要修改客户机操作系统，自动执行，应用程序感觉不到，减少 VM-exit 的次数，提高了性能。

3.3 虚拟化技术优势

3.3.1 高可靠技术

1. CAS 高可靠技术架构

CAS 虚拟化平台在原生 KVM 架构之上，增加了多种高可靠机制，保障虚拟化环境稳定运行，高可靠机制包括以下几种（见图 3-11）。

（1）网络分平面高可靠。业务网、管理网、存储网三网隔离，任何一个网络故障不影响另外两个网络的正常运转。

（2）虚拟机故障 HA。当确定虚拟机出现蓝屏之后，有三种 HA 处理方式，可由系统管理员根据需求进行策略设置，有不处理、故障重启和故障迁移三种策略可供选择。

（3）宿主机故障 HA。可以将一组主机合并为一个具有共享存储资源池的集群，H3C CAS CVM 虚拟化管理平台中的 HA 模块监控集群下所有的虚拟化主机，一旦某台主机发生故障，HA 会立即响应，并在集群内另一台正常工作的主机上重启受影响的虚拟机。

（4）虚拟化管理节点 HA。CVM 管理平台支持双机热备和备份功能，配置了 CVM 管理平台双机热备的虚拟化环境，一旦主 CVM 宕机，另一台备 CVM 会自动接管，保障虚拟化管理平台高可用性。

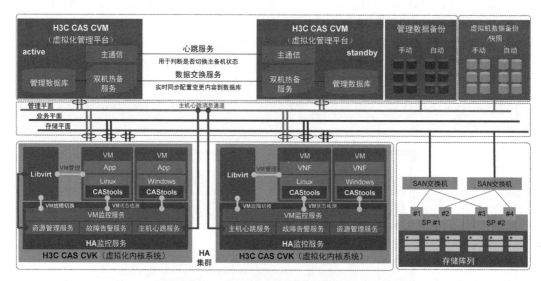

图 3-11 CAS 高可靠技术架构

2. CVM 管理平台高可靠性

CVM 管理平台支持配置双机热备，可一键切换主备；支持第三节点仲裁判断，降低脑裂风险；支持 CVM 配置数据的手工和定时备份及本地和远端备份，并可利用备份数据快速恢复 CVM 管理平台；支持将管理节点同时作为正常计算节点使用。基于上述高可靠能力，可极大降低因管理节点硬件故障、错误配置等因素对 CVM 管理平台的影响，保障用户对虚拟化环境的管控能力，如图 3-12 所示。

3. 全方位 HA 高可用能力

CAS 提供了从物理主机到虚拟机应用程序的全方位业务层面的可靠性保障。可灵活配置故障检测时间和故障处理方式，同时支持虚拟机启动优先级、HA 资源预留、指定故障切换

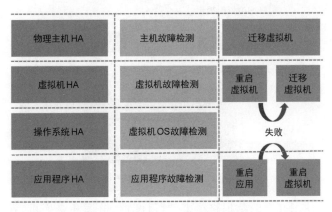

热备搭建　　　　　　　　　　　　　　　　　　　✕

ℹ 双机热备搭建完成后，如需创建模板存储，建议使用共享模板存储，若无共享模
板存储，可创建本地同步分区，将本地同步分区作为模板存储。

* 虚IP地址　　　　　172.20.193.100

* 子网掩码/前缀　　　255.255.0.0

* 备机IP地址　　　　172.20.2.15

* 备机root密码　　　••••••••

仲裁方式　　　　　　高级仲裁　　简易Ping方式

* 仲裁主机IP地址　　172.20.0.1

* 仲裁主机root密码　••••••••

预估主机个数　　　　

预估虚拟机个数　　　

* 数据库分区大小(GB)　20

确定　　取消

图 3-12　搭建双机热备

主机等精细化配置。HA 高可用能力增强了虚拟化环境的自动化维护手段，减少了维护人力的投入，最大限度地减少了虚拟机业务中断时间，缩短平均故障恢复时间，提升系统可靠性，如图 3-13 所示。

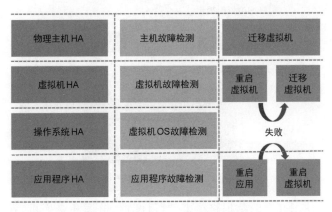

图 3-13　CAS HA 高可靠性架构

4. 简单快速的虚拟机快照与还原能力

快照是一种基于时间点的数据拷贝技术，目的在于能够记录某一时刻的数据信息并将其保存，如果之后发生某些故障需要恢复数据的时候，可以通过快照将数据恢复到之前时间点的状态，而该时间点之后的数据都会丢失。

CAS 可支持快照内存、全自动的定时快照和手工干预的即时快照，并支持最大快照数的配置、虚拟机快照管理和一键快照的还原与恢复。快照技术通常用于当因人工的错误操作、系统故障等原因影响虚拟机正常运行时，可通过快照虚拟机迅速回滚到原先的状态，并迅速响应业务系统需求。

5. 虚拟机备份与还原能力

备份是一种稳定的灾备方案。虚拟机执行备份后,生成的虚拟机备份文件是一个独立的文件,不会因为虚拟机镜像文件的损坏或误删除而丢失。当服务器、存储等物理设备出现故障,软件出现故障、病毒,或者错误操作、非正常关机等人为操作导致虚拟机数据丢失时,可以使用虚拟机的备份文件来恢复虚拟机。

CAS 内置备份模块及恢复能力,无须额外安装备份软件,支持全量、增量和差异备份,可备份整机和单磁盘;同时支持全自动的定时备份和手工干预的即时备份。

CAS 的备份数据可备份到本地和远端服务器(FTP、SCP),同时可通过 CVM 管理平台配置磁盘读写速率限制、压缩等,可极大提升备份效率。还可在 CVM 管理平台进行备份文件管理、备份日志查看等操作。

6. 存储多路径访问能力

多路径是指在主机访问存储设备时,从发起端有一条以上的物理连接可与目标端进行通信及数据传输。主机能够对存储设备的 I/O 请求定向到多条访问路径上,智能分配 I/O 流量,最大限度地提高存储效率并增强系统性能。将 I/O 流量均衡地分配到多条路径上,可以提高存储路径的带宽,当某条存储路径故障时,多路径能够将其 I/O 流量透明地重新定向至备用存储路径,保证业务连续性,如图 3-14 所示。

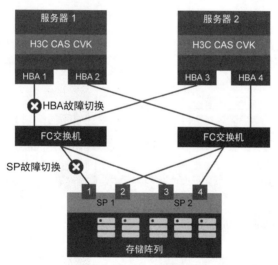

图 3-14　存储多路径架构

多路径解决方案使用冗余的物理路径组件(适配器、电缆和交换机)在服务器与存储设备之间创建逻辑路径。如果这些组件中的一个或多个发生故障,导致路径无法使用,多路径逻辑就使用 I/O 的备用路径,以确保应用程序仍然能够访问存储设备上的数据。每个网络接口卡(在使用 iSCSI 的情况下)或 HBA 都应通过使用冗余的交换机基础结构连接起来,以便在存储结构组件发生故障时能继续访问存储。存储多路径技术是虚拟化环境实现存储双活方案的充分必要条件。

7. 存储复制容灾解决方案

存储复制容灾技术,又被称为 SRM(site recovery manager,储存资源管理系统),是 H3C CAS 虚拟化管理平台提供的基于存储复制的数据中心级异地容灾管理解决方案,该解决方案用于在生产站点发生故障的情况下,通过一系列的故障恢复流程在灾备站点将业务恢复起来,它可为集中式恢复计划提供自动化编排和无中断测试,从而简化了所有虚拟化应用的灾难恢复管理,如图 3-15 所示。

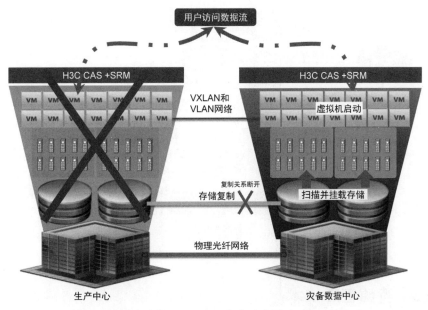

图 3-15　SRM 容灾示意图

存储复制容灾解决方案基于存储阵列复制功能实现,本地站点和远端灾备站点的存储复制技术要求一致,存储阵列上必须有存储复制的许可和快照的许可。H3C CAS 虚拟化管理平台提供的 SRM 容灾解决方案可以实现多种故障恢复场景,包括计划故障恢复、测试恢复计划、故障恢复和反向恢复等。

存储复制容灾在虚拟机层面实现容灾,虚拟机无代理,适用于 H3C 同构容灾方案。可以针对以下两种客户部署场景。

(1)本地站点和远端站点存储阵列都支持 SRA(storage replication adapter,存储复制适配器)接口的场景。

(2)本地站点和远端站点存储阵列不支持 SRA 接口的场景(不支持 SRA 接口的方案需要手工将远端存储 LUN 提升后进行故障恢复流程)。

8. DRX 动态资源扩展

企业或行业的某些业务系统访问量会出现周期性或随机性的波动,峰值访问量甚至可能超出正常访问量的几十倍或上百倍,典型的应用包括节假日期间的火车购票系统、开学期间的高校选课系统等。

如果按照峰值访问量部署业务系统,则会对 IT 硬件资源造成极大的浪费,因为这些硬件资源仅需在较短的时间段内提供服务,其余大部分时间都处于空闲状态;如果按照平均访问量部署业务系统,则无法满足访问峰值时的性能要求。

H3C CAS 虚拟化管理平台提供了独创的面向应用的 DRX(dynamic resource extension,动态资源扩展技术),实时监控承载了特定应用的虚拟服务器组的 CPU、内存、网络 I/O 吞吐量和连接数等负载状况,当负载持续超过指定的阈值时,自动扩展虚拟资源;当业务负载持续低于指定的阈值时,自动回收虚拟资源。为业务系统提供弹性的、可伸缩的资源池,提升业务访问的体验,如图 3-16 所示。

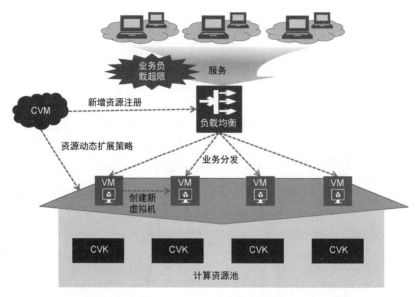

图 3-16　DRX 动态资源扩展

3.3.2　资源管理技术

1. 快速智能创建虚拟机

H3C CAS 虚拟化管理平台为用户提供了多种创建虚拟机的方式,用户根据基础架构规划不同的使用场景,选择适用的部署方式。用户可手工创建单台虚拟机,也可以通过虚拟机模板批量创建虚拟机,还可以通过克隆系统中已有的虚拟机来创建一个相似的虚拟机。虚拟机创建完成后,可对操作系统进行自动配置。

通过模板创建虚拟机既可以通过系统中已有的模板批量创建,也可以从其他虚拟化平台导出开放虚拟化格式模板,通过部署 OVF 模板来创建虚拟机。CAS 虚拟化管理平台还支持对虚拟机模板管理,包括模板下载、模板分发、模板修改、模板完整性校验和来源追溯等,同时支持虚拟机智能化批量部署,显示名称自动编号、自动选择最优主机部署等。

2. 资源精细化配置及灵活调整

通过 CAS 管理平台可对 CPU、vCPU、vRAM、vNIC、vDISK、GPU、vGPU 以及 USB 等常用设备进行灵活的分配和调整,同时可支持批量化操作。用户可根据业务场景需求,灵活选择最适合的虚拟机资源配置。当业务负载发生变化,可以快速地调整虚拟机资源配置,保障业务稳定运行,提升资源效能,如图 3-17 所示。

(1) 支持 vCPU、vRAM 在线和离线增加,以及离线减少。

(2) 支持 vNIC、vDISK 在线和离线增加和减少。

(3) 支持 CPU/GPU 直通,即将物理 CPU 或 GPU 分配给特定的虚拟机使用。

(4) 支持虚拟机的 NUMA 绑定物理 CPU。

(5) 支持块存储裸设备(裸 LUN)映射。

(6) 支持 SR-IOV 高性能资源配置。

3. 虚拟机资源服务质量保障

QoS 技术可根据业务场景需求,灵活地选择最适合的虚拟机资源配置。当业务负载发生变化时，可以快速地调整虚拟机资源配置，保障业务稳定运行，提升资源效能，如图 3-18 所示。

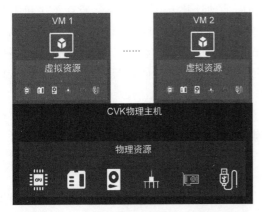

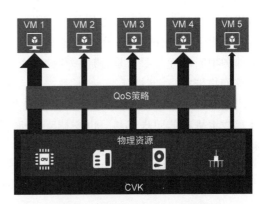

图 3-17　资源灵活精细化配置及灵活调整　　　　　图 3-18　虚拟机资源 QoS 策略

通过设定虚拟机资源的使用上限，防止非关键应用和恶意用户抢占共享资源。根据业务的重要程度，分配不同的资源优先级及保障策略，优先保障重要业务的虚拟机资源供给，满足重要业务 SLA(service-level-agreement，服务等级协议)需求。确保高优先级的虚拟机具有更良好的计算、网络和存储性能，避免虚拟机之间的"邻位干扰"效应。

CAS 虚拟化管理平台的 QoS 功能支持对 vCPU、vRAM 设置调度优先级、主机资源预留、vCPU 频率限制等参数，同时支持对 vNIC、vDISK 设置优先级及 QoS 参数，如 I/O 流量带宽限制、I/O 和 IOPS 读写速率限制。并可进行批量化操作，极大地简化了运维操作，提升了实施效率。

4. 虚拟机迁移技术

CAS 支持的虚拟机迁移(vMotion)分为动态迁移和手工迁移，用户可根据实际应用场景选择不同的迁移方式。动态迁移指集群内主机上的虚拟机在运行时的动态迁移；手工迁移指人为控制的虚拟机迁移，可以在集群内，也可以在集群间或数据中心间进行，如图 3-19 所示。

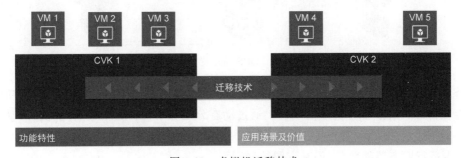

图 3-19　虚拟机迁移技术

虚拟机动态迁移只允许发生在集群内部，通过配置集群高可靠性(集群 HA)、动态资源调度策略(DRS)、电源智能管理策略(DPM)和设置虚拟机/主机规则功能实现。在迁移过程中，视触发迁移的原因不同，会有不同程度的业务中断，例如主机或虚拟机故障引起的虚拟机动态迁移可能会有 2～3 分钟的业务中断时间，而 DRS、DPM 引起的虚拟机动态迁移可能会有毫秒级的业务中断时间。

手动迁移场景发生在管理员日常运维或巡检时，需手动对虚拟机的运行载体(包括计算资源和存储资源)进行变更,或通过云彩虹功能,跨数据中心迁移虚拟机以达到系统运行最优化的目的。例如需要对主机进行硬件升级时,可以利用手动迁移方式,将原本运行在该主机上的虚拟机全部迁移到其他正常工作的主机上,然后再对该主机进行关机和维护处理,完成之后,再将虚拟机手动迁移回来。在手动迁移过程中,触发虚拟机迁移的动作是人为控制的,迁移导致的业务中断时间主要与是否迁移存储有关,而迁移存储花费的时间又与磁盘实际占用率、存储迁移网络带宽、存储性能、迁移时数据是否压缩等有密切关系。

当前 CAS 支持的虚拟机迁移无须依赖共享存储,可在线或离线迁移;支持主机迁移、存储迁移或主机存储同步迁移。也支持跨主机、跨集群、跨主机池在线或离线迁移。甚至可以实现跨管理平台(远距离)的在线或离线迁移。

5. 集群动态资源调度(DRS)技术

集群动态资源调度技术指通过持续不断地监控集群内计算资源池和存储资源池的利用率,并根据数据中心的实际需要,为虚拟机智能地分配所需的资源。当操作员将虚拟机整合到资源较少的物理主机上时,虚拟机的资源需求往往会限制主机上虚拟机的数量,全部资源需求很有可能超过主机的可用资源。CAS 管理平台提供的动态资源调度特性则提供了一个自动化机制,通过持续地平衡容量,将虚拟机迁移到有更多可用资源的主机上,确保每个虚拟机在任何节点都能及时地调用相应的资源。只要开启了动态资源调度功能,就不必再对 CPU 和内存利用率进行一一监测。全自动化的资源分配和负载平衡功能,也可以显著地降低数据中心的成本与运营费用,如图 3-20 所示。

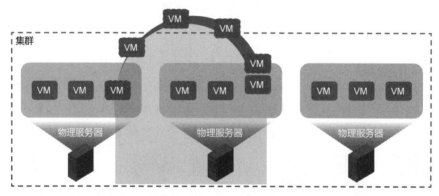

图 3-20　DRS 动态资源调度

CAS 的动态资源调度功能包括计算资源 DRS 和存储资源 DRS。动态资源调度功能适用于可能存在持续性突发业务负载的场合。通过动态分配和平衡计算资源、存储资源,动态资源调度特性能够整合服务器,降低 IT 成本,增强灵活性;减少停机时间,保持业务的持续性和稳定性;减少运行服务器的数量,提高资源的利用率。

6. 亲和性与反亲和性

虚拟机的亲和性与反亲和性是集群中虚拟机运行位置的一种策略配置。其中,亲和性规则可以使多个具有内部联网需求的虚拟机始终运行在同一台物理主机上,而反亲和性规则可以使相关的虚拟机始终运行在不同的物理主机上。配置了亲和性规则的虚拟机组可以设置开关机的关联动作。

使用亲和性规则的典型应用场景为如果存在两个需要频繁交互的业务系统,例如 Web 服务器和数据库,为了防止外部二层网络成为业务的拥塞点,网络流量可以不经过上游物理交换机转发,而保留在同一个物理主机内,此时可设置亲和性规则。即使触发了 DRS,这两个业务系统也会"如影随形"地迁移,如图 3-21 所示。

使用反亲和性规则的典型应用场景为在一个企业中,总有几个特别繁忙,对 CPU 或内存资源消耗相对较大的业务系统,如果这些业务系统集中运行在一个物理主机上,则会导致该物理主机特别繁忙,而集群内的其他物理主机相对比较空闲。此时可设置反亲和性规则,让这几个比较繁忙的业务系统分布在集群的不同主机上,从而保证了整个集群负载的均衡,如图 3-22 所示。

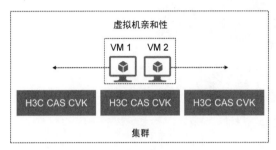

图 3-21　虚拟机亲和性

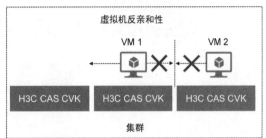

图 3-22　虚拟机反亲和性

7. 电源智能管理

DPM(dynamic power management,电源智能管理)是指持续不断地监控集群中物理主机的资源利用率,当检测到整个集群资源(如 CPU、内存、TCP 连接数、网络 I/O 吞吐量)利用率降低时,系统将资源利用率较低的主机上的虚拟机迁移到其他主机上,并关闭闲置主机的电源来降低数据中心的能耗;当集群的负载上升时,系统将自动唤醒先前关闭的闲置主机,通过动态资源调度均衡集群内主机上的负载,如图 3-23 所示。

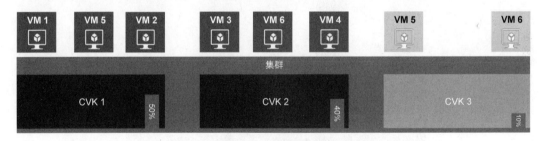

图 3-23　电源智能管理

8. 网络虚拟化

OVS(open vSwitch,网络虚拟化)是运行在虚拟化平台上的虚拟交换机。在虚拟化平台上,OVS 可以为动态变化的端口提供二层交换功能,控制虚拟网络中的访问策略、网络隔离、流量监控等,如图 3-24 所示。

9. GPU 资源统一管理调度

GPU 是广泛应用于图像输出、视频编解码加速、3D 图形渲染、加速计算性负载(金融模型计算、科学研究、石油和天然气开发等领域)的一种图形硬件加速设备。

当数据中心中存在多个虚拟机有使用 GPU 资源的需求,且主机具有 NVIDIA GRID GPU 图形设备时,可以使用 NVIDIA GRID vGPU 技术,将一块物理显卡虚拟成多个虚拟的 GPU(vGPU),使单块物理显卡能够为多个虚拟机提供显卡能力,满足虚拟机用户使用复杂

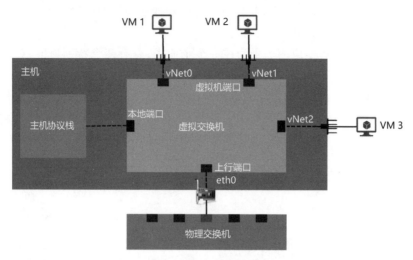

图 3-24   虚拟交换机

2D 图形处理、3D 图形渲染等高性能图形服务的需求。

CAS 虚拟化管理平台集成了 NVIDIA GRID vGPU 技术,实现了 GPU 硬件虚拟化的解决方案。结合智能资源调度功能,CAS 支持将虚拟化后的 vGPU 资源加入一个业务资源组,需要使用 vGPU 的虚拟机加入一个业务虚拟机组中,当业务虚拟机组中的虚拟机启动、重启时,系统会自动根据业务资源组中 vGPU 资源的空闲情况以及虚拟机使用 vGPU 资源的优先级来动态地为虚拟机分配 vGPU 资源。虚拟机关机时,自动释放资源,如图 3-25 所示。

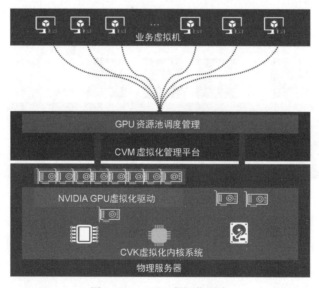

图 3-25   vGPU 虚拟化调度

CAS 支持 GPU 直通和 GPU 虚拟化两种 GPU 资源调度方式。GPU 直通技术并不是 GPU 软件虚拟化技术,而是将物理 GPU 直接分配给虚拟机使用。GPU 软件虚拟化技术采用图形命令重定向架构,在虚拟机的虚拟 GPU 驱动中截获图形命令调用,并转发到主机端,在主机端的物理 GPU 上处理图形命令,主机对多个虚拟机的图形命令进行管理及渲染处理,最后把渲染好的图像传回给虚拟机,达到一个 GPU 加速多个虚拟机的目的,实现资源共享。

CAS 虚拟化管理平台用户可以通过图形化配置方式分配与释放 GPU 资源,也可以支持业务虚拟机根据策略自动分配和释放 GPU 资源。

10. 网络 USB 重定向技术

出于业务安全性的考虑,企业和行业用户使用的某些专用软件(如金蝶和用友财务软件)都要求配合物理 USB 加密设备使用。当这些专用软件运行在虚拟化环境中时,若要实现虚拟机动态迁移时业务无感知,USB 设备需要很好地支持跨物理主机映射。尽管基于 USB over Network 解决方案能够实现 USB 设备跨物理主机映射,但需要使用额外的 USB over Network 设备,额外的设备将成为一个新的可能故障点,同时也增加了客户的硬件投入成本和方案的复杂度。基于网络的 USB 重定向技术,不仅可以实现虚拟机对物理 USB 设备的无缝操作,而且解决了虚拟机热迁移和跨主机映射的技术难题。

H3C CAS 虚拟化管理平台使用的 USB 网络重定向协议定义了物理 USB 设备各种控制数据报文到虚拟机的规范,同时定义了两个角色,分别为挂载物理 USB 设备的源宿主机和挂载虚拟 USB 设备的目的虚拟机。源宿主机与目的虚拟机之间的通信基于安全可靠的 TCP 传输层协议。在源宿主机的用户态中驻留着一个 USB 重定向服务,它能重定向各类 USB 设备到目的虚拟机,虚拟机操作系统内的虚拟 USB 设备驱动发起对物理 USB 设备的控制请求和读写请求,位于 QEMU 模拟层的 USB 虚拟设备接口与宿主机内的 USB 重定向服务之间建立网络传输连接,如图 3-26 所示。

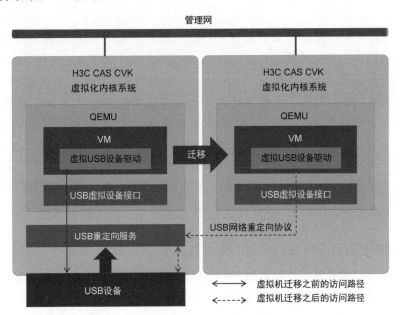

图 3-26　网络 USB 重定向

CAS 虚拟化管理平台可支持 USB 1.0、USB 2.0 和 USB 3.0 协议,并且操作简便,在管理平台可一键开启 USB 重定向功能。

3.3.3　运维能力

为了提升产品的可管理性,H3C CAS 虚拟化管理平台基于 HTML 5 技术和 AngularJS 架构开发,在保证界面美观的同时,提供简易和高效的操作体验。CAS 虚拟化管理平台主要从基础运维、高级运维、场景化运维和个性定制化运维四个方面来体现其强大的运维能力。

（1）基础运维包括软硬件资源性能监控、虚拟化拓扑展示、资源大屏展示、操作感知与日志记录。

（2）高级运维包括监控报表、资源统计、告警管理和主机自动发现。

（3）场景化运维包括六个一键巡检，即一键健康巡检、一键资源分析、一键存储清理、一键资源导出、一键虚拟机还原和一键僵尸虚拟机清理。

（4）个性定制化运维包括客户信息自定义、虚拟机视图自定义、功能菜单自定义和大屏展示自定义。

1. 基础运维

H3C CAS 虚拟化管理平台可对软硬件资源进行监控，并通过大屏方式将当前虚拟化系统的整体健康状况、主机健康状况、主机及虚拟机的状态统计、资源分配比情况、Top 5 主机和虚拟机资源利用率、告警消息等关键信息在一个大屏上显示出来，方便虚拟化运维管理人员直观地监控当前系统的运行情况。

2. 高级运维

CAS 虚拟化管理平台可以基于对软硬件资源的监控，对资源进行各种维度的统计，并形成报表。同时可以设置和查看告警消息。

（1）监控报表。监控报表可提供主机和虚拟机统计报表，用于统计指定时间段内资源的使用情况，并根据资源使用率进行排序，可查看指定时间段内资源使用率最高的 Top N 主机或虚拟机信息。

（2）资源统计。资源统计可统计集群、主机、虚拟机的基本信息和资源使用情况。可对 IP、VLAN、存储资源的分配情况进行统计，并可查看主机池、集群和主机下 Top N 虚拟机的实时存储资源统计信息。

（3）告警管理。告警管理可设置规则和告警阈值形成实时告警，并通过邮件或短信的方式发送告警通知。对于无须关注的告警可设置屏蔽规则，已屏蔽的告警将不再上报到实时告警列表。

（4）主机自动发现。主机自动发现指自动搜索可添加的同网段的主机，并将其添加到任务所属的集群下，默认一个集群只能添加一个主机自动发现任务。操作员可以通过配置相关的自动发现任务列表，启用主机自动发现任务，将多台主机自动添加到集群，降低工作量，提升效率。

3. 场景化运维

传统的人工巡检需要确定巡检项目，制定并执行巡检步骤，然后对巡检结果进行手工记录并分析问题，最后输出巡检报告，通常需要数小时。H3C CAS 的六个一键巡检，通过内置系统运行状态、资源容量、性能、告警、配置合规等多维巡检项目，一键即可完成巡检。在完成巡检后还可以自动生成并一键导出巡检报告，对巡检出的问题给出优化建议，免去人工复杂的巡检步骤，只需要数秒即可完成全部巡检过程。

（1）一键健康巡检。一键健康巡检是指一键输出虚拟化环境的运行健康情况，并针对风险项提供有效的改进建议。通过一键健康巡检功能，可以查看当前系统的总体健康状况、集群健康状况、存储健康状况、网络健康状况、告警消息状况及其他配置情况的概览，并可以对巡检结果进行打印和导出，根据巡检结果给出诊断报告。

（2）一键资源分析。一键资源分析是指一键分析虚拟化资源的历史使用情况，并提供资源规划决策。通过一键资源分析功能,可以查看当前系统资源(可以是虚拟机、主机或者集群)的使用状况,并对分析结果进行打印和导出。

(3) 一键存储清理。一键存储清理是指通过一键存储清理功能,对虚拟化系统中的本地存储和共享存储进行全面扫描,将系统中没有挂载给虚拟机的所有僵尸存储列举出来,管理员对僵尸存储中的数据有效性进行判断后执行资源清理,以释放更多的存储空间。

(4) 一键资源导出。一键资源导出功能可以将当前系统资源(可以是虚拟机、主机或者集群)的资源使用状况展示出来,并对资源使用结果进行导出或打印。

(5) 一键虚拟机还原。一键虚拟机还原结合虚拟机快照技术将虚拟机还原到历史某个时间点状态。

(6) 一键僵尸虚拟机清理。一键僵尸虚拟机清理将当前系统中被停机的虚拟机按照停机时间进行归类呈现,为系统管理员提供清理的参考依据。系统管理员可以选择将某些不再使用的僵尸虚拟机进行删除操作,释放这些虚拟机镜像文件所占用的存储空间。

4. 个性定制化运维

CAS 虚拟化管理平台提供的个性化定制包括客户信息自定义、虚拟机视图自定义、功能菜单自定义和大屏展示自定义。

(1) 客户信息自定义。客户信息自定义是指对 CVM 虚拟化管理平台、CIC 云业务管理中心和 SSV 用户自助服务门户的企业徽标(logo)、产品徽标、产品名称等信息,客户可进行定制化修改,如图 3-27 所示。

图 3-27　客户信息自定义

(2) 虚拟机视图自定义。虚拟机视图自定义是指用户可以自定义目录,并在每个目录下创建子目录,根据实际需要将同类型的虚拟机收藏到一个目录中进行统一管理。同时可以设置虚拟机按照指定的顺序一次启动。该功能可以方便操作员分类管理虚拟机、快速查找虚拟机、快速查看虚拟机的详细信息等,如图 3-28 所示。

(3) 功能菜单自定义。功能菜单自定义是指可在 CAS 虚拟化管理平台设置访问其他系统的链接,并在 CVM 管理平台会出现其他系统的页签,如图 3-29 所示。

(4) 大屏展示自定义。大屏展示自定义是指除了出厂默认的大屏监控指标之外,CAS 虚拟化管理平台还提供了大屏定制功能,用户可以根据自身的需求,对大屏监控指标项进行定制,如图 3-30 所示。

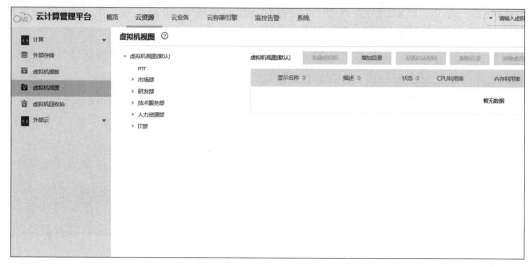

图 3-28　虚拟机视图自定义

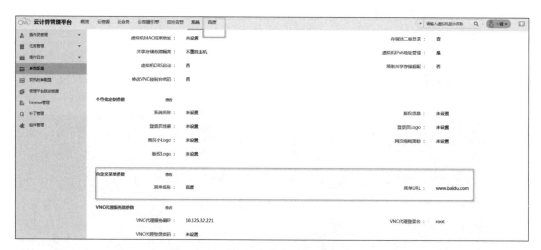

图 3-29　功能菜单自定义

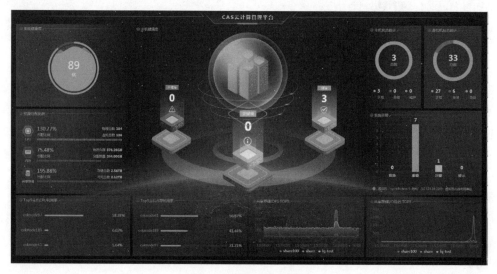

图 3-30　大屏展示自定义

3.3.4 虚拟化安全能力

随着服务器虚拟化在数据中心的大规模应用,在利用其各项优点的同时,也存在潜在的安全风险。恶意攻击者可能会利用这些缺陷对虚拟化环境实施各种攻击,劫持工作负载或窃取重要机密数据。因此在虚拟化部署时采取防范措施,认识并规避安全问题十分重要。

目前虚拟化环境主要面临管理访问、内核层、数据层和业务层等方面的安全风险。H3C CAS 虚拟化产品针对这些方面的安全风险均有应对方案。

1. 管理访问安全能力

1)访问控制策略

基于时间段和/或管理网段的访问控制策略用于控制管理员登录虚拟化管理平台,可以基于时间段或 IP 地址控制访问,也可以是两者的结合。

2)密码策略

用户名和密码认证方式是一种单因子的鉴别机制,其最大的安全漏洞就是密码容易泄露。为了尽可能避免这种情况的发生,H3C CAS 虚拟化管理平台支持设置密码更换周期与密码复杂度,降低密码泄露或破解的风险,并将密码泄露造成的损失最小化。

涉密行业中的虚拟化管理平台密码更换周期应小于 7 天,非涉密行业的密码更换周期可以适当延长,但不应超过 30 天。

密码复杂度策略包括两个方面,即密码字符的长度要求和字符复杂度要求。

当密码丢失时,可通过邮件方式找回密码。

3)身份鉴别机制

用户名加口令的身份鉴别是安全性不高的身份鉴别手段,业界更常用的一种更安全的身份鉴别方式是双因子认证。

双因子认证(two-factor authentication)是密码和实物(USB、指纹、虹膜等)配合使用的对用户身份进行鉴别的方式。与指纹和虹膜等生物识别认证技术相比,USB Key 认证相对成本低廉,且 USB Key 具有体积小、方便携带等优点。

H3C CAS 虚拟化管理平台实现的 USB Key 认证是基于数字证书的认证方式。在认证的时候,管理员首先将 USB Key 硬件插入客户端 PC,在键入 PIN 码之后,USB Key 硬件内的签名控件读取数字证书及私钥,并通过 USB Key 中的智能芯片用私钥加密用户信息,然后将原文、签名后的密文和数字证书打包发送给认证服务器。CAS 虚拟化管理平台使用数字证书公钥对用户提供的密文进行解密,与原文核对验证身份合法性,鉴别成功后,方能进入虚拟化管理平台界面。

2. 内核层安全能力

1)系统自启动安全

对于基于 KVM 的虚拟化系统而言,关键服务组件包括 libvirt、QEMU、vSwitch、HA、OCFS2 等,如果这些底层软件的服务完整性受到破坏,轻则造成虚拟化系统的不稳定,重则导致关键客户数据信息泄露。虚拟化系统自启动安全的目标是阻止攻击者损害虚拟化系统基线的完整性,当出现篡改行为时,自动使用基线修复被篡改内核的模块。

在 H3C CAS CVK 虚拟化内核系统启动时,将 libvirt、QEMU、vSwitch、HA、OCFS2 等关键服务组件与系统出厂时的安全基线进行校验对比,如果某个内核组件出现过修改或删除等操作,就认为虚拟化系统的完整性受到了破坏,此时将使用基线替换被篡改的组件,保证整个虚拟化内核系统的完整性,进而确保虚拟化运行环境的稳定性和安全性。

2)虚拟资源安全隔离

虚拟资源的安全隔离需要在技术和管理两个方面实施。

借助硬件辅助虚拟化技术,虚拟计算资源的安全隔离从技术角度可以很大程度确保虚拟机之间 vCPU 和虚拟内存的隔离。

从管理角度,内存的共享复用机制使得虚拟机在关闭或删除后,残留在机器内存上的数据可能会产生信息泄密的风险,此时需要自动对内存物理位清零,以确保内存数据的不可恢复性。

虚拟网络的安全隔离是类似的,虚拟交换机之间本身就是逻辑上隔离的,加之在虚拟交换机上配置的 VLAN、ACL、QoS 等网络安全功能,共同实现虚拟机间流量的相互隔离和限速。

对于虚拟存储的安全隔离手段,管理方面需重于技术方面。因为从技术原理上,虚拟机永远只能看到裸 LUN 或文件系统之上的文件,不能直接访问物理存储实体。因此裸 LUN 或文件的隔离是虚拟存储安全隔离的关键,而裸 LUN 或文件的访问都是通过管理手段进行的。

3)安全漏洞持续修复

安全漏洞的修复是一个不断发现、不断修复的过程,只能尽量达到收敛的效果,不能预期消灭所有漏洞。因为安全漏洞的发现与修复是一个持续动态的过程,在多种情况下都可能引入安全漏洞。对于虚拟化产品来说,开源组件升级或使用新的开源组件是常态,随之带来安全漏洞的可能性较大。所以安全漏洞的修复将贯穿在产品开发的全生命周期中。

3. 数据层安全能力

1)虚拟机磁盘加密

在虚拟化应用场景中,由于虚拟机的镜像文件充当虚拟磁盘的角色,因此在数据安全要求较高的应用场景中,需要对镜像文件进行加密。

H3C CAS 虚拟化管理平台采用对称加密算法 XTS-AES-256 对虚拟机进行加密,每个虚拟机应采用加密技术和独立且唯一的密钥进行数据保护,防止越权访问。

虚拟机镜像文件加密是通过 H3C CAS CVK 虚拟化内核完成的,通过调用 CPU 的 AES-NI(advanced encryption standard-new instruction)指令集,执行加密算法。

2)涉密信息系统分级保护

在一个涉密信息系统中,往往存在不同级别的应用,需根据不同密级、功能重要程度和保密程度划分为不同的保密级别,划定不同的安全域。

H3C CAS 虚拟化管理平台将具有安全密级要求的集群划分到安全区域,并将拥有不同级别保密标识的虚拟机划分为绝密级、机密级、秘密级和内部公开四个级别。根据虚拟机密级和集群安全级别的不同,严格控制虚拟资产的流向。

3)虚拟机迁移加密

虚拟机迁移指将虚拟机从一个计算节点迁移到另一个计算节点,迁移过程中虚拟机可持续不中断地对外提供服务。由于在执行虚拟机手工迁移动作时,虚拟机处于运行状态,内存中保存了当前虚拟机的所有执行状态,特别是整个操作系统内核的数据结构以及用户空间应用程序的内存空间。如果攻击者通过监听手段获取到了迁移数据流的特征,从而捕获到了关键信息,就可针对特定虚拟机或其所在主机发起攻击,或恶意篡改网络迁移中的内存数据。因此,虚拟机迁移数据通信信道的加密对于虚拟化环境下的业务安全是至关重要的。

H3C CAS CVK 虚拟化内核基于 SSL/TLS 协议实现迁移数据的传输加密,通过传输信息的加密,防止迁移数据被窃听,通过数据签名和校验,防止迁移数据被篡改,通过 CA 数字证书认证机制,防止通信者身份被冒充。

SSL/TLS 对于传输层的加密是通过动态密钥对数据进行加密的,而动态密钥则是通过握手协议协商制定的。为了保证动态密钥的安全性,CAS CVK 虚拟化内核使用了 RSA 非对称公钥加密算法加密传输动态密钥。在虚拟机在线迁移之前,将虚拟机所在源服务器作为客户端,目标服务器作为服务端。

4)残留数据安全擦除

虚拟机与真实物理机的管理在本质上没有太大区别,但是虚拟机的创建和删除要比物理机简单和容易得多。虚拟机删除之后,残留的内存数据和磁盘数据很可能带来敏感信息的泄露,如果不采取安全加固措施,服务器虚拟化管理平台很难保证内存与存储资源重新分配后,敏感信息不被泄露。

(1)磁盘残留数据安全擦除。H3C CAS 虚拟化管理软件在删除虚拟机之后,可配置对磁盘区域内的所有磁盘块进行物理位强制清零操作,以确保磁盘数据的不可恢复,当磁盘区域再次被分配给其他虚拟机时,即使采用专业的磁盘数据恢复工具,也无法恢复获取原来虚拟机的磁盘敏感数据。

(2)内存残留数据安全擦除。内存残留数据擦除的原理与磁盘残留数据擦除类似。当虚拟机被删除时,内存资源被自动释放到计算资源池,此时,CAS CVK 虚拟化内核会自动对虚拟机曾经使用的虚拟内存映射的机器内存进行物理位清零操作。当内存资源被再次分配给其他虚拟机时,即使使用专业的内存数据恢复工具,也无法恢复获取原来虚拟机的内存敏感数据。

4. 业务层安全能力

1)网络安全监控

在虚拟化环境中,虚拟机通过虚拟交换设备连接在一个不可见的虚拟网络中,不同安全级别的虚拟机可能部署在同一台物理服务器上,并且虚拟机 MAC 地址一般是随机生成的,对虚拟机之间的数据无法做到有效的监测与保护。

H3C CAS 虚拟化管理平台的虚拟交换机(vSwitch)中集成了包括虚拟机端口访问控制策略、虚拟局域网划分、流量限速、IP 和 MAC 地址绑定、链路聚合等网络层安全访问控制能力。同时,通过集成传统网络技术中的端口镜像和 NetFlow,对虚拟机网络流量实现安全监控。

2)虚拟化防病毒

当虚拟化环境中同一个物理服务器上的众多虚拟机同时更新病毒特征库或按需全盘扫描时,可能导致物理服务器 CPU、内存和磁盘 I/O 出现峰值,从而使得虚拟机在这段时间内无法正常提供服务,这种情况通常被称为“防病毒风暴(AV storming)”。

H3C CAS 虚拟化管理平台与知名安全软件厂商合作,推出了无代理防病毒解决方案,无须在每个虚拟机中安装防病毒客户端程序,而是将防病毒引擎集成在虚拟化内核层。当虚拟机进行磁盘 I/O 操作或网络报文收发时,内核引擎的防病毒后端驱动截获文件和网络流量内容进行病毒查杀。无代理安全防病毒方案降低了服务器 CPU、内存和磁盘 I/O 负载,避免了“防病毒风暴”。

5. 安全监控和审计能力

1)系统告警

H3C CAS 虚拟化管理平台提供系统级的安全监控与故障告警能力,定期扫描预设的告警选项,并支持通过邮件和短信方式通知给指定的管理员。

2) 操作日志

H3C CAS 虚拟化管理平台通过系统操作日志详细记录了所有操作员在虚拟化管理平台上的所有操作行为,方便事后审计追踪,并可以对指定的日志进行收集。

3) 安全审计

H3C CAS 虚拟化管理平台可将管理员的系统操作维护行为、虚拟化资源管理系统操作、服务器和存储等物理资源的本地配置操作等事件生成审计日志,支持标准的审计日志接口。同时可通过主动上报和被动轮询方式向外部提供审计日志。其中主动上报采用 syslog 的方式,被动查询采用 Web Service 的方式。

审计日志可以按照事件类型、事件时间、事件主体、事件客体、管理员用户 IP 地址、日志级别、事件成功/失败等条件之一或组合进行查询。

3.3.5　跨平台迁移能力

1. 同构/异构迁移

随着云计算的不断发展,能够方便快捷地将物理机或虚拟机迁移上云就变得意义非常重要。H3C 云迁移方案正是在这个需求背景下应运而生的,它可以将异构云平台上的物理机或虚拟机无缝迁移到 CAS 虚拟化管理平台。

CAS 云迁移功能可以支持 P2V、V2V 迁移。需要在源端待迁移的物理机或虚拟机内部安装 Agent 客户端服务,在迁移的目标端安装恢复 PE ISO 并引导至 PE 启动环境。利用 Agent 客户端的磁盘块级迁移技术,在线将数据实时迁移至目标机上。迁移在操作系统层面进行,可支持异构虚拟化、硬件平台。以下为 H3C 云迁移的应用特点。

(1) 任意平台迁移。允许在常见的第三方虚拟化平台向 CAS 虚拟化平台进行业务迁移,可实现物理机向 CAS 虚拟化平台的迁移,对于业务上云和业务切换平台提供了便捷的迁移功能。

(2) Web 可视化管理界面。提供 Web 可视化管理界面,能够实现对源设备和目标迁移设备的展示,能够实现界面对迁移任务的配置,并能展示迁移的过程及进展。

(3) 支持多种源客户端。支持 Windows 和 Linux 的多种客户端。

(4) 支持迁移的管理。能够对迁移任务进行初始化和配置,可以设置迁移方式,如全量迁移还是增量迁移,还可以设置迁移的带宽限制等。

(5) 支持在线迁移。支持在不中断业务的情况下进行业务的迁移功能,并支持断点续传功能。

2. 云彩虹解决方案

云彩虹是在两个虚拟化管理平台之间构建虚拟化资源共享的桥梁。当某个虚拟化资源池的计算或存储资源不足时,可以将其中一些虚拟机的计算和存储资源在线迁移到另一个虚拟化资源池,实现跨物理边界的虚拟资源共享。

云彩虹解决方案对于同城异地数据中心之间的资源共享具有较大的意义。例如当数据中心机房 1 资源不足、机房改造或硬件更新升级时,可以将其中一些虚拟机在线迁移到同城裸光纤连接的数据中心机房 2,且迁移过程中可实现业务不中断,如图 3-31 所示。

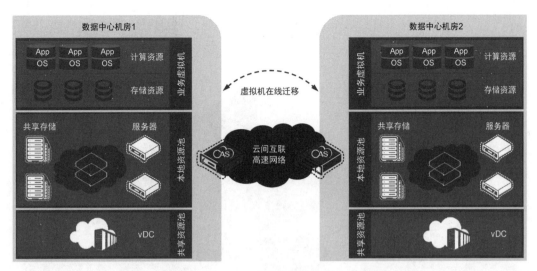

图 3-31　云彩虹解决方案

3.4　虚拟化典型应用

3.4.1　服务器虚拟化应用

通过服务器虚拟化,提高硬件资源的利用率,可以有效地抑制 IT 资源不断膨胀的问题,降低客户的采购成本和维护成本,同时可以节省 IT 机房的占地空间以及供电和冷却等运营开支。

(1) 利用 CAS 的服务器虚拟化能力,将原有业务分步骤迁移到虚拟化环境中。

(2) 通过虚拟化管理界面,统一纳管物理计算资源、虚拟计算资源、虚拟网络资源和虚拟存储资源。

(3) 利用 CAS 虚拟化管理平台的分布式虚拟交换机功能、网络策略模板和安全管理功能,对虚拟机进行安全区域划分与流量控制。

(4) 通过 CAS 虚拟化管理平台集中管理和监控虚拟化系统整体健康状态以及业务系统的资源使用情况。

3.4.2　云业务管理应用

通过服务器虚拟化,整合企业和运营商的数据中心 IT 资源,通过云业务运营管理,使 IT 组织机构在动态虚拟环境和云环境中的服务管理更加简化和自动化,帮助客户搭建一个安全的、多租户的、可自助服务的 IaaS,实现云计算的敏捷性和经济性,如图 3-32 所示。

(1) 通过 CAS CIC 云业务管理中心组件提供的虚拟化资源池功能,将数据中心内的计算、存储和网络等物理资源抽象成按需提供的弹性虚拟资源池,以消费单元(即组织或虚拟数据中心)的形式对外提供服务。

(2) 系统管理员为组织分配虚拟资源池,组织管理员对组织内的资源进行管理和分配。

(3) 通过 CAS CIC 内置的数据安全隔离功能,确保虚拟化、多租户环境下的用户隐私信息及数据的安全。不同组织的业务系统和应用系统独立部署,互不干扰。

(4) 用户通过自助服务门户申请和使用组织管理员分配的虚拟资源,组织管理员对用户的申请进行审批与自动化部署。

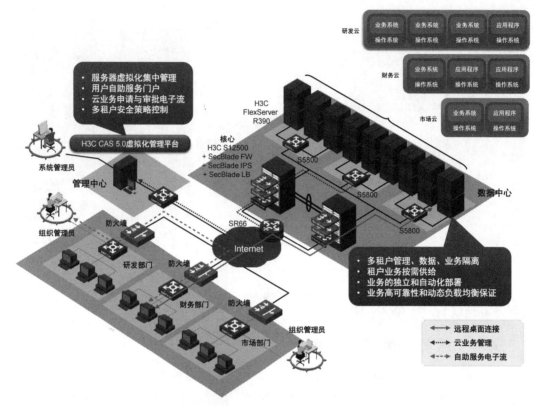

图 3-32   云业务管理应用组网

（5）通过 H3C CAS 的 CVM 提供的 HA、动态资源调度和资源限额等高级功能，主动确保动态云环境的服务水平，保证优质客户的服务性能和可用性。

3.5   本章总结

本章主要讲解了以下内容。

（1）服务器虚拟化演进史。服务器虚拟化的演进经历了萌芽期、发展期，直到当前的爆发期。

（2）CAS 虚拟化技术优势。从可靠性、资源管理技术、运维能力、安全能力以及迁移能力几个方面全方面体现 CAS 虚拟化技术的优势。

（3）CAS 虚拟化典型案例。CAS 虚拟化技术可以应用于服务器虚拟化场景，也可以配合 CIC 应用于云业务场景。

3.6   习题和答案

3.6.1   习题

1. 以下关于 x86 架构虚拟化说法正确的有（   ）。（多选题）

   A. 最初的 x86 架构不适合虚拟化是因为敏感非特权指令不能被 VMM 所捕获

   B. 全虚拟化解决方案需要修改 Guest OS

   C. 半虚拟化解决方案中 hypervisor 提供 hypercall 接口来满足 Guest OS 的关键内核操作，如内存管理、中断和时间同步等

D. 硬件辅助虚拟化解决方案引入了 VMCS(virtual-machine control structure,虚拟机控制结构),VMCS 保存虚拟 CPU 的相关状态信息

2. 以下几种虚拟化形式中,属于 CAS 使用的有(　　)。(单选题)

　　A. Hyper-V
　　B. 半虚拟化
　　C. 硬件辅助虚拟化
　　D. 仿真

3. HA 高可靠性技术可以实现的功能有(　　)。(多选题)

　　A. 自动侦测物理服务器故障
　　B. 自动侦测虚拟机宕机
　　C. 智能选择空闲物理服务器
　　D. 虚拟机自动重新启动

4. 对于集群的 HA,说法错误的是(　　)。(单选题)

　　A. 实现 HA 需要用到共享存储

　　B. 集群中实现 HA 的主机需挂载同一个共享存储

　　C. 启用 HA 后,当集群中一台主机故障,系统能够选择一台空闲服务器,将故障主机上的 VM 在空闲服务器上重启

　　D. 集群使能 HA,可以在服务器、共享文件系统均出现故障的情况下,仍然保证业务的连续性

5. 以下关于传统 x86 架构虚拟化技术的描述说法正确的有(　　)。(多选题)

　　A. x86 架构的敏感指令只能在 Ring 0 下执行

　　B. KVM 使用的是硬件辅助虚拟化技术

　　C. 硬件辅助虚拟化下,CPU 通过 VMX 模式的切换解决敏感指令的问题

　　D. VMX 非根模式下可以对磁盘进行读写

3.6.2　答案

1. ACD　　2. C　　3. ACD　　4. D　　5. BC

第4章

部署虚拟化平台

H3C CAS 虚拟化管理平台作为一套虚拟化系统,其部署过程需要经过三个主要步骤:第一步,开局部署规划;第二步,集群安装部署;第三步,虚拟机配置部署。本章将以三个主要步骤为线索,针对 CAS 7.0 的部署步骤、部署过程中可能遇到的问题、处理办法以及相应原理进行详细介绍。

4.1　本章目标

学习完本课程,可达成以下目标。

(1)掌握 CAS 开局部署规划原则。

(2)掌握 CAS 的集群安装部署流程。

(3)掌握 CAS 的虚拟机配置部署。

4.2　部署前准备

部署 CAS 虚拟化管理平台前,需确认如下事项。

(1)机房环境:确认机柜承重、机房供电等满足要求。

(2)服务器:确认服务器兼容性满足要求;确认管理服务器和业务服务器硬件配置满足要求。

(3)安装文件:从 H3C 官方网站下载最新版本的 CAS 安装文件。

如果管理服务器不加入主机池,不在管理服务器上创建、运行虚拟机,则管理服务器的配置要求相比业务服务器会低许多,并且不要求 CPU 支持虚拟化功能,如表 4-1 所示。

表 4-1　管理服务器配置要求

规　　模	CPU 规格	内存规格	存　　储	备　　注
服务器:＜50 虚拟机:＜1000	≥16	≥32GB	600GB	建议物理机部署
服务器:50~100 虚拟机:1000~3000	≥16	≥64GB	2 个 SAS 盘组(600GB) RAID 1	建议物理机部署
服务器:100~256 虚拟机:3000~5000	≥24	≥128GB	2 个 SSD 盘组(960GB) RAID 1	要求物理机部署,数据库存储放在 SSD 上
服务器:256~512 虚拟机:＞5000	≥32	≥256GB	2 个 SSD 盘组(960GB) RAID 1	要求物理机部署,数据库存储放在 SSD 上

为了最大限度地发挥虚拟化的作用,最大限度地利用单台服务器的物理资源,建议运行业务的服务器确保如表 4-2 所示的配置要求。

表 4-2 业务服务器配置要求

指 标 项		双 路	四 路	八 路
CPU(建议主频在 2GHz 以上)		双路四核	四路双核或四核	八路双核、四核或更高
内存		≥32GB	≥64GB	≥128GB
千兆/万兆网卡	无外接存储	≥4	≥4	≥4
	使用 FC 存储	≥4	≥4	≥4
	使用 IP 存储	≥6	≥6	≥6
内置硬盘(使用外置磁盘阵列时)		2	2	2
CD/DVD ROM		1	1	1
电源		双冗余	双冗余	双冗余

4.3 部署前规划

4.3.1 组网规划

在 CAS 网络中,物理服务器需要规划管理网络、业务网络和存储网络,并且需要相互独立,例如通过 VLAN 隔离。因此服务器至少需要 3 个网卡(使用 FC SAN 存储时需要 2 个网卡),分别定义为管理网卡、业务网卡和存储网卡。

1. IP SAN 组网

IP SAN 组网结构如图 4-1 所示。

(1)管理网。通过管理网络访问 CVM 页面和 CAS 集群,对 CAS 主机节点进行管理和维护;它是 CVM 与 CVK 通信的网络;推荐使用 2 张网卡进行链路聚合。

(2)业务网。业务网是虚拟机业务访问的网络;推荐使用 2 张网卡进行链路聚合。

(3)存储网。存储网是 CVK 访问 IP SAN 存储使用的网络;推荐使用 2 张网卡进行链路聚合。

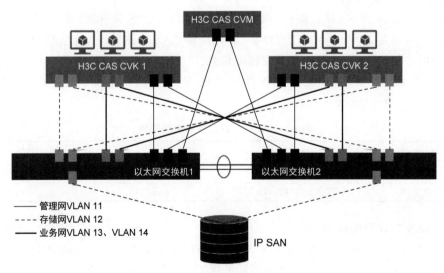

图 4-1 IP SAN 组网示意图

2. FC SAN 组网

FC SAN 组网结构如图 4-2 所示。

（1）管理网。通过管理网络访问 CVM 管理平台和 CAS 集群，对 CAS 相关主机进行管理和维护；它是 CVM 与 CVK 通信的网络；推荐使用 2 张网卡进行链路聚合。

（2）业务网。业务网是虚拟机业务访问的网络，推荐使用 2 张网卡进行链路聚合。

（3）存储网。存储网是 CVK 访问 FC SAN 存储使用的网络；至少需要 1 个双端口 FC HBA 卡；推荐配置多路径。

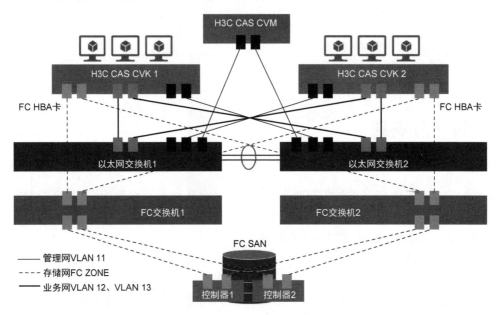

图 4-2　FC SAN 组网示意图

4.3.2　存储网络规划

1. IP SAN 存储网络规划

如果存储设备为 IP SAN 存储时，服务器安装完 H3C CAS 软件后默认存在发起方信息，但是该发起方信息复杂，不方便使用和维护，而且重装 CAS 软件后该发起方信息会变化，为了操作和维护的方便，建议修改服务器的发起方信息。

IP SAN 存储设备需要规划存储设备的 IP 地址，以 ONEStor 存储为例规划存储的管理网络和业务网络，如表 4-3 所示。

表 4-3　IP SAN 存储网络规划举例

网 络 选 项	IP 地址	网　　关	VLAN ID
存储管理网	192.168.12.101/24	192.168.12.254	12
存储业务网	192.168.12.100/24	192.168.12.254	12

2. FC SAN 存储网络规划

zone 是交换机上的标准功能，通过在 SAN 网络中交换机上进行 zoning 的配置，可以将连接在 SAN 网络中的设备，逻辑上划分为不同的区域，使各区域的设备相互间不能访问，使网络中的主机和设备间相互隔离。相当于以太网交换机中的 VLAN 可以隔离主机。

zone 内的设备可以相互访问，但不能访问其他 zone 的设备。zone 的成员可以有三种：domain port、WWN、alias。

一般以一个服务器 HBA 口和一个存储 HBA 口来划分一个 zone。

FC SAN 存储网络规划如图 4-3 所示。

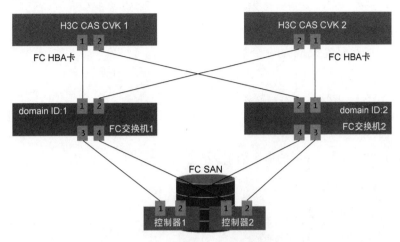

图 4-3   FC SAN 存储网络规划

（1）服务器中的双端口 FC HBA 卡，两个端口分别连接不同的 FC 交换机。

（2）FC 共享存储的每个控制器安装双端口的 FC HBA 卡，两个端口分别连接不同的 FC 交换机。

（3）两台 FC 交换机之间不互联。

以下为通过端口号和 WWN 划分 zone 的示例。

主机"H3C CAS CVK1"的 FC HBA 卡的 WWN 信息如下。

端口 1：50：01：43：80：24：d2：8a：aa

端口 2：50：01：43：80：24：d2：8a：ab

主机"H3C CAS CVK2"的 FC HBA 卡的 WWN 信息如下。

端口 1：50：01：43：80：24：d2：8b：ac

端口 2：50：01：43：80：24：d2：8b：ad

FC SAN 共享存储"控制器 1"的 FC HBA 卡的 WWN 信息如下。

端口 1：50：01：43：80：24：d2：8c：aa

端口 2：50：01：43：80：24：d2：8c：ab

FC SAN 共享存储"控制器 2"的 FC HBA 卡的 WWN 信息如下。

端口 1：50：01：43：80：24：d2：8c：ac

端口 2：50：01：43：80：24：d2：8c：ad

以下为使用 WWN 划分 zone 的示例。

"FC 交换机 1"上配置 zone 的命令如下。

```
zonecreate "CVK01-01", "50:01:43:80:24:d2:8a:aa; 50:01:43:80:24:d2:8c:aa "
zonecreate "CVK01-02", "50:01:43:80:24:d2:8a:aa; 50:01:43:80:24:d2:8c:ac "
zonecreate "CVK02-01", "50:01:43:80:24:d2:8b:ad; 50:01:43:80:24:d2:8c:aa "
zonecreate "CVK02-02", "50:01:43:80:24:d2:8b:ad; 50:01:43:80:24:d2:8c:ac "
```

"FC 交换机 2"上配置 zone 的命令如下。

```
zonecreate "CVK02-01", "50:01:43:80:24:d2:8b:ac; 50:01:43:80:24:d2:8c:ad "
```

```
zonecreate "CVK02 - 02", "50:01:43:80:24:d2:8b:ac; 50:01:43:80:24:d2:8c:ab "
zonecreate "CVK01 - 01", "50:01:43:80:24:d2:8a:ab; 50:01:43:80:24:d2:8c:ad "
zonecreate "CVK01 - 02", "50:01:43:80:24:d2:8a:ab; 50:01:43:80:24:d2:8c:ab "
```

以下为使用端口号划分 zone 的示例。

"FC 交换机 1"上配置 zone 的命令如下。

```
zonecreate "CVK01 - 01", "1,1; 1,3"
zonecreate "CVK01 - 02", "1,1; 1,4"
zonecreate "CVK02 - 01", "1,2; 1,3"
zonecreate "CVK02 - 02", "1,2; 1,4"
```

"FC 交换机 2"上配置 zone 的命令如下。

```
zonecreate "CVK02 - 01", "2,1; 2,3"
zonecreate "CVK02 - 02", "2,1; 2,4"
zonecreate "CVK01 - 01", "2,2; 2,3"
zonecreate "CVK01 - 02", "2,2; 2,4"
```

4.3.3　服务器规划

为了方便维护,应将带外管理的地址规划到管理地址网段中,带外管理的具体规划规则以服务器要求为准。配置端口聚合时,应跨网卡配置网口聚合,具体示例如表 4-4 所示。

表 4-4　服务器规划举例

服务器角色	网络类型	IP 地址 (举例)	VLAN ID (举例)	虚拟交换机	物理接口 (举例)	业务转发模式
管理服务器/ 业务服务器	带外管理网	192.168.11.110	11	不涉及	专用或共享带外管理口	VEB
	管理网	192.168.11.10	11	vSwitch 0	eth 0＋eth 2	VEB
业务服务器	存储网	192.168.12.10	12	vSwitch-storage	eth 1＋eth 4	VEB
	业务网	可以不配置	13	vSwitch-App	eth 3＋eth 5	VEB

4.3.4　交换机规划

(1) 虚拟机涉及的 VLAN 指虚拟机网络策略模板中对虚拟机网卡设置的 VLAN。

(2) 若管理网/存储网虚拟交换机不配置 VLAN ,则对端交换机可配置 access。若虚拟交换机配置 VLAN ID,则对端交换机必须配置 trunk,并放通对应的 VLAN ID。

(3) 可使用"主备负载分担"或"基本负载分担",不建议使用"高级负载分担"。

4.3.5　双机热备规划(可选)

双机热备功能是对管理节点进行双机热备配置,当主管理节点发生故障时,通过主备管理节点的切换,管理节点可以对外正常提供服务。

双机热备的两台主机(CVM 1、CVM 2)可以再作为 CVK 主机加入热备主机自己管理的主机池中使用,但不能再分离成单独的 CVM 管理平台使用。

仲裁节点分为高级仲裁节点和简易 ping 仲裁节点。仲裁节点类型如图 4-4 所示。

（1）高级仲裁节点由安装了 CMSD(CVM master slave daemon,热备服务管理程序)的节点担任仲裁角色。

（2）简易 ping 仲裁节点配置两个正在使用且比较稳定可达的 IP 地址,一般为网关或其他能够常态可达的 IP 地址,用于 ping 测试。

双机热备的组网拓扑如图 4-5 所示。

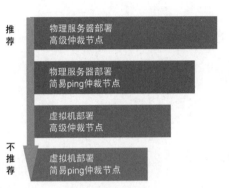

图 4-4　仲裁节点类型

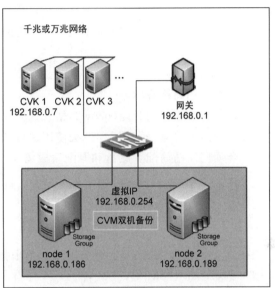

图 4-5　双机热备组网拓扑

（1）node 1 和 node 2 是构成双机热备的两台 CVM 主机。

（2）多台 CVK 主机和 node 1、node 2 主备 CVM 管理平台组成 CAS 云服务平台。

4.3.6　主机池、集群、主机、共享文件系统规划

主机池、集群、主机规划示意图如图 4-6 所示,规划规则如下。

（1）提前规划 CVK 主机名、admin/root 密码。

（2）一个主机池不建议规划超过 4 个 HA 集群。

（3）每个 HA 集群中不要超过 32 台 CVK 主机。

（4）每个 HA 集群挂载不超过 10 个共享文件系统。

（5）共享文件系统使用不超过 64TB 的存储卷。

（6）一个共享文件系统仅在一个主机池下使用,最多支持 32 台主机同时使用。

（7）已挂载给 CAS 平台的存储卷,不允许再映射给其他主机或虚拟机使用,否则会导致数据丢失。

4.3.7　虚拟机规划

1. 计算资源规划

（1）不同级别的虚拟机分配不同的优先级(高、中、低),保证在发生资源抢占的情况下重要级别的虚拟机优先分配资源。

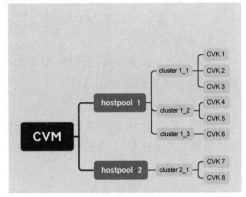

图 4-6　主机池、集群、主机规划示意图

（2）虚拟机启动后会占用内存资源，为了保证业务的正常运行，需要预留 1/3 的空闲内存资源。

2. 网络资源规划

（1）建议使用"高速网卡"，并启用内核加速功能。

（2）为保证老版本的 Linux 操作系统（如 RHEL 4. x）的兼容性，建议使用 Intel e1000 网卡。

．（3）Windows 操作系统默认不支持"高速网卡"，需要安装 CAStools，以加载高速网卡驱动。

3. 存储资源规划

（1）推荐使用高速磁盘。

（2）存储卷推荐使用智能（qcow2）格式。

（3）对于高 I/O 业务，建议虚拟机使用块设备类型的存储卷。

（4）合理使用精简配置磁盘和厚配置磁盘。

4.4　CAS 集群安装部署

4.4.1　CAS 集群安装部署流程

CAS 集群的安装部署，大致分为以下 7 个步骤。

（1）安装 CAS CVM/CVK 软件。

（2）登录 CAS 管理平台。

（3）搭建双机热备（可选）。

（4）License 注册。

（5）NTP 服务器配置。

（6）初始化配置。

（7）存储池配置。

4.4.2　安装 CAS CVM/CVK 软件

1. 配置服务器基本信息

服务器一般都会自带管理软件，通过该软件提供的功能可以非常方便地安装操作系统，因此在正式安装 CAS 系统之前，需要对服务器做基本的配置，例如配置服务器管理软件（iLO、HDM、IPMI 等）。

2. 配置 RAID

在安装 CAS 系统前，需要根据规划对服务器的本地磁盘进行 RAID 配置，配置方法可以参考相应服务器的配置手册。

3. 配置服务器 BIOS

在 BIOS 界面中将服务器配置为最佳性能模式，并开启 CPU 的虚拟化特性，并根据计划好的安装方法（通过 U 盘或光盘安装），设置启动优先级；修改完成后，保存 BIOS 设置，退出并重启服务器。

4. 挂载 CAS 镜像文件

通过服务器带外管理页面的远程控制台，挂载 CAS 的 ISO 镜像文件，并设置服务器启动模式为 UEFI,启动项为从镜像启动。

5. 开始安装

从镜像引导后,进入如图 4-7 所示的界面,选择 Install CAS-x86_64 选项开始安装。

```
Install CAS-x86_64
Test this media & install CAS-x86_64
Troubleshooting -->



Use the ▲ and ▼ keys to change the selection.
Press 'e' to edit the selected item, or 'c' for a command prompt.
```

图 4-7 开始安装

6. 进入安装页面

进入系统的安装页面,如图 4-8 所示。

图 4-8 系统安装页面

7. 网络设置

单击 NETWORK & HOST NAME 选项,进入网络参数设置页面。选择需要配置的网卡,单击右下角的 Configure 按钮,选择 Manual 模式,手动配置 IP 地址、子网掩码、服务器网关 IP 地址、DNS 服务器、域名等参数,如图 4-9 所示。如果只需要配置 IPv6 的地址,而不配置 IPv4 地址,则将 IPv4 模式设置为 Disable,否则会造成 IPv6 地址不通。

在网络参数设置页面下方的 Host name 区域,设置服务器的主机名。单击 Done 按钮,保存网络设置。

完成网络设置后,会返回到之前的系统安装页面,如图 4-8 所示。

8. 选择系统盘

单击 INSTALLATION DESTINATION 选项,进入选择系统盘页面。在 Local Standard Disks 区域选中不需要安装系统的磁盘,只保留一个磁盘,如图 4-10 所示。

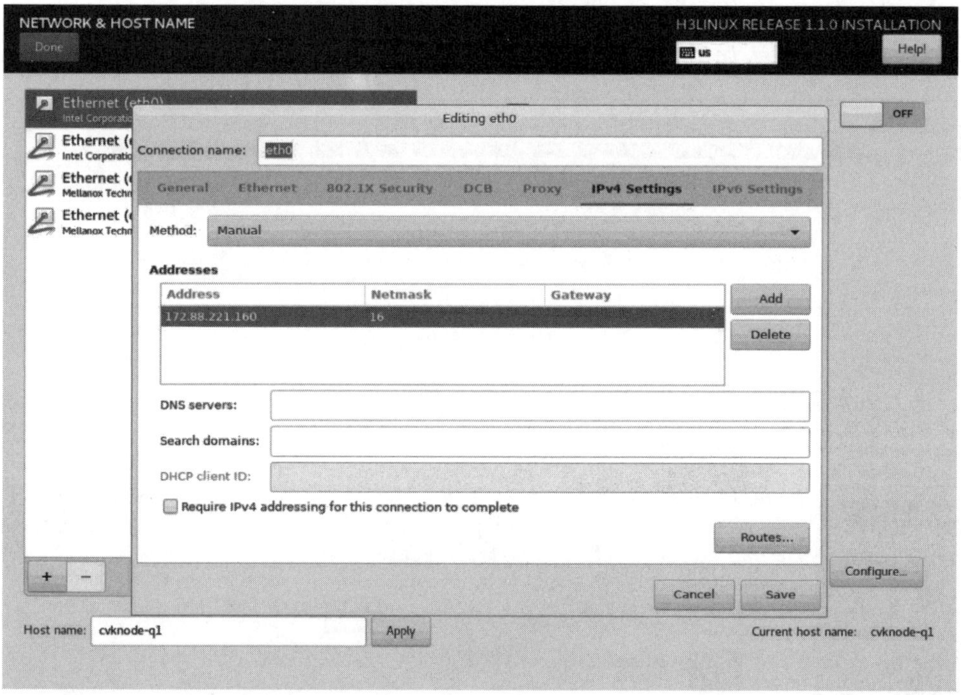

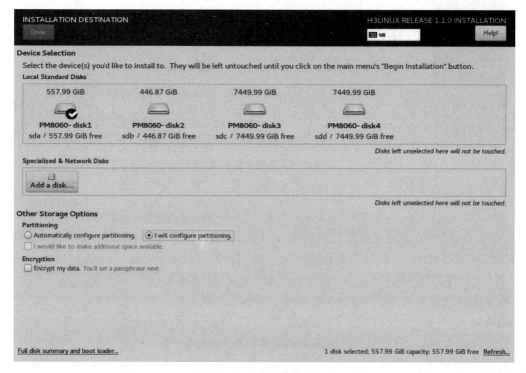

图 4-9　网络设置

图 4-10　选择系统盘页面

9. 磁盘分区设置

安装 CAS 时,系统盘支持自动分区和手动分区两种分区方式。若服务器从未安装过系统,推荐采用自动分区方式。确保磁盘空间大于或等于 120GiB;如果服务器已安装过系统,应使用手动分区方式将安装过的系统删除后,再进行磁盘分区。

1) 自动分区

(1) 在如图 4-10 所示的选择系统盘页面中,在 Partitioning 区域中选择 Automatically configure partitioning 选项,如图 4-11 所示。

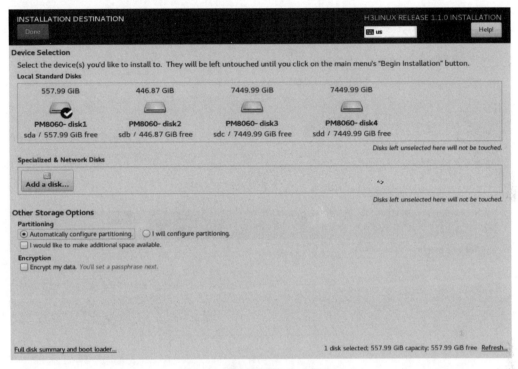

图 4-11 选择系统盘的自动分区

(2) 单击 Done 按钮完成自动分区,再次返回到之前的系统安装页面。

2) 手动分区

(1) 进入选择系统盘页面后,选择 I will configure partitioning 选项,如图 4-12 所示。

(2) 单击 Done 按钮进入手动分区页面,如图 4-13 所示。如果在本次安装之前,已经在磁盘中安装过系统,应删除该系统:选择之前安装过的系统分区,单击 Reset All 按钮,弹出 Are you sure you want delete all of the date on ×××的对话框,选中对话框中的选项,单击 Delete it 按钮,即可删除原先安装的系统的所有分区。

(3) 单击图 4-13 中左下角的"+"按钮,弹出增加挂载点对话框,如图 4-14 所示。

(4) 配置分区信息。搭建双机热备环境时,由于双机热备的数据库分区创建在/vms 分区下,并且/vms 分区自身需要一定量的空间,因此/vms 分区必须为最后一个分区,且至少要为/vms 分区分配 30GiB 的空间,文件系统类型为 EXT4。/vms 分区最小空间估算方法为:数据库分区(预估主机个数×10MiB+预估虚拟机个数×15MiB)×15/1024MiB+10GiB。在保证其他分区空间充足的前提下,应为/vms 分区分配尽量大的空间。

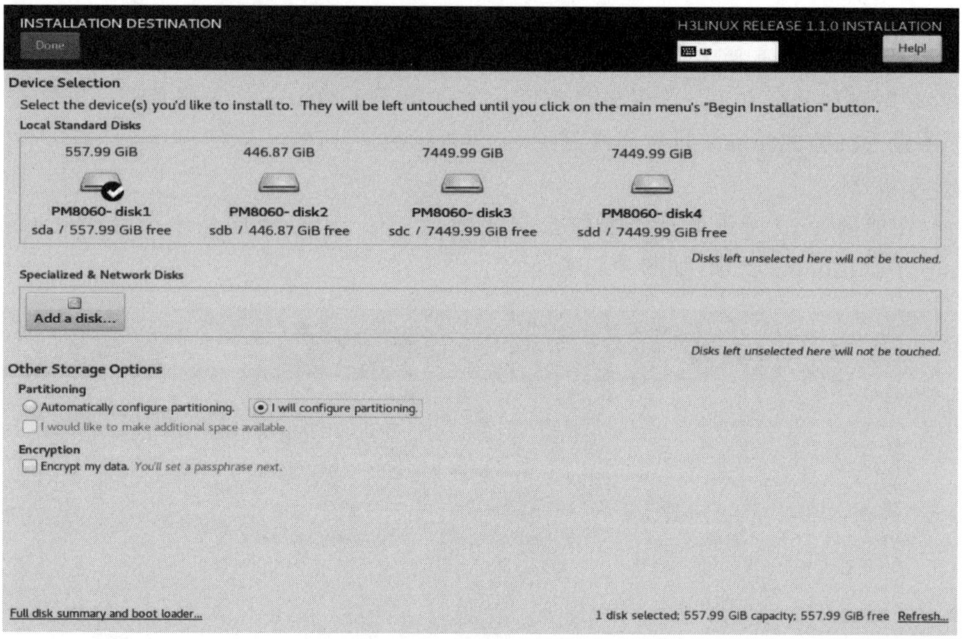

图 4-12　选择系统盘的手动分区

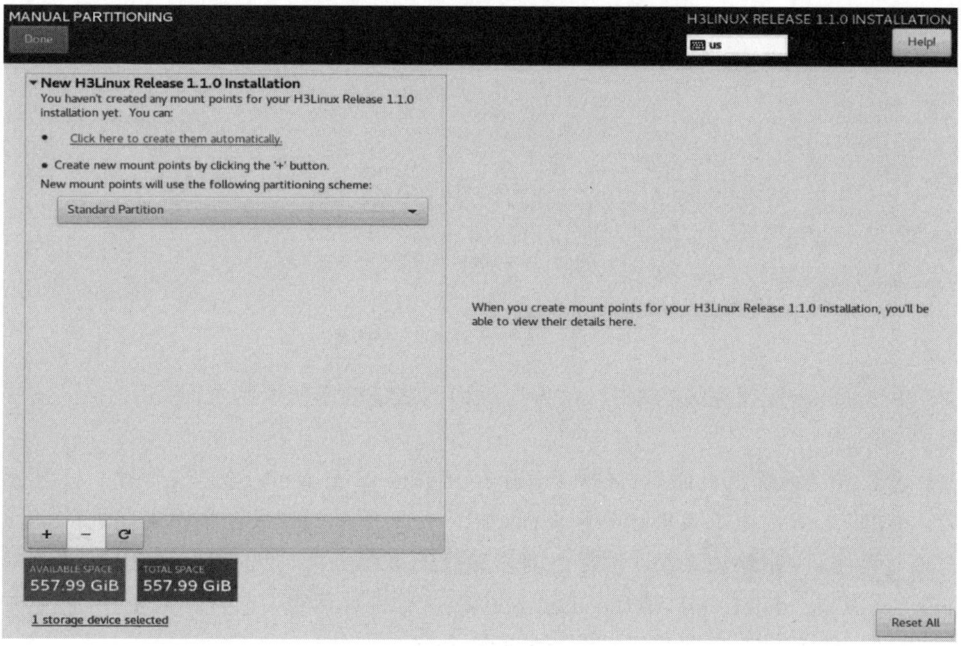

图 4-13　手动分区页面

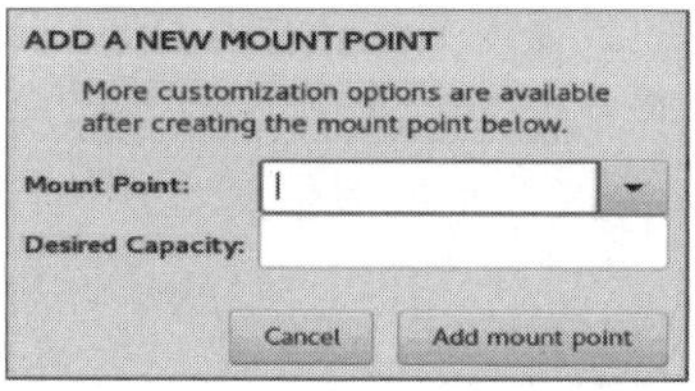

图 4-14　增加挂载点对话框

① 服务器使用 UEFI 模式引导启动。在 Mount Point 下拉框中选择对应分区,在 Desired Capacity 输入框中输入分区大小,单击 Add mount point 按钮完成分区的添加。按照此方法依次添加/boot/efi、/boot、/、/var/log、swap 和/vms 分区,分区完成后,如图 4-14 所示,分区规格要求如表 4-5 所示。

② 服务器使用 Legency 模式引导启动。在 Mount Point 下拉框中选择对应分区,在 Desired Capacity 输入框中输入分区大小,单击 Add mount point 按钮完成分区的添加。按照此方法依次添加/、/boot、/var/log、swap 和/vms 分区,分区完成后,如图 4-15 所示,分区规格要求如表 4-5 所示。

表 4-5 物理服务器系统盘分区规格要求

分区名称	作　用	文件系统类型 (file system)	分区最小值	分区建议值
/boot/efi	引导分区,用于存放系统的引导文件	必须使用 EFI System Partition 类型	200MiB	200MiB
/boot	启动分区,用于存放系统内核启动所需的文件	可以使用 EXT4 类型	1024MiB	1024MiB
/	根目录分区,用于存放系统的所有目录,用户可以通过此分区来访问所有目录	可以使用 EXT4 类型	102400MiB	204800MiB
/var/log	日志分区,用于存放系统操作的日志文件	可以使用 EXT4 类型	10240MiB	40960MiB
swap	交换分区,当系统内存不足时,用于存放临时数据,等待一段时间后,系统会将这些临时数据调入内存中执行。该分区只能由系统访问	必须使用 swap 类型	30GiB	30GiB
/vms	虚拟机数据分区,用于存放虚拟机的所有数据文件	必须使用 EXT4 类型	(1) 单机部署:1024MiB (2) 双机热备:30GiB。具体估算方法为:数据库分区(预估主机个数×10MiB+预估虚拟机个数×15MiB)×15/1024MiB+10GiB	无限制,在保证其他分区空间充足的前提下,为/vms 分区分配尽量大的空间

(5)分区完成后,单击 Done 按钮,弹出确认对话框,如图 4-16 所示。

(6)单击 Accept Changes 按钮,返回到系统安装页面。

10. 时区设置

在系统安装界面单击 DATE & TIME 选项,进入时区设置页面,设置正确的系统时间及时区。

11. 选择安装组件

根据服务器的类型,在 SOFTWARE SELECTION 页面中选择具体安装的组件,安装程序默认选择 CVK 进行安装,如图 4-17 所示。

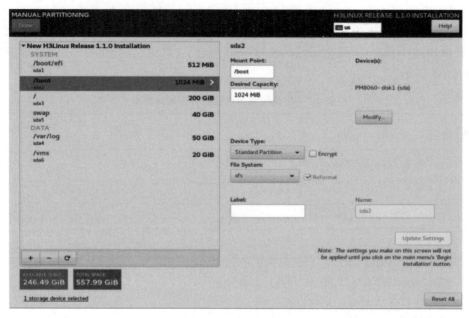

图 4-15　分区完成

Order	Action	Type	Device Name	Mount point
1	Destroy Format	Unknown	sda	
2	Create Format	partition table (GPT)	sda	
3	Create Device	partition	sda1	
4	Create Device	partition	sda2	
5	Create Format	xfs	sda2	/boot
6	Create Device	partition	sda3	
7	Create Device	partition	sda4	
8	Create Device	partition	sda5	
9	Create Format	swap	sda5	
10	Create Device	partition	sda6	
11	Create Format	xfs	sda6	/vms
12	Create Format	xfs	sda4	/var/log

SUMMARY OF CHANGES

Your customizations will result in the following changes taking effect after you return to the main menu and begin installation:

Cancel & Return to Custom Partitioning　　Accept Changes

图 4-16　确认对话框

（1）如需安装管理服务器，则选中 CVM-Chinese 或 CVM-English 选项进行安装。

（2）如需安装业务服务器，则选中 CVK 选项进行安装。

（3）不勾选 Docker 选项。

12. 设置 root 账户密码

在系统安装页面中，单击 Begin Installation 按钮，开始安装，在安装过程中，用户需要设置 root 账户的密码。

13. 完成安装

完成 root 密码设置后，继续进行安装，安装完成后，服务器会自动重启，并进入参数配置页面。

14. 卸载 CAS 镜像文件

完成安装并自动重启后，应在系统重启完成前退出光盘、断开虚拟光驱或拔掉 U 盘。

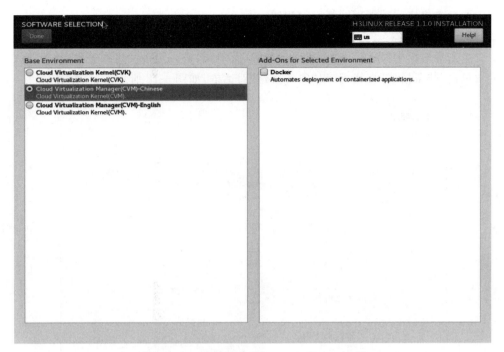

图 4-17 根据服务器类型选择安装 CAS 组件

4.4.3 登录 CAS CVM 管理平台

（1）在本地 PC 中打开浏览器（推荐使用 Google、Chrome、Mozilla Firefox 等），在地址栏中输入 http://192.168.11.10 或者 https://192.168.11.10（访问的 IP 地址应与安装管理服务器时配置的 IP 地址相同），进入 CVM 登录界面。

（2）登录 H3C CAS CVM 管理平台，默认的用户名和密码为 admin 和 Cloud@1234。

4.4.4 搭建双机热备（可选）

H3C CAS CVM 双机热备使用两台服务器部署 CVM，同时两台服务器互相备份，共同提供服务。当一台服务器出现故障时，可由另一台服务器承担服务，从而在不需要人工干预的情况下，自动保证 CVM 管理平台能持续提供服务。CVM 双机热备由备用的服务器解决了在主服务器故障时管理平台中断的问题。

1. 配置前提

（1）全新安装的系统，没有作为 CVK 主机使用过，管理平台中无纳管的 CVK 主机。

（2）主机上的存储池必须保持系统默认配置，即只有 isopool 和 defaultpool 两个存储池。

（3）安装系统时，主机的系统引导方式必须相同，且两台主机必须安装同一版本的 CVM 系统。

（4）至少为/vms 分区分配 30GiB 的空间。在保证其他分区空间充足的前提下，应为/vms 分区分配尽量大的空间。

（5）搭建双机的两台主机应和高级仲裁的系统一致。

（6）搭建双机的两台主机系统盘大小一致。

（7）若使用高级仲裁方式，可以使用同一云平台中的 CVK 作为高级仲裁。

（8）两台主机之间的管理网络必须相通。

2.　配置步骤

（1）单击导航树中"系统"→"双机热备配置"菜单项，进入热备主机列表页面。

（2）单击"热备搭建"按钮，弹出"热备搭建"对话框，如图4-18所示。

图4-18　"热备搭建"对话框

（3）根据此前的双机热备规划，配置虚IP地址、子网掩码、备机IP地址等参数。配置完毕后，在弹出的热备搭建确认对话框中输入参数CONFIRM，单击"确定"按钮，如图4-19所示。

（4）开始搭建双机热备环境时，管理平台将跳转到双机热备配置页面，展示搭建进度，如图4-20所示。

图4-19　热备搭建确认

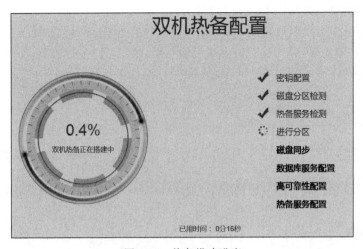

图 4-20　热备搭建进度

（5）双机热备搭建成功后，会自动跳转到登录页面。

4.4.5　License 注册（本地授权）

以下内容将重点介绍 CAS 本地授权的注册方法，如果使用远程授权，则可查阅 H3C 官方网站中的相关资料。

1. 获取主机信息文件

（1）在 CAS 登录界面中单击"产品注册/本地授权"链接，弹出产品注册对话框。输入基本操作配置，单击"下一步"按钮，如图 4-21 所示。

图 4-21　产品注册

① 超级管理员密码默认为 Cloud@1234。

② License 操作选择"申请新的 License 或升级现有的 License"选项。

（2）按照要求输入最终用户信息、申请人信息后，单击"下一步"按钮，如图 4-22 所示。

图 4-22　输入注册信息页面

（3）单击"下载"按钮，将主机信息文件（host.info）下载到本地，如图 4-23 所示。

图 4-23　下载主机信息文件

2. 获取授权码

发货设备的附件中包含授权码信息，可从授权书文件中直接获取。

3. 申请激活文件

（1）登录 H3C License 管理平台（网址为 http://www.h3c.com/cn/License），进入
"License 激活申请"页面，如图 4-24 所示。

图 4-24　输入授权信息

（2）输入授权信息。H3C License 管理平台支持通过以下两种方式输入授权码，选择使用
其中一种方式即可。

① 逐个输入授权码后，单击"搜索 & 追加"按钮，获取授权信息。输入授权码时，可通过
复制粘贴或手动输入整个授权码字符串，也可以单击 ··· 按钮，上传授权码的二维码图片（确保
上传的图片中包含了完整、清晰的二维码），由 H3C License 管理平台自动识别授权码。

② 批量导入多个授权码。单击"导入 & 追加"按钮，先下载授权码 Excel 清单模版，在模
板中输入授权码后，再上传 Excel 文件，一次导入多个授权码，可以获取多份授权信息。

（3）选中需要激活的授权码并单击"下一步"按钮，进入绑定硬件设备页面。

（4）进入绑定硬件设备页面，单击 ··· 按钮，逐个输入设备信息分别将单个授权码和单台
设备绑定，如图 4-25 所示；也可以单击"批量录入设备"按钮，为使用相同主机信息文件的授
权码批量绑定设备信息。

图 4-25　绑定设备信息

① 硬件设备标识用于标识一台设备。为方便管理和记忆设备,可以使用设备型号、IP 地址、设备所处地理位置等信息的组合作为硬件设备标识。

② 授权码绑定方式。首次激活申请时,选择"仅绑定当前授权码"。

③ 设备信息文件。单击"选择文件"按钮,选择设备信息文件,并上传。

(5)输入设备信息后,阅读并选中"我已了解"选项,并单击"下一步"按钮,进入用户数据录入页面。

(6)进入用户数据录入页面,输入用户信息,用于记录执行本次授权操作的用户的信息,用户信息输入完毕后,单击"下一步"按钮,进入确认并激活页面,如图 4-26 所示。

图 4-26 用户数据录入

(7)进入确认并激活页面,核对授权信息和设备信息,确认无误后,阅读并选中"已阅读并同意法律声明所述服务条款各项内容 H3C 授权服务门户法律声明"选项,单击"确认并激活 License"按钮。

(8)再次核对授权信息和设备信息,单击"确定"按钮后,H3C License 管理平台会自动生成激活码/激活文件,并将激活码/激活文件发送到"申请联系人 E-mail"对应的邮箱。

(9)可以通过以下方式获取激活信息。

① 单击"获取激活信息"按钮,可复制激活码或者将激活文件下载到 PC 端。

② 单击"批量获取激活信息"按钮,可一键获取本次申请激活操作申请到的所有激活码和激活文件。

③ 登录"申请联系人 E-mail"对应的邮箱,查收激活码/激活文件。

4. 注册授权

(1)在 CAS 登录界面中单击"产品注册/本地授权"链接,弹出产品注册对话框,如图 4-27 所示。

① 超级管理员密码为 Cloud@1234。

② License 操作中选择"使用 License 文件对产品进行注册"选项。

图 4-27　产品注册对话框

（2）配置完成后，单击"下一步"按钮，进入注册 License 页面，如图 4-28 所示。

图 4-28　注册 License 页面

（3）选择 License 文件（文件后缀名为.lic）后，单击"上传"按钮，注册成功后会出现注册成功提示。

（4）注册成功后直接登录 CAS 管理平台，在"系统管理/License 管理"页面，可查看授权信息。

4.4.6　NTP 服务配置

CAS 系统中的 CVM 主机、CVK 主机之间的系统时间必须保持一致，可以通过配置 NTP 服务器实现。

完成 CAS 软件系统的安装后，系统会默认开启 NTP 服务，可以将 CVM 主服务器作为 NTP 的服务端，其他 CVK 主机作为 NTP 的客户端，与 CVM 的主机时间保持一致。

（1）选择顶部"云资源"标签，单击左侧导航树"计算"→"概要"菜单项，进入云资源概要信息页面。

（2）单击"更多操作"按钮，选择"NTP 时间服务器"菜单项，弹出设置 NTP 时间服务器页面，如图 4-29 所示。

（3）输入 NTP 主备用服务器的域名或 IP 地址，单击"确定"按钮，如图 4-30 所示。

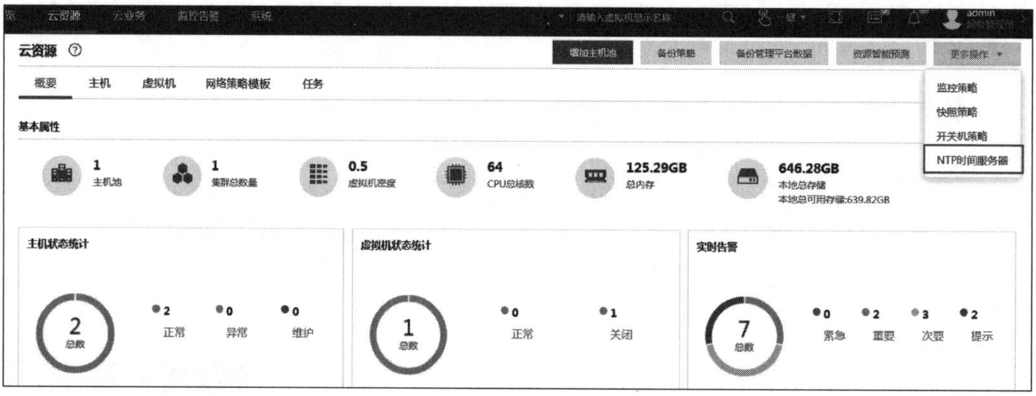

图 4-29 云资源页面

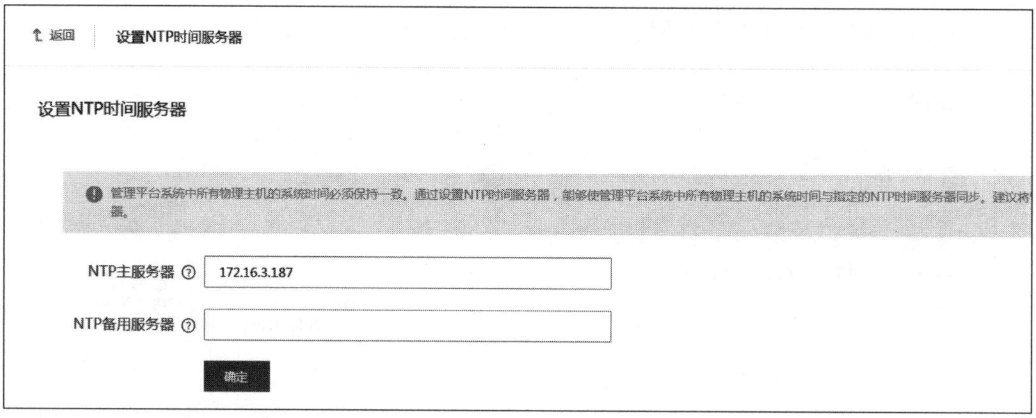

图 4-30 设置 NTP 时间服务器

4.4.7 初始化配置

1. 主机池配置

选择顶部"云资源"标签,单击左侧导航树"计算"→"概要"菜单项,进入云资源概要信息页面。单击"增加主机池"按钮,按照规划创建主机池,如图 4-31 所示。在弹出的增加主机池对话框中输入主机池名,单击"确定"按钮。

2. 集群配置

选择顶部"云资源"标签,单击左侧导航树"计算"→"主机池"菜单项,进入主机池概要信息页面。单击"增加集群"按钮,弹出增加集群对话框。根据规划配置基本信息。输入集群名,启用集群 HA 功能,然后单击"下一步"按钮配置策略,如图 4-32 所示。

配置 HA 策略的主要参数说明如下。

(1)生效最小节点数指配置集群中高可靠性正常运行所需的最小主机数。如果集群内正常运行的主机数量小于该参数时,虚拟机将无法进行 HA 故障迁移。

(2)HA 资源预留指为 HA 保留一定的资源(CPU、内存)。当集群剩余的资源低于设置的比例时,则不能继续启动集群内的虚拟机,也不能将虚拟机还原到运行状态,并将运行状态虚拟机迁入集群。

(3)设置是否开启计算 DRS 和存储 DRS 功能,默认不开启,可按需求配置。

图 4-31　增加主机池

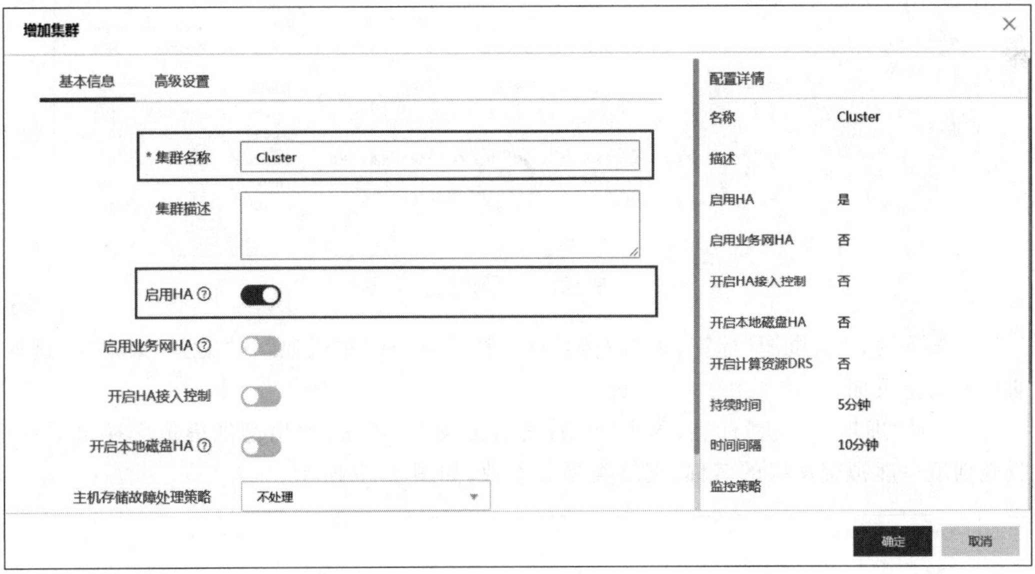

图 4-32　增加集群

3. 主机配置

选择顶部"云资源"标签,单击左侧导航树"计算"→"主机池"→"集群"菜单项,进入集群概要信息页面。单击"增加主机"按钮,弹出增加主机对话框。在弹出的增加主机对话框中输入CVK 主机的"IP 地址"和"密码",如图 4-33 所示。

增加主机完成后,在集群 Cluster 下显示新增加的主机为 cvknode1,在主机的"概要"页面可查看主机的 CAS 软件版本等信息,如图 4-34 所示。

4. 虚拟交换机配置

CAS 中的管理网、存储网和业务网,分别对应管理虚拟交换机、存储虚拟交换机和业务虚拟交换机。安装完 CAS 软件后,默认配置了管理虚拟交换机。而存储虚拟交换机和业务虚拟交换机则需要根据规划手动配置。

图 4-33　增加主机对话框

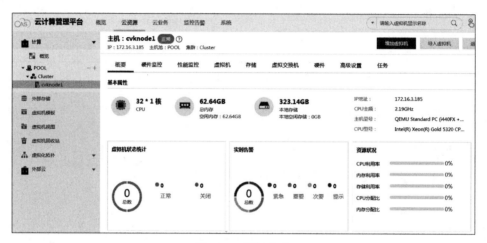

图 4-34　添加完成

（1）选择顶部"云资源"标签，单击左侧导航树"计算"→"主机池"→"集群"菜单项，进入集群的概要信息页面。

（2）选择"虚拟交换机"标签，单击"增加虚拟交换机"按钮，弹出增加虚拟交换机对话框。按照规划填写虚拟交换机的名称、网络类型等参数，如图 4-35 所示。

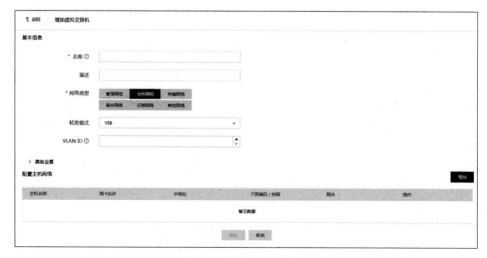

图 4-35　创建虚拟交换机

（3）选中需要增加虚拟交换机的主机,然后单击右侧的配置物理接口图标,在弹出的配置物理接口对话框中,选择规划的存储虚拟交换机的物理接口 ethx,在"IP 地址"和"子网掩码"栏输入规划的 IP 地址和子网掩码信息,如图 4-36 所示。

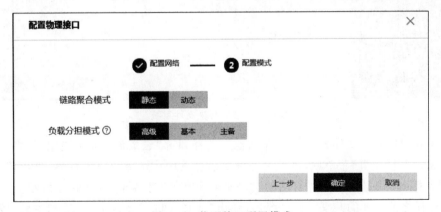

图 4-36 配置物理接口

（4）根据规划选择多个物理接口后,根据需要设置物理接口的配置模式,如图 4-37 所示。

图 4-37 物理接口配置模式

4.4.8 存储池配置

1. iSCSI 共享文件系统

H3C CAS 服务器虚拟化操作系统的 CVK 主机和 IP SAN 共享存储使用 iSCSI 协议连接,因此需要为 CVK 主机和 IP SAN 共享存储分别配置发起方和目标方信息。

（1）选择顶部"云资源"标签,单击左侧导航树"计算"→"主机池"→"主机名"或者"计算"→

"主机池"→"集群"→"主机名"菜单项,进入主机概要信息页面。

(2) 选择"硬件"标签,单击左侧的"存储适配器"菜单项,进入该主机的存储适配器列表页面。

(3) 选择 Open-iSCSI 选项,然后单击"修改"按钮,将默认的较为复杂的标识符根据规划修改。

(4) 主机池下增加共享文件系统配置信息。选择顶部"云资源"标签,单击左侧导航树"计算"→"主机池"菜单项,进入主机池概要信息页面。单击"更多操作"按钮,选择"共享文件系统心跳网络"菜单项,弹出"共享文件系统心跳网络设置"对话框。输入规划的存储网络地址信息"192.168.12.0",然后单击"确定"按钮。

(5) 选择"共享文件系统"标签,进入该主机池的共享文件系统信息列表页面,单击"增加共享文件系统"按钮,弹出"增加共享文件系统"对话框。设置相应的参数信息,设置完毕后,单击"确定"按钮,如图 4-38 所示。

图 4-38　增加共享文件系统

(6) 集群增加共享文件系统类型存储池。选择顶部"云资源"标签,单击左侧导航树"计算"→"主机池"→"集群"菜单项,进入集群概要信息页面。选择"存储"标签,进入该集群的共享存储列表页面。单击"增加"按钮,弹出"增加共享存储"对话框,如图 4-39 所示。

(7) 选择之前添加的共享文件系统后,弹出"选择主机"按钮,单击"选择主机"按钮,选中相应的主机,单击"确定"按钮。

(8) 初次添加存储卷时,需要对存储卷进行格式化。在弹出的"格式化共享文件系统"窗口,单击"确定"按钮。

(9) 在格式化共享文件系统对话框中,输入最大访问节点数,即该共享文件系统最大可以被多少个主机同时挂载;"锁类型"有两个选项,即分布式锁和硬件辅助锁。硬件辅助锁对存储有要求,需要存储服务器支持 CAW 特性。格式化共享文件系统参数设置完毕后,单击"确定"按钮,如图 4-40 所示。

图 4-39　增加共享存储

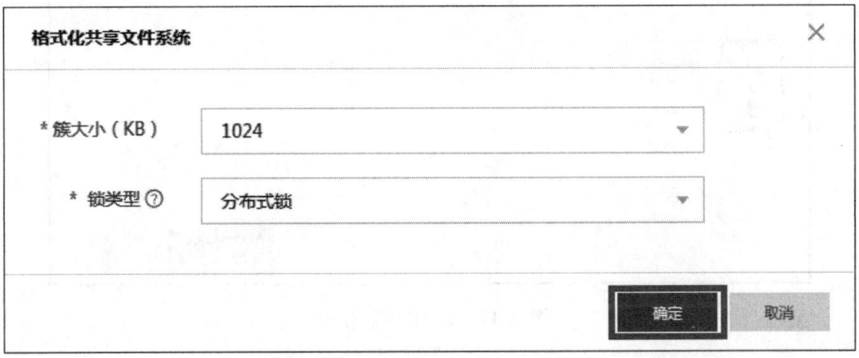

图 4-40　设置格式化共享文件系统参数

2. FC 共享文件系统

使用 FC 存储作为 CAS 的共享存储时,需要配置 FC 共享文件系统。要连接 FC 存储,主机必须安装 FC HBA 卡。在主机的"存储适配器"页面,查看 FC HBA 卡的信息。

(1)选择顶部"云资源"标签,单击左侧导航树"计算"→"主机池"菜单项,进入主机池概要信息页面。选择"共享文件系统"标签,进入该主机池的共享文件系统信息列表页面。单击"增加共享文件系统"按钮,弹出"增加共享文件系统"对话框,设置 FC 共享存储相关的信息,设置完毕后,单击"确定"按钮。

(2)选择顶部"云资源"标签,单击左侧导航树"计算"→"主机池"→"集群"菜单项,进入集群概要信息页面。选择"存储"标签,进入该集群的共享存储列表页面。单击"增加"按钮,弹出"增加共享存储"对话框。

(3)在"增加共享存储"对话框中选择对应的 FC 类型的存储,并单击"确定"按钮返回。

(4)在"增加共享存储"对话框中单击"选择主机"按钮,在弹出的"选择主机"对话框中选择对应的主机,如图 4-41 所示。

(5)在"选择主机"对话框中的"HBA 卡"栏中选择 Multipath 配置 FC 多路径,单击"确定"按钮,如图 4-42 所示。

(6)在弹出的操作确认对话框中单击"确定"按钮,如图 4-43 所示。

图 4-41 增加共享存储

图 4-42 选择使用主机、配置多路径

图 4-43 启动共享存储池

4.5 CAS 虚拟机配置部署

4.5.1 上传 ISO 镜像

CAS 集群部署完成后,用户可以直接增加虚拟机,安装操作系统进行使用。安装虚拟机前,需要先上传虚拟机的操作系统镜像。

(1)选择顶部"云资源"标签,单击左侧导航树"计算"→"主机池"→"主机"或者"计算"→"主机池"→"集群"→"主机"菜单项,进入主机概要信息页面。选择"存储"标签,进入该主机的存储池列表页面。选中存储池 isopool,然后单击"上传文件"按钮,如图 4-44 所示。

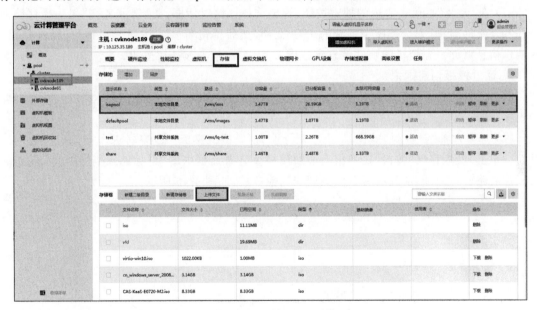

图 4-44 上传 ISO 文件

(2)选择需要上传的虚拟机操作系统镜像文件并上传。

4.5.2 新建虚拟机

1. 手动创建虚拟机

(1)选择顶部"云资源"标签,单击左侧导航树"计算"→"主机池"→"主机"或者"计算"→"主机池"→"集群"→"主机"菜单项,进入主机概要信息页面。

(2)单击"增加虚拟机"按钮,弹出增加虚拟机对话框,其中包括"基本信息"和"硬件信息"

配置,如图 4-45 所示。

图 4-45 增加虚拟机

(3) 在"光驱"栏单击右边的搜索按钮,弹出选择存储对话框,在"显示名称"列选择存储池 isopool,"文件名称"列选择操作系统的 ISO 文件,然后单击"确定"按钮。回到"增加虚拟机"的硬件信息页面。虚拟机的硬件信息参数设置完毕后,单击"确定"按钮。

2. 通过模板创建虚拟机

(1) 虚拟机模板用于便捷地创建和配置多台新的虚拟机。创建虚拟机模板前,需要先配置模板存储。

(2) 选择顶部"云资源"标签,单击左侧导航树"虚拟机模板"菜单项,进入虚拟机模板列表页面。单击"模板存储"按钮,在弹出的增加模板存储对话框中的"目标路径"栏中输入规划的模板存放路径,按实际情况填写存储类型和其他参数,如图 4-46 所示。

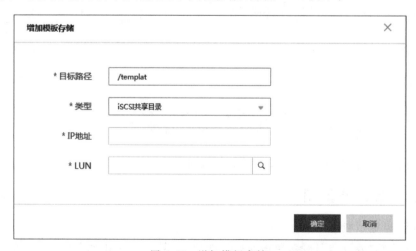

图 4-46 增加模板存储

虚拟机模板由一台虚拟机"转换"或"克隆"而来,克隆为模板与转换为模板的区别如下。

① 克隆为模板指操作完成后源虚拟机继续保留。

② 转换为模板指操作完成后源虚拟机转为了模板,不再继续保留。

（3）在虚拟机关闭的状态下,用鼠标右击虚拟机,选择"克隆为模板"或"转换为模板"。在弹出的对话框中的"模板名称"栏根据规划输入模板名称,并选择"模板存储",然后单击"确定"按钮。在制作虚拟机模板前,应确认虚拟机的光驱和软驱已经断开连接,操作系统的地址信息已经设置为自动获取（否则会出现网络地址冲突问题）。

（4）创建好虚拟机模板后,单击"虚拟机模板"按钮,然后单击"部署虚拟机"按钮,在弹出的对话框中根据提示填写参数,即可使用虚拟机模板部署虚拟机,如图 4-47 所示。

图 4-47　设置模板部署参数

4.5.3　安装虚拟机操作系统

需确保虚拟机已挂载操作系统的 ISO 文件,下面以 Windows 操作系统为例。

（1）选择顶部"云资源"标签,单击左侧导航树"计算"→"主机池"→"主机"→"虚拟机"或者"计算"→"主机池"→"集群"→"主机"→"虚拟机"菜单项,进入虚拟机概要信息页面。单击"启动"按钮启动虚拟机。

（2）虚拟机启动后,单击"控制台"按钮,打开虚拟机的控制台对话框,通过控制台对虚拟机进行操作。

（3）选择安装盘。由于系统默认使用高速硬盘,Windows 安装盘中没有对应的驱动,因此无法发现磁盘信息。此时需要单击"加载驱动程序"按钮,如图 4-48 所示。

（4）选择 Red Hat VirtIO SCSI controller 驱动程序加载高速硬盘的驱动,如图 4-49 所示。

（5）高速硬盘驱动加载完成后,安装界面显示高速硬盘信息。

（6）根据安装向导,完成虚拟机操作系统的安装。

（7）虚拟机安装完成后,需要将虚拟光驱及虚拟软驱断开连接。在"修改虚拟机"对话框的"光驱"及"软驱"页面,单击"断开连接"按钮,如图 4-50 所示。

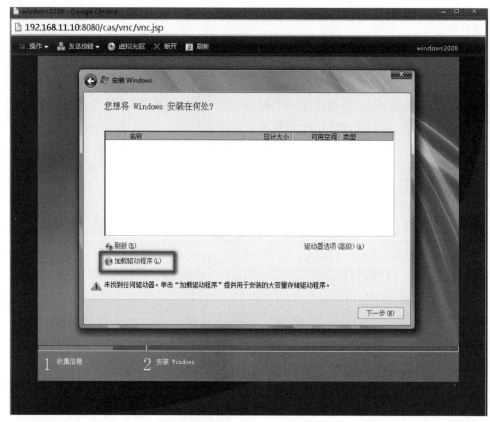

图 4-48 加载驱动程序

图 4-49 选择驱动程序

图 4-50 断开光驱连接

4.5.4 安装 CAStools

虚拟机安装完成后,H3C CAS 平台和虚拟机之间相互独立,H3C CAS 平台无法获取虚拟机 CPU、内存利用率等信息,如果需要获取准确的监控数据,则必须在虚拟机中安装 CAStools 工具。

(1)选择顶部"云资源"标签,单击左侧导航树"计算"→"主机池"→"主机"→"虚拟机"或者"计算"→"主机池"→"集群"→"主机"→"虚拟机"菜单项,进入虚拟机概要信息页面。

(2)单击"修改虚拟机"按钮,弹出修改虚拟机页面。选择"光驱",单击"选择"按钮。在弹出的"选择文件"对话框中的"类型"栏选择"安装 CAStools",然后单击"确定"按钮,如图 4-51 所示。

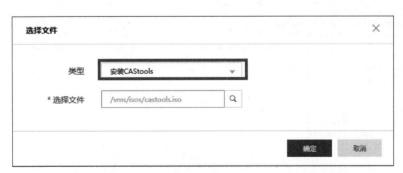

图 4-51 挂载 CAStools ISO 文件

(3)进入虚拟机控制台,安装 CAStools。

① 对于 Windows 操作系统,双击虚拟光驱,弹出"CAS tools 安装:安装选项"对话框,单击"下一步"按钮,按照安装向导逐步安装,直至安装完成,如图 4-52 所示。

② 对于 Linux 操作系统,在 Linux 虚拟机中执行 mount 命令,挂载光驱设备。进入 CAStools 工具的 Linux 目录下,然后执行 CAStools 安装命令 ./CAS_tools_install.sh,如

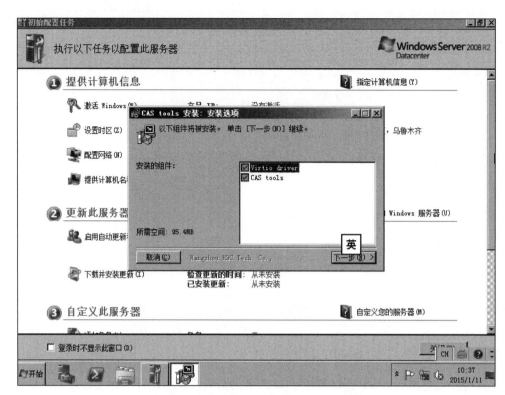

图 4-52　在 Windows 系统中安装 CAStools

图 4-53 所示。

```
Red Hat Enterprise Linux Server release 6.5 (Santiago)
Kernel 2.6.32-431.el6.x86_64 on an x86_64

localhost login: root
Password:
[root@localhost ~]#
[root@localhost ~]# mount /dev/cdrom /media/
mount: block device /dev/sr0 is write-protected, mounting read-only
[root@localhost ~]#
[root@localhost ~]# cd /media/
[root@localhost media]# ls
CAS_tools_setup.exe  CAS_tools_upgrade.js   linux   query.bat   readme.txt
[root@localhost media]#
[root@localhost media]# cd linux/
[root@localhost linux]# ls
CAS_tools_install.sh                 qemu-ga-3.0.1.0-1.i386.rpm
qemu-ga-3.0.1.0-0ubuntu13_amd64.deb  qemu-ga-3.0.1.0-1.x86_64.rpm
qemu-ga-3.0.1.0-0ubuntu13_i386.deb
[root@localhost linux]#
[root@localhost linux]#
```

图 4-53　在 Linux 系统中安装 CAStools

（4）虚拟机安装 CAStools 工具后，在虚拟机的概要信息页面可以查看到 CAStools 的运行状态和版本信息，如图 4-54 所示。

4.5.5　虚拟机 IP 地址配置

虚拟机安装完成后，默认不存在 IP 地址，可以通过 CAStools 工具为虚拟机分配 IP 地址。

（1）选择顶部"云资源"标签，单击左侧导航树"计算"→"主机池"→"主机"→"虚拟机"或

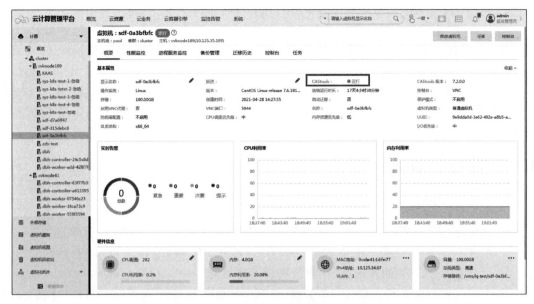

图 4-54　安装完成

者"计算"→"主机池"→"集群"→"主机"→"虚拟机"菜单项,进入虚拟机概要信息页面。

（2）单击"修改虚拟机"按钮,弹出修改虚拟机页面。

（3）在"设置网络"栏选中"IP/MAC 绑定"或者"CAStools 配置",在 IP 地址相关栏,输入虚拟机的 IP 地址信息,然后单击"应用"按钮,如图 4-55 所示。

图 4-55　配置虚拟机 IP 地址

4.6　本章总结

本章主要讲解了以下内容。

（1）CAS 开局部署规划。需要从组网、存储网络、服务器、交换机、双机热备以及主机池、集群、主机、共享文件系统、虚拟机等方面进行预先规划，为 CAS 的安装部署做好准备。

（2）CAS 集群安装部署。在物理服务器中按规划安装相应的 CAS 组件，然后登录 CVM 管理平台完成搭建双机热备、注册授权、配置 NTP 服务、初始化配置以及存储池配置，为部署虚拟机做好准备。

（3）CAS 虚机配置部署。首先在存储池中上传虚拟机操作系统的 ISO 文件，然后新建虚拟机安装操作系统，最后安装 CAStools。完成配置后虚拟机即可正常工作，并可以通过 CAStools 监控其工作状态，维护网络设置。

4.7　习题和答案

4.7.1　习题

1. 规划为 CVM 的服务器，不用于虚拟化业务时，需要安装（　　）组件。（单选题）

    A. CVK　　　　　　　B. CVM　　　　　　　C. CVK 和 CVM　　　D. 以上都不是

2. 进行手动分区时，对/vms 分区容量描述正确的是（　　）。（多选题）

    A. /vms 分区必须为最后一个分区，且至少要为/vms 分区分配 30GiB 的空间、文件系统类型为 EXT4

    B. 在保证其他分区空间充足的前提下，为/vms 分区分配尽量大的空间

    C. 搭建双机热备时，双机热备的数据库分区将创建在/vms 分区下

    D. /vms 分区最小空间估算方法为：数据库分区（预估主机个数×10MiB＋预估虚拟机个数×15MiB）×15/1024MiB＋10GiB

3. CAS 使用 FC SAN 存储时，需要通过 zone 来划分区域，zone 的成员通常有三种，分别是（　　）。（多选题）

    A. domain,port　　B. WWN　　　　　　C. alias　　　　　　　D. HBA

4. 在 CAS 安装前，需要规划安装部署所需的网络，包括（　　）。（多选题）

    A. 管理网络　　　　B. 业务网络　　　　C. 存储网络　　　　D. 备份网络

5. 通过模板创建虚拟机时，需要先通过（　　）方法，将已部署的虚拟机制作成虚拟机模板。（多选题）

    A. 克隆为模板　　　B. 复制为模板　　　C. 转换为模板　　　D. 创建为模板

4.7.2　答案

1. B　　2. ABCD　　3. ABC　　4. ABC　　5. AC

第5章

虚拟化平台基本功能

CAS 虚拟化云资源和云安全,以及虚拟机生命周期管理等内容的学习,可以帮助读者快速熟悉 CAS 产品的基本功能和日常操作。本章介绍了 CAS 服务器虚拟化的基本功能,包括虚拟机和云资源的基础知识,虚拟机常见的生命周期管理以及云安全相关的特性。

5.1 本章目标

学习完本课程,可达成以下目标。

(1) 熟悉 CAS 云资源,计算资源、网络资源、存储资源和虚拟机资源的组成部分。

(2) 掌握 CAS 虚拟机常见的生命周期管理功能,如虚拟机关机、启动、克隆、备份、快照等。

5.2 云资源

5.2.1 云资源概述

云资源是 H3C CAS 云计算管理平台分层管理模型的核心节点之一。通过对云资源进行管理,可以统一管理数据中心内所有复杂的硬件基础设施,其中不仅包括基本的 IT 基础设施(如硬件服务器系统),还包括与之配套的其他设备(如网络和存储系统)。云资源管理主要包括对主机池、集群、主机、虚拟机以及虚拟机模板和策略的管理。

云资源中被管理对象之间的关系如图 5-1 所示。

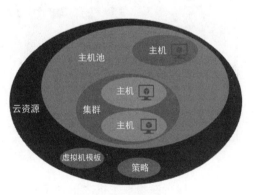

图 5-1 云资源管理

5.2.2 计算资源

H3C CAS 云计算管理平台使用 CVK 主机来提供计算资源,为虚拟机提供运行所需的物理硬件环境。其中计算资源架构从大到小依次为主机池、集群、主机、虚拟机,如图 5-2 所示。

(1) 主机池。主机池是一系列主机和集群的集合体。主机可以存在于主机池中,也可以加入集群,未加入集群的主机全部在主机池中,通过主机池对其进行管理。

(2) 集群。集群是一系列主机和虚拟机的集合。管理员可以通过集群管理多个主机和虚拟机,从而降低管理的复杂度。同时,系统可以对集群内的主机和虚拟机状态进行监测,保证数据中心业务的连续性。例如,当一台物理服务器主机出现故障时,运行于这台主机上的所有虚拟机可以迁移到集群中的其他主机上继续运行,保证业务的连续性。

(3)主机。主机是指实体物理服务器,可以为虚拟机提供运行所需的物理硬件资源。虚拟机运行在主机之上,一台主机上可以运行多个虚拟机,并可以安装不同的操作系统,多个虚拟机之间还可以相互通信,就像物理机一样。

(4)虚拟机。虚拟机是由软件模拟的、具有完整硬件系统功能的、运行在一个完全隔离环境中的完整计算机系统。

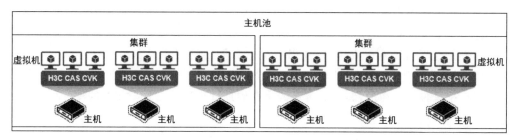

图 5-2　CAS 计算资源架构

在 CAS 虚拟化管理平台的云资源界面上展示了 CAS 的计算资源关系结构,如图 5-3 所示。

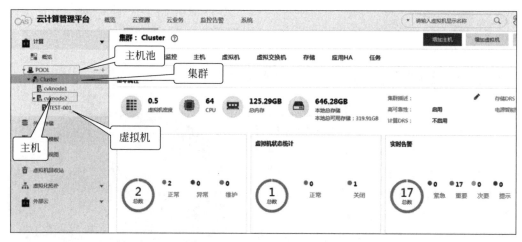

图 5-3　计算资源关系结构

虚拟机运行在物理主机之上,CVK 内核可以将物理硬件资源虚拟化,为虚拟机提供虚拟的计算资源池(包括 CPU 资源池和内存资源池),虚拟机从计算资源池中获取虚拟 CPU 和虚拟内存资源。

5.2.3　网络资源

1. 物理网卡

物理主机通过物理网卡连接到物理交换机,实现物理主机之间、物理主机与外部网络之间的通信。在 CAS 云计算管理平台上,可以在主机的"硬件"管理页面,查看到当前主机的物理网卡信息,包括物理接口、型号、MAC 地址、速率、状态、MTU、NUMA、设备地址等。通过物理网卡的速率和状态属性,可以判断该物理网卡是否处于正常状态。还可以通过操作列下的按钮,启动、暂停、修改物理网卡,如图 5-4 所示。

图 5-4　物理网卡

2. 虚拟网卡

H3C CAS 虚拟化内核可以通过软件模拟、网卡直通和 SR-IOV(single root I/O virtualization,单根 I/O 虚拟化)将网络资源虚拟化,为虚拟机提供虚拟的网络资源池,分配其中的虚拟网卡给虚拟机使用。CAS 中支持的网卡虚拟化技术主要包括三种,即软件模拟、网卡直通和 SR-IOV,如图 5-5 所示。

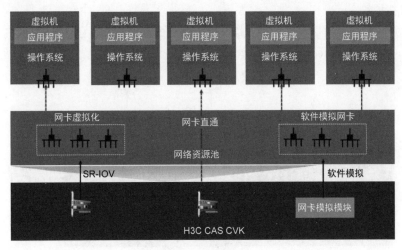

图 5-5　虚拟网卡

(1) 软件模拟。软件模拟是指通过虚拟化软件内核模块模拟虚拟网卡,并实现与物理设备完全一样的接口,将虚拟网卡分配给虚拟机使用。

(2) 网卡直通。网卡直通是指通过 intel 的 VT-d 或 AMD 的 IOMMU 技术将物理网卡直接分配给虚拟机使用,虚拟机以独占的方式使用物理网卡。

(3) SR-IOV。SR-IOV 是网卡自身所支持的虚拟化技术,可以将一块物理网卡虚拟成多个虚拟网卡,并分配给虚拟机使用。SR-IOV 需要网卡硬件支持 Intel 的 VT-x 和 VT-d 技术(或者 AMD 的 SVM 和 IOMMU 技术)。

通过软件模拟、网卡直通和 SR-IOV 提供了虚拟的网络资源池后,又根据虚拟网卡实现技术的不同,将虚拟网卡的分配方式分为直接分配和虚拟交换机两种,如图 5-6 所示。

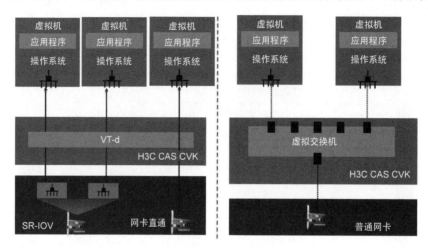

图 5-6　虚拟网卡分配方式

(1)直接分配。网卡直通和 SR-IOV 虚拟出的虚拟网卡都通过 VT-d 或 IOMMU 技术被直接分配给虚拟机,虚拟机即可通过物理网卡或 SR-IOV 虚拟出来的网卡与其他虚拟机或外部网络通信。

(2)虚拟交换机。软件模拟的虚拟网卡分配给虚拟机,该虚拟网卡与虚拟交换机模块关联,虚拟机通过虚拟交换机即可实现与其他虚拟机或外部网络通信。

3. 虚拟交换机

虚拟交换机是通过软件模拟,具有实体交换功能的网络平台,为虚拟机、主机、外部网络提供网络连接,如图 5-7 所示。

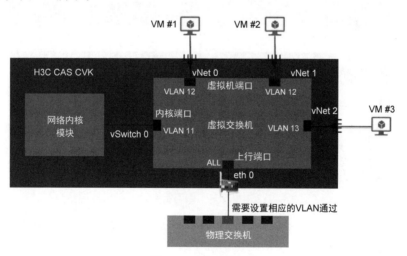

图 5-7　虚拟交换机

虚拟交换机主要提供以下三种类型的端口。

(1)虚拟机端口:连接虚拟机的虚拟网卡。

(2)内核端口:连接网络内核模块。

(3)上行端口:连接服务器的物理网卡。多对上行端口和物理适配器可做聚合,达到链路冗余的目的。

其中上行端口默认允许所有 VLAN 的报文通过,如果虚拟机端口或者内核端口设置了 VLAN,那么物理交换机上对应的物理端口则需要设置相应的 VLAN 通过,否则主机或者虚拟机无法与外部网络通信。

在实际生产环境中,虚拟机之间需要隔离,虚拟机和 CVK 主机之间需要隔离。例如虚拟机 VM 1 和虚拟机 VM 2 需要相互访问,虚拟机 VM 1、VM 2 和虚拟机 VM 3 需要隔离,虚拟机 VM 1、VM 2、VM 3 和 CVK 主机需要隔离,那么可以将虚拟机 VM 1 和 VM 2 对应的虚拟端口 vNet 0 和 vNet 1 设置 VLAN 12,虚拟机 VM 3 的虚拟端口 vNet 2 设置 VLAN 13,CVK 主机网络内核模块的内核端口 vSwitch 0 设置 VLAN 11,如图 5-8 所示。

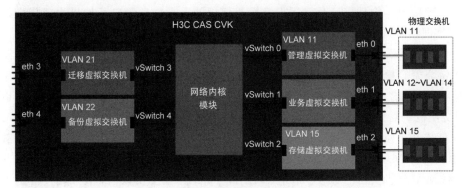

图 5-8　虚拟交换机类型

如果虚拟机 VM 1 和虚拟机 VM 2 需要通信,则应在虚拟机交换机内部完成通信,不需要经过物理交换机,因此不需要绑定上行端口的物理网口信息。

系统支持创建五种类型的虚拟交换机,分别为管理虚拟交换机、业务虚拟交换机、存储虚拟交换机、迁移虚拟交换机和备份虚拟交换机。

(1) 管理虚拟交换机用于传输 CVM 与各主机之间的控制层数据。

(2) 业务虚拟交换机用于传输业务虚拟机的数据。

(3) 存储虚拟交换机用于传输主机到 IP SAN 存储服务器或主机到分布式存储之间的报文,不允许虚拟机连接使用。

(4) 迁移虚拟交换机用于传输虚拟机迁移时的内存和磁盘镜像数据,不允许虚拟机连接使用。一个主机上只允许存在一个此类型的虚拟交换机或此类型的子网。

(5) 备份虚拟交换机用于传输虚拟机备份到远端服务器时的备份数据,不允许虚拟机连接使用。一个主机上只允许存在一个备份网络类型虚拟交换机或此类型的子网。备份网络还可以用于传输容灾业务产生的备份数据,如果不设置备份网络,备份数据默认通过管理网进行传输。

不同的虚拟交换机应使用独立的物理交换机。在 CVM 虚拟化管理平台上增加主机后,系统会在主机上自动创建一个默认的虚拟交换机 vSwitch 0,用于管理网络数据传输。如果没有设置单独的备份网络和迁移网络,那么虚拟机的备份数据和迁移数据默认都通过管理网络 vSwitch 0 传输。如果现场条件不具备规划独立的物理交换机,则在确保物理交换机性能要求满足的前提下,可以考虑在一个物理交换机中通过划分 VLAN 的方式来实现管理网、业务网、存储网、迁移网和备份网的隔离。

虚拟交换机可以在主机的虚拟交换机页面下创建,但如果集群内的主机网络信息相同,也可以选择在集群的虚拟交换机页面下创建。一个主机上的虚拟交换机只允许配置一个网关,但可以增加路由信息。例如网关配置在 vSwitch 0 上时,此时如果业务网跨 3 层网络,就需要配置路由。

增加虚拟交换机时需要配置虚拟交换机的基本信息和网络信息,包括虚拟交换机名称、虚拟交换机描述、转发模式、VLAN ID、物理接口、IP 地址、子网掩码、网关、链路聚合模式、负载分担模式等参数。

(1) 转发模式。转发模式包括 VEB 和 VXLAN(SDN)。在 VEB(virtual ethernet bridge,虚拟以太网桥)模式下,虚拟机与虚拟机之间的流量通过纯软件的方式进行转发;VXLAN(SDN)是部署了 SDN 控制器和云计算管理平台的 VXLAN 解决方案对应的虚拟交换机转发模式。

(2) 物理接口。物理接口是指虚拟交换机使用的上行物理接口。如果为虚拟交换机选择多个上行物理接口,则需要配置链路聚合模式和负载分担模式。

(3) 网关。网关是指虚拟交换机使用的网关,需要注意一台主机只允许配置一个网关。

(4) 链路聚合模式。链路聚合模式是指虚拟交换机使用的物理网卡之间的链路聚合方式(包括静态链路聚合、动态链路聚合,默认值为静态链路聚合)。当此参数设置为动态链路聚合时,物理交换机则需要开启 LACP 功能。

(5) 负载分担模式。负载分担模式包括基本负载分担和高级负载分担。基本负载分担根据转发报文的源 MAC 地址和 VLAN Tag 进行负载分担;高级负载分担根据转发报文的以太网类型、源 MAC 地址、目的 MAC 地址、VLAN Tag、IP 报文协议、源 IP 地址、目的 IP 地址、应用层源端口和目的端口进行负载分担。

5.2.4　存储资源

H3C CAS 云计算管理平台支持多种类型的存储资源,分为本地存储和外接存储两类。

(1) 本地存储是指 CVK 主机内部的硬盘,或主机之外通过 SAS 或 SATA 等协议直接连接主机的外部存储系统。

(2) 外接存储是指 CVK 主机通过高速网络访问的存储系统,包括 SAN 存储(IP SAN,FC SAN)、NAS 存储和外接的第三方分布式存储。外接存储可以实现共享,其数据存储可以同时被多个主机访问。

虚拟化环境中,虚拟机需要使用虚拟硬盘,虚拟硬盘不能通过虚拟化技术实现,只能通过虚拟化内核软件提供虚拟的存储资源池,在其中创建虚拟硬盘给虚拟机使用。

CAS 虚拟化软件的存储虚拟化技术可以将不同存储设备进行格式化,屏蔽存储设备的能力、接口协议等差异,将各种存储资源转化为统一管理的数据存储资源池。

对于不同类型的存储资源,系统支持增加的存储池类型如下。

(1) 本地存储(本地磁盘或 DAS):系统支持的存储池类型为本地文件目录、LVM 逻辑存储卷。

(2) 分布式存储:系统支持的存储池类型为 RBD 网络存储。

(3) IP SAN:系统支持的存储池类型为 iSCSI 网络存储、iSCSI 共享文件系统。

(4) FC SAN:系统支持的存储池类型为 FC 网络存储、FC 共享文件系统。

(5) NAS:系统支持的存储池类型为 NFS 网络文件系统、Windows 系统共享目录。

CAS 中的 CVK 主机可以拥有一个或多个存储池,在存储池中,可以创建存储卷,对于不同类型的存储池,创建的存储卷的类型也不一样。

(1) 对于本地文件目录、共享文件系统、NFS 网络文件系统类型的存储池,存储卷为存储池中创建的文件。

（2）对于 LVM 逻辑存储卷类型的存储池，存储卷为 VG 中划分的 LV，虚拟机以块设备的方式增加 LV 作为虚拟机的磁盘。

（3）对于 iSCSI 网络存储和 FC 网络存储类型的存储池，存储卷为存储服务器上划分的属于该存储池的 LUN，虚拟机以块设备的方式增加 LUN 作为虚拟机的磁盘。

（4）对于 RBD 网络存储类型的存储池，存储卷为分布式存储上创建的 RBD 块。RBD 块作为虚拟机磁盘，其磁盘格式是 RAW，但与 RAW 格式的文件不同，RBD 块支持快照和在线克隆。

存储卷可以挂载给虚拟机作为虚拟机的硬盘使用，虚拟机可以以文件、块设备（裸设备映射）或 RBD 块的方式使用存储资源。

（1）文件。虚拟机以文件的方式使用存储资源，并使用文件作为虚拟机的磁盘。主机上需要挂载相应的存储资源，并将其格式化为文件系统，并且主机需要挂载相应的文件系统存储池，在创建虚拟机时就能在文件系统中创建存储卷作为虚拟机的磁盘使用。

（2）块设备（裸设备映射）。块设备也被称为裸设备映射，裸设备映射指将外接存储的物理存储 LUN 直接分配给虚拟机使用，并允许虚拟机跨过文件系统直接访问物理裸设备，虚拟机以块设备的形式使用存储资源。虚拟化内核不对分配的物理 LUN 进行格式化，而是由虚拟机操作系统对 LUN 执行格式化，每个物理 LUN 都是一块单独的虚拟机磁盘，只关联给单个虚拟机使用。

（3）RBD 块。虚拟机还可以使用外接的分布式存储提供的 RBD 块作为虚拟机的磁盘。虚拟机使用 RBD 块时，在 CAS 中显示的磁盘格式是 RAW，但本质还是一个块设备。

5.3　虚拟机基本功能

5.3.1　虚拟机概述

虚拟机是运行在物理服务器上的一个完整的系统，它具有完整的硬件资源。虚拟机运行在一个隔离的环境中，一台物理服务器上可以允许多个虚拟机同时运行，共享底层的硬件资源。

与物理主机相比，虚拟机具有如下优势。

（1）虚拟机可访问物理服务器的所有资源（如 CPU、内存、磁盘、网络设备和外围设备），任何应用程序都可以在虚拟机中运行。

（2）虚拟机之间完全隔离，从而实现安全的数据处理、网络连接和数据存储。

（3）虚拟机可与其他虚拟机共存于同一台物理服务器，从而达到充分利用硬件资源的目的。

（4）虚拟机镜像文件与应用程序都封装于文件之中，通过简单的文件复制便可实现虚拟机的部署、备份以及还原。

（5）虚拟机具有可移动的灵巧特点，可以便捷地将整个虚拟机系统（包括虚拟硬件、操作系统和配置好的应用程序）在不同的物理服务器之间进行迁移，甚至还可以在虚拟机正在运行的情况下进行迁移。

（6）虚拟机可作为即插即用的虚拟工具（包含整套虚拟硬件、操作系统和配置好的应用程序）进行构建和分发，从而实现快速部署。

（7）虚拟机的虚拟硬件信息由虚拟机配置文件定义。

（8）在虚拟机上运行的操作系统和应用无法感知是否运行在虚拟化环境下,因此操作系统和应用程序在虚拟机中的运行方式和在物理机上的运行方式没有任何的区别。

5.3.2 虚拟机硬件

在虚拟化的环境中,为了让虚拟机感知不到运行在一个虚拟化的环境中,达到全虚拟化的目的,系统需要为虚拟机提供虚拟的硬件设备,包括虚拟的CPU、内存、网卡、磁盘、显卡、USB等,如图 5-9 所示。

图 5-9 虚拟硬件资源

1. 虚拟 CPU

在虚拟化系统中,每个虚拟机都是操作系统内核CVK 的一个进程,每个进程分配一个时间段(时间片),即虚拟机被允许运行的时间。

虚拟机在时间片内使用 CPU 有如下规则。

（1）如果在时间片结束前,虚拟机还在运行,CPU 将被剥夺使用权,分配给队列中的下一个虚拟机。

（2）如果虚拟机在时间片结束前阻塞或结束,CPU 立即切换,最大限度利用 CPU 资源。

（3）默认情况下,所有虚拟机被视为同等重要,时间片长度相同。

在集群的层面上,H3C CAS 虚拟化管理平台支持为虚拟机设置四种 CPU 工作模式。

（1）兼容模式。虚拟机使用 QEMU 模拟出来的虚拟 CPU,是一个通用的标准虚拟 CPU模型。这种模型的优点是兼容性好,甚至可以在 Intel 和 AMD 的主机之间迁移,缺点是没有为虚拟机操作系统提供最优的性能。例如,服务器 CPU 中内嵌了 AES 加密指令,但是QEMU 虚拟出的 CPU 并不能充分利用此特性,因此会导致 AES 加密性能低下。

（2）主机匹配模式。启动虚拟机之前,模拟出一个与服务器 CPU 型号接近的虚拟 CPU。这种模型的优点是能够尽可能地找到 CPU 性能与 flags 参数相近的主机,缺点是在不同 CPU的服务器上,自动找出的型号也不相同,迁移兼容性较差,在 AMD 和 Intel 主机之间不能相互迁移。

（3）直通模式。直通模式直接将服务器主机 CPU 型号和大部分功能透传给虚拟机。这种模型的优点是能够提供最优的性能,缺点是迁移兼容性很差,可能同一厂家不同代的 CPU之间也不能迁移。

（4）EMC 模式。虚拟化内核软件模拟客户指定的物理 CPU 型号,并且模拟的虚拟 CPU模型包含的指令集可以被集群上的所有主机所兼容,因此可以避免主机匹配模式中出现的虚拟机迁移后 CPU 模型发生变化的问题,迁移兼容性好。缺点是启用后如果迁移目的集群不满足 EMC 迁移的要求,迁移任务将会失败。

其中兼容模式、主机匹配模式和 EMC 模式都是采用虚拟化内核的模拟模块,模拟一个虚拟 CPU 给虚拟机使用;直通模式则是透传主机的 CPU 型号和大部分功能给虚拟机使用,虚拟机可以直接与物理 CPU 交互。

2. 虚拟内存

虚拟机所使用的虚拟内存是通过内存虚拟化技术将虚拟机物理内存地址映射到实际的物理内存上的,虚拟机所分配的内存就是所在物理主机的内存。虚拟机所使用的虚拟内存可以在线热添加,并且支持为虚拟机预留内存或限制虚拟机使用的最大内存。

H3C CAS 云计算管理平台提供了一系列虚拟内存的高级管理功能,包括透明页共享、气球驱动和内存交换,如图 5-10 所示。

(1)透明页共享。以 4KB 为单位进行内存切片,将主机冗余内存页精简到一个页面,其他页面用指针替代,当某个虚拟机试图写共享内存页时,复制专有页进行修改。

(2)气球驱动。依靠安装在虚拟机操作系统内的 H3C CAStools 中的气球驱动回收内存,将虚拟机中的空闲内存通过气球驱动的膨胀,释放给同一主机上更需要内存的虚拟机,从而提升内存使用效率。

(3)内存交换。将虚拟机长时间不使用的内存交换到磁盘文件中,并建立映射关系,当内存再次被访问时交换回内存空间。由于被交换的内存对 hypervisor 和虚拟机操作系统透明,内存交换方式将极大影响虚拟机性能,此时,在内存不足时建议增加主机物理内存。

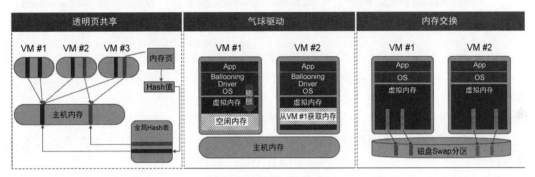

图 5-10　虚拟内存管理

但在实际的应用场景中,不建议使用这三种高级内存管理功能,因为会对虚拟机的业务性能造成较大影响。

3. 虚拟网卡

CAS 虚拟化管理平台中的虚拟机使用的网卡包括软件模拟生成的虚拟网卡、基于直通技术的直通网卡和 SR-IOV 直通网卡,其中软件模拟的虚拟网卡包括四种:普通网卡、Intel e1000 网卡、高速网卡、智能网卡。

(1)普通网卡。模拟 Realtek Link 8139 的百兆网卡。

(2)Intel e1000 网卡。模拟 Intel 82540 的千兆网卡。

(3)高速网卡。虚拟化内核平台软件驱动的网卡,使用 virtio 驱动的万兆网卡。

(4)智能网卡。智能网卡是虚拟化内核平台模拟的虚拟网卡,但采用 VDPA 和硬件 offload 技术能够实现虚拟机流量与网卡硬件的直接交互。智能网卡需要主机物理网卡硬件的支持。

(5)直通网卡。虚拟机直接使用物理主机的物理网卡。

(6)SR-IOV 直通网卡。虚拟机使用物理网卡虚拟出来的虚拟网卡设备,将虚拟机直接连接到 I/O 设备,可以获得能够与本机性能媲美的 I/O 性能。

CAS 是基于 KVM 的硬件辅助虚拟化技术,当虚拟机使用软件模拟的虚拟网卡时,网卡 I/O 的处理,需要 QEMU 模块来完成。依照 I/O 处理方式,软件模拟的网卡分为普通网卡、virtio 网卡、内核加速的 virtio 网卡三种,如图 5-11 所示。

(1)普通网卡。普通网卡的 I/O 处理流程依次是:首先虚拟机中的设备驱动程序发起一

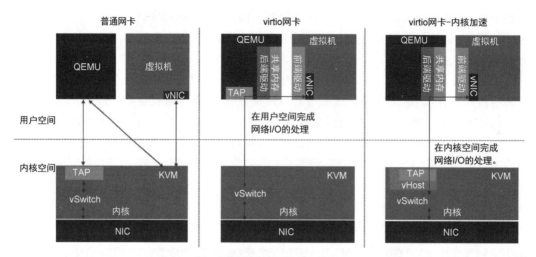

图 5-11　虚拟网卡 I/O 处理

次 I/O 操作请求，KVM 模块中的"I/O 捕获程序"捕获 I/O 操作请求，进行相应的处理；接下来 I/O 捕获程序通知 QEMU 模拟程序，QEMU 程序收到 I/O 捕获程序的通知后，通过 I/O 共享页获取该 I/O 操作请求的具体信息；最后内核模块通过虚拟交换机将 I/O 请求发送给物理网卡。普通网卡 I/O 处理的缺点是存在进程阻塞问题，即只有当前 I/O 操作完成后，才会调用其他任务；并且 I/O 处理路径特别长，经历多次系统上下文切换，涉及多次数据拷贝，影响虚拟机性能。

（2）virtio 网卡。virtio 网卡是在虚拟机中安装前端驱动，QEMU 中安装后端驱动，这种情况下虚拟机直接运行在虚拟化环境中，因此 virtio 网卡也被称为半虚拟化网卡。当虚拟机发生 I/O 请求时，由前端驱动将 I/O 请求存放在共享内存中，然后由后端驱动处理，通过系统调用的方式传送到内核模块。

（3）内核加速的 virtio 网卡。内核加速的 virtio 网卡在 virtio 网卡的基础上做进一步的优化，当前端驱动将 I/O 请求存放在共享内存中后，直接通知内核模块将 I/O 请求发送给虚拟交换机。

4. 虚拟磁盘

CAS 中的虚拟机可以以文件、块设备或 RBD 块的方式使用存储资源，在存储池中创建存储卷作为虚拟机的磁盘使用，创建虚拟机的磁盘时，需要设置的参数信息包括磁盘类型、总线类型、缓存方式、存储池、簇大小、预分配等，如图 5-12 所示。

当虚拟机的磁盘类型设置为新建文件或已有文件时，表示虚拟机以文件的方式使用存储资源，使用文件作为虚拟机的磁盘；当虚拟机磁盘类型设置为新建 RBD 块时，表示虚拟机使用外界的第三方分布式存储提供的 RBD 块作为虚拟机的磁盘；当虚拟机磁盘类型设置为块设备时，表示虚拟机使用外接存储提供的块设备作为虚拟机的磁盘使用。

当虚拟机的磁盘类型设置为新建文件或已有文件时，此时虚拟机磁盘文件有两种可选格式，即高速和智能。

高速格式是使用文件来模拟实际的硬盘或分区，如果文件系统支持空洞（如 Linux 中的 EXT2、EXT3 文件系统和 Windows 中的 NTFS 文件系统），当创建一个 100GB 的高速格式文件时，通过后台命令可以看到这个文件是 100GB。

（1）高速格式的优点包括：使用简单，可以转换成其他的磁盘格式；效率高，允许直接读

增加虚拟机　　　　　　　　　　　　　　　　　　　　　　　　　　×

基本信息　　**硬件信息**

配置详情	
操作系统	Microsoft Windows Server ...

∨　　　　* 磁盘　　[80]　[▲▼]　[GB ▾]

类型　[新建文件]　[新建RBD块]　[已有文件]　[块设备]

| 显示名称 | |
| 描述 | |

存储池　[　　　　　　　　　] [🔍] [×]

| 自动迁移 | 关 |
| CAStools自动升级 | 开 |

文件名　[　　　　　] [智能　　　▾]

| CPU个数 | 2 |
| CPU工作模式 | **兼容模式** |

预分配　[延迟置零　▾]

| 体系结构 | x86_64 |

簇大小　[256K　　▾]

| CPU调度优先级 | 中 |

总线类型　[高速硬盘　▾]

| CPU预留 | 0MHz |

缓存方式 ⑦　[直接读写(directsync)　▾]

| CPU限制 | MHz |

[增加硬件 ▾]　　　　　　　　　　　　　　　　　　　　　　[确定]　[取消]

图 5-12　创建虚拟机时磁盘设置

写磁盘；能够直接被宿主机挂载，在虚拟机关闭的情况下，也可以在宿主机和虚拟机之间传输数据。

（2）高速格式的缺点包括：不支持快照；在执行远程文件传输的时候，会消耗很多的网络 I/O；在执行备份操作时，会消耗很多的 CPU 资源。

智能格式是一种自管理的格式，可以做到按需分配，而且支持快照、在线克隆、在线备份、加密等功能。智能格式的优点是支持写时复制，新建镜像快；支持多重快照功能，可以对历史快照进行管理；支持 zlib 压缩，节省磁盘空间；并且支持 AES 加密。

当虚拟机磁盘类型设置为新建文件时，支持对磁盘模式的预分配，包括精简、延迟置零和置零三种，如图 5-13 所示。

图 5-13　磁盘预分配模式

（1）精简。创建存储卷时，只为该存储卷分配最初所需要的数据存储空间的容量。如果之后存储卷需要更多的存储空间，则它可以增加到创建存储卷时设置的最大容量。

（2）延迟置零。创建存储卷时就为存储卷分配最大容量的存储空间。创建时不会擦除物理设备上保留的任何数据，在虚拟机首次执行写操作时，将其置零。

（3）置零。创建存储卷时就为存储卷分配最大容量的存储空间，在创建过程中会将物理设备上保留的数据置零，创建存储卷所需时间较长。

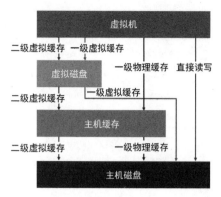

图 5-14 磁盘缓存模式

在配置虚拟机磁盘的时候,还需配置虚拟磁盘的缓存方式。磁盘缓存是为了协调内存与硬盘速度的一种软件机制,在不同的缓存模式下,磁盘的读写性能也不一样。H3C CAS 云计算管理平台提供四种常用的缓存模式,如图 5-14 所示。

(1) 直接读写。关闭主机和虚拟磁盘的缓存功能,虚拟机直接读写物理磁盘。

(2) 一级物理缓存。关闭虚拟磁盘写缓存,数据直接被写入物理磁盘,磁盘只有读缓存。

(3) 一级虚拟缓存。关闭主机缓存,数据从虚拟磁盘缓存中写入。

(4) 二级虚拟缓存。数据在写入物理磁盘之前,首先写入虚拟磁盘,写缓存成功之后,写操作就认为已经完成,但数据并没有立即同步到物理磁盘。

其中一级物理缓存、一级虚拟缓存和二级虚拟缓存都使用了缓存,存在数据丢失的风险,因此推荐使用直接读写。

5. 虚拟机磁盘三级镜像

虚拟机的磁盘在执行快速克隆时,会变成三级镜像结构,如图 5-15 所示。克隆后的虚拟机会与源虚拟机共享一个只读的一级镜像文件,拥有自己可读写的二级、三级镜像文件。一级、二级、三级镜像文件通过指针进行链接。

三级镜像结构的优势就是可以快速地批量创建多个虚拟机,但是缺点也很明显,管理复杂,对一级镜像文件的压力较大。

6. CAStools

CAStools 是安装在虚拟机内部的代理程序,通过虚拟串口通道与 CVK 主机通信,如图 5-16 所示。CAStools 主要用于与 CAS CVM 虚拟化管理平台交互资源状态信息,例如 CPU 利用率、内存利用率、磁盘 I/O 吞吐量、网卡吞吐量

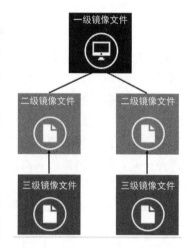

图 5-15 虚拟机磁盘三级镜像

等。在虚拟机操作系统中安装对应版本的 CAStools 后,在 CAS CVM 虚拟化管理平台中就可以对客户经常关注的资源性能指标进行监测。

CAStools 可以为虚拟化管理平台提供以下功能。

- 完成对虚拟机的监控,如 CPU、内存、磁盘利用率、网卡流量等信息。
- 统一管理虚拟机操作系统参数,如虚拟机 IP 地址、账号和密码等。
- 虚拟机时钟同步。
- 虚拟机关机、重启等操作。
- 包含 Virtio 设备驱动。

5.3.3 虚拟机基本操作

虚拟机在使用的过程中主要存在三种状态,即关闭状态、运行状态和暂停状态。

(1) 关闭状态。仅包含配置文件和镜像文件。

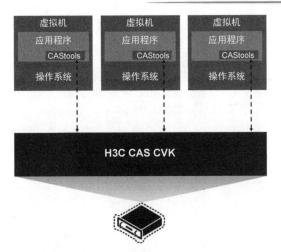

图 5-16　CAStools 代理程序

（2）运行状态。不仅包含配置文件和镜像文件，还包含虚拟机运行的内存数据。

（3）暂停状态。不仅包含配置文件和镜像文件，还包含虚拟机暂停的内存数据。此时虚拟机不再对外提供服务，但是在后台该虚拟机的服务进程依旧存在。

三种状态可以通过执行虚拟机的基本操作进行切换，虚拟机基本操作主要指启动、关闭、断电、暂停、恢复、休眠，如图 5-17 所示。

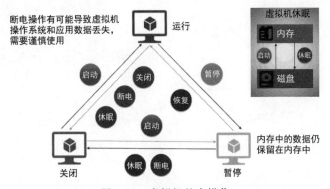

图 5-17　虚拟机基本操作

（1）启动。启动处于关闭状态的虚拟机，使虚拟机开始正常工作。

（2）关闭。关闭虚拟机的电源。在关闭虚拟机之前，会首先保存虚拟机系统的数据。

（3）断电。将虚拟机强制断电，使其处于关闭状态。此时，虚拟机上未保存的数据可能会丢失，因此需要谨慎操作。

（4）暂停。内存中的数据仍保留在内存中，虚拟机处于停止运行状态。

（5）恢复。虚拟机从暂停状态恢复到运行状态。

（6）休眠。内存中的数据暂时以文件的方式被保存在硬盘中，然后切断内存的电源，虚拟机下次启动时，会将硬盘中保存的内存数据恢复到内存中。

5.3.4　创建虚拟机

在 H3C CAS 虚拟化管理平台上的集群或主机概要界面中，可以单击"增加虚拟机"按钮创建虚拟机，创建虚拟机的相关参数配置如图 5-18 和图 5-19 所示。

图 5-18 虚拟机基本信息设置

图 5-19 虚拟机硬件信息设置

虚拟机创建完成之后,CAS 提供了虚拟机的访问控制台功能,通过访问控制台可以完成对虚拟机的基本操作,如图 5-20 所示。系统支持 Java 控制台和网页控制台两种控制台访问方式,使用 Java 控制台时需要安装 Java 软件。

在虚拟机控制台的窗口栏中提供了虚拟机的基本操作方法,如启动、安全关闭、关闭电源、修改系统密码等操作。

在虚拟机的控制台界面可以根据操作系统的安装步骤完成操作系统的安装,如图 5-21 所示。

5.3.5 删除虚拟机

虚拟机主要是由配置文件和镜像文件组成,因此删除虚拟机就是删除虚拟机的配置文件

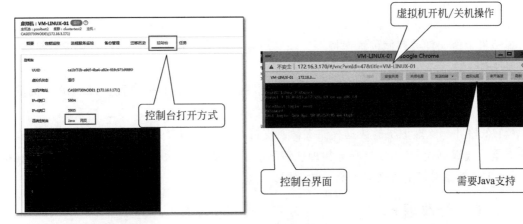

图 5-20　虚拟机控制台

图 5-21　在虚拟机控制台中安装系统

和镜像文件。虚拟机的配置文件在执行虚拟机删除操作后一定会被删除,而镜像文件则可以根据虚拟机的删除方式选择保留、删除或者放入回收站。

　　CAS虚拟化软件支持四种虚拟机删除方式,包括移入回收站、保留虚拟机的数据存储文件、删除虚拟机的数据存储文件、低格并删除虚拟机的数据存储文件。

　　(1)移入回收站。将虚拟机从 H3C CAS CVM 虚拟化管理平台中移除,即不再受虚拟化管理平台的管理,包括 HA、DRS、DPM、关联/反关联等策略将不再对该虚拟机生效;支持移除在线和离线的虚拟机到回收站,如果将在线的虚拟机移除到回收站,将强制关闭虚拟机电源;支持恢复回收站中的虚拟机,恢复时,仍然选择运行在原物理主机上,且恢复前后虚拟机磁盘镜像文件数据保持一致;支持批量恢复回收站中的多个虚拟机,且恢复前后虚拟机磁盘镜像文件数据保持一致;支持将回收站中的虚拟机彻底删除;支持批量将回收站中的虚拟机彻底删除；支持按照设定的时间，自动删除回收站中的虚拟机。

（2）保留虚拟机的数据存储文件。删除虚拟机时，仅删除虚拟机配置文件，保留虚拟机数据。虚拟机镜像文件的存储位置保持不变。如果需要恢复该虚拟机，则可以重建虚拟机，挂载该镜像文件。

（3）删除虚拟机的数据存储文件。删除虚拟机时，删除虚拟机配置文件和虚拟机数据文件。

（4）低格并删除虚拟机的数据存储文件。支持可选是否彻底销毁数据。彻底销毁数据是一种安全的数据删除方法，通过存储物理位清零的方法，彻底抹除镜像文件在存储上的数据信息，防止通过磁盘恢复工具恢复磁盘上的数据。

5.3.6　修改虚拟机

虚拟机运行在隔离环境中，具有完整的硬件功能。虚拟化软件为虚拟机提供了一整套虚拟的硬件环境，包括虚拟机的 CPU、内存、磁盘、网卡等。而虚拟机的硬件资源可以根据客户对业务性能的需求进行调整，以满足业务系统在当前运行所需的资源要求。

虚拟机创建完成后可以根据现场实际情况修改虚拟机的配置，主要包括以下三个内容。

（1）虚拟机配置修改。

（2）增加、删除硬件。

（3）CPU、内存、磁盘、网络等虚拟硬件修改，引导设备修改。

1. 虚拟机配置修改

虚拟机配置修改主要包括虚拟机的 I/O 优先级、启动优先级、蓝屏故障策略、自动迁移、高可靠性、时间同步、CAStools 自动升级等。

（1）I/O 优先级。发生磁盘读写抢占时，高 I/O 优先级的虚拟机优先进行读写操作。

（2）启动优先级。主机异常触发 HA 功能，该主机上的虚拟机会被自动迁移到其他主机，虚拟机在目标主机上根据启动优先级完成启动。启动优先级包含高、中、低三个级别，高优先级的虚拟机优先启动。

（3）蓝屏故障策略。虚拟机发生蓝屏故障时蓝屏 HA 功能会根据系统故障策略中的配置对虚拟机执行操作，包括不处理、重启、迁移三种策略。

（4）自动迁移。主机 DPM 和 DRS 功能根据自动迁移配置判断是否迁移虚拟机。

（5）高可靠性。集群启用高可靠性功能后，集群下所有的虚拟机默认都启用高可靠性功能，虚拟机下高可靠性功能可以启动/关闭虚拟机的高可靠性配置。

（6）时间同步。虚拟机实时同步 CVK 主机的系统时间。

（7）CAStools 自动升级。CVK 检测到虚拟机中安装的 CAStools 工具的版本低于 CVK 提供的 CAStools 版本时，CVK 主机会自动升级虚拟机的 CAStools 版本。

2. 增加、删除硬件

虚拟机创建完成后可以根据实际情况为虚拟机增加或者删除虚拟硬件设备。可增加的硬件设备包括存储硬盘、网卡、显卡、声卡、USB 设备等。

其中虚拟 CPU、虚拟内存、虚拟网卡和虚拟硬盘支持在线和离线情况下的修改，具体的支持情况如表 5-1 所示。

表 5-1 虚拟机硬件修改情况

虚拟硬件	在 线	离 线	说 明
虚拟 CPU	增加	增加、删除	虚拟 CPU 的在线增加功能依赖于操作系统的支持
虚拟内存	增加	增加、删除	虚拟内存的在线增加功能依赖于操作系统的支持
虚拟网卡	增加、删除	增加、删除	—
虚拟硬盘	扩容、增加、删除	扩容、增加、删除	只支持 virtio 磁盘的在线增加和在线扩容

3. 引导设备修改

引导设备修改指调整虚拟机启动时的引导设备顺序,包括修改虚拟机的启动方式和引导固件。

(1)自动启动。在主机启动时,启动该主机下的虚拟机。如果该主机所在的集群启用 HA 功能后,则该功能自动失效。

(2)引导固件。用于设置虚拟机的启动引导方式,包括 BIOS 和 UEFI 两种方式。BIOS 是基本 I/O 系统,UEFI 指统一的可扩展固件接口。

5.3.7 虚拟机模板

虚拟机模板是虚拟机的一个副本,用于便捷地创建和配置多台新的虚拟机。虚拟机模板由虚拟机操作系统镜像文件和配置文件两部分组成。

虚拟机模板由虚拟机制作,虚拟机模板的制作方式主要有转换和克隆两种,如图 5-22 所示。

(1)转换为模板。将关闭状态的虚拟机转换成模板,该虚拟机只能作为模板使用,将虚拟机转换为模板之后,源虚拟机会从计算资源池中移除。

(2)克隆为模板。复制出与指定虚拟机完全一样的虚拟机作为模板。源虚拟机在克隆为模板后仍然可以使用。

在对虚拟机制作模板前要求对虚拟机执行如下操作。

(1)断开光驱连接、删除软驱。

(2)安装 CAStools 工具。

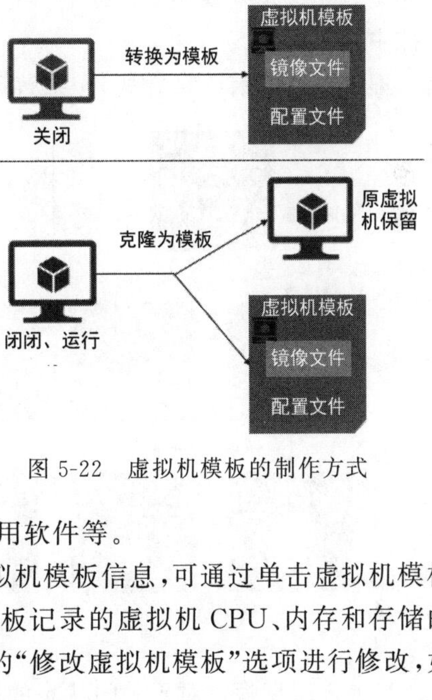

图 5-22 虚拟机模板的制作方式

(3)根据业务需要配置远程连接和 IP 地址、安装应用软件等。

虚拟机模板制作成功后,虚拟机模板页面将显示虚拟机模板信息,可通过单击虚拟机模板列表操作列的"部署虚拟机"按钮部署虚拟机。虚拟机模板记录的虚拟机 CPU、内存和存储的配置信息可以通过单击操作列的"更多"按钮,选择弹出的"修改虚拟机模板"选项进行修改,如图 5-23 所示。

模板存储管理指对虚拟机模板存储路径的管理,主要包括增加模板存储、启动模板存储、暂停模板存储、删除模板存储、搜索虚拟机模板、查看模板存储、CVM 主机存储适配器管理以及 CVM 主机网络管理等功能。

可以作为虚拟机模板存储的存储类型包括本地文件目录、iSCSI 共享目录、FC 共享目录、

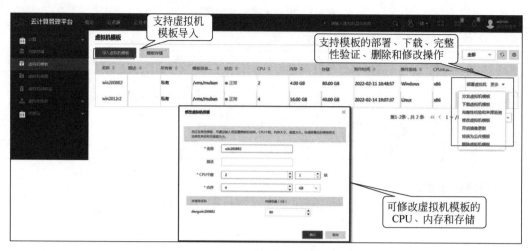

图 5-23　虚拟机模板管理

NFS 网络文件系统四种。

5.3.8　虚拟机克隆

虚拟机克隆是通过克隆系统中已有的虚拟机,创建一个与现有虚拟机相同的副本虚拟机。新的虚拟机的硬件配置、操作系统、应用程序和数据与源虚拟机相同,但拥有新的虚拟网卡MAC 地址和 UUID 地址,因此可以保证克隆后的虚拟机与源虚拟机部署在同一网络内不产生冲突。无论是在线还是离线的虚拟机都可以被克隆,在线克隆虚拟机,克隆的虚拟机业务不会被中断。

虚拟机克隆有三种方式,包括普通克隆、快速克隆和完全克隆,如图 5-24 所示。

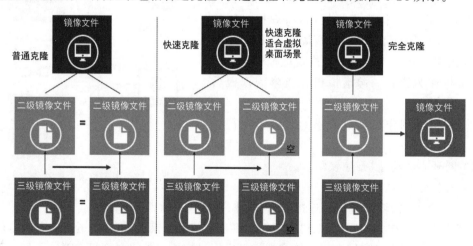

图 5-24　虚拟机克隆方式

(1) 普通克隆。对于关闭状态的虚拟机,克隆后的虚拟机与源虚拟机磁盘数据完全相同,如果源虚拟机磁盘为三级镜像,则克隆后的虚拟机与源虚拟机共用基础磁盘镜像;对于运行状态的虚拟机,克隆后的虚拟机磁盘为一级镜像,不与源虚拟机共用基础磁盘镜像,其效果与完全克隆相同。

(2) 快速克隆。基于增量文件的方式生成新的虚拟机,克隆后的虚拟机和源虚拟机共用磁盘基础镜像,不拥有源虚拟机增量存储的磁盘内容,克隆后的虚拟机磁盘为三级镜像。快速克隆可大大提高创建虚拟机的速度,节省服务器的存储空间。只有磁盘预分配方式为精简的虚拟机才支持快速克隆。

（3）完全克隆。克隆后的虚拟机与源虚拟机磁盘数据完全相同,且新虚拟机的磁盘为一级镜像,不与源虚拟机共用磁盘镜像。在需要部署大量虚拟机的场合,完全克隆所需的存储空间将是源虚拟机的整数倍。

在虚拟机的概要信息页面,可以单击“克隆”按钮克隆虚拟机。虚拟机执行克隆操作时,需要选择克隆方式和克隆目的位置,之后需要选择目的存储池,并设置网络信息,如图5-25所示。

图 5-25　虚拟机克隆配置

5.3.9　虚拟机迁移

虚拟机迁移指更改虚拟机的运行载体,包括计算资源和存储资源,如更改虚拟机运行主机、更改虚拟机磁盘（镜像文件）所在的存储池。

虚拟机迁移根据虚拟机状态可以分为离线迁移和在线迁移。

（1）离线迁移。迁移处于关闭状态的虚拟机。

（2）在线迁移。迁移处于运行状态的虚拟机。

根据迁移方式可分为更改主机、更改数据存储、更改主机和数据存储。

（1）更改主机。将虚拟机迁移到另一台主机上。只有使用共享存储池的虚拟机,才允许以此方式迁移,且目的主机必须挂载该共享存储池。

（2）更改数据存储。将虚拟机的磁盘迁移到该虚拟机所在主机的其他存储池中。

（3）更改主机和数据存储。将虚拟机迁移到另一台主机上,并将其磁盘迁移到目的主机所挂载的存储池中。

虚拟机离线迁移选择更改主机时,要求虚拟机的镜像文件存放在共享存储池中,此时只需要将虚拟机的配置文件迁移到目的主机。如果虚拟机离线迁移选择更改数据存储时,则需要将虚拟机的镜像文件迁移到目的存储池中。

虚拟机在线迁移选择更改主机时,要求虚拟机的镜像文件存放在共享存储池中,此时需要将虚拟机的配置文件和内存都迁移到目的主机。如果虚拟机在线迁移选择更改数据存储时,则需要将虚拟机的镜像文件迁移到目的存储池中。

以虚拟机在线迁移主机为例,在迁移时,要把虚拟机的配置文件迁移到目的主机,并在目的主机启用虚拟机,此时启用的虚拟机状态为暂停状态。之后,目的主机上的虚拟机与原主机上的虚拟机建立连接,将内存数据通过管理网络传送到目的主机。内存数据传送完成之后,将源虚拟机销毁,目的主机上的虚拟机状态由暂停状态变为运行状态,如图 5-26～图 5-28 所示。

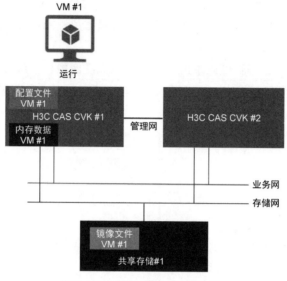

图 5-26　在线迁移主机(迁移前)

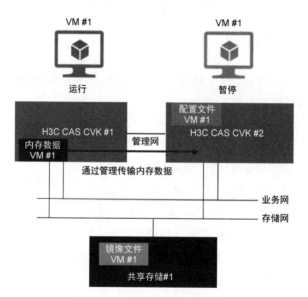

图 5-27　在线迁移主机(迁移中)

在虚拟机的概要信息页面,单击右上角的"迁移"按钮迁移虚拟机。迁移虚拟机时,可以配置的参数包括迁移超时时长、自动收敛和加密,如图 5-29 所示。

(1)迁移超时时长。手动迁移虚拟机时需设置迁移超时时长。在迁移超时时长内未完成迁移,系统将暂停源虚拟机,以便其可以快速完成迁移,待迁移完成后,再将该虚拟机恢复为"运行"状态。

(2)自动收敛。以"更改主机"和"更改主机和数据存储"方式手动迁移处于运行状态的虚

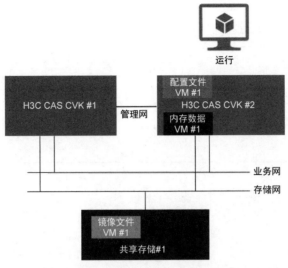

图 5-28 在线迁移主机(迁移完成)

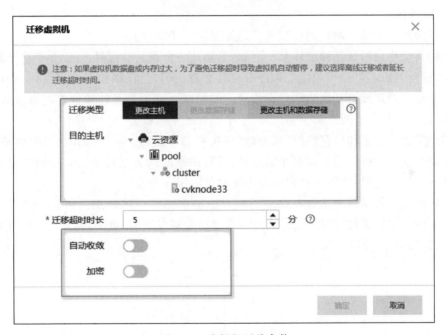

图 5-29 虚拟机迁移参数

拟机时,可以选择是否开启自动收敛功能。开启自动收敛后,若虚拟机长时间未完成迁移,则系统会降低 CPU 的使用,加快迁移速度,尽量缩短迁移时长;但开启自动收敛可能会降低虚拟机性能。因此应根据实际情况进行选择。

(3)加密。以"更改主机"和"更改主机和数据存储"方式迁移运行或暂停状态的虚拟机时,对传输的数据进行加密,以保证虚拟机数据安全。

在虚拟机概要页面,单击"迁移历史"按钮,可以查看到虚拟机的迁移历史信息,如图 5-30 所示。

图 5-30　虚拟机迁移历史信息

5.3.10　虚拟机快照

1. 快照概述

虚拟机快照指把某一时刻的虚拟机状态像照片一样保存下来。

快照的典型应用场景是测试环节。例如,当测试一个新的软件时,并不知道这个软件将会对操作系统产生什么影响,可能这个软件中含有恶意代码,会使操作系统崩溃,也有可能会使操作系统变得不稳定或与其他的软件不兼容。如果在测试这个新的软件之前做过快照,一切将变得非常简单,只需要回滚到快照之前,干净如初的系统就会"变"回来。

快照包含磁盘快照和内存快照,其中,内存快照是可选的。快照操作会暂停虚拟机,因此会产生不同程度的业务中断。如果仅做磁盘快照,中断时间为毫秒级。如果同时做内存快照和磁盘快照,中断时间与实际内存占用及实际磁盘占用有关系。

虚拟机快照功能支持为离线状态或运行状态的虚拟机创建快照。在虚拟机概要信息页面,单击右上角"快照管理"按钮,会弹出虚拟机快照管理对话框,单击"创建"按钮,可为虚拟机创建快照,如图 5-31 所示。

图 5-31　创建快照

CAS 虚拟化管理平台支持创建的快照类型分为内部快照和外部快照两种。

(1) 内部快照。在创建快照时,会将当前磁盘中已分配的簇(cluster)设置为只读,标记为已被快照引用,当有新的写 I/O 请求,要修改某个簇时,将该簇中的数据复制出来,创建一个新的簇,后续对该簇的编辑将保存在这个新簇中。由于虚拟机的内部快照文件存储在其基础磁盘文件中,当虚拟机的磁盘文件遭到损坏或者错误删除时,快照数据也会随之丢失。

(2)外部快照。创建快照时,当前磁盘被设置为只读,系统在磁盘所在存储路径中创建增量镜像文件,后续对该磁盘数据的编辑保存在增量镜像文件中。对该磁盘再次创建快照时,原磁盘和当前增量镜像文件均被设置为只读,系统会在数据存储中再创建一个增量镜像文件,形成一个具有数据依赖关系的镜像链。由于外部快照是通过创建增量镜像文件的方式存储增量数据的,因此对虚拟机业务影响较小,比较适合业务变化频繁的虚拟机。

如果虚拟机处于运行状态,则可以选择是否开启内存快照,开启后需要设置超时时长,如果快照内存时间超过设定的超时时长,虚拟机会被暂停。

2. 虚拟机快照管理

在虚拟机快照管理对话框中可以查看到当前虚拟机的快照信息,并可以执行创建、修改、还原、删除、精简镜像链等操作,如图 5-32 所示。

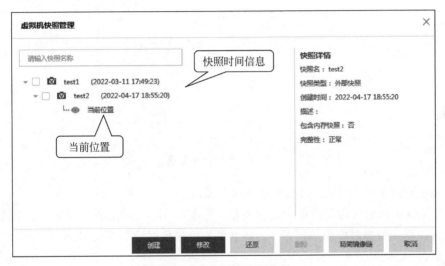

图 5-32　虚拟机快照管理

当虚拟机经过多次外部快照、还原等操作后,可能存在冗余增量镜像文件,例如删除了外部快照,但其关联的增量镜像文件没有合并到上一级镜像时,冗余增量镜像文件过多会影响虚拟机性能,通过精简镜像链功能,对镜像链中的镜像进行合并,以减少镜像链层级,加快磁盘读取速度。精简镜像链时,在不影响数据依赖关系的前提下,增量镜像文件会被合并到其上一级镜像。

CAS 虚拟化平台还支持创建快照策略,为虚拟机配置定期快照的功能。在云资源概要页面,单击"更多操作"标签,选择弹出的"快照策略"菜单项,可以创建快照策略,如图 5-33 所示。

5.3.11　虚拟机备份与恢复

1. 虚拟机备份概述

备份是一种稳定的灾备方案。虚拟机执行备份后,生成的虚拟机备份文件是一个独立的文件,不会因为虚拟机镜像文件的损坏或错误删除而丢失。当服务器、存储等物理设备故障,软件故障、病毒,或者错误操作、非正常关机等人为操作导致虚拟机数据丢失时,可以使用虚拟机的备份文件来恢复虚拟机。

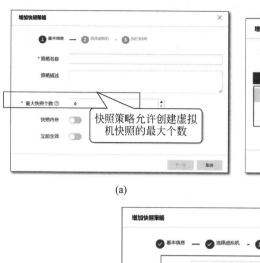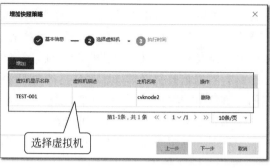

(a)　　　　　　　　　　　(b)

(c)

图 5-33　创建快照策略

CAS 虚拟化平台支持全量备份、增量备份和差异备份三种形式的备份方式。

（1）全量备份也被称为完全备份或全备份，是对某一时间点上所有数据和应用的一个完整备份。其优点是拥有最好的数据保护；缺点是备份的数据量非常大，耗时非常长，对磁盘空间的要求较高。

（2）增量备份仅备份上一次备份之后发生变化的数据，即在一次全量备份或增量备份之后，以后每次备份只备份与前一次相比被修改的数据。例如，第一次增量备份的对象是进行全量备份后修改的文件；第二次增量备份的对象是进行第一次增量备份后被修改的文件，以此类推。增量备份最显著的优点是没有重复的备份数据，因此，备份的数据量不大，备份所需的时间很短。但是，增量备份的数据恢复是比较复杂的，必须具有上一次全量备份和所有增量备份的数据，一旦丢失或损坏其中一个，就会造成恢复失败，并且在恢复的时候，必须沿着从全量备份到依次增量备份的时间顺序逐个反推恢复，因此极大地延长了恢复时间。

（3）差异备份与增量备份类似，都是基于全量备份开始备份，不同的是，增量备份只包含自上次备份之后更改的数据，而差异备份是包含自全量备份后所有更改的数据。与增量备份相比，差异备份的优点是恢复时间短，缺点是存在重复数据，随着时间的推移，备份文件大小持续增长。

CBT（changing block tracing）备份是指虚拟机启动 CBT 备份时，系统在宿主机上创建内存区，用于对虚拟机的每一个数据块变更进行记录，每个数据块采用 1bit 进行数据变更记录，0 表示该数据块数据未发生变更，1 表示该数据块发生了变更。进行数据备份时，根据内存位图，只复制变化数据块即可。

CBT 备份的优势包括备份时只需要备份变化数据块，备份效率高；恢复时只需要恢复变化数据块,恢复效率高;利用内存位图代替之前的 md5sum 计算,释放 CPU 计算能力。

CBT 备份的限制包括仅支持增量备份,不支持差异备份;仅支持 QCOW2 格式的镜像;不支持多级镜像。

2. 虚拟机备份配置

在虚拟机概要信息页面,单击顶部"更多操作"按钮,选择弹出的"立即备份"选项,进行虚拟机备份信息的设置,如图 5-34 所示。

图 5-34 虚拟机备份参数设置

3. 备份策略设置

在云资源概要信息页面,单击顶部"备份策略"按钮,进入备份策略页面,单击"增加"按钮,可以为虚拟机配置定期备份的功能,如图 5-35 所示。

(a)

图 5-35 设置备份策略信息

(b)

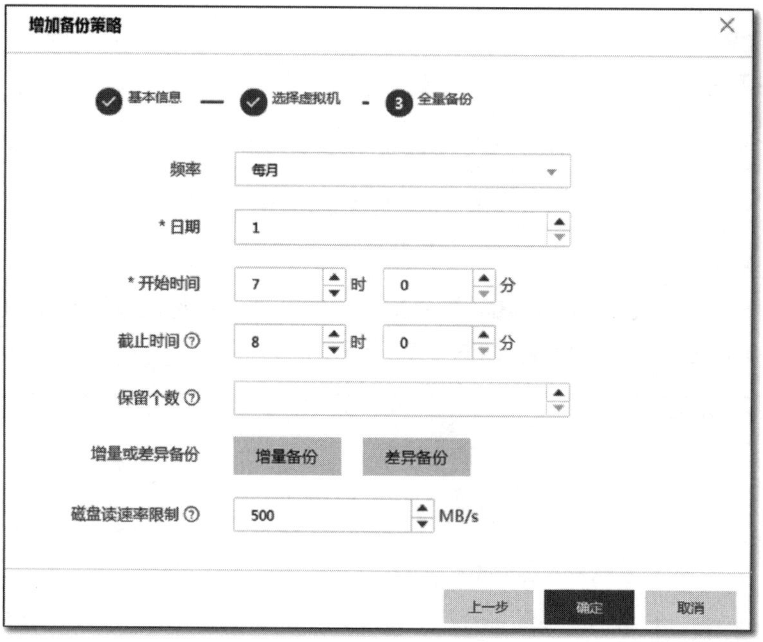

(c)

图　5-35(续)

4. 虚拟机恢复

虚拟机备份完成之后,在虚拟机的备份管理页面会显示虚拟机的备份文件信息,此时可以通过单击备份文件列表操作列的"还原"按钮,对虚拟机进行还原,如图 5-36 所示。

5.3.12　虚拟机操作机制

平台管理员登录 CVM 主机上的 Web 服务页面后,执行了虚拟机的启动、关闭、重启等操作之后,CVM 主机会通过 libvirt 服务将管理员的操作请求发送到虚拟机所在主机,然后通过 QEMU 服务传递到虚拟机,如图 5-37 所示。

图 5-36 虚拟机还原

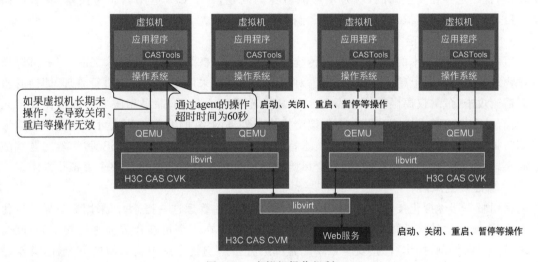

图 5-37 虚拟机操作机制

5.4 虚拟化安全

5.4.1 虚拟化技术风险种类

　　服务器硬件整合与资源共享、节省投资建设成本、资源动态配置与弹性伸缩、高可靠性自动迁移等虚拟化引入的技术优势推动着服务器虚拟化在数据中心的大规模应用,但是,任何一种新兴技术都会存在潜在的安全风险,虚拟化对于数据中心是一次突破性的革命,由于没有哪一种技术是不存在潜在缺陷的,恶意攻击者也会利用这些缺陷对虚拟化环境实施各种攻击,或者劫持工作负载,或者窃取重要机密数据,使用服务器虚拟化技术会给本来就十分复杂的现有安全环境引入了许多新的问题,而这些问题又常常会被急于配置这项技术的企业用户所忽略,所以,意识到虚拟化部署时的安全风险,并采取相应的防范措施就显得非常重要。

　　部署服务器虚拟化技术之后引入的具体风险包括以下几种。

1. 数据层安全风险

虚拟化技术实现了计算和存储资源的大集中,也实现了数据中心的大集中,原来分散在各个服务器节点或终端节点的数据全部集中在数据中心物理存储上管控,数据层的安全风险随即凸显,例如,虚拟机数据的非授权挂载访问、虚拟机计算和存储资源的残留信息清除、涉密信息系统在虚拟化环境中的流向控制等。数据的安全问题是虚拟化环境的安全根本,没有数据的安全,虚拟化就不应该存在,要解决虚拟化引入的安全问题,首先必须解决虚拟化环境下的数据安全问题。

2. 内核层安全风险

虚拟化技术的核心是 hypervisor 层,即虚拟化内核层,hypervisor 实现资源的逻辑虚拟化,相对于传统的数据中心 IT 架构,hypervisor 层完全是虚拟化技术所独有的,而作为上层业务与下层资源之间的衔接层,其自身如果不能保证安全,整个虚拟化系统就不可能是安全的。hypervisor 的实质是一个安装在裸服务器上的操作系统,如同 Linux(如 VMware、XenServer 和 H3C CAS CVK)或者是 Windows Server(如 hyper-v),无论是什么类型的操作系统,只要是软件,就一定存在安全漏洞,这是不可能避免的问题,在 CVE(通用漏洞与披露)官方网站上,可以查看各主流虚拟化内核系统的漏洞持续披露情况。

3. 业务层安全风险

服务器虚拟化技术的引入,改变了传统的网络架构,在采用虚拟化技术之前,用户可以通过在物理防火墙设备上建立多个隔离区,对不同的服务器采用不同的规则进行管理,即使有服务器遭到攻击,危害仅局限在一个隔离区内,影响范围不会扩散,而采用服务器虚拟化技术之后,所有的虚拟机集中连接到同一个虚拟交换机与外部网络通信,使得原来可以通过防火墙采取的防护措施失败,不仅如此,虚拟化技术特有的东西向流量访问控制、QoS、防病毒问题都随之而来,一台虚拟机发生病毒问题,安全风险就会通过东西向网络扩散到整个虚拟化系统。

4. 管理安全风险

采用服务器虚拟化技术之前,不存在基础架构的统一管理这一概念,而采用服务器虚拟化技术之后,所有的计算、网络、存储、安全等资源全部集中在一个可视化界面进行展示和分配,管理员的权限控制、操作行为、安全策略配置都会直接影响整个虚拟化系统的安全性,甚至是数据的安全性,因此,虚拟化技术引入的管理问题必须通过相应的技术手段进行控制。

在企业 IT 运维管理体系中,往往都有存量的安全监管平台,这些安全监管平台负责接收来自不同 IT 系统的告警消息和日志消息,以工单方式自动处理这些告警,或者定期对日志消息进行事后审计。引入虚拟化技术之后,虚拟化环境产生的告警消息和日志消息必须以标准化的方式或企业私有化的方式发送给安全监管平台,这就要求虚拟化系统必须公开 rest API 接口和 Web Service 接口供安全监管平台调用,或者以 syslog、SNMP 方式主动上报给安全监管平台,与企业现有的安全监管平台对接形成完整的 IT 运维管理方案。

5.4.2　虚拟化安全防护体系

H3C CAS 虚拟化安全防护体系架构从数据安全、管理安全、安全监控和安全审计四个方面进行设计与研发。

1. 数据安全

数据安全包括内核层安全、数据层安全和业务层安全三个方面。

(1) 内核层安全。虚拟化内核层安全是引入虚拟化技术之后面临的首要问题,内核层安全的本质是自身系统架构的安全,而系统架构安全中,最重要的就是虚拟化系统自身的完整性问题、虚拟资源的安全隔离问题和虚拟化系统的漏洞防护问题。虚拟化系统自身完整性问题需要解决的是虚拟化系统遭受攻击和破坏的情况下的自身修复问题,虚拟资源的安全隔离问题需要解决的是多个虚拟机共享底层硬件资源时的安全隔离问题,虚拟化系统漏洞防护问题则是持续解决软件或服务自身的代码缺陷问题。

(2)数据层安全。数据层安全主要关注虚拟机的计算数据和存储数据安全,例如虚拟机磁盘的加密,可以有效杜绝虚拟磁盘非授权访问导致的敏感数据泄露问题,资源残留信息安全可以解决内存数据和磁盘数据在虚拟机销毁或关闭后的残留信息导致的信息泄露问题,涉密系统分级保护和安全可信区域可以有效地从管理层面控制涉密信息系统的流向问题,虚拟机备份和存储级别的容灾管理则从虚拟机数据的备份角度尽可能减少极端情况下的数据恢复问题。

(3)业务层安全。业务层安全主要从网络层面通过 ACL、QoS、VLAN、镜像等功能监控虚拟机的网络 I/O,并将传统网络中的防病毒方案引入到虚拟化内核架构中,形成无代理的虚拟化杀毒方案;另外,业务层安全还从云安全的角度提供了包括防病毒和 ACL 等在内的云业务申请与审批电子流功能。

2. 管理安全

从虚拟化管理平台的角度对虚拟化系统与环境进行安全控制,包括高强度的 USB Key 与口令双因子认证、用户账号与密码的强安全、虚拟化管理平台的访问安全、涉密信息系统中的三员分立管理模式、多租户业务模式下的资源安全隔离和细粒度的资源访问权限管理等。

3. 安全监控

无论是数据安全,还是管理安全,也无论是物理资源,还是虚拟资源或系统状态信息,虚拟化环境中的重要告警消息都会通过界面、邮件、短信和微信等方式进行通知,以便管理员能够及时进行处理,避免安全风险的进一步扩大化。

4. 安全审计

在虚拟化安全防护体系架构中,还有一个非常重要的环节,就是安全审计,也包括管理员的操作行为、资源访问行为、日志的审计查阅、转储、与第三方安全监管平台的标准化对接等。

5.4.3 内核层安全

1. 系统自启动安全

虚拟化系统自启动安全的目标是阻止攻击者损害虚拟化系统基线的完整性,当出现篡改行为时,自动使用基线修复被篡改的内核模块,确保虚拟化运行环境的稳定性和安全性。

一个标准的 Linux 操作系统的启动过程,从最初的硬件基本条件检查开始,到最后的加载与运行应用程序服务,整个过程都没有机制保证软件系统未受到外部的篡改,尤其是关键服务组件,对于基于开源 KVM 的虚拟化系统而言,关键服务组件包括 libvirt、QEMU、vSwitch、HA、OCFS2 等,如果这些底层的软件服务的完整性受到破坏,轻者造成虚拟化系统的不稳定,重者导致关键客户数据信息泄露,因此,必须有一种虚拟化系统的完整性校验机制,以阻止不法侵入者损害基线系统的完整性。

H3C CAS CVK 虚拟化内核系统提供了一种基线校验机制,在虚拟化内核系统启动时,将 libvirt、QEMU、vSwitch、HA、OCFS2 等关键服务组件与系统出厂时的安全基线进行校验对比,如果某个内核组件出现过修改或删除等操作,就认为虚拟化系统的完整性受到了破坏,此时,将使用基线替换被篡改的组件,以此来保证整个虚拟化内核系统的完整性,进而确保虚拟化运行环境的稳定性和安全性,如图 5-38 所示。

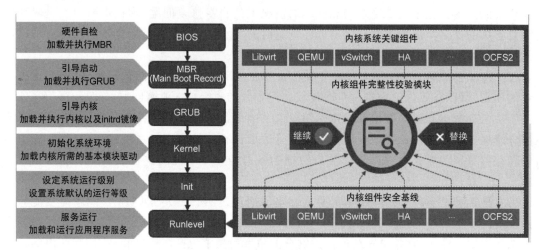

图 5-38　系统自启动安全校验

2. 虚拟资源安全隔离

虚拟资源安全隔离需要从技术和管理两个方面实施。

以虚拟计算资源的安全隔离为例,从技术角度可以最大限度地确保 VM 之间的 vCPU 和虚拟内存隔离,硬件辅助虚拟化技术引入了新的、适应虚拟化环境的 CPU 操作模式,当 vCPU 调度到物理 CPU 上运行时,用于保存 vCPU 寄存器指令和状态信息及相关控制信息的上下文内容被加载到物理 CPU 上,当调度完成之后,上下文内容自动保存到独立的内存数据结构中,通过这种方式实现了 vCPU 的独立运行和相互之间的安全隔离。虚拟机内存则通过机器地址、物理地址和虚拟地址的三级映射关系,保证不同的虚拟机无法访问到相同的机器地址空间;从管理角度,内存的共享复用机制使得虚拟机在关闭或删除后,残留在机器内存上的数据可能会造成信息泄密,此时,应该从管理的角度自动实现对内存物理位清零,确保内存数据的不可恢复性。

虚拟网络的安全隔离与虚拟计算的安全隔离类似,集成在 hypervisor 层的虚拟交换机之间本身就是天然隔离的,加之虚拟交换机上实现的 VLAN、ACL、QoS 等网络安全功能,更是可以实现虚拟机之间流量的相互隔离和限速,但是,从管理角度,为了适应虚拟化环境的迁移能力,需要同时实现虚拟机迁移情况下的网络策略同步跟随。

虚拟存储的安全隔离手段中管理重于技术,因为从技术原理上,虚拟机永远只能看到裸 LUN 或文件系统之上的文件,不能直接访问物理存储实体,因此,裸 LUN 或文件的隔离是虚拟存储安全隔离的关键,而裸 LUN 或文件的访问都是通过管理手段进行的。例如,从管理上确保虚拟机只能访问分配给它自己的磁盘文件或裸 LUN,不仅不允许交叉挂载,而且要通过磁盘加密技术防止非授权的访问。

3. 安全漏洞持续修复

漏洞是存在于软件代码中的安全陷阱,对于漏洞,只能不断发现、不断修复,尽量达到收敛的效果,不能预期消灭所有漏洞,因为安全漏洞的发现与修复是一个持续的过程,在多种情况下都会引入安全漏洞,例如,扫描工具软件扫描脚本或引擎升级了,原来不能扫描出来的漏洞,现在却能够被扫描出来,或者业界又爆出了新的安全漏洞,又或者是新开发代码合入后引入了新的安全漏洞,尤其是对于虚拟化产品,与开源软件的结合尤其紧密,开源组件升级或使用新的开源组件是常态,这种升级或新组件很有可能会带来安全漏洞。所以,安全漏洞的修复将贯穿在产品开发的全生命周期中。

为了尽量达到漏洞收敛的效果,H3C CAS 虚拟化管理软件采取的研发策略包括流程化、工具化两方面。

(1)流程化方面。开发阶段的所有代码都必须经过工具扫描和人为检视,形成问题发现、问题整改、问题回归和问题归档的闭环流程;发布阶段的每一个版本都安排专人全职投入,使用专业的工具扫描可能存在的安全漏洞,对每一个漏洞进行分析和评估,形成问题发现、问题整改、问题回归和版本发布的闭环流程。

(2)工具化方面。开发阶段引入 PC-Lint 和 Valgrind 等开源工具,针对代码级的稳定性进行自动化的扫描,做好内存泄漏等影响产品稳定性的安全防护;发布阶段则分别使用不同的专业工具对不同的层面进行漏洞扫描。

5.4.4 数据层安全

1. 硬盘加密

在虚拟化应用场景中,虚拟机的镜像文件充当虚拟磁盘的角色,虚拟机的操作系统和用户数据都保存在镜像文件内。如果不法分子获取了虚拟机镜像文件,或者管理员以未授权方式挂载虚拟机镜像文件,就会造成虚拟机数据泄露,因此,在数据安全要求较高的应用场景中,需要对镜像文件进行加密。

H3C CAS 虚拟化管理软件采用对称加密算法 XTS-AES-256 对虚拟机进行加密,每个虚拟机应采用加密技术和独立且唯一的密钥进行数据保护,防止越权访问。虚拟机镜像文件和加密密钥一起经过特殊加密算法处理后,使其变成复杂的加密数据。AES(advanced encryption standard,高级加密标准)是美国联邦政府采用的一种区块加密标准。XTS-AES 算法于 2008 年发布,是目前数据存储领域广泛使用的一种加密算法。AES 加密密钥长度可以是 128bit、192bit、256bit 中的任意一个,密钥长度越长越难破解,XTS-AES-256 采用的是 256bit 长度密钥。

虚拟机镜像文件加密是通过 H3C CAS CVK 虚拟化内核完成的,为了优化性能,H3C CAS CVK 虚拟化内核会调用 CPU 的 AES-NI(advanced encryption standard-new instruction)指令集,通过硬件来加速加密算法。Intel CPU 从 Westmere 开始全面支持 ASE-NI 指令集。

2. 涉密信息系统分级保护

在一个涉密信息系统中,往往存在不同级别的应用,并非所有的应用都要求按照相同的密级实施防护,应根据不同密级、功能重要程度和保密程度划分为不同的保密级别,例如绝密级、机密级和秘密级,同时按照安全级别的不同划定不同的安全域。

H3C CAS 虚拟化管理平台将具有安全密级要求的集群划到安全区域,并将拥有不同保密级别标识的虚拟机划分为绝密级、机密级、秘密级和内部公开四个级别。根据虚拟机密级和集群安全级别的不同,严格控制虚拟资产的流向,其规则如下。

(1)非安全区域的虚拟机密级必须为内部公开,不允许存在绝密级、机密级和秘密级的虚拟机。

(2)禁止虚拟机在安全区域和非安全区域之间迁移与克隆。

（3）在安全区域内指定可信区域,可信区域是虚拟机可迁移的主机范围,只允许虚拟机在可信区域范围内迁移。

（4）根据涉密信息系统的具体要求,可设置受保护的密级范围,受保护密级范围的虚拟机只能在可信区域内的物理主机之间迁移。

（5）不允许对受保护密级范围内的虚拟机进行克隆、克隆/转换为模板、卸载磁盘等涉密操作。

（6）删除受保护密级范围内的虚拟机时,强制对磁盘文件进行物理位清零。

5.4.5　业务层安全

1. 虚拟化防病毒

服务器虚拟化技术降低了数据中心 IT 投资和运维管理开支,但是,与传统物理环境一样,虚拟化环境也面临着内部网络病毒、蠕虫、木马程序和恶意软件的入侵,因此,在虚拟化环境下,需要考虑如何有效地为虚拟化服务器和虚拟桌面防范内网可能的恶意程序的攻击。

在传统物理环境中,往往需要给每个物理服务器安装防病毒软件,以实时防御可能的病毒入侵,而且需要在非工作时间或非业务高峰期按需扫描病毒,从而最大限度地减少病毒防范操作对正常业务的干扰。当这些业务被迁移到虚拟化环境中后,同一个物理服务器上的众多虚拟机同时更新病毒特征库或按需全盘扫描时,可能导致物理服务器 CPU、内存和磁盘 I/O 出现峰值,从而使得虚拟机在这段时间内无法正常提供服务,这种情况通常被称为"防病毒风暴（AV storming)"。

H3C CAS 虚拟化管理平台推出了无代理防病毒解决方案,用户无须在每个虚拟机中安装防病毒客户端程序,而是将防病毒引擎集成在虚拟化内核层,当虚拟机进行磁盘 I/O 操作或网络报文收发时,内核引擎的防病毒后端驱动截获文件和网络流量内容进行病毒查杀。用户只需要在每个 H3C CAS CVK 虚拟化主机上安装一次防病毒引擎,即可对这台虚拟化主机上的所有虚拟机进行安全防护。因此,无代理安全防病毒方案降低了虚拟化主机 CPU、内存和磁盘 I/O 负载,避免了"防病毒风暴"。

2. 网络安全监控

在传统的物理网络中,各区域的边界是显而易见且容易划分的,数据流量的检测和保护也可以通过部署 IDS、IPS、网络密码机、网络审计系统等安全技术手段和设备来实现。但是在虚拟化环境中,虚拟机通过虚拟交换设备连接在一个不可见的虚拟网络中,这使网络边界变得模糊,不同安全级别的虚拟机可能部署在同一台物理机上,虚拟机的 MAC 地址一般随机生成,对虚拟主机之间的数据无法做到有效的监测与保护。

H3C CAS 虚拟化管理平台在虚拟交换机(vSwitch)内集成了全面的网络层安全访问控制能力。例如,针对虚拟机端口采用的访问控制策略、虚拟局域网划分、虚拟网卡上下行流量限速、IP 和 MAC 地址绑定、链路聚合等措施,同时,通过集成传统网络技术中的端口镜像和NetFlow,对虚拟机网络流量实现安全监测。

3. ACL 策略

ACL 策略是控制访问的一种网络技术手段。通过设置 ACL 策略可以限制网络流量、提高网络性能,其主要功能如下。

（1）ACL 是一种基于包过滤的安全控制技术。通过 ACL 规则识别报文类别,并根据预先设定的网络策略对流量进行处理。

（2）ACL 策略是控制访问的一种网络技术手段。通过设置 ACL 策略可以限制网络流量、设置网络优先级，从而提高网络业务性能。

（3）通过 ACL 来控制虚拟机之间的网络访问能力，进而保障部署在虚拟机上的业务资源的安全性。

（4）支持二层、三层、四层和基于时间段的 ACL，适应多种不同的业务场景需求。

通过设置 ACL 策略可以限制网络流量、提高网络性能，并且支持入方向和出方向的访问控制，其类型包括 IPv4 和二层网络，还可以对 ACL 生效时间段进行设置，如图 5-39 所示。

图 5-39 ACL 策略设置

4. QoS 策略

QoS 策略设置包括计算 QoS 策略、网络 QoS 策略、存储 QoS 策略设置。

（1）计算 QoS 策略。计算资源通过设置资源调度优先级、资源上限限制和资源下限限制完成计算 QoS 策略设置。在 CAS 虚拟化管理平台的修改虚拟机页面，可以配置虚拟机 CPU 和内存的 QoS 策略，如图 5-40 所示。

其中资源优先级指虚拟机抢占物理 CPU 和内存资源的优先级（包括低、中、高三个选项），为了避免虚拟机实际应用的 CPU 和内存资源不足，且主机没有更多可分配的 CPU 和内存资源的情况下，可以设置 CPU 资源预留，为虚拟机预留一部分计算资源。限制指设置一个阈值，CVK 主机分配给虚拟机的 CPU 和内存不能超过该限制大小。

（2）网络 QoS 策略。网络 QoS 策略是指通过网络 I/O 速率控制，满足不同应用的差异化服务质量，网络 QoS 通过设置"网络优先级"参数完成配置。网络 I/O 优先级也被称为网络 I/O 控制（network I/O control，简写为 NIOC）。通过设置虚拟机级别的网络 I/O 优先级，当服务器物理网卡发生拥塞时，能够确保关键业务获得尽可能多的网络带宽资源。

H3C CAS CVK 虚拟化内核系统采用流量控制器来实现网络 I/O 优先级，通过在物理网卡建立不同的队列实现流量控制。当内核中有数据包需要通过某个网络接口发送时，首先按照为这个接口配置的排队规则把数据包加入队列，然后，内核尽可能多地从队列中取出数据包，把它们交给网络适配器驱动模块。不同优先级的流量被划分到不同类别的队列中，当网络带宽拥塞时，可以保证每个类别队列的带宽，相反，如果网络带宽富余的话，每个队列的带宽也

图 5-40　CPU 和内存 QoS 设置

将是富余的,此时,网络 I/O 优先级将不起作用。

（3）存储 QoS 策略。存储 QoS 策略是指通过虚拟机读写 IOPS 和 I/O 吞吐量的 QoS,满足关键业务 SLA 的需求。在 CAS 云计算管理平台的修改虚拟机页面,可以通过设置磁盘的限制 I/O 速率和限制 IOPS 完成对存储 QoS 策略的配置,如图 5-41 所示。

5.4.6　管理安全

CAS 虚拟化平台的管理安全分为四大部分。

1. 访问控制策略

基于时间段/管理 IP 地址网段的访问控制策略提供了从时间和空间两个维度控制管理员登录虚拟化管理平台的方法,可以只配置基于时间段的访问控制策略,也可以只配置基于管理 IP 地址网段的访问控制策略,还可以是两者的结合,例如,只允许 192.168.0.101～192.168.0.200 网段的客户端在晚 8 点～24 点之间访问虚拟化管理平台,或者允许管理员使用任意客户端在晚 8 点～24 点之间访问虚拟化管理平台,或者允许 192.168.0.101～192.168.0.200 网段的客户端在任意时间段访问虚拟化管理平台。

2. 密码策略

用户名密码认证是最通用的一种用户身份鉴别机制,也是最常用的一种登录软件的身份校验手段,包括日常使用的 Windows 桌面、手机 App 等,基本上都采用用户名和密码的组合认证方式。

但是,用户名和密码的组合认证方式存在密码容易泄露的安全漏洞,一旦泄露,虚拟化管理平台的防护罩就相当于被攻破了,虚拟化管理平台上的软硬件资源在非法使用者面前一览无遗。为了尽可能避免这种情况的发生,H3C CAS 虚拟化管理平台提供了密码更换周期与密码复杂度设置的功能,其目的是将密码泄露造成的损失最小化,同时通过密码复杂度的设定,降低密码泄露或破解的风险。

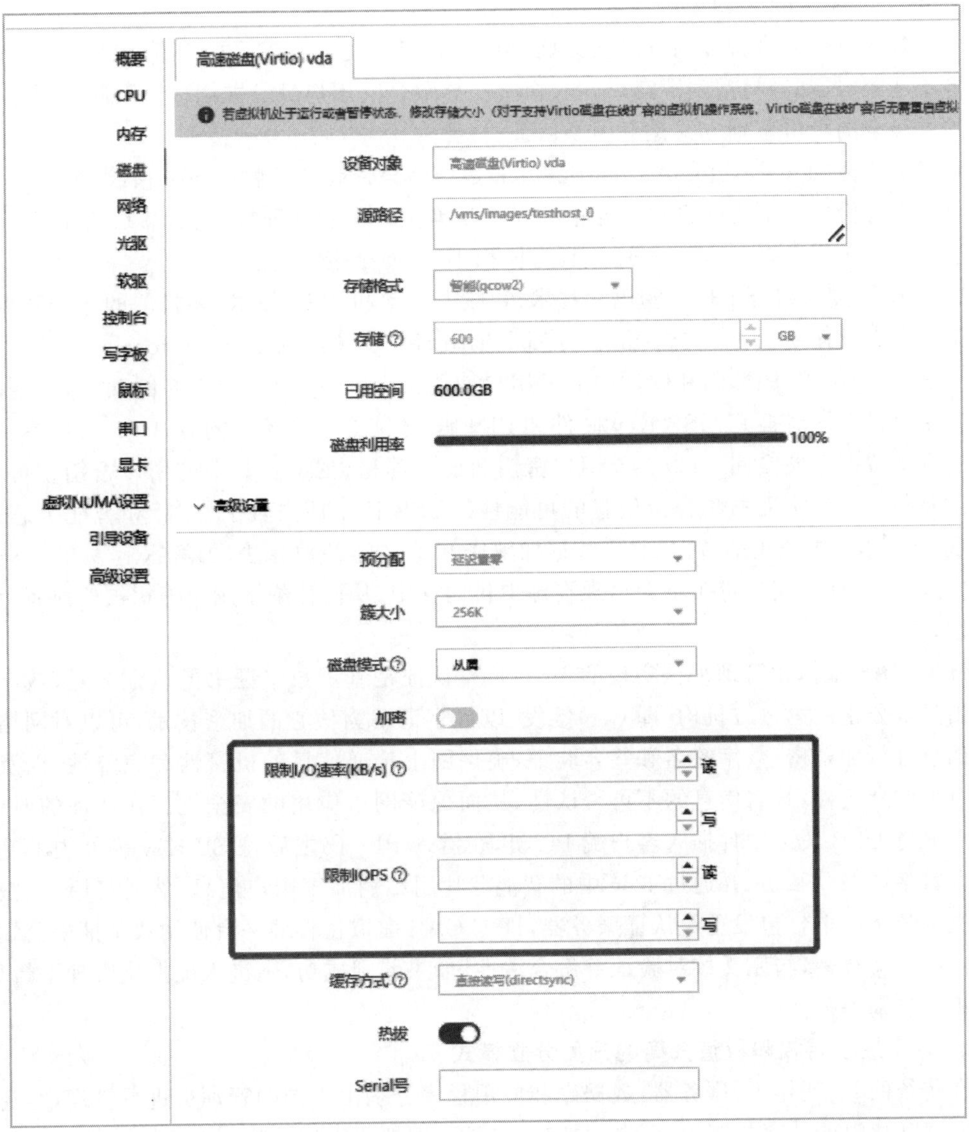

图 5-41 存储 QoS 策略设置

根据各行业对保密程度的不同要求,建议涉密行业中的虚拟化管理平台密码更换周期小于 7 天,非涉密行业的密码更换周期可以适当延长,但不建议超过 30 天。密码更换周期在 H3C CAS 虚拟化管理平台上是可以定制的,倘若密码使用周期结束时尚未更换密码,则会在再次登录的时候,强制更换密码,并且密码必须符合配置的复杂度策略。

密码复杂度策略包括两个方面,一是密码字符的长度要求,密码长度越长,破解的可能性越低;二是字符复杂度要求,密码越复杂,被破解的可能性越低。设置密码复杂度策略之后,不影响已有的管理员密码,但是会强制要求新增加的管理员密码符合指定的配置,同时,如果修改已有管理员密码,则也要求密码必须符合指定的配置。

当然,还有一种普遍情况,那就是密码丢失。在这种情况下,H3C CAS 虚拟化管理平台提供了邮件方式找回密码功能(管理员的密码在虚拟化管理平台数据库中是加密保存的)。

3. 基于 USB Key 和口令的双因子身份鉴别机制

用户名加口令的身份鉴别方式很原始、很简单,但也是最不安全的身份鉴别手段,无论是用户名还是密码,都容易遭到泄露、猜测、窃听而导致合法用户身份被伪造。因此,业界更常用的一种更安全的身份鉴别方式是双因子认证。

双因子认证(Two-Factor Authentication)是指结合密码和实物(USB、指纹、虹膜等)两种条件对用户身份进行鉴别的方法。与指纹和虹膜等生物识别认证技术相比,USB Key 认证在成本上相对廉价很多,而且,USB Key 具有体积小、方便携带等优点。

USB Key 技术结合了现代密码学技术、智能卡技术和 USB 技术,在目前的电子政务网和网上银行中广泛使用。每一个 USB Key 都具有硬件 PIN 码(Personal Information Number,个人身份号码)保护,PIN 码和硬件构成了用户使用 USB Key 的两个必要因素,即所谓的"双因子",用户只有同时拥有 USB Key 硬件和 PIN 码,才能登录系统。同时,USB Key 本身具有一定的安全数据存储空间,可以存储用户密钥和证书等秘密数据,其中的用户密钥不可导出,杜绝了复制用户数字证书和身份信息的可能性。USB Key 还内置了 CPU 和智能卡芯片,可以实现 PKI 体系中使用的数据摘要、数据加解密和签名的各种算法,加解密运算在 USB Key 硬件内进行,保证了用户密钥不会出现在虚拟机内存中,从而杜绝了用户密钥被非法者拦截的可能性。

H3C CAS 虚拟化管理平台实现的 USB Key 认证是基于数字证书的认证方式,数字证书一般由权威公正的第三方机构(即 CA)签发,以数字证书为核心的加密技术,可以对网络上传输的信息进行加解密、数字签名和签名验证,确保网上传递信息的机密性和完整性,以及交易实体身份的真实性,签名信息的不可否认性,从而保障网络应用的安全性。在认证的时候,管理员首先将 USB Key 硬件插入客户端 PC 机,在键入 PIN 码之后,USB Key 硬件内的签名控件读取数字证书及私钥,并通过 Key 中的智能芯片用私钥加密用户信息,然后将原文、签名后的密文和数字证书打包发送给认证服务器,H3C CAS 虚拟化管理平台使用数字证书公钥对用户提供的密文解密,与原文核对验证身份合法性,如果鉴别成功,则进入虚拟化管理平台界面,否则提示鉴别失败。

4. 基于最小特权和权值分离的三员分立模式

在传统的 IT 架构下,服务器、数据库和应用程序分别由不同的管理员进行管理,客观上形成了职责和权限的分离与制约,而在虚拟化环境下,虚拟化管理员将拥有整个数据中心的管理权限,管理职责难以区分,谁负责管理物理主机? 谁负责管理虚拟机? 如果没有明确的职责和策略,虚拟机的管理将成为一项极大的挑战,以致被攻击者利用。而且,数据中心管理员权限过大,如果不对这种权限加以限制,则存在管理员滥用权限的可能性,攻击者一旦获得管理员权限也将造成不可估量的损失。因此,对系统管理权限进行划分,采用"三员分立"的管理模式,即分设系统管理员、安全保密管理员和安全审计员,使管理员之间能够相互监督、相互制约。对于用户权限也应该按照角色进行细粒度授权,只赋予用户完成工作所需的最小权限。

根据符合涉密信息系统安全管理规范,H3C CAS 虚拟化管理平台设立了三个角色,并赋予相应特权:系统管理员、安全保密管理员和安全审计员。系统管理员负责系统的安装、管理和日常运维,类似于公司的总经理;安全管理员负责安全属性的设定与管理,类似于公司的监事会;安全审计员负责配置系统的审计行为和管理系统的审计信息,类似于公司的董事会,如图 5-42 所示。三个角色互相制约,且每个管理员只能拥有刚够完成工作的最小权限,攻击者破获某个或某两个管理角色的口令时,都不会得到对系统的安全控制,做到较好的可控安全性管理。

图 5-42　符合涉密信息系统安全管理规范的三员制衡机制

5. 密码安全性管理

密码策略主要用于控制操作员的密码复杂度及密码失效后的处理方式,密码策略全局有效,包括密码最小长度、密码复杂度要求、密码有效期三种控制策略,如图 5-43 所示。

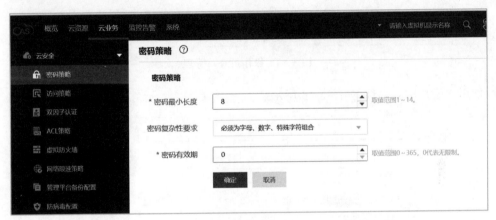

图 5-43　密码策略

6. 访问安全性管理

登录 CAS 云计算管理平台之后,系统会进行初始化密码安全检测,如检测到登录密码为系统初始化密码,会弹出建议修改的提示框。

访问策略定义了操作员的访问控制信息。管理员可通过引用访问控制策略来限制操作员是否可以登录 CVM,如图 5-44 所示。

在操作员登录管理界面,如图 5-45 所示,CAS 云计算管理平台提供操作员管理功能,包括如下功能。

(1) 在线操作员管理对默认用户执行立即下线操作。

(2) 最大在线操作员数限制了同时登陆 CAS 页面的用户数量。

(3) 操作员闲置时长超出后,会自动退出管理页面。

(4) 登入失败锁定时长增加非法用户暴力破解密码难度。

CAS 云计算管理平台支持新增操作员时,设置操作员的认证方式、密码和权限设置等参

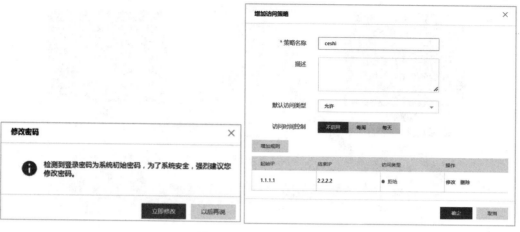

图 5-44　访问策略设置

图 5-45　操作员登录管理

数,增加用户账户的安全性,如图 5-46 所示。

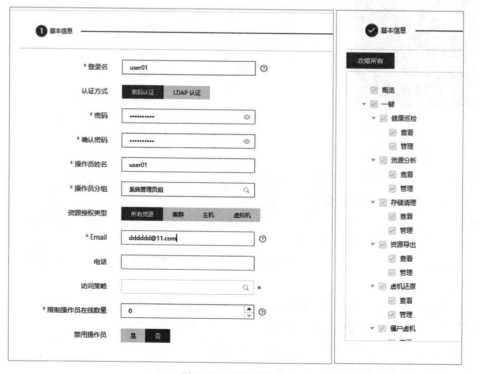

图 5-46　增加操作员

　　CAS 云计算管理平台还支持设置双因子认证,如图 5-47 所示,通过证书认证及动态口令方式登录系统,确保系统登录更加安全。启用证书认证登录,操作员登录不需要输入用户名和密码信息,只需要使用 USBkey 即可正确登录系统。启用动态口令方式登录,必须同时输入正确的用户名、密码和动态口令才能登录系统。

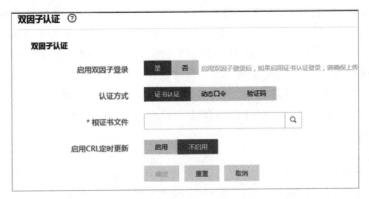

图 5-47　双因子认证设置

　　其中认证方式支持证书认证、动态口令和验证码的方式,选择"证书认证"还需设置如下参数:根证书文件(校验 USBkey 证书有效性的根证书文件)。系统允许上传的根证书文件最大为 5MB;已选择的根证书文件会自动上传到系统。

5.4.7　安全监控和审计

1. 系统告警

　　H3C CAS 虚拟化管理平台提供系统级的安全监控与故障告警能力,定期(默认 10 秒)扫描预设的告警选项,调用内部接口获取告警消息,并支持通过邮件和短信方式通知给指定的管理员,并可对集群、主机、虚拟机、故障和异常进行扫描监控,提供可视化、极简的运维能力,如图 5-48 所示。

图 5-48　监控告警

2. 操作日志

　　H3C CAS 虚拟化管理平台系统操作日志详细记录了所有操作员在虚拟化管理平台上所做的操作行为,包括操作员登录名、操作员的姓名、完成时间、登录的 IP 地址、操作分类、执行结果及失败原因等,为操作员提供了一种直接的审计手段,方便事后审计追踪,并可以根据时间和日志大小对日志进行一键收集。

3. 审计安全

H3C CAS 虚拟化管理平台提供对管理员的系统操作维护行为、虚拟化资源管理系统操作、服务器和存储等物理资源的本地配置操作等事件生成审计日志,审计日志内容包括事件主体、事件客体、事件内容描述、事件结果、事件时间、事件风险级别、事件种类等字段,支持标准的审计日志接口。同时,H3C CAS 虚拟化管理平台通过主动上报和被动轮询的方式向外部提供审计日志,其中主动上报采用 syslog 方式,被动查询采用 Web Service 的方式。审计日志可以按照事件类型、事件时间、事件主体、事件客体、管理员用户 IP 地址、日志级别、事件成功/失败等条件之一或组合进行查询。审计日志存储在掉电非易失性存储介质中,具备对审计日志的导出和清空功能。

5.5 本章总结

本章主要讲解了以下内容。

(1) CAS 中的云资源包括计算资源、网络资源、存储资源,它们都是通过虚拟化技术将资源虚拟化,提供虚拟的资源池分配给虚拟机使用的。

(2) 虚拟机是一个完整的系统,它具有完整的硬件资源,运行在一个隔离的环境中。虚拟机的生命周期管理包括虚拟机创建、修改、重启、备份、克隆、快照等。

5.6 习题和答案

5.6.1 习题

1. CAS 中支持设置的 CPU 工作模式有(   )。(单选题)
   A. 1 种   B. 2 种   C. 3 种   D. 4 种
2. CAS 中虚拟机使用存储资源的方式有(   )。(单选题)
   A. 块设备、文件   B. 块设备、文件、RBD 块
   C. 文件   D. 块设备、RBD 块
3. 在线迁移主机的流程顺序是(   )。(单选题)
   A. 迁移配置文件,在目的主机新建虚拟机(暂停状态)→迁移内存数据→源虚拟机销毁,在目的主机启动虚拟机
   B. 迁移配置文件,在目的主机新建虚拟机(暂停状态)→源虚拟机销毁,在目的主机启动虚拟机
   C. 迁移配置文件→迁移内存数据→源虚拟机销毁,在目的主机创建虚拟机
   D. 迁移内存数据→迁移配置文件,在目的主机新建虚拟机(暂停状态)→源虚拟机销毁,在目的主机创建虚拟机
4. 虚拟机模板的制作方式包括(   )。(单选题)
   A. 转化为模板、克隆为模板   B. 转化为模板
   C. 克隆为模板   D. 转化为模板、克隆为模板、快照为模板

5.6.2 答案

1. D   2. B   3. A   4. A

第6章

虚拟化平台高级功能

H3C CAS 服务器虚拟化管理平台基于集群对数据中心 IT 基础设施进行集中化管理,由多台独立服务器主机聚合形成的集群不仅降低了管理的复杂度,而且实现了集群内的高可靠性,从而为用户提供了一个经济、有效、适用于所有应用的高可靠性解决方案,将停机时间和服务中断降到最低。H3C CAS 服务器虚拟化管理平台目前能够提供多种保护机制以及各种场景化设计方案,提供不同故障情况下的高可靠性保证以及场景需求。

6.1 本章目标

学习完本课程,可达成以下目标。

(1) 熟悉 CAS 虚拟化双机热备/冷备、HA 高可靠性、动态资源调度、虚拟机规则等特性。

(2) 熟悉 CAS 虚拟化计算、网络、存储、外设重定向相关的高级技术特性。

(3) 熟悉 CAS 虚拟化的云迁移解决方案与容灾解决方案。

6.2 虚拟化高可靠特性

6.2.1 CVM 双机热备

双机热备功能是基于数据同步复制的方式实现的。主备服务器之间数据的同步是采用 DRBD(distributed replicated block device,分布式镜像块设备内容的存储复制)存储复制解决方案来实现的。当主服务器数据发生变化时,该数据变化会实时同步到备用服务器,这样就保证了主备服务器之间数据的一致性。

双机热备的主备切换通过 CMSD 来实现。CMSD 主程序可以完成以下功能。

(1) corosync+pacemaker+glue 的集群通信功能。

(2) 热备服务的启动、关闭、切换等功能。

(3) 出现网络故障或主机故障时,热备服务能够自动进行切换。

双机热备系统主要由主节点、备节点和仲裁节点三个实体组成。

(1) 主、备节点是安装了 CMSD 主程序的两个节点。

(2) 仲裁节点可以是交换机等可 ping 通的节点或者是安装了 CMSD 程序且担任仲裁角色的节点。

(3) 高级仲裁节点可以是同一管理平台 CVK 安装了 CMSD 程序的节点。

(4) 简易 ping 仲裁节点可以是主、备节点可 ping 通的交换机和路由器等设备。

(5) node 1 和 node 2 是构成双机热备的两台 CVM 主机。

(6) 多台 CVK 主机和 node 1、node 2 主备 CVM 管理平台组成 CAS 平台。

(7) CVK 主机与主备 CVM 管理平台之间的交换网络要求至少是千兆网络。

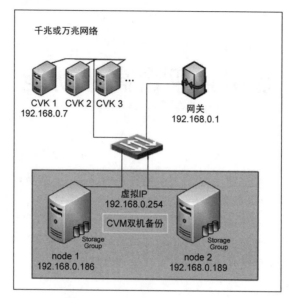

图 6-1 双机热备组网示意图

(8) 双机热备的两台主机(node 1、node 2)可以再作为 CVK 主机加入到热备主机自己管理的主机池中使用,但不能再分离成单独的 CVM 管理平台使用。

搭建双机热备的两台 CVM 主机需同时满足以下条件。

(1) 全新安装的系统,没有作为 CVK 主机使用过,管理平台中无纳管的 CVK 主机。

(2) 主机上的存储池必须保持系统默认配置,即只有 isopool 和 defaultpool 两个存储池。

(3) 安装的 CAS 软件版本号必须相同,且安装的 CAS 组件(CVM、CIC、SSV)必须相同。

(4) 安装系统时,主机的系统引导方式必须相同。

(5) 搭建双机的两台主机和高级仲裁的系统一致。

(6) 搭建双机的两台主机系统盘大小一致。

(7) 推荐用同一云平台中的 CVK 作为高级仲裁。

(8) 两台组机之间的管理网络必须相通。

CVM 双机热备支持以下两种方式同步虚拟机模板数据。

(1) FC 或 iSCSI 共享模板存储方式。

(2) 本地同步分区方式。

建议使用 FC 或 iSCSI 共享模板存储方式用于同步虚拟机模板数据。

本地同步分区使用说明如下。

当双机热备的两台主机无法使用共享存储 LUN 时,可以使用本地同步分区,用于同步主备管理平台之间的虚拟机模板数据。例如使用虚拟机作为 CVM 双机节点,主备管理平台无法使用 FC 存储设备上的 LUN,又无法添加 iSCSI 存储设备上的 LUN 时,可以配置本地同步分区。若有 FC 或 iSCSI 类型的共享存储,优先推荐使用共享存储。

双机热备搭建成功后,在 CVM 管理平台中,进入"云资源/虚拟机模板/模板存储"页面单击"增加模板存储"按钮或者进入"系统管理/双机热备配置/模板存储"页面单击"增加"按钮,可增加一个本地同步分区类型的模板存储。

注意

只能增加一个本地同步分区类型的模板存储。

由于涉及格式化,须使用本地磁盘作为新的同步分区。创建本地同步分区类型的模板存储时,主、备节点存在如下限制条件。

(1) 主、备节点不能作为 CVK 主机加入到管理平台中。

(2) 主、备节点上不能添加除默认存储池外的其他存储池。

(3) 主、备节点不能作为零存储(vstor)的计算节点。

(4) 主、备节点不能作为 onestor 的计算节点。

(5) 主、备节点上不能发现和挂载 FC 和 iSCSI 存储设备上的 LUN(此种情况下建议拔除 cable 线后再重新操作)。

(6) 主、备节点的本地磁盘要求大小一致,其识别的设备名称相同(即都为/dev/sd＊)。

(7) 只有当上述所有条件都满足要求时,才能成功创建本地同步分区类型的模板存储。

注意

若既要使用同步分区又要使用 FC/iSCSI 类型的共享存储,建议先增加本地同步分区类型的模板存储,再挂载 FC/iSCSI 存储设备上的 LUN。

6.2.2　CVM 配置备份

CVM 备份配置管理可实现系统自动备份、定时备份和手动备份 CVM 数据和配置文件等功能。同时提供了查看备份历史,下载备份历史数据,以及利用历史备份数据对当前的 CVM 系统进行数据和配置文件的还原等功能。

(1) 手动备份是指用户主动操作,对 CVM 数据和配置文件进行备份。

(2) 定时备份 CVM 是通过设置备份频率和执行时间,系统周期性对 CVM 数据和配置文件进行自动备份。

(3) 自动备份 CVM 是在 CVM 启动后,自动将 CVM 当前的数据和配置文件保存到 CVM 所管理的随机挑选的三台主机上。正常情况下,每天进行一次自动备份,每台主机上保留最近 7 次的备份文件。CVM 版本升级后,老版本的备份文件依旧保留。

备份完成后,可对备份文件执行如下操作。

(1) 查看 CVM 备份历史,如图 6-2 所示。

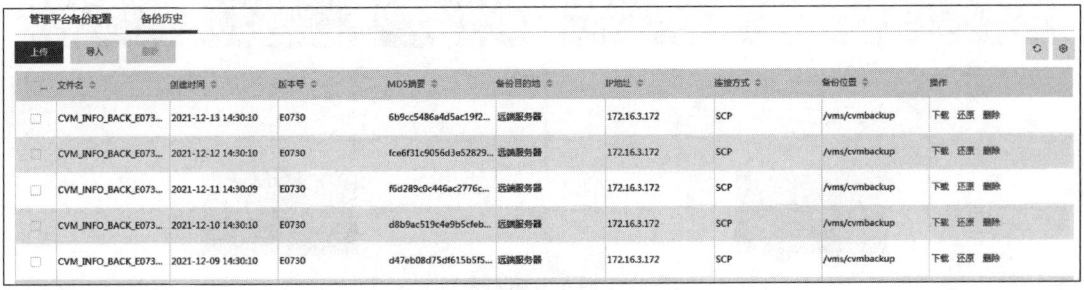

图 6-2　查看 CVM 备份历史

(2) 对备份数据进行下载、上传、导入和删除。

（3）还原 CVM 备份数据，如图 6-3 所示。

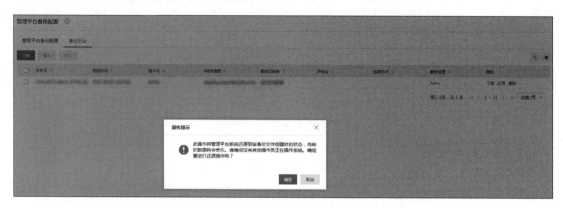

图 6-3　还原 CVM 备份数据

6.2.3　高可靠性

高可靠性（high availability，HA）功能可以为集群中所有虚拟机提供简单易用、经济高效的高可用性。开启 HA 功能之后，CVM 会持续对集群内所有的服务器主机与虚拟机运行状况进行监测。主机、存储或者虚拟机发生故障时，CVM 将立即响应，并根据设定的高可用策略将虚机冻结或在集群内其他可用的主机上重启。

HA 心跳分为网络心跳和存储心跳两种，其具体作用如下。

（1）网络心跳。检测管理网络中 CVK 节点的 HA 进程是否运行正常。

（2）存储心跳。检测存储网络中 CVK 主机是否能够正常访问与它连接的共享存储池。

HA 故障检测机制，主要检测 CVK 主机是否能够正常访问它所连接的共享存储池。如果 CVM 节点连续三次未收到 CVK 节点的网络心跳报文，则判断该 CVK 节点的管理网状态为断开，如图 6-4 所示。

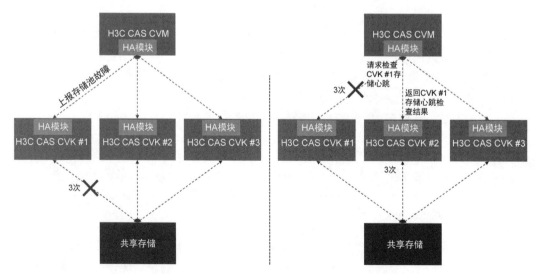

图 6-4　HA 故障检测机制

当虚拟机发生故障后，CVK 主机上的 HA 进程会尝试在本机中重启虚拟机，如果重启失败，在连续三个检测周期之后，将消息上报给 CVM 管理节点，将虚拟机进行迁移。虚拟机故障检测会监控虚拟机进程是否存在,如果虚拟机进程已经消失,则判断虚拟机运行异常,执行启动虚拟机操作。出现此类情况的概率较小,当 KVM 模块异常时有可能会关闭虚拟机进程,如图 6-5 所示。

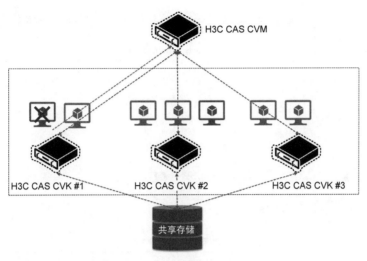

图 6-5 虚拟机故障检测机制

在 CAS 中配置高可靠性,需要关注如下四项参数。

(1) 在系统参数页面配置 HA 的主机心跳周期和存储心跳周期,如图 6-6 所示。

图 6-6 配置主机心跳周期和存储心跳周期

(2) 在修改集群高可靠性弹窗中,开启"启用 HA"按钮,如图 6-7 所示。

图 6-7 启用 HA

(3) 设置集群中虚拟机的默认启动优先级,虚拟机的启动优先级在增加虚拟机或修改虚拟机的过程中设置,如图 6-8 所示。

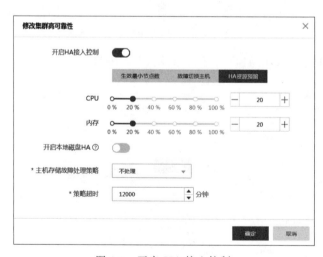

图 6-8 修改虚拟机的启动优先级

（4）开启 HA 接入控制后,需要配置生效最小节点数、故障切换主机或 HA 资源预留参数,如图 6-9 所示。

图 6-9 开启 HA 接入控制

① 生效最小节点数。用于设置集群中高可靠性正常运行所需的最小主机数。如果集群内正常运行的主机数量小于该参数时,HA 将会失效。生效最小节点数默认为 1。配置此参数时,应确保集群内所有主机的 CPU 个数和内存大小保持一致,否则可能会因为资源容量计算不准确而导致虚拟机无法进行故障迁移。

② 故障切换主机。当集群 HA 内出现故障虚拟机需要自动迁移时,优先从指定的主机组

内选择迁移目的主机,指定的主机仅用于故障迁移,不能作为增加、迁移虚拟机的目的主机。故障切换主机必须挂载与业务主机相同的共享存储,并且主机中不能存在运行状态的虚拟机。

③ HA 资源预留。为集群的 HA 保留一定的 CPU 和内存资源。当集群剩余资源所占比例小于预留值时,则不能继续启动集群内虚拟机,将虚拟机还原到运行/暂停状态,或将运行状态虚拟机迁入集群。

其中,在 HA 资源预留界面中,需配置主机故障处理策略参数,分为故障迁移和不处理两种方法。

a. 故障迁移。当共享存储故障时,全部数据存放在共享存储的虚拟机将被迁移到集群中的其他主机上。

b. 不处理。当共享存储故障时,部分或全部数据存放在共享存储且满足以下条件的虚拟机将被冻结,并显示为暂停。待共享存储恢复正常后,被冻结的虚拟机将自动恢复为运行状态。

条件一,"总线类型"为 IDE 硬盘、高速硬盘(virtio)或高速 SCSI 硬盘(virtio-SCSI)。

条件二,"磁盘类型"为 RBD 块、高速(RAW)文件、智能(QCOW2)文件或裸块。

条件三,"缓存方式"为直接读写(directsync)或一级虚拟缓存(none)。

虚拟机蓝屏 HA 检测功能主要用于修复虚拟机蓝屏故障,如图 6-10 所示。操作系统蓝屏是 Windows 操作系统由于灾难性错误或内部条件阻止系统继续运行而显示的蓝色屏幕,产生原因一般为不兼容的软件或硬件驱动程序。Linux 操作系统在内核发生错误时与 Windows 操作系统蓝屏现象类似,例如驱动模块中的中断处理程序访问空指针等情况导致系统崩溃。

图 6-10　虚拟机蓝屏 HA 示意图

虚拟机操作系统安装 CAStools 工具后才能使用该检测功能,其工作机制如下。

(1) 运行在操作系统内的 CAStools 工具通过虚拟串口通道与 H3C CAS CVK 内核交互,实时判别操作系统状态。如果在 3 个时间周期(一个周期为 30 秒)内没有接收到操作系统 CAStools 的应答,则通过探测虚拟机磁盘 I/O 读写来进一步判定虚拟机的存活状态,如果在 6 个时间周期(一个周期为 30 秒)内没有探测到虚拟机磁盘 I/O 的读写活动,则判定虚拟机操作系统蓝屏。

(2) 管理员可决定虚拟机操作系统蓝屏后的自动处理策略(不处理、重启或迁移虚拟机)。

应用 HA 指运行于虚拟机操作系统内的业务系统的高可靠性,当业务系统由于自身原因

导致无法对外正常提供服务时,可以借助应用 HA 功能,以最短的时间自动恢复业务,如图 6-11
和图 6-12 所示。其工作机制如下。

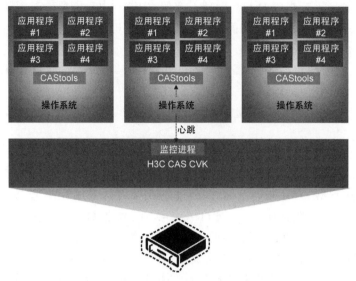

图 6-11　应用 HA 检测

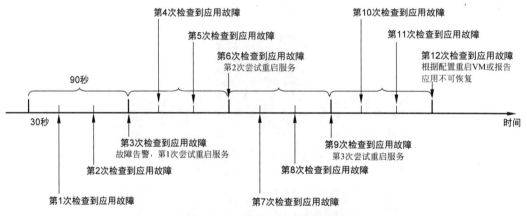

图 6-12　应用 HA 服务检测机制

(1) H3C CAS CVM 虚拟化管理平台利用 CAStools 工具来监控业务服务进程的状态。

(2) 通过虚拟串口通道保持与 H3C CAS CVM 虚拟化管理平台的实时通信,判定业务的
存活状态。

应用 HA 会根据应用程序的执行状态,监控命令输出的结果是否包含了 running。标准
的应用程序在正常运行时都会输出该结果,对于非标准的应用程序可以通过自定义脚本实现。

启用应用 HA,必须保证虚拟机所在的集群启用 HA 功能,虚拟机操作系统内必须正确安
装 CAStools 工具,并且应用程序需要在 CAS 兼容性列表的范围内,如果不在兼容性列表内,
则需要进行适当的适配和验证工作,如图 6-13 所示。

6.2.4　动态资源调度

动态资源调度(dynamic resource scheduler,DRS)功能包括计算和网络资源 DRS 以及存

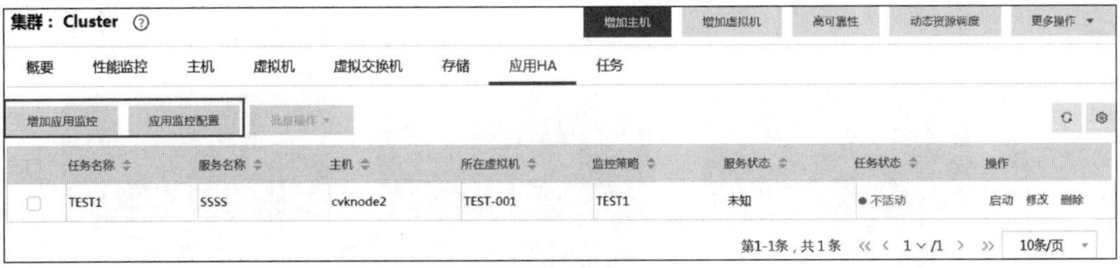

(a) 配置应用HA

(b) 配置应用监控策略

图 6-13 适配验证工作

储资源 DRS。

（1）计算和网络资源 DRS 通过心跳机制，定时监测集群内主机的 CPU、内存利用率和网络流量，并根据用户自定义的规则来判断是否需要为该主机在集群内寻找有更多可用资源的主机，以将该主机上的虚拟机迁移到另外一台具有更多合适资源的主机上。如果该主机资源利用率仍超过阈值，则将该主机上其他的虚拟机逐个迁移出去，直到主机的资源利用率低于阈值为止，如图 6-14 所示。

（2）存储资源 DRS 为了平衡集群内存储的压力，通过监测主机共享存储池的磁盘 I/O 吞吐量、IOPS 和磁盘利用率，当发现其中一项指标超出临界值时，就会将存储池中部分虚拟机的镜像文件迁移到主机中的另一个有更多可用资源的共享存储池上，以达到存储的负载均衡，如图 6-15 所示。

配置动态资源调度的步骤如下。

① 选择顶部"云资源"标签，单击左侧导航树"计算"→"主机池"→"集群"菜单项，进入集群概要信息页面。

② 单击"动态资源调度"按钮，弹出动态资源调度对话框。

③ 根据需要开启计算资源 DRS 和存储资源 DRS。如果开启计算资源 DRS 或者开启存储资源 DRS，则需要输入对应项的持续时间、时间间隔，并选择监控策略，如图 6-16 所示。

④ 单击"确定"按钮，完成操作。

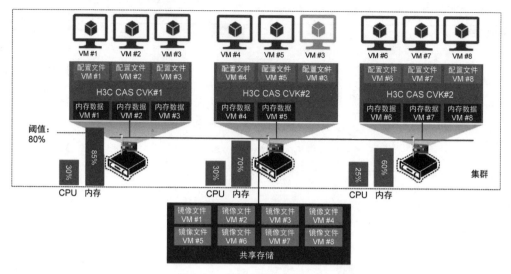

图 6-14　计算和网络资源 DRS

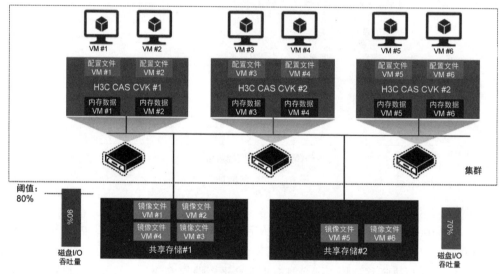

图 6-15　存储资源 DRS

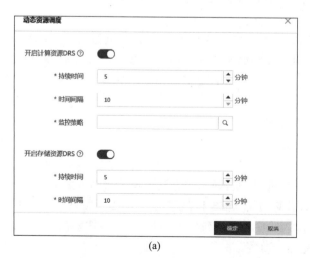

(a)

图 6-16　配置动态资源调度参数

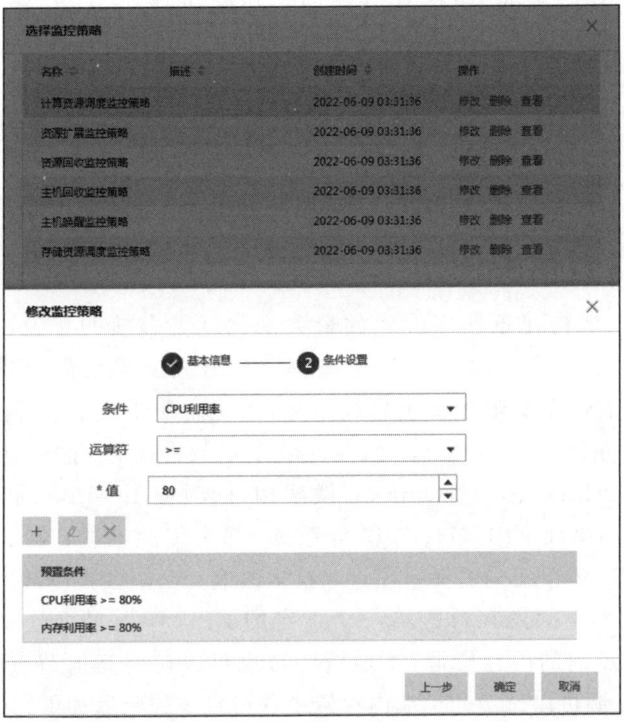

(b)

图 6-16(续)

6.2.5 动态电源管理

动态电源管理(dynamic power management,DPM)包括主机智能回收和主机智能唤醒。

(1) 主机智能回收。当集群中所有正常状态的主机的负载在一段时间内持续低于指定监控策略的阈值时,系统将自动把集群中一台主机上的虚拟机全部迁移到集群中的其他主机上,并自动关闭该主机。当集群中正常运行的主机小于或等于两台时,则不再触发主机回收。

(2) 主机智能唤醒。当集群中所有正常状态的主机的负载在一段时间内持续高于指定监控策略的阈值时,并且存在处于关闭状态的主机时,系统将自动启动处于关闭状态的主机,再根据动态资源调度功能设定策略将高负载主机上的部分虚拟机迁移到该主机上。

动态电源管理功能中,系统可监控的主机资源利用率包括CPU利用率和内存利用率。系统默认提供两个用于动态电源管理的监控策略,分别是主机回收监控策略和主机唤醒监控策略。策略中CPU利用率和内存利用率为"逻辑与"的关系。用户可单独配置关联CPU利用率或内存利用率的监控策略,也可配置CPU利用率与内存利用率为"逻辑或"关系的监控策略。通过设置监控策略,实现集群中主机的智能回收和智能唤醒。

配置动态电源管理策略时,需确认如下配置前提。

(1) 集群内所有主机必须使用相同的共享存储。

(2) 集群内的虚拟机必须使用同一个共享存储。

(3) 集群内的虚拟机必须开启"自动迁移"功能。

(4) 集群内的主机必须使能唤醒功能。

其中主机的唤醒方式共分为以下两种。

（1）网络唤醒。在主机的 BIOS 中开启网络唤醒功能，以 H3C 服务器为例，将 server availibility→wake-on LAN 设置为 enabled。

（2）IPMI 唤醒。由 IPMI（intelligent platform management interface，智能平台管理接口）向待唤醒主机上的 BMC（baseboard management controller，基板管理控制器）发送命令。

6.3　计算特性

6.3.1　NUMA 技术

计算机硬件体系架构在近些年发生的最大变化就是多核的普及，多核常用的是 SMP（symmetrical multi-processing，对称多处理）架构。SMP 架构最大的问题是 CPU 和内存之间的通信延迟较大、通信带宽受限于系统总线带宽，系统总线带宽成为整个系统性能的瓶颈，NUMA（non-uniform memory access，非一致性内存访问）架构就是在这种应用背景下出现的。

NUMA 起源于 AMD 公司的 Opteron 微架构，同时被 Intel Nehalem 采用，Intel Xeon E5500 以上的 CPU 和桌面 CPU（i3、i5、i7 等系列）都采用此架构，NUMA 是 AMD 公司继 AMD64 之后，对 CPU 体系架构的又一项重大技术改进。

NUMA 将固定大小的内存分配给一个指定的 CPU 序列，形成一个节点（node），每个 CPU 都可以访问节点内的内存资源（本地资源），也可以访问其他节点的内存资源（远端资源），访问本地内存资源可以比访问远端内存资源获得更小的延迟和更大的带宽，这也是"非一致性内存访问体系架构"名称的由来。

6.3.2　内存超分技术

为了使虚拟机具有更好的伸缩性和可扩展性，在充分保证虚拟机访问内存性能的前提下，H3C CAS 提供了内存过量分配（memory overcommitment）等高级内存管理功能。

内存过量分配技术也被称为内存动态分配技术，其目的是将物理服务器上的虚拟机密度最大化。内存过量技术甚至允许虚拟机使用的虚拟内存总和超过物理内存大小。业界一般通过三种机制来实现内存的过量分配。

1. 透明页共享

允许虚拟机之间只读地共享完全相同的内存区域，从而缓解大量虚拟机并发运行时的内存资源紧缺。基于内容的透明页共享技术将多个虚拟机上的相同内存仅保存一份，极大地节约了内存。KSM 作为内核中的守护进程（ksmd），定期执行页面扫描，识别相同的内存页，多个相同的内存页合并为一个单独的内存页，并将该页面标记为写时复制，然后将合并释放出来的内存归还于操作系统。当该页面内容需要被修改时，则会创建出新的内存页。对于 KVM 虚拟机，该功能非常有用，多个虚拟机运行相同的操作系统或应用时，可能存在很多相同的内存页，KSM 合并这些相同的内存页并不影响虚拟机或主机的数据安全，但却提高了内存使用率，如图 6-17 所示。

2. 内存气球驱动机制

当同一个物理主机上的多个虚拟机之间出现内存竞争时，虚拟化层将轮询物理主机上所有的虚拟机，依靠安装在虚拟机操作系统内 CAStools 中的气球驱动回收内存，将虚拟机中的空闲内存通过气球驱动的膨胀，释放给同一主机上更需要内存的虚拟机，从而最大限度地提高内存资源的利用率，如图 6-18 所示。

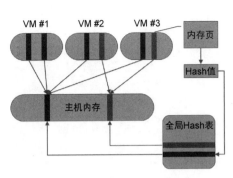

图 6-17 透明页共享示意图

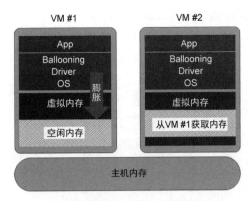

图 6-18 气球驱动示意图

3. 内存交换

虚拟化层利用内存交换技术,给虚拟机分配超过实际物理机内存大小的内存空间。将虚拟机长时间不使用的内存交换到磁盘文件中,并建立映射关系,当内存再次被访问时交换回内存空间,虚拟机上的操作系统能够像运行在裸机上一样,透明地使用虚拟化主机提供的整个"物理内存"。由于被交换的内存对虚拟化层和虚拟机透明,采用内存交换将极大地影响虚拟机性能,因此,当内存空间不足时不应使用内存交换功能,而应增加主机物理内存,如图 6-19 所示。

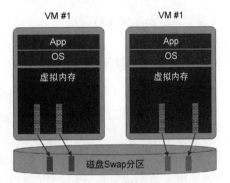

图 6-19 内存交换示意图

6.3.3 虚拟机和容器资源统一管理

CAS 支持在 CVM 管理平台对虚拟机、容器集群进行统一管理和配置,如图 6-20 所示。其中,除了传统的虚拟机外,云容器引擎提供了云上高可用、可扩展的 kubernetes 集群的搭建,整合了计算、网络、存储等。通过云容器引擎用户可以一键式创建 kubernetes 集群,无须自行搭建 docker 和 kubernetes 集群,配合故障恢复、自动扩容等能力,使得应用的整个生命周期都可以在云容器引擎内高效完成,简化了用户对集群的管理和对应用的运维。

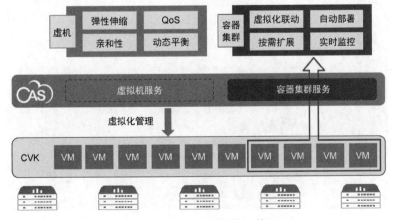

图 6-20 虚拟机、容器统一管理

云容器引擎的技术特点如下。

(1) 传统应用、原生应用一体化支撑。

(2) 自动申请虚拟机资源。

(3) 自动化部署、配置集群服务。

云容器引擎的功能价值如下。

(1) 为客户自动化部署容器集群。

(2) 根据策略按需动态扩容。

(3) 实时监控容器集群状态。

云容器引擎的适用场景如下。

(1) 规模小,虚拟机和容器需要融合部署,统一管理。

(2) 需要多种异构计算能力边缘站点。

6.4 网络特性

6.4.1 网络 SR-IOV

SR-IOV 引入了两个新的功能类型(见图 6-21)。

(1) PF(physical functions,物理功能)。物理网卡所支持的一项 PCI 功能,一个 PF 可以扩展出若干个 VF。

(2) VF(virtual functions,虚拟功能)。支持 SR-IOV 的物理网卡虚拟出来的实例,以一个独立网卡的形式呈现,每个 VF 有独立的 PCI 配置区域,并可以与其他 VF 共享同一个物理资源(共用同一个物理网口)。

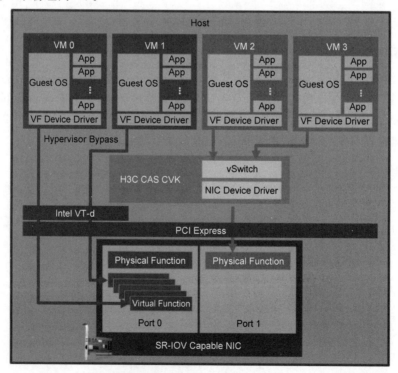

图 6-21 SR-IOV 网卡架构示意图

一旦在 PF 中启用了 SR-IOV,就可以通过 PF 的总线、设备和功能编号(路由 ID)访问各个 VF 的 PCIe 配置空间。每个 VF 都具有一个 PCIe 内存空间,用于映射其寄存器集。VF 设备驱动程序对寄存器集进行操作以启用其功能,并且显示为实际存在的 PCIe 设备。创建 VF 后,可以直接将其指定给 I/O 来宾域或各个应用程序。此功能使得虚拟功能可以共享物理设备,并在没有 CPU 和虚拟机管理程序软件开销的情况下执行 I/O。

由此可见,此类网卡通过将 SR-IOV 功能集成到物理网卡上,将单一的物理网卡虚拟成多个 VF 接口,每个 VF 接口都有单独的虚拟 PCIe 通道,这些虚拟的 PCIe 通道共用物理网卡的 PCIe 通道。每个虚拟机可占用一个或多个 VF 接口,这样虚拟机就可以直接访问自己的 VF 接口,而不需要虚拟化层的协调干预,从而大幅提升网络吞吐性能。

但是 SR-IOV 作为一种新技术,目前仍存在以下不完善的地方。

(1) 单个物理网卡支持的虚拟机个数有限制。

(2) SR-IOV 特性需要特定物理网卡硬件的支持,不是所有的物理网卡都支持 SR-IOV 特性。

H3C CAS 虚拟化管理平台兼容多种支持硬件 SR-IOV 的网卡及虚拟机操作系统。表 6-1 为进行了详细兼容性验证的硬件网卡类型及对应操作系统的版本,对于未在列表中的网卡和操作系统可能可以支持,但在项目实施之前,需要进行适当的适配与验证工作。

表 6-1 SR-IOV 兼容性列表

物理网卡类型	虚拟机操作系统
Intel Corporation 82599ES 10-Gigabit SFI/SFP＋Network Connection 网卡固件版本:0x800007c7	Windows Server 2008 R2 数据中心版 64 位 Red Hat Enterprise Linux Server 7.0 64 位 CentOS Release 7.0 64 位 CentOS Release 6.5 64 位
Intel Corporation 82599 10-Gigabit Dual Port Backplane Connection(rev 01) 网卡固件版本:0x800006d5	Windows Server 2008 R2 数据中心版 64 位 Red Hat Enterprise Linux Server 7.0 64 位 CentOS Release 7.0 64 位 CentOS Release 6.5 64 位
Broadcom Corporation NetXtreme Ⅱ BCM57810 10 Gigabit Ethernet 网卡固件版本:7.10.10	Windows Server 2008 R2 数据中心版 64 位 Red Hat Enterprise Linux Server 7.0 64 位 CentOS Release 7.0 64 位

6.4.2 智能加速卡解决方案

为适应高速网络,现代网卡硬件中取消了部分传输层和路由层的处理逻辑(如校验和计算、传输层分片重组等),以减轻主机 CPU 的负载。甚至有些网卡(如 RDMA 网卡)还将整个传输层的处理都集中到网卡硬件上,以完全解放主机 CPU。

相比于由普通网卡,智能网卡不仅可以加速数据传输通道,还能灵活配置策略,控制数据转发,如图 6-22 所示。在不对主机 CPU 施加额外压力的前提下,可提供高性能的数据转发,同时能够满足虚拟化网络的复杂性、灵活性和高效性。同时提高虚拟机网络吞吐量,降低主机 CPU 资源消耗,支持 ACL、虚拟防火墙、QoS、bindip、VLAN 隔离和转发等虚拟化网络相关业务能力,并且不限制虚拟机迁移。

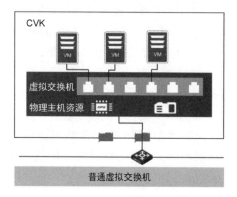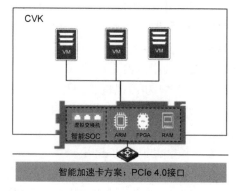

图 6-22　普通虚拟交换机与智能加速卡架构对比

6.5　存储特性

6.5.1　磁盘锁

　　磁盘锁是集中式的加锁机制,为集群节点提供互斥的锁机制,磁盘锁也被称为硬件辅助锁。使用磁盘锁后,集群间不再通过网络而是通过磁盘进行节点间的互斥,从而大幅提高集群的可靠性、稳定性以及可用性。即使主机间管理网络异常,只要存储链路可用,整个集群就可正常使用。磁盘锁的位置如图 6-23 所示。

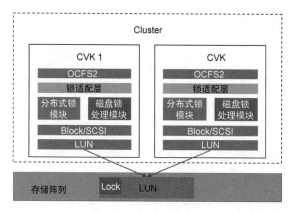

图 6-23　磁盘锁的位置

　　磁盘锁拥有以下技术特点。

　　(1) 磁盘锁是集中式的加锁机制,相比于将各节点的锁状态分布式地保存在不同的集群节点中,集中式的锁状态不需要处理锁主选举、锁迁移等复杂的过程。

　　(2) 节点掉电后,锁状态不会因电源断开而丢失数据,相比分布式锁,磁盘锁不需要在节点间恢复掉电节点中的锁状态。

　　(3) 组网对节点间的消息网络依赖弱,当节点间的消息网络不可用时,磁盘锁仍可降低性能和效率继续工作,进而不会阻塞客户业务。

　　(4) 节点间集群锁脑裂发生的概率近乎为零,对文件系统元数据而言更加安全。

　　磁盘锁与 DLM(distribute lock manager,分布式锁)一样,都可以为集群节点提供互斥的锁机制。DLM 基于网络,磁盘锁基于磁盘,锁的信息存储在磁盘上各自的锁区域中,各节点对同一把磁盘锁的并发操作通过硬件的 CAW 特性来进行互斥,CAW 是原子操作,磁盘锁也可被称为硬件辅助锁。

磁盘锁的核心基础技术是 SCSI-3 compare and write 指令,利用 CAW 指令可以完成比较写操作,将加锁成功的节点信息持久化到磁盘扇区中,CAW 指令执行成功即为加锁成功。

6.5.2　write same 特性

在虚拟磁盘文件内部,同时存在着数据区(写有数据的扇区)和等待写入的空白区(空扇区)。虚拟机的克隆过程可以看作一个完整的文件拷贝过程。整个过程就是组成虚拟机的磁盘文件被从源数据区拷贝到目标地点。假设需要拷贝 100GB 大小的虚拟磁盘文件,其中有 2GB 的数据区。那么在部署过程中,在为 2GB 数据的移动占用 IOPS 的同时,还需要发送大量重复的 SCSI 命令,用于完成对组成该磁盘文件的大量空白扇区的迁移和写入。

write same 技术可以节省大量的从 CVK 宿主机发送到磁盘阵列的 SCSI 命令。如果存储设备支持该功能,那么 CAS 下发一个 write same 的 SCSI 命令就可以完成所有写零工作了,存储只需要分配相应的空间,然后不做具体的写零操作,将结果返回给 CAS。下次需要访问被分配的空间时,所有做有写零标志的地址就返回零,不需要真正去做写零操作,如图 6-24所示。

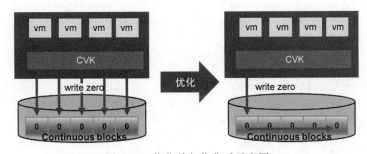

图 6-24　优化前与优化后示意图

6.5.3　RBD 块存储

Ceph RBD(Ceph's rados block devices)是企业级的块设备存储解决方案,支持扩容缩容、精简置备、快照、克隆、QoS、具有 COW 特性等多种优势。

CAS 虚拟机直接与 RBD 块进行对接时,可以处理数据存储 I/O。此方法可以规避 OCFS 2 文件系统和 iSCSI 协议带来的 I/O 性能损耗。相对于 OCFS 2 共享文件系统,虚拟机挂载 RBD 块可以使数据随机读写性能提升 4 倍以上,规格数量也能得到大幅提升,如图 6-25 所示。

以虚拟机为单位使用块存储,可以降低存储故障带来的影响范围,且存储文件系统的 fence 问题将不复存在。在 RBD 的对接场景下,虚拟化平台可以专注于虚拟化本身,做到计算、存储的完全分离,更利于使用与维护。

配置 RBD 块存储的步骤大致分为以下五步。

(1)在 ONEStor 平台创建存储池。

(2)选择顶部"云资源"标签,单击左侧导航树"外部存储"菜单项,进入分布式存储列表页面。

(3)单击"增加分布式存储"按钮,弹出增加分布式存储对话框,如图 6-26 所示。

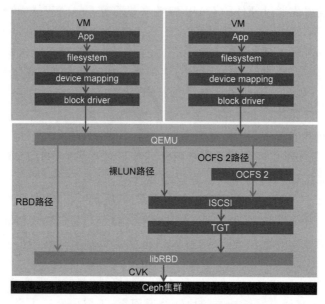

图 6-25　虚拟机挂载 RBD 块存储示意图

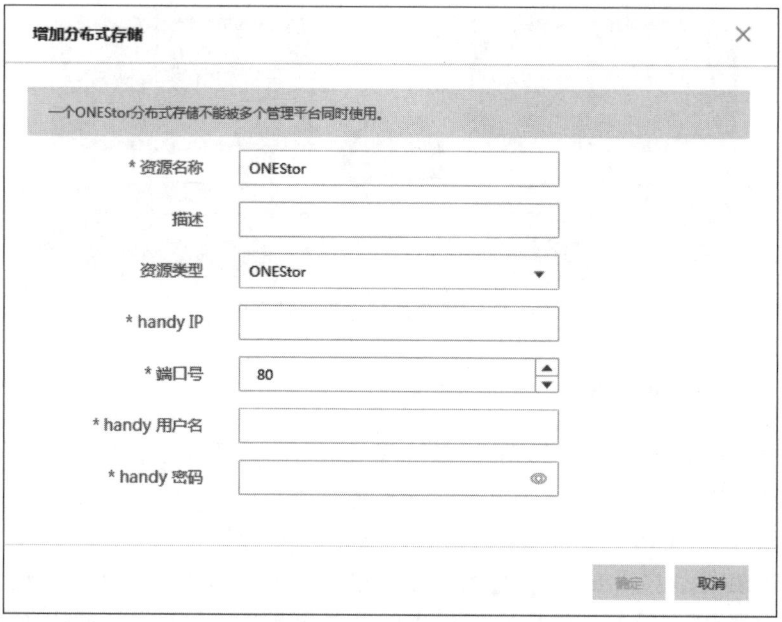

图 6-26　增加分布式存储

（4）在 CVM 管理界面增加 RBD Client，如图 6-27 所示。

（5）在 CVM 管理界面增加 RBD 网络存储，如图 6-28 所示。

（6）为 CVK 主机增加 RBD 网络存储并启用，如图 6-29 所示。

6.5.4　内存高速存储

链接克隆场景（如快速克隆、模板部署虚拟机、DRX 等）下，新生成的虚拟机会去读取一级镜像的内容，批量启动虚拟机时，会导致一级镜像的读取压力变大，导致链接克隆场景下，批量

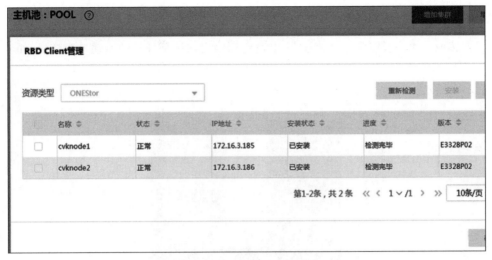

图 6-27　安装 RBD Client

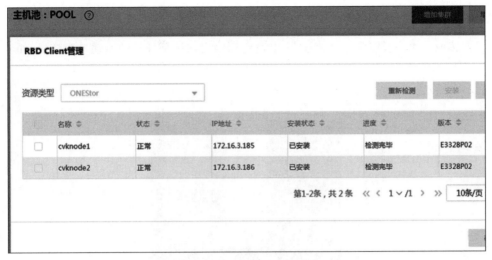

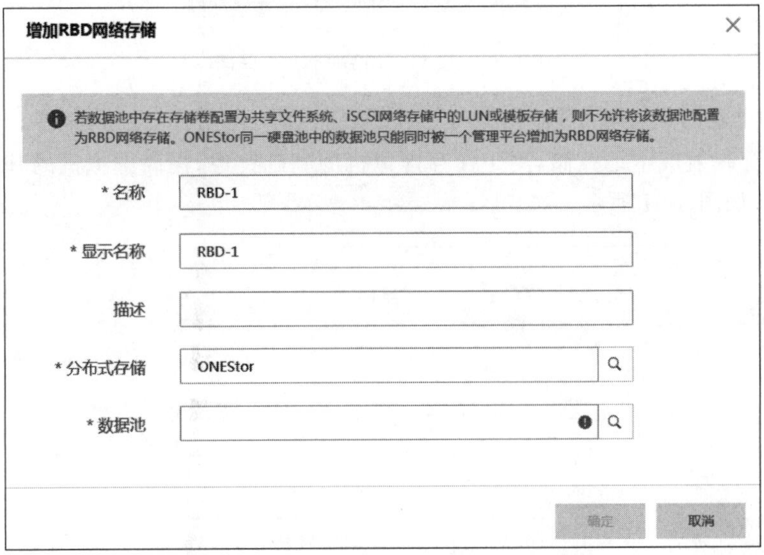

图 6-28　增加 RBD 网络存储

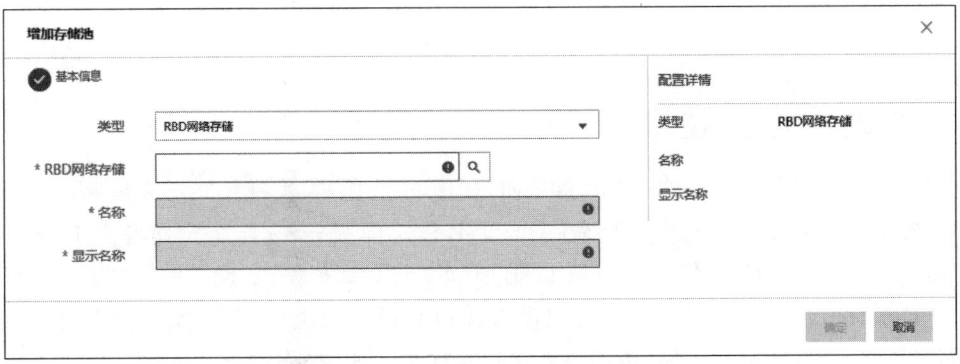

图 6-29　为主机增加 RBD 网络存储

启动速度非常缓慢。

为了解决该问题,需要在每台 CVK 上增加一级镜像的内存 cache 缓存,在批量启动虚拟机时,只需读取一次一级镜像内容,因此可以避免因为启动风暴导致的启动速度变慢,如图 6-30 所示。

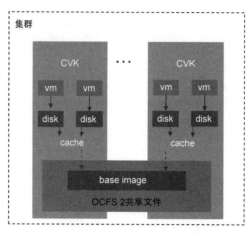

图 6-30　为 CVK 增加 cache 存储

CAS 中的内存高速存储(目前仅支持 Intel 傲腾内存)可用作 cache 存储。内存高速存储是将可持久内存映射成本地存储,用于保存虚拟机的基础镜像,提高虚拟机的基础镜像数据加载及访问效率,如图 6-31 所示。

图 6-31　增加内存高速存储

6.6　外设重定向技术

外设重定向技术中包含网络 USB 重定向,如图 6-32 所示,其主要实现原理如下。

(1) 在原宿主机的用户态中驻留着一个 USB 重定向服务,它能重定向各类 USB 设备到目的虚拟机。虚拟机操作系统内的虚拟 USB 驱动发起对物理 USB 设备的控制或读写请求。

(2) QEMU 设备模拟层的 USB 虚拟设备接口与宿主机上的 USB 重定向服务之间建立 TCP 网络连接,并接收来自 USB 虚拟设备接口传输的 USB 操作请求。

(3) 宿主机上的 USB 重定向服务将 USB 操作请求转发给位于宿主机上的物理 USB 设备。

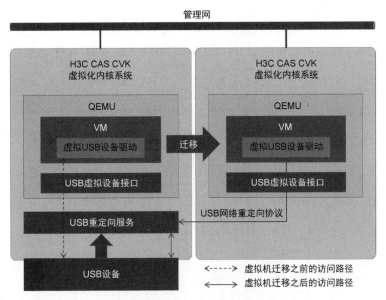

图 6-32　USB 重定向示意图

（4）物理 USB 设备做出应答，并通过网络将应答结果返回到 QEMU 模拟层的 USB 设备接口。

6.7　云迁移解决方案

6.7.1　异构平台业务迁移

对于用户业务系统迁移到 CAS 虚拟化平台的场景，迁移方式主要有导出导入 OVF 文件再导入 CAS 这种方法，其中 OVF(open virtualization format，开放虚拟化格式)定义了开源的虚拟机文件格式规范。OVF 模板可以实现虚拟机在不同虚拟化管理平台之间相互兼容。目前在 CAS 虚拟化平台可部署由各第三方虚拟化平台导出的 OVF 模板，如图 6-33 所示。

图 6-33　OVF 模板导入示意图

6.7.2　外部云迁移

外部云功能可以纳管 VMware 平台中的主机集群及虚拟机，并可以将 VMware 中的虚拟机平滑迁移至 CAS 中。迁移过程无须安装代理、PE 等工具，支持一键迁移，极大降低了迁移的操作复杂度，并且迁移速度快，业务中断时间短。

外部云迁移大致分为以下五个步骤。

（1）在 CVM 界面添加 vCenter，通过 vCenter 接口获取源虚拟机规格、网络等配置。

（2）对 VMware 虚拟机创建快照，通过 VMware 快照和 CBT 块变化跟踪技术，对源虚机做全量数据迁移。

（3）设置迁移周期，每个迁移周期内都是基于新快照的迁移增量数据。

（4）结束迁移任务，关闭源虚拟机，完成最后一次增量数据迁移。

（5）自动安装虚拟机 CAStools，自动处理虚拟机与硬件兼容性驱动，自动/手动启动目标虚拟机。

外部云迁移具有如下优势。

（1）一键无代理迁移，操作简便，迁移过程业务不中断、数据不丢失。

（2）支持设置增量备份间隔、迁移限速。

（3）兼容性强，支持 VMware vCenter 5.5/6.0/6.5/6.7/7.0 版本，支持主流操作系统的虚拟机。

（4）迁移完成后可继续保留源端虚拟机，且支持应急回退。

选择顶部"云资源"标签，单击左侧导航树"外部云"菜单项，进入外部云管理页面。在"虚拟机迁移"标签的迁移任务列表中，支持创建 VMware 虚拟机迁移任务，配置迁移参数，如数据迁移间隔、迁移结束方式、是否强制关闭源端虚拟机，如图 6-34 所示。

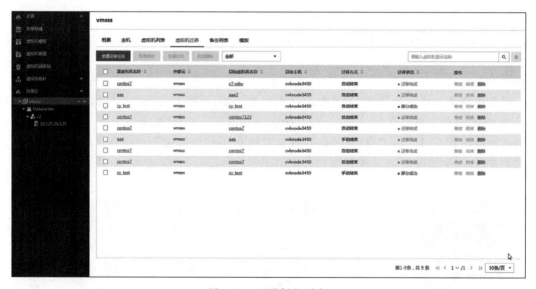

图 6-34　迁移任务列表

迁移时支持配置虚拟机参数，默认参数与源虚拟机配置一致。支持修改迁移后的 CPU，内存，网卡 MAC、IP 等配置。

在迁移过程中，可视化地展示虚拟机迁移状态，支持查看源端信息、目标信息、迁移策略等。支持计算待迁移容量，查看磁盘文件及存储路径，记录虚拟机操作日志等。

6.7.3　MoveSure 迁移

MoveSure 迁移可以将 x86 服务器，包括传统硬件架构、CAS 平台虚拟机、异构云平台虚拟机，迁移到 CAS 虚拟化平台。该功能将安装了迁移客户端的物理服务器或虚拟机，作为待

迁移的源设备,将 CAS 中的虚拟机作为迁移的目标虚拟机,通过迁移源设备的磁盘数据,实现
P2V 及 V2V 迁移,并且支持随时终止迁移,回退业务,如图 6-35 所示。

　　MoveSure 迁移以低成本将异构平台的虚拟机导入到了 CAS 平台中,解决用户异构虚拟
化环境替换的业务迁移问题。

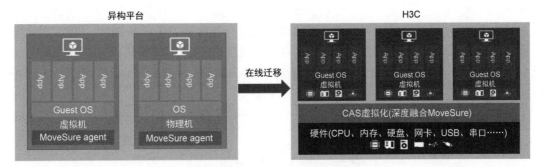

图 6-35　MoveSure 迁移示意图

　　MoveSure 异构平台迁移过程,分如下几个步骤(见图 6-36)。

　　(1) 选择顶部"云业务"标签,单击左侧导航树"异构迁移平台"菜单项,进入异构迁移平台
概要界面。单击"客户端下载"标签。从 CVM 管理平台下载迁移客户端。

　　(2) 在源设备安装客户端,源设备与 CVM 连接,并上报设备状态,CVM 获取源设备
信息。

　　(3) 创建目标虚拟机,并为其挂载 PE 镜像。

　　(4) 目标虚拟机通过 PE 镜像引导,配置目标客户端,通过目标客户端与 CVM 连接,并上
报目标虚拟机设备状态,CVM 获取目标虚拟机信息。

　　(5) 用户创建并启动迁移任务,客户端获取迁移指令。选择顶部"云业务"标签,单击左侧

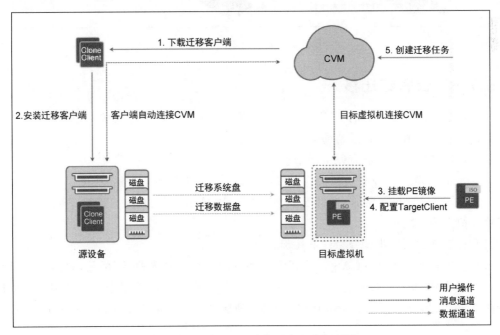

图 6-36　MoveSure 异构平台迁移流程图

导航树"异构平台迁移"菜单项,单击"创建迁移任务"按钮,弹出创建迁移任务页面,进行目标匹配。

(6)选择待迁移的源设备、目标虚拟机。选择迁移的磁盘,并匹配目标磁盘,单击"确定"按钮。配置自动增量迁移周期、迁移限速、迁移方式、通道压缩。单击"立即启动"按钮,开始迁移。

MoveSure异构平台迁移具备可视化的迁移过程。迁移任务完成后,需要手动结束,否则迁移任务会按照配置的自动增量迁移周期,自动周期性地进行增量迁移。结束任务前,先将源设备相应服务停止,防止新数据产生,再单击"结束"按钮,结束任务,完成迁移,如图 6-37所示。

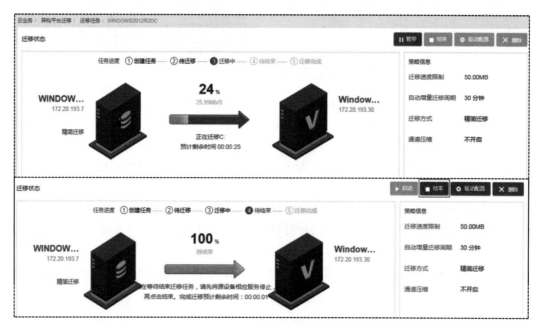

图 6-37　可视化的迁移过程

6.7.4　云彩虹迁移

云彩虹指当前数据中心的 CVM 与其他数据中心的 CVM 进行资源共享,实现业务虚拟机在数据中心间自由的在线迁移而且业务不中断。

云彩虹迁移的主要功能有以下两个。

(1)通过云间桥梁,业务虚拟机跨云数据中心自由在线迁移,业务不中断。

(2)云彩虹管理包括增加 CVM 云资源、修改 CVM 云资源、删除 CVM 云资源和在 CVM间迁移虚拟机等功能。

云彩虹迁移的操作步骤分为以下几步。

(1)登录本地数据中心 CAS 云计算管理平台,选择顶部"云业务"标签,单击左侧导航树"云彩虹"菜单项,进入云彩虹配置页面配置本地数据中心和远端数据中心。其中待迁移虚拟机所在集群的 IP 地址类型(如 IPv4 或 IPv6)必须和迁移目标集群的 IP 地址类型一致,如图 6-38所示。

(2)配置完成后,单击左侧拓扑中的主机,查找需要在线迁移的虚拟机(或在查找框中输

图 6-38　配置云彩虹

入将要迁移的虚拟机名称并按 Enter 键,系统将自动找出该虚拟机)。将需要在线迁移的虚拟机拖曳到右侧拓扑的目标主机上,选择存储池后就可以实现虚拟机迁移,如图 6-39 所示。

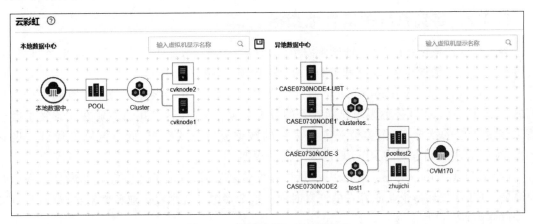

图 6-39　使用云彩虹迁移虚拟机

6.8　容灾解决方案

6.8.1　容灾简介

数据中心的灾难指由于人为或自然的原因造成信息系统严重故障或瘫痪,使信息系统支持的业务停顿或服务水平不可接受、达到特定的时间的突发性事件,通常导致信息系统需要切换到灾难备份中心运行,如图 6-40 所示。

随着信息时代的发展,无论是企业,还是学校、医院等单位,越来越多的关键业务系统上线,对信息系统的依赖程度越来越高。当灾难发生时,如何保证业务数据的完整性,以及业务的连续性,对于各数据中心来说至关重要。

容灾又被称为灾难恢复(disaster recovery),指将业务系统从灾难(火灾、洪水、地震或人为破坏等)造成的故障或瘫痪状态,恢复到可正常运行的状态,将其支撑的业务功能,从不正常恢复到可接受的状态。容灾系统(disaster recovery system)的建设,一般在相隔较远的异地,建立两套或多套功能相同的业务系统,这些系统间,可进行状态监控及业务切换,当一处数据中心因人为或自然原因,造成严重故障或瘫痪,支持的业务系统不能正常运行时,整个业务系统可以切换到另一处,使其可以继续正常工作。

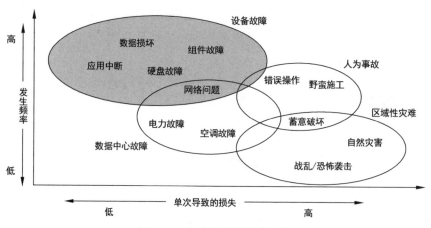

图 6-40　灾难类型及严重程度

6.8.2　容灾系统关键性能指标

容灾系统的建设目标,是保证灾难发生时,业务不中断,数据不丢失。针对这两个目标,衡量容灾系统的关键指标有 RPO 和 RTO 两个指标项,如图 6-41 所示。

(1) RPO(recovery point objective)是指当灾难发生后,用户要求把数据恢复到灾难发生前的某个时间点,RPO 被称为用户能容忍的最大数据丢失量,这是衡量企业在灾难发生后会丢失多少数据的指标,这个参数一般由采用的数据复制方式决定,同步复制方式可以做到 RPO 为 0,异步复制方式的 RPO 取决于复制的周期。

(2) RTO(recovery time objective)是指当灾难发生后,本地的业务在远端恢复起来的时间周期。RTO 被称为企业能容忍的恢复时间。这个参数一般由容灾业务恢复流程决定,自动化程度越高,RTO 应该越小。

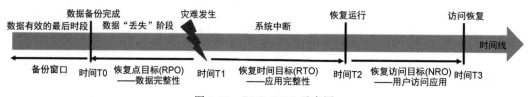

图 6-41　RPO、RTO 示意图

容灾系统的灾备等级及其指标项如表 6-2 所示。

表 6-2　灾备等级及其指标项

灾 备 等 级	RTO	RPO
第 1 级	＞2 天	1～7 天
第 2 级	1 天至 7 天	数小时到 36 小时
第 3 级	≤12 小时	≤2 小时
第 4 级	≤4 小时	≤30 分钟
第 5 级	≤30 分钟	≈0
第 6 级	≈0	0

6.8.3　灾备建设主要技术

1. 备份

备份指将数据中心内的数据从应用主机或存储设备上复制到其他存储介质上,用于防止数据的丢失和毁坏,如图6-42所示。

（1）可以备份部分或全部数据。

（2）可以只在本中心备份,也可以跨中心备份。

（3）备份可以保存多份不同历史时间点的数据。

（4）通常需要由备份管理服务进行调度和支持。

（5）跨中心的备份是容灾的基础。

图 6-42　备份架构示意图

2. 容灾

容灾指在相隔较远的地方,建立两套或多套功能相同的 IT 系统,当一处系统因意外（如火灾、地震等）停止工作时,整个应用系统可以切换到另一处,确保该应用系统可以继续正常工作,如图6-43所示。

（1）各中心互相之间可以进行健康状态监视和功能切换。

（2）容灾是系统的高可用性技术的一个组成部分。

（3）容灾提供节点级别的系统恢复功能。

（4）容灾更加强调如何应对外界环境对信息系统的影响,特别是灾难性事件对整个 IT 节点的影响。

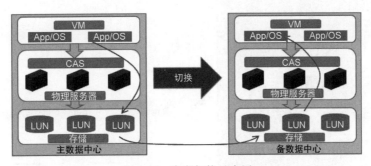

图 6-43　容灾架构示意图

3. 多活

多活指针对同一个业务,由多个中心同时对外提供服务,如图6-44所示。

（1）多个数据中心承载业务压力,可以按比例进行分担。

（2）一个中心停止服务后,业务流量可以自动切换到另外一个中心,对外提供连续性服务。

（3）自动切换对接入端透明，接入端完全无感知。

（4）有效提高资源使用率。

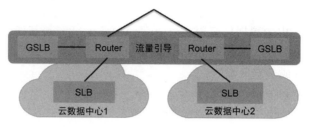

图 6-44　多活架构示意图

4. 数据中心类型及灾备特性

常见的数据中心分为单数据中心、双数据中心以及多数据中心三种类型，其各自的灾备特点如下。

（1）单数据中心。中心内含有高可用方案，能够进行业务集群部署，防止硬件单点故障，并且可以抵御设备整体故障。

（2）双数据中心。中心同城或异地部署、按业务分担方式有主备、双运营、双活方案，可抵御中心级灾难。

（3）多数据中心。多份容灾，有更好的业务连续性保障，可构建两地三中心：同城双中心，异地灾备中心，如图 6-45 所示。

其中异地部署的容灾系统必须满足分布式系统模型要求。

5. 存储远程复制技术

1）同步复制

同步复制能够保证具有复制关系的数据卷之间数据的一致性。同步复制的原理是，每个 I/O 写操作，都会等待具有复制关系的主卷和远程卷都返回写完成才释放，如图 6-46 所示。因此同步复制方式有最高级别的数据完整性，但是性能会因为在阵列之间传送数据延迟而降低，而且同步复制方式复制阵列之间的距离要满足 RTT（round-trip time，往返时延）的要求。

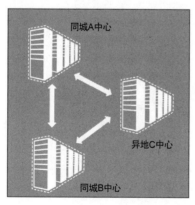

图 6-45　两地三中心架构

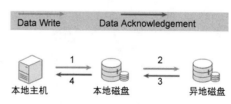

图 6-46　同步复制

同步复制一般应用于较短距离间（同城 10～100km），且对数据一致性要求极高，对数据丢失几乎不可容忍的场景中，如银行系统等。

2）异步复制

异步复制方式一般都以周期性进行，不能保证具有复制关系的数据卷之间的数据一致。

异步复制的原理是本地主卷完成写操作后,给此数据卷创建一个快照,然后将快照复制到远程卷,如图 6-47 所示。异步复制方法提供了比较高的应用性能,但如果灾难发生,在远程卷上还未更新的数据就会有被丢失的风险,即时间窗口。

图 6-47 异步复制

异步复制对带宽和距离要求相对较低,适用于业务系统性能要求较高,写压力小,对阵列 IOPS 和时延要求不是太高的场景,如数据库、文件系统等。

6.8.4 H3C 同构容灾解决方案

CAS 虚拟机跨站点主备容灾技术,实现虚拟机在两个站点间的一键容灾切换。SRM 基于存储异步复制原理实现,在虚拟机层面实现容灾,虚拟机无代理,适用于 H3C 同构容灾方案。SRM 支持 3Par、宏杉、ONEStor 等存储的自动化切换,可以实现多种故障恢复场景,包括计划故障恢复、测试恢复计划、故障恢复和反向恢复等。

SRM 方案的主要优势包括以下几种。

(1) 经济的容灾方案。利用分布式存储复制技术,在存储层完成受保护虚拟机数据的复制,达到 RPO 分钟级、RTO 分钟级容灾。支持互为主备的双运营模式,保护投资。

(2) 自动化容灾。保障站点虚拟机配置变化及时同步到灾备站点,无论业务是否变更,都能实现业务同步。配合定期演练,保证容灾系统长期可用。

(3) 丰富的容灾场景。无中断的故障演练测试,不影响业务运行,确保实现可预测的恢复目标。站点恢复后,一键反向恢复,将业务恢复到保护站点。

(4) 一站式容灾配置。存储配置和容灾任务配置的一站式配置。保护站点和灾备站点计算、存储、网络资源直接映射,无须在管理台之间切换即可完成容灾系统搭建。

SRM 容灾的实现机制有以下三种。

(1) SRM 是一种异地容灾的流程管理,组网中至少存在两个 CVM 管理平台。

(2) SRM 的数据需要依赖第三方存储阵列的复制功能实现。

(3) SRM 的存储阵列分为支持 SRA 功能和不支持 SRA 功能两种,对于支持 SRA 功能的存储阵列,SRM 容灾流程可以做到虚拟机恢复过程的全部自动化。

SRM 容灾系统的搭建,分为配置存储容灾、配置站点容灾、容灾使用场景三大部分。

(1) 配置存储容灾。配置存储容灾指配置生产站点与灾备站点存储块设备(LUN)之间的同步或异步远程复制,如图 6-48 所示,以异步复制为例,两地地址池间的"远端设备"即为块设备间数据同步所用的链路;两地地址池间的"异步远程复制",用于指定两个站点中需要做数据同步的块设备以及同步策略。

(2) 配置站点容灾。配置站点容灾共分为三个步骤,需依次配置站点、保护组以及恢复计划,如图 6-49 所示。

① 站点。站点指添加生产站点和灾备站点,并同步存储容灾配置的块设备间的异步远程复制关系与策略。

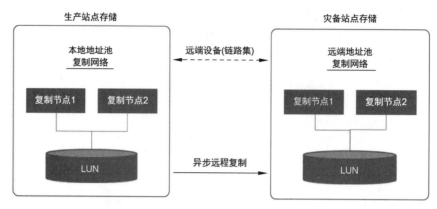

图 6-48 配置存储容灾

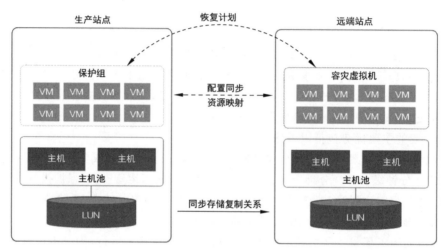

图 6-49 配置站点容灾

② 保护组。将属于同一个存储池的虚拟机划分到一个保护组中。配置虚拟交换机映射、网络策略模板映射和存储的资源映射关系,虚拟机在恢复站点时,自动进行资源替换。

③ 恢复计划。针对保护组指定一个统一的恢复策略。

(3) 容灾使用场景分为以下几个部分。

① 容灾演练。容灾演练由开始演练和结束演练两个阶段组成。演练过程主要检查恢复计划实施的有效性,为提高灾难恢复能力进行预演,因此演练需要模拟保护站点故障发生后,在恢复站点能够恢复业务的全流程。演练测试过程不会影响生产业务,当演练过程完毕后,通过结束演练来完成测试后的环境清理工作,结束演练成功后,恢复计划的状态会成为就绪状态,如图 6-50 所示。

容灾演练是通过挂载恢复站点的 LUN,并将其作为恢复站点的数据存储来实现的。

② 计划恢复。计划恢复是指在对保护站点进行维护的情况下,人为地将保护站点的虚拟机业务停止后,根据恢复计划将这些虚拟机业务在恢复站点恢复起来,如图 6-51 所示。

启动计划恢复后,保护站点的虚拟机将被关闭。计划恢复会触发一次数据的复制,当受保护的数据完全复制到恢复站点后,再依次恢复虚拟机业务。

③ 故障恢复。故障恢复用于真实场景中保护站点发生故障,虚拟机业务不能工作的情况

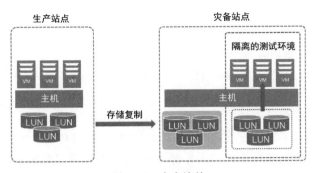

图 6-50　容灾演练

下,根据恢复计划在恢复站点恢复虚拟机业务。在这种情况下,受保护的虚拟机是由于发生故障而异常中断的,如图 6-52 所示。

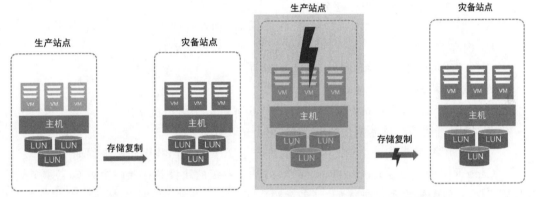

图 6-51　计划恢复　　　　　　　　　图 6-52　故障恢复

对于异步复制的存储阵列,恢复站点存储的数据就是前一个复制周期完成后的数据信息,因此在恢复站点进行虚拟机业务恢复操作时,RPO 不为 0。对于同步复制的存储阵列,恢复站点存储的数据与保护站点的数据保持一致,因此在恢复站点进行虚拟机业务恢复操作时,RPO 可以为 0。

④ 反向恢复。反向恢复是在保护站点发生故障时将虚拟机业务切换到恢复站点后,待故障的保护站点恢复正常工作的情况下,将运行在恢复站点的受保护的虚拟机又恢复到保护站点,如图 6-53 所示。

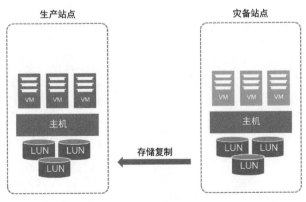

图 6-53　反向恢复

6.9　本章总结

本章主要讲解了以下内容。

（1）虚拟机的备份配置、全方位的 HA 高可靠性设计、计算/网络/存储的动态资源调度等特性。

（2）熟悉 CAS 虚拟化计算（NUMA/内存超分/DRX 等）、网络（SR-IOV/智能网卡）、存储（write same/RBD/磁盘锁）、外设重定向（USB 重定向）相关的高级技术特性。

（3）熟悉 CAS 虚拟化场景化的技术方案，如云迁移解决方案和容灾解决方案。

6.10　习题和答案

6.10.1　习题

1. 下列哪些技术可用于内存超分？（　　　）（多选题）

　　A. 透明页共享　　　　　　　　　　B. 内存气球驱动机制

　　C. 内存交换　　　　　　　　　　　D. 对称多处理

2. 下列关于网络 I/O 虚拟化技术描述正确的是（　　　）。（多选题）

　　A. 软件模拟网卡的性能较差

　　B. SR-IOV 的 VF 数量有限，但换一个 VF 可供多个虚拟机使用

　　C. 网卡直通不经过虚拟化层，无须 KVM 介入处理

　　D. SR-IOV 网卡中一个 PF 可以扩展出若干个 VF，它们共用同一个物理网口

3. Ceph RBD（Ceph's rados block devices）是企业级的块设备存储解决方案，支持（　　　）和 QoS，具有 COW 特性等多种优势。（多选题）

　　A. 精简置备　　　　B. 快照　　　　　　C. 克隆　　　　　D. 扩容缩容

4. 可同时支持 P2V、V2V 迁移的云迁移技术为（　　　）。（单选题）

　　A. OVF　　　　　　B. 外部云迁移　　　C. MoveSure　　　D. 云彩虹迁移

5. 存储远程复制技术中的同步复制对于站点之间的距离有要求，其距离要求为（　　　）。（单选题）

　　A. 10～200km，同城　　　　　　　B. 10～100km，同城

　　C. 20～200km，同城或临城　　　　D. 10～150km，同城或临城

6.10.2　答案

1. ABC　　　2. ACD　　　3. ABCD　　　4. C　　　5. B

第7章

维护虚拟化平台

熟练掌握 CAS 虚拟化平台的基本维护方法在日常运维过程中非常重要,不当的操作对系统运行或多或少会产生不利影响,而正确高效的运维操作一定会对系统的正常运行提供有效保护。本章主要介绍 CAS 虚拟化平台的日常维护方法,包括在主机后台通过命令行进行维护的方法,以及 CAS 的一些常见变更操作。

7.1 本章目标

学习完本课程,可达成以下目标。

(1)掌握 CAS 虚拟化平台的日常维护方法。

(2)掌握 CAS 虚拟化平台的常见运维命令。

(3)掌握日志的收集方法。

(4)熟悉 CAS 虚拟化平台的各种变更操作方法。

7.2 维护虚拟化平台

CAS 虚拟化平台日常维护主要涉及信息查看、告警管理、一键巡检、日志管理等。本节将围绕这几方面对 CAS 虚拟化平台的日常维护进行介绍。

7.2.1 查看首页概览信息

登录 CAS 虚拟化平台后,可以在概览页面快速查看当前集群的系统健康度、资源分配和使用情况以及告警信息,以此来了解系统中资源的运行状态,如图 7-1 所示。

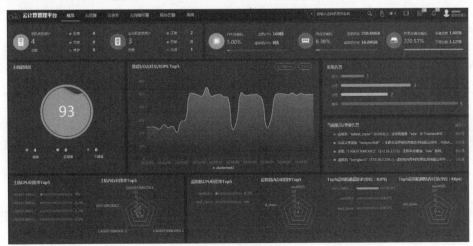

图 7-1　概览页面

7.2.2　查看云资源概要信息

选择顶部"云资源"标签,单击左侧导航树"计算"→"概览"菜单项,进入云资源概要信息页面。然后从左导航栏单击集群、主机或虚拟机名,依次查看集群、主机、虚拟机的概要信息,如图 7-2 所示。

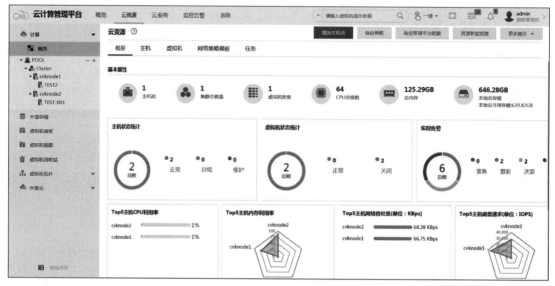

图 7-2　云资源概要页面

1. 查看集群概要信息

集群概要信息包括整个云资源的详细配置信息,包括云资源中 Top 5 主机的 CPU 和内存利用率信息、主机状态统计,以及虚拟机状态统计等,如图 7-3 所示。

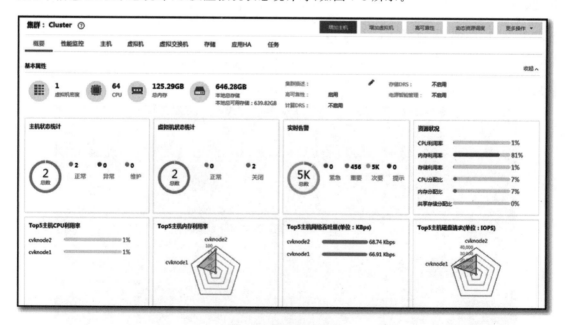

图 7-3　集群概要页面

2．查看主机概要信息

主机概要信息包括主机的基本信息、虚拟机状态统计、实时告警及资源监控信息等，如图 7-4 所示。

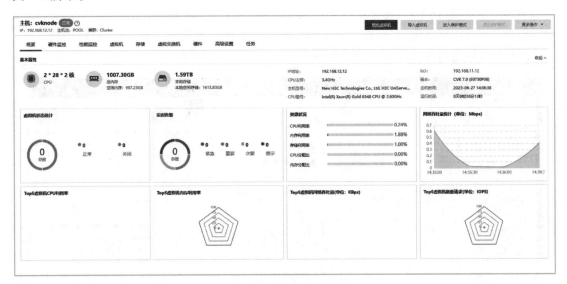

图 7-4　主机概要页面

3．查看虚拟机概要信息

虚拟机概要信息包括虚拟机的基本信息、硬件信息和 CPU 及内存利用率等，如图 7-5 所示。

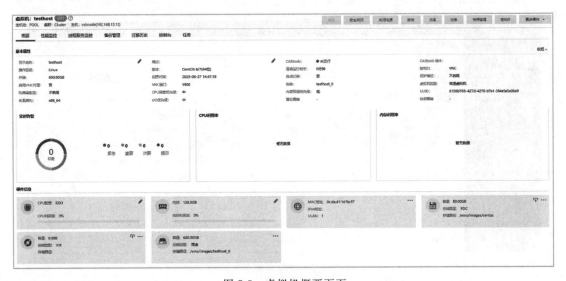

图 7-5　虚拟机概要页面

7.2.3　告警管理

告警管理功能用于统计和查看操作员需要关注的告警信息。目前，CVM 统计的告警信息类型包括主机资源告警、虚拟机资源告警、集群资源告警、故障告警、安全告警、其他异常告警和存储资源告警。告警按照紧急程度分为四个级别：紧急告警、重要告警、次要告警和提示告警。对 CAS 虚拟化平台进行维护时,需要特别关注紧急告警和重要告警。当有此类告警时,可通过实时告警页面查看并分析告警原因。

1. 查看告警概要信息

登录 CAS 虚拟化平台,在页面右上方单击告警图标,会提示虚拟化平台中最近的告警,并用不同颜色区分。红色为紧急,橙色为重要。如果有重要或紧急的告警,说明系统运行异常,需要尽快排查问题原因并解决,如图 7-6 所示。

图 7-6　告警概要页面

2. 查看实时告警

(1) 鼠标单击对应的告警指示灯的"更多"按钮,就会自动切换到实时告警页面,也可以选择顶部"监控告警"标签,单击左侧导航树中的"告警管理"→"实时告警"菜单项,进入实时告警页面,如图 7-7 所示。

图 7-7　实时告警页面

(2) 根据级别、类型、来源等查询条件进行筛选。

(3) 根据告警来源、类型、告警信息和最新告警时间进行问题排查,如图 7-8 所示。

3. 修改告警阈值配置

告警阈值指触发告警的最低值,当主机、虚拟机、集群的 CPU 利用率、内存利用率、磁盘利用率或主机、虚拟机的磁盘吞吐量、网络吞吐量等达到预设的阈值时,就会触发相应告警。

图 7-8 排查告警原因

单击左侧导航树选择"告警管理"→"告警阈值配置"可以修改告警阈值的配置信息。告警阈值配置提供了查看预定义告警阈值信息、配置告警服务器的 IP 地址、修改指定告警阈值的配置信息和启用/禁用告警配置等功能。

7.2.4 一键巡检

巡检是对系统进行的快速健康监测,包括系统监测、网络监测、HA 监测等。系统通过前台调用后台的 inspection_all.pyc 脚本,然后由该脚本调用后台各个模块各自的脚本进行各模块的健康度检查。

可通过如下两种方式进入一键巡检页面,根据需要对指定模块进行检测。

(1) 在 CAS 虚拟化平台主界面右上方单击"一键"按钮,然后选择"健康巡检"菜单项,进入一键巡检页面,如图 7-9 所示。

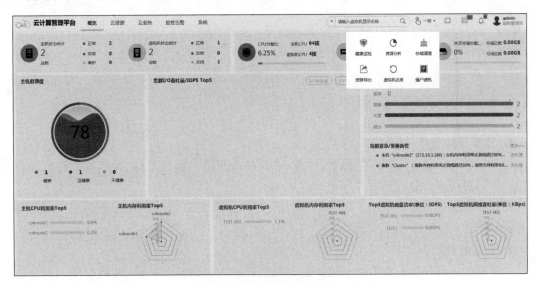

图 7-9 一键巡检页面(1)

(2) 选择顶部"概览"标签,单击左侧导航栏选择"一键"→"健康巡检"菜单项,进入一键巡检页面,如图 7-10 所示。

图 7-10　一键巡检页面(2)

　　一键巡检完成后,可单击"打印"或"导出"按钮打印或导出健康巡检结果,如图 7-11 所示。

图 7-11　导出健康巡检结果

7.2.5　日志管理

1. 查看操作日志

　　登录虚拟化平台,选择顶部"系统"标签,然后单击左侧导航栏选择"操作日志"→"操作日志"菜单项,即可查看管理员的操作记录。

　　操作日志管理页面还提供了查看、下载、清理等操作,对日志的操作不会影响正在运行的业务,如图 7-12 所示。

2. 日志收集

　　可通过如下两种方式收集虚拟化平台及其所管理主机的日志信息,并将收集到的日志文件下载到本地。

　　(1) 登录 CAS 虚拟化平台,选择顶部"系统"标签,单击左侧导航树中的"操作日志"→"日志文件收集"菜单项,进入收集日志文件页面。选择 CVK 主机收集并下载日志,如图 7-13 所示。

图 7-12　查看操作日志

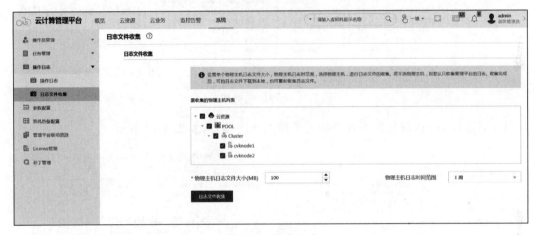

图 7-13　收集日志

（2）如果无法通过 CVM 管理页面收集日志，也可运行 cas_collect_log.sh 脚本从后台收集 CVK 主机日志，收集完成后在/vms 目录下会产生该 CVK 主机的日志文件，其后台运行代码如下。

```
root@cvknode213:~ # cas_collect_log.sh -h
SHELL NAME: cas_collect_log.sh
USAGE: cas_collect_log.sh $ time $ size
PARAMETER :
time : collect log last time days
size : size of logs(KB)
```

例如，执行 cas_collect_log.sh 7 100000 命令。7 代表采集的时间范围 7 天，100000 代表日志包大小。

7.2.6　日志分析

1. 日志压缩包

压缩日志文件解压后主要包含以下几种文件（见图 7-14）。

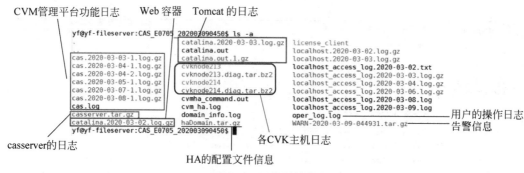

图 7-14   日志压缩包

2. CVK 主机日志

CVK 主机的“xxx.tar.bz2”日志文件包含以下目录文件,如图 7-15 所示。

图 7-15   CVK 主机日志

其中,CVK var 目录包含了各个功能模块的日志信息,如图 7-16 所示。

图 7-16   CVK var 目录中的日志信息

7.3   CAS 虚拟化平台常用维护命令

7.3.1   HA 相关命令

(1) cha cluster-list:获取 HA 进程管理的集群列表。

(2) cha cluster-status cluster-id:查询指定集群的状态信息。

(3) cha node-list cluster-id:查询集群中的主机列表。

(4) cha node-status host-name:查询集群中某主机的信息。

7.3.2   vSwitch 相关命令

(1) ovs-vsctl -v:查看 OVS 虚拟交换机内部版本号。

（2）ovs-vsctl show：查看虚拟交换机和端口信息。其中，vSwitch0 为内部端口（又被称为 local 端口），eth0 为物理端口，vNet0 为虚拟机端口。

（3）ovs-appctl bond/show：查看虚拟交换机端口绑定信息。其中 vSwitch0 为内部端口（又被称为 local 端口），eth0 为物理端口，vnet0 为虚拟机端口。

7.3.3　iSCSI 相关命令

CAS 系统使用开源的 Open-iSCSI 软件作为客户端对接 IP SAN/iSCSI 存储。常见的命令都是对于 iscsiadm 工具的使用。如果需要访问 IP SAN/iSCSI 存储，必须确保 CAS 服务器和存储服务器之间路由可达，并且在存储服务器上配置合适的访问权限，使 CVK 主机能够读写对应配置的存储卷。常用命令包括 discovery、login、logout、session 等，也可尝试使用 iscsiadm 的其他命令。以下为两条常用的 iscsiadm 命令。

（1）iscsiadm -m discovery：发现目标，其中 192.168.0.42 为存储设备的 IP 地址。

（2）iscsiadm -m session：查看 session 和对应的磁盘。

7.3.4　Tomcat 服务命令

H3C UIS 的 Web 页面使用了 Tomcat 技术，当 UIS 的 Web 页面出现异常时，可以重启 Tomcat 服务。以下为常用的 Tomcat 命令。

（1）service tomcat 8 status：查看 Tomcat 服务状态。

（2）service tomcat 8 stop：停止 Tomcat 服务。

（3）service tomcat 8 start：启动 Tomcat 服务。

（4）service tomcat 8 restart：重启 Tomcat 服务。

7.3.5　MySQL 数据库服务相关命令

H3C UIS 使用了 MySQL 数据库技术，以下为 MySQL 数据库操作的常用命令。

（1）service mysql status：查看 MySQL 服务状态。

（2）service mysql stop：停止 MySQL 服务。

（3）service mysql start：启动 MySQL 服务。

7.3.6　virsh 相关命令

virsh 是用于管理 guest OS 和虚拟机监控程序的命令行工具。用户可以在 CVK 主机后台执行 virsh 相关命令并对 CVK 主机下的虚拟机进行相关操作。

（1）virsh list-all：查看虚拟机状态。

（2）virsh start < vm_name >：启动虚拟机。

（3）virsh shutdown< vm_name >：关闭虚拟机操作系统。建议从虚拟机操作系统内部正常关闭虚拟机，只有特殊情况下无法在前台对虚拟机进行操作时，才允许在后台对虚拟机进行启动/关闭操作。

（4）virsh domblklist ID：查看虚拟机磁盘结构。

（5）virsh pool-list -all：查看存储池运行状态。

7.3.7　casserver 相关命令

（1）service casserver restart：启动 casserver 服务。

（2）service libvirtd restart：启动 libvirtd 服务。

7.3.8　QEMU 相关命令

QEMU 是一种通用的开源计算机模拟器及虚拟化软件。它提供了许多独立的命令行程序，例如 qemu-img 磁盘映像实用程序，允许用户创建、转换和修改磁盘镜像。以下为常用的磁盘镜像相关命令。

（1）qemu-img info <虚拟机镜像文件>：可以查看镜像文件的基本信息，如文件格式，文件总大小及当前使用的大小。如果是三级镜像文件则会显示二级镜像文件的名称信息。-backing-chain 还可以查看多级镜像。

（2）qemu-img convert -O qcow2 -f qcow2 xxx：当虚拟机使用多级镜像文件时，可以通过命令对多级镜像文件进行合并。

7.3.9　常见 IO 存储运维类命令

1. iostat

iostat 命令用于查看进程 IO 请求下发状态及系统处理 IO 请求的耗时，通过查看分析进程与操作系统的交互过程中 IO 是否存在瓶颈。如果单独执行 iostat 命令，显示的结果为从系统开机到当前执行时刻的统计信息，如图 7-17 所示。

```
root@node18:~# iostat
Linux 3.19.0-32-generic (node18)        05/03/2017      x86_64          (24 CPU)

avg-cpu:  %user   %nice %system %iowait  %steal   %idle
           0.19    0.00    0.08    0.02    0.00   99.72

Device:            tps    kB_read/s    kB_wrtn/s    kB_read    kB_wrtn
sda               1.13         4.35       134.49     290894    8985422
sdb               0.58         0.58        55.26      38484    3691939
sdc               0.59         0.62        55.24      41115    3690932
sdd               0.58         0.48        59.65      32365    3984963
sde               0.58         0.49        59.60      32932    3981868
sdf              86.31         1.17       396.89      78228   26516215
dm-0              1.94         4.23       134.49     282349    8985416
dm-1              0.00         0.02         0.00       1296          0
```

图 7-17　iostat 的统计信息

iostat 命令中各参数含义如下。

（1）avg-cpu：表示 CPU 使用情况统计信息。对于多核 CPU，该参数显示所有 CPU 的平均值。其中最重要的是 iowait 的值，iowait 显示 CPU 用于等待 IO 请求完成的时间。

（2）Device：表示各磁盘的 IO 统计信息，如表 7-1 所示。

表 7-1　各磁盘的 IO 统计信息及含义

项　　目	含　　义
tps	每秒进程下发的 IO 读、写请求数量
kB_read/s	每秒读扇区数量（一扇区为 512bytes）
kB_wrtn/s	每秒写扇区数量
kB_read	取样时间间隔内读扇区总数量
kB_wrtn	取样时间间隔内写扇区总数量

2. top

top 类似于 Windows 的资源管理器，能够实时监控系统各个进程的资源占用情况，该命令可以按 CPU 利用率、内存利用率及执行时间对任务进行排序。top 默认显示两个区域：摘要区域和任务区域(或流程列表)，如图 7-18 所示。

```
top - 08:38:03 up 7 days, 29 min,  3 users,  load average: 0.29, 0.38, 0.66
Tasks: 446 total,   1 running, 445 sleeping,   0 stopped,   0 zombie
%Cpu(s):  2.6 us,  0.9 sy,  0.0 ni, 96.4 id,  0.0 wa,  0.0 hi,  0.1 si,  0.0 st
KiB Mem:  49420472 total, 10183088 used, 39237384 free,   332940 buffers
KiB Swap: 50294780 total,        0 used, 50294780 free,  6447276 cached Mem

  PID USER      PR  NI    VIRT    RES    SHR S  %CPU %MEM     TIME+ COMMAND
700560 www-data  20   0 1160292  92792  20612 S   2.7  0.2   0:01.48 apache2
700220 www-data  20   0 2114756  97600  20728 S   1.7  0.2   0:01.56 apache2
384550 root      20   0 1206156  39132  16304 S   1.3  0.1   0:21.98 onestor-leader
702945 www-data  20   0 1217632  93128  20960 S   1.3  0.2   0:01.40 apache2
360042 root      20   0  149120  19956   4420 S   1.0  0.0   1:19.75 carbon-cache
702946 www-data  20   0 1365096  93204  20960 S   1.0  0.2   0:01.46 apache2
  1557 root      20   0       0      0      0 S   0.7  0.0  59:28.84 fct0-smp
  1952 root      20   0   19344   1984   1968 S   0.7  0.0   1:38.84 irqbalance
687826 www-data  20   0 5754228 122456  20684 S   0.7  0.0   0:02.42 apache2
     8 root      20   0       0      0      0 S   0.3  0.0  44:55.41 rcu_sched
    10 root      20   0       0      0      0 S   0.3  0.0  37:55.24 rcuos/0
   118 root      20   0       0      0      0 S   0.3  0.0   0:55.23 rcuos/15
  1559 root      20   0       0      0      0 S   0.3  0.0  20:01.46 fct0-poll
374368 root      20   0  352948  78532  17060 S   0.3  0.2   0:27.74 ceph-mon
376735 root      20   0  948648 113984  23160 S   0.3  0.2   0:59.31 ceph-osd
377608 root      20   0  945524 117348  23280 S   0.3  0.2   1:02.76 ceph-osd
379693 root      20   0  947812 126056  24220 S   0.3  0.3   1:08.39 ceph-osd
384983 root      20   0  149824  24788   6180 S   0.3  0.1   0:04.31 diamond
385892 root      20   0  170836   9652   4620 S   0.3  0.0   0:00.63 python
556790 www-data  20   0 2262220 102836  21528 S   0.3  0.2   0:04.60 apache2
705131 root      20   0   23948   3336   2552 R   0.3  0.0   0:00.05 top
     1 root      20   0   33772   4212   2624 S   0.0  0.0   0:44.13 init
     2 root      20   0       0      0      0 S   0.0  0.0   0:00.11 kthreadd
     3 root      20   0       0      0      0 S   0.0  0.0   0:10.12 ksoftirqd/0
     5 root       0 -20       0      0      0 S   0.0  0.0   0:00.00 kworker/0:0H
     9 root      20   0       0      0      0 S   0.0  0.0   0:00.00 rcu_bh
    11 root      20   0       0      0      0 S   0.0  0.0   0:00.00 rcuob/0
    12 root      rt   0       0      0      0 S   0.0  0.0   0:01.50 migration/0
    13 root      rt   0       0      0      0 S   0.0  0.0   0:02.40 watchdog/0
    14 root      rt   0       0      0      0 S   0.0  0.0   0:02.35 watchdog/1
    15 root      rt   0       0      0      0 S   0.0  0.0   0:01.41 migration/1
```

图 7-18　系统各进程的资源占用情况

(1) 第一行：任务队列信息，包括当前时间，系统运行时间，当前登录用户数，以及过去 1 分钟、5 分钟、15 分钟的系统负载。

(2) 第二行：任务的数量及其状态，包括正在运行、已停止、睡眠或僵死。

(3) 第三行：CPU 信息。

① us：CPU 执行用户态进程的时间。

② sy：CPU 运行系统内核态进程的时间。

③ ni：CPU 执行手动设置值的进程的时间。

④ id：CPU 空闲时间。

⑤ wa：CPU 等待 I/O 完成的时间。

⑥ hi：CPU 服务硬件中断的时间。

⑦ si：CPU 服务软件中断的时间。

⑧ st：CPU 由于运行虚拟机而丢失的时间。

(4) 第四行：显示物理内存总大小、剩余内存、已用内存及缓存内存的大小。

(5) 第五行：显示交换内存总大小，以及剩余、已用和可用于交换内存的大小，后者还包括可能从缓存中恢复的内存。

(6) 流程列表各参数含义如下。

① PID：进程 ID。

② USER：进程所有者。

③ PR：进程优先级。

④ NI：进程的 nice 值。

⑤ VIRT：进程使用的虚拟内存大小。

⑥ RES：进程使用的、未被交换的内存大小。

⑦ SHR：共享内存大小，单位为 KB。

⑧ S：进程状态。

⑨ ％CPU：上次更新到现在进程占用 CPU 的时间百分比。

⑩ ％MEM：进程使用的物理内存百分比。

⑪ TIME＋：任务占用的 CPU 总时间，单位为百分之一秒。

⑫ COMMAND：命令或命令行(命令＋选项)。

7.3.10　常见的查询命令

（1）lsblk。查看硬盘容量、分区、使用及挂载信息，如图 7-19 所示，NAME 参数显示所有硬盘及分区，SIZE 参数显示硬盘总容量及分区大小，TYPE 参数显示硬盘及分区类型，MOUTPOINT 参数显示文件系统挂载点。

```
root@node117:~# lsblk
NAME                        MAJ:MIN RM   SIZE RO TYPE MOUNTPOINT
sda                           8:0    0 279.4G  0 disk
├─sda1                        8:1    0   244M  0 part /boot
├─sda2                        8:2    0     1K  0 part
└─sda5                        8:5    0 279.1G  0 part
  ├─node117--vg-root (dm-0) 252:0    0 231.2G  0 lvm  /
  └─node117--vg-swap_1 (dm-1) 252:1  0    48G  0 lvm  [SWAP]
sdb                           8:16   0   1.1T  0 disk
sdc                           8:32   0 558.9G  0 disk
├─sdc1                        8:33   0 548.9G  0 part /var/lib/ceph/osd/ceph-2
└─sdc2                        8:34   0    10G  0 part
sdd                           8:48   0 558.9G  0 disk
├─sdd1                        8:49   0 548.9G  0 part /var/lib/ceph/osd/ceph-5
└─sdd2                        8:50   0    10G  0 part
```

图 7-19　lsblk 查询命令

（2）mount。查看集群内所有挂载的文件系统及类型，如图 7-20 所示。

```
@node117:~# mount
/mapper/node117-vg-root on / type ext4 (rw,errors=remount-ro)
  on /proc type proc (rw,noexec,nosuid,nodev)
fs on /sys type sysfs (rw,noexec,nosuid,nodev)
  on /sys/fs/cgroup type tmpfs (rw)
  on /sys/fs/fuse/connections type fusectl (rw)
  on /sys/kernel/debug type debugfs (rw)
  on /sys/kernel/security type securityfs (rw)
  on /dev type devtmpfs (rw,mode=0755)
pts on /dev/pts type devpts (rw,noexec,nosuid,gid=5,mode=0620)
fs on /run type tmpfs (rw,noexec,nosuid,size=10%,mode=0755)
  on /run/lock type tmpfs (rw,noexec,nosuid,nodev,size=5242880)
  on /run/shm type tmpfs (rw,nosuid,nodev)
  on /run/user type tmpfs (rw,noexec,nosuid,nodev,size=104857600,mode=0755)
  on /sys/fs/pstore type pstore (rw)
/sda1 on /boot type ext2 (rw)
temd on /sys/fs/cgroup/systemd type cgroup (rw,noexec,nosuid,nodev,none,name=syste
/sdc1 on /var/lib/ceph/osd/ceph-2 type xfs (rw,noatime,inode64)
/sdd1 on /var/lib/ceph/osd/ceph-5 type xfs (rw,noatime,inode64)
/sde1 on /var/lib/ceph/osd/ceph-8 type xfs (rw,noatime,inode64)
/sdf1 on /var/lib/ceph/osd/ceph-11 type xfs (rw,noatime,inode64)
/sdg1 on /var/lib/ceph/osd/ceph-14 type xfs (rw,noatime,inode64)
```

图 7-20　mount 查询命令

（3）df -h。列出所有挂载的文件系统，显示挂载的文件系统的总容量、使用容量、可用容量、使用百分比及挂载点，如图 7-21 所示。

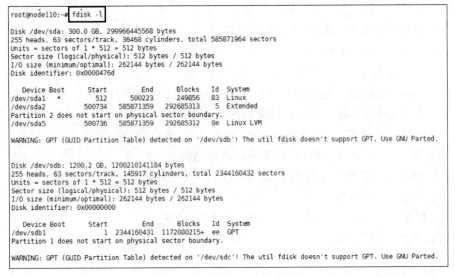

```
root@node117:~# df -h
Filesystem                    Size  Used Avail Use% Mounted on
/dev/mapper/node117--vg-root  228G  6.2G  210G   3% /
none                          4.0K     0  4.0K   0% /sys/fs/cgroup
udev                           24G   12K   24G   1% /dev
tmpfs                         4.8G   23M  4.7G   1% /run
none                          5.0M     0  5.0M   0% /run/lock
none                           24G   12K   24G   1% /run/shm
none                          100M     0  100M   0% /run/user
/dev/sda1                     237M   38M  187M  17% /boot
/dev/sdc1                     549G   42M  549G   1% /var/lib/ceph/osd/ceph-2
/dev/sdd1                     549G   42M  549G   1% /var/lib/ceph/osd/ceph-5
/dev/sde1                     549G   42M  549G   1% /var/lib/ceph/osd/ceph-8
/dev/sdf1                     549G   42M  549G   1% /var/lib/ceph/osd/ceph-11
/dev/sdg1                     549G   42M  549G   1% /var/lib/ceph/osd/ceph-14
/dev/sdh1                     549G   43M  549G   1% /var/lib/ceph/osd/ceph-17
```

图 7-21　df -h 查询命令

（4）fdisk -l。查看节点硬盘、分区、大小及使用情况，如图 7-22 所示。

```
root@node110:~# fdisk -l

Disk /dev/sda: 300.0 GB, 299966445568 bytes
255 heads, 63 sectors/track, 36468 cylinders, total 585871964 sectors
Units = sectors of 1 * 512 = 512 bytes
Sector size (logical/physical): 512 bytes / 512 bytes
I/O size (minimum/optimal): 262144 bytes / 262144 bytes
Disk identifier: 0x0000476d

   Device Boot      Start         End      Blocks   Id  System
/dev/sda1   *         512      500223      249856   83  Linux
/dev/sda2          500734   585871359   292685313    5  Extended
Partition 2 does not start on physical sector boundary.
/dev/sda5          500736   585871359   292685312   8e  Linux LVM

WARNING: GPT (GUID Partition Table) detected on '/dev/sdb'! The util fdisk doesn't support GPT. Use GNU Parted.

Disk /dev/sdb: 1200.2 GB, 1200210141184 bytes
255 heads, 63 sectors/track, 145917 cylinders, total 2344160432 sectors
Units = sectors of 1 * 512 = 512 bytes
Sector size (logical/physical): 512 bytes / 512 bytes
I/O size (minimum/optimal): 262144 bytes / 262144 bytes
Disk identifier: 0x00000000

   Device Boot      Start         End      Blocks   Id  System
/dev/sdb1               1  2344160431  1172080215+  ee  GPT
Partition 1 does not start on physical sector boundary.

WARNING: GPT (GUID Partition Table) detected on '/dev/sdc'! The util fdisk doesn't support GPT. Use GNU Parted.
```

图 7-22　fdisk -l 查询命令

（5）free -h。查看节点总内存、已用内存、剩余内存、共享内存、缓冲区、缓存及交换分区的占用情况，如图 7-23 所示。

```
root@node117:~# free -h
                 total       used       free     shared    buffers     cached
Mem:               47G       6.0G        41G        21M       176M       4.0G
-/+ buffers/cache:            1.8G        45G
Swap:              47G         0B        47G
```

图 7-23　free -h 查询命令

7.3.11　Linux 常用命令

1. vi/vim

Linux 操作系统中，如果要新建文件或者编辑文件内容，需要通过 vi 或者 vim 命令进行操作。该命令的使用频率非常高，因此需要掌握。vi 工具中需要理解一般模式和编辑模式及模式之间的切换方式。

以创建 test.txt 文件,文件内容为 123456 为例进行介绍。

第一步:执行 vi 命令。在 Linux 的命令行窗口中输入 vi test.txt 命令。如果 test.txt 文件已存在,则执行第三步进入编辑模式,通过 vi 工具修改其内容。如果 test.txt 文件不存在,则执行第二步进入一般模式新建该文件。

第二步:进入一般模式。执行完 vi 命令后即进入 vi 的一般模式。由于该文件不存在,执行该命令后,文件内容显示为空。在一般模式中可以输入 vi 工具定义的按键命令,但是在该模式下不可以编辑文件内容。

第三步:进入编辑模式。在一般模式中直接按 i、o 或 a 键进入编辑模式。

第四步:在编辑模式下,输入文件的内容。

第五步:按 Esc 键回到一般模式。

第六步:输入 wq 命令(write and quit),保存文件内容并退出 vi。

第七步:执行 ls 命令查看新创建的文件。

2. ls

ls (list)命令用来打印当前目录的文件信息。

ls [-aAdfFhilnrRSt]命令包括如下选项与参数。

(1) -a:显示全部文件,包括隐藏文件(常用)。

(2) -A:显示全部文件,包括隐藏文件。不包括.和..这两个目录。

(3) -d:仅显示目录本身,不显示目录内的文件数据(常用)。

(4) -f:直接列出结果,而不进行排序(ls 会默认以文件名排序)。

(5) -F:根据文件、目录等信息,给予附加数据结构。

(6) -h:将目录容量以较易读的方式(如 GB、KB 等)列出来。

(7) -i:列出 inode 号码。

(8) -l:显示详细信息,包含文件的属性与权限等数据。

(9) -n:列出 UID 与 GID。

(10) -r:将排序结果反向输出,如原本文件名由小到大排序,反向则为由大到小排序。

(11) -R:列出目录及子目录内容。

(12) -S:以文件容量大小排序,而不是以文件名排序。

(13) -t:将文件按时间排序,而不是按文件名排序。

3. pwd

pwd(print working directory)命令用来显示当前工作目录。

4. cd

cd(change directory)命令用来切换工作目录。

5. mkdir

mkdir(make directory)命令用来创建新的目录。

mkdir[-mp]命令包括如下选项与参数。

(1) -m:配置目录权限。

(2) -p:将所需要的目录递归建立起来。

6. cp

cp 命令用来复制文档或者目录。

（1）cp［options］用来复制源目录到目标目录。

（2）cp［-adfilprsu］用来复制源文件到目标文件，其命令包括如下选项与参数。

① -a：和-pdr 相同（常用）。

② -d：若来源文件为链接文件的属性（linkfile），则复制链接文件属性而非档案本身。

③ -f：没有确认，强制复制。

④ -i：若目标文件已经存在，在覆盖时会先对操作进行确认（常用）。

⑤ -l：进行硬式链接（hard link）的链接档建立，而非复制档案本身。

⑥ -p：同时复制文件属性，而非使用默认属性（备份常用）。

⑦ -r：递归持续复制，用于目录复制（常用）。如果源文件有两个以上，则最后一个目标文件必须是目录。

⑧ -s：复制成为符号链接文件（symbolic link），即"快捷方式"档案。

⑨ -u：如果目标文件比源文件旧才更新目标文件。

7. 其他命令

（1）scp：远程复制文件。

（2）rm：删除文件或目录。

（3）mv：移动文件与目录或更名。

（4）tar：压缩与打包文件。

（5）uptime：查看系统启动时间与负荷。

（6）date：显示系统时间。

（7）ifconfig：查看网卡信息。

（8）passwd：设置用户密码。

（9）tcpdump：抓包。

（10）df：查看磁盘容量信息。

（11）mount/umount：磁盘挂载/卸载。

7.4 CAS 虚拟化平台常见变更操作

除日常维护外，CAS 虚拟化平台还提供了常用变更操作，如开机关机、扩容、硬件维护等。

7.4.1 关机/开机操作

对 CAS 虚拟化平台进行关机维护时，如进行机房停电检修，则需要按照正确的顺序对 CAS 虚拟化平台系统进行开关机操作。

1. 主机关机

关闭主机前需迁移或关闭主机上的虚拟机，然后将主机设置为维护模式，如图 7-24 所示。

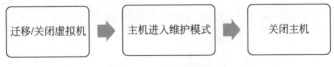

图 7-24 主机关机流程

2. 主机开机

开启主机后需将主机退出维护模式，然后再迁移或开启主机上的虚拟机，如图 7-25 所示。

图 7-25　主机开机流程

7.4.2　集群扩容

当集群容量不足时,可通过扩容集群节点增加容量,其扩容步骤如图 7-26 所示。

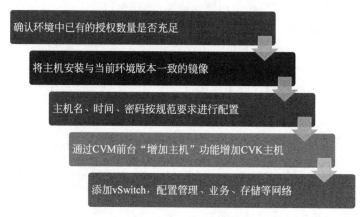

图 7-26　集群扩容流程

7.4.3　硬件扩容

CAS 虚拟化平台提供扩容操作,用户可以根据实际业务需求进行硬件扩容,达到合理利用资源、优化系统运行的目的。进行硬件扩容时,必须遵循如图 7-27 所示的步骤。

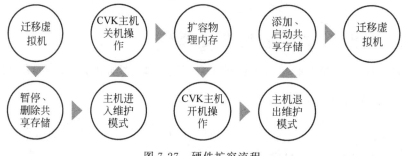

图 7-27　硬件扩容流程

7.4.4　修改系统时间

修改系统时间时,应遵循如图 7-28 所示的顺序进行修改。

注意

(1) 严禁将系统时间修改为过去的时间。

(2) 务必检查是否启动与时间有关的功能,如密码策略有效期、CVM 定时备份等,视情况调整生效时间或临时停止相关功能。

图 7-28 修改系统时间

7.4.5 修改 IP 地址和主机名

开局完成后,可能会出现变更系统管理网 IP 地址或者主机的需求。CVK 主机添加到系统后,无法通过 Xconsole 界面提供的方法修改 IP 地址或者主机名,如图 7-29 所示。因此,必须先将 CVK 主机从系统中删除。如果在 CVK 主机上启用了共享存储或者运行了虚拟机,则无法删除。因此必须通过以下步骤修改 IP 地址和主机名。

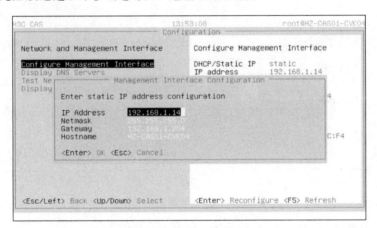

图 7-29 修改 IP 地址和主机名

(1) 关闭或迁移虚拟机。

(2) 暂停共享文件系统(删除共享文件系统)。

(3) 从集群中删除主机。

(4) 修改 IP/主机名。

(5) 重新添加主机至集群。

(6) 将虚拟机迁移回原主机。

注意

(1) 不允许在 CVK 主机后台的命令行中进行 IP 地址和主机的修改操作。

(2) CVK 主机的共享存储处于暂停状态时删除 CVK 主机,该共享存储也会被自动删除。重新添加 CVK 主机后需要重新挂载共享存储。

(3) 在网卡复用的情况下,存储内网、存储外网、业务网的 IP 地址不允许被修改,否则会导致网络无法访问。

（4）在进行主机删除操作时，系统会自动对数据进行备份操作。

7.4.6　修改 admin 密码

可通过以下两种方式修改 admin 密码。

（1）安装完 CAS 平台后会为 admin 配置默认密码，并且在登录时会提示用户修改默认密码，如图 7-30 所示。

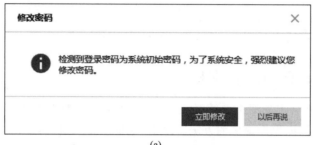

(a)

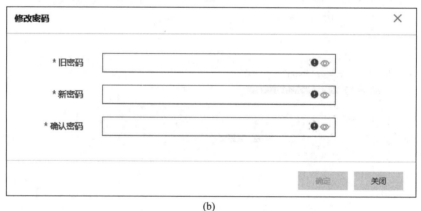

(b)

图 7-30　修改密码

（2）在操作员管理页面修改 admin 密码，如图 7-31 所示。

① 依次单击"系统管理"→"操作员管理"→"操作员"选项。

② 选择 admin 用户。

③ 单击"修改操作员"选项，选择重置密码。

7.4.7　修改 root 密码

（1）登录 CAS 虚拟化平台，在主机的"更多操作"页签，选择"修改主机"选项，如图 7-32 所示。

（2）在弹出的对话框中输入新密码完成修改，如图 7-33 所示。

注意

不应通过 SSH 登录到 CVK 后台进行修改 root 密码的操作，这样会破坏 CVM 与 CVK 之间的免密关系，造成 CVK 在 CVM 前台显示异常。

图 7-31 重置密码

图 7-32 选择"修改主机"选项

7.4.8 硬件维护

1. 更换 CVK 主机

更换 CVK 主机硬件时,需要把虚拟机迁移到其他正常的 CVK 主机上运行,然后将故障主机设置为维护模式,待硬件维护完毕后,将主机退出维护模式,再将原来的虚拟机迁移回该主机,如图 7-34 所示。

修改主机 ✕

ⓘ 修改主机后，主机上对应用户的密码也会被修改。

主机名称   cvknode1

用户名   root

* 密码   👁

* 确认密码   👁

确定   取消

图 7-33　输入新密码

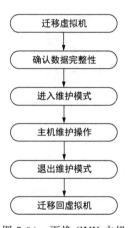

迁移虚拟机

确认数据完整性

进入维护模式

主机维护操作

退出维护模式

迁移回虚拟机

图 7-34　更换 CVK 主机

注意

如需进行硬件更换，则需要先将故障主机设置为维护模式，关闭主机电源后，进行硬件更换。如需更换 CVM 主机 CPU、主板或网卡，则需要先将这些硬件与 license 解绑，再重新注册 license。

2. 更换 CPU、内存和磁盘硬件

当主机的 CPU、内存、磁盘等硬件出现故障需要更换时，可以采用如下步骤进行更换。

（1）将目标主机设置为维护模式。

① CVK 主机：登录 CVM 系统，将主机设置为维护模式。

② CVM 主机：双机 CVM 场景下将 CVM 切换到备机。如果 CVM 主机同时作为 CVK 主机，将 CVK 主机设置为维护模式。

（2）将主机上的虚拟机迁移至另外一台或多台正常工作的主机。

（3）暂停该主机的共享文件系统。

（4）关闭主机。

（5）维护完成后，在 CVM 页面将 CVK 主机退出维护模式。

注意

- 物理主机进行硬件维护后，需要确保服务器硬件时钟与硬件更换前同步后再启动 CAS 系统，否则会导致 CAS 系统业务功能异常。
- CPU 维修更换，通常 CPU 型号与原型号保持一致。CAS 系统后台无须特殊处理。
- 内存维修更换、容量增减，CAS 系统后台无须特殊处理。
- 开局应选 CAS 系统盘做 RAID1，如果 RAID1 中的某个磁盘故障，根据服务器硬件指导更换磁盘。如果系统盘没有做冗余，则应更换硬件重装 CVM/CVK。

3. 更换网卡

可采用如下步骤更换网卡。

（1）为防止在更换网卡之后网卡编号变更，需要记录硬件更换之前的网卡信息。对于 CentOS 版本，需备份待更换网卡主机上的网卡配置文件 etc/sysconfig/network-scripts/ifcfg-ethx，如图 7-34 所示。

```
[root@cvknode ~]# ls -l /sys/class/net/
total 0
lrwxrwxrwx 1 root root 0 Oct 28 15:11 eth0 -> ../../devices/pci0000:00/0000:00:03.0/virtio0/net/eth0
lrwxrwxrwx 1 root root 0 Oct 28 15:11 eth1 -> ../../devices/pci0000:00/0000:00:0a.0/virtio5/net/eth1
lrwxrwxrwx 1 root root 0 Oct 28 15:11 eth6 -> ../../devices/pci0000:00/0000:00:0c.0/virtio7/net/eth6
lrwxrwxrwx 1 root root 0 Oct 28 15:11 eth7 -> ../../devices/pci0000:00/0000:00:0b.0/virtio6/net/eth7
lrwxrwxrwx 1 root root 0 Oct 28 15:11 lo -> ../../devices/virtual/net/lo
lrwxrwxrwx 1 root root 0 Oct 28 15:11 ovs-system -> ../../devices/virtual/net/ovs-system
lrwxrwxrwx 1 root root 0 Oct 28 15:11 vswitch0 -> ../../devices/virtual/net/vswitch0
[root@cvknode ~]#
```

图 7-34 记录网卡信息

（2）将主机设置为维护模式，将故障主机的虚拟机迁移至正常服务器，暂停故障主机的共享文件系统并删除。

（3）关闭主机。待正常关机后，将故障主机下电，正常更换硬件。

（4）更换完毕后，将服务器上电开机，检查 HDM 页面是否有硬件报错，并通过 HDM 页面登录远程控制台，查看开机自检过程中是否有报错。若无报错，则继续进行下一步。若有报错，则排除故障后再继续。

（5）系统正常启动后，通过 HDM 远程控制台登录到操作系统命令行界面，使用 date 命令查看当前节点时间与集群内其他节点是否一致。若不一致，则执行 date -s 手动设置时间，保证与其他节点的时间偏差在 7 秒以内，然后执行 hwclock -w 命令，将时钟同步到硬件。

（6）执行 ifconfig -a 命令查看更换后的物理网卡名称是否改变。

（7）若网卡名称未改变，则连接管理网网线，然后测试故障节点的管理网能否 ping 通。若能 ping 通，则继续下一步。若无法 ping 通，则排查网口状态及链路。

（8）若网卡名称改变，则需要按照以下方法处理。

① 双机 CVM：将目标 CVM 切换到备机。

② 单机 CVM 主机同时作为 CVK 主机：将 CVK 主机设置为维护模式。

③ 单机 CVM 主机不作为 CVK 主机：直接进入第（4）步。

（9）重新设置原有网口和网络的绑定关系。

① 单网口。例如将 eth0 更换为 eth1。执行 ovs-vsctl del-port < ovs_name > eth0 命令，

删除之前 OVS 上的端口,然后执行 ovs-vsctl add-port < ovs_name > eth1 命令,在 OVS 上添加新的端口。

② 多网口聚合。例如更换 vSwitch0 上的聚合口 vswitch0_bond,之前的网卡名为 eth1＋eth2,现在变成 eth2＋eth3,聚合组模式为静态聚合。

执行 ovs-vsctl del-bond vswitch0 vswitch0_bond 命令,删除之前 OVS 上的聚合口,然后执行 ovs-vsctl add-bond vswitch0 vswitch0_bond eth2 eth3 bond_mode＝balance-slb 命令,将新网卡加入 OVS 聚合。

(10) 将此前拔掉的网线按原有顺序插好,使用 ifup 命令手动启动物理网口,例如,ifup ethB03-0,然后执行 ip addr 命令查看各物理网口的状态是否为 up。

4. 版本升级

CAS 虚拟化平台支持在线升级以及离线升级两种升级方式。升级需要使用以下脚本。

```
root@ # ./upgrade.sh - h
Usage: ./upgrade.sh [option]
option: [ | - p cvks | precheck | postcheck | copy | - f cvm | - f cvk | -- force - cvk | restore |
mysql]
```

版本升级可按以下步骤进行。

(1) 升级前准备。

(2) 暂停业务。

(3) 升级预检查。

(4) 升级版本。

(5) 升级验收检查。

(6) 重启主机。

(7) 检查版本。

(8) 恢复业务。

7.5　本章总结

本章主要讲解了以下内容。

(1) 掌握 CAS 虚拟化平台的日常维护方法。

(2) 掌握 CAS 虚拟化平台的常见运维命令。

(3) 掌握日志的收集方法。

(4) 熟悉 CAS 虚拟化平台的各种变更操作方法。

7.6　习题和答案

7.6.1　习题

1. CAS 虚拟化平台日常维护主要包含的内容是(　　)。(多选题)

　　A. CAS 虚拟化平台告警维护　　　　B. CAS 虚拟化平台主机维护

　　C. CAS 虚拟化平台云资源维护　　　D. CAS 虚拟化平台虚拟机维护

2. 主机关机顺序为:_____、_____、_____。

3. CAS 虚拟化平台版本升级后需要重启主机,一定要确保主机重启前(　　)。(多选题)

A. 主机所在集群 HA 已经禁用

B. 该主机上所有虚拟机处于非正常运行状态

C. 该主机上所有虚拟机处于关闭状态

D. 主机上的共享文件系统已全部暂停

4. 简述更换网卡过程。

7.6.2　答案

1. ABCD

2. 迁移或关闭主机上的虚拟机　将主机设置为维护模式　关闭主机。

3. ACD

4. 第一步：为防止在更换网卡之后网卡编号变更，需要记录硬件更换之前的网卡信息。对于 CentOS 版本，需备份待更换网卡主机上的网卡配置文件 etc/sysconfig/network-scripts/ifcfg-ethx。

第二步：将主机设置为维护模式，将故障主机的虚拟机迁移至正常服务器，暂停故障主机的共享文件系统并删除。

第三步：关闭主机。待正常关机后，将故障主机下电，正常更换硬件。

第四步：更换完毕后，将服务器上电开机，检查 HDM 页面是否有硬件报错，并通过 HDM 页面登录远程控制台，查看开机自检过程中是否有报错。若无报错，则继续进行下一步。若有报错，则排除故障后再继续。

第五步：系统正常启动后，通过 HDM 远程控制台登录到操作系统命令行界面，使用 date 命令查看当前节点时间与集群内其他节点是否一致。若不一致，则执行 date -s 手动设置时间，保证与其他节点的时间偏差在 7 秒以内，然后执行 hwclock -w 命令将时钟同步到硬件。

第六步：执行 ifconfig -a 命令查看更换后的物理网卡名称是否改变。

第七步：若网卡名称未改变，则连接管理网网线，然后测试故障节点的管理网能否 ping 通。若能 ping 通，则继续下一步。若无法 ping 通，则排查网口状态及链路。

第八步：若网卡名称改变，则需要按照以下方法处理。

① 双机 CVM：将目标 CVM 切换到备机。

② 单机 CVM 主机同时作为 CVK 主机：将 CVK 主机设置为维护模式。

③ 单机 CVM 主机不作为 CVK 主机：直接进入第四步。

第九步：重新设置原有网口和网络的绑定关系。

第十步：将此前拔掉的网线按原有顺序插好，使用 ifup 命令手动启动物理网口，例如，ifup ethB03-0，然后执行 ip addr 命令查看各物理网口的状态是否为 up。

第8章

云平台介绍

在虚拟化基础上即可构建云计算平台,提供云计算服务。本章将对 OpenStack 和 H3C CloudOS 进行简要介绍。

OpenStack 是开源云计算软件平台(简称云平台),提供操作平台和工具来协调和管理 IaaS 云,并提供一个大规模的可扩展的云操作系统。

H3C CloudOS 云操作系统是一款基于 OpenStack 开发演进并经过容器优化的全栈式云平台,该平台包括以下特点。

(1) 提供硬件资源和软件资源的服务,具备计算、网络和存储能力。

(2) 全面融合 Cloud、大数据、AI 的界面、架构、功能。

(3) 提供强大完善的 IaaS 层、PaaS 层、SaaS 层服务能力。

(4) 采用业界先进的微服务架构实现平台微服务化,具有高可用、易扩展、更安全等特性。

8.1 本章目标

学习完本课程,可达成以下目标。

(1) 掌握 OpenStack 核心服务功能。

(2) 了解 OpenStack 核心服务协调机制。

(3) 通过日志理解 OpenStack 运行机制。

(4) 了解 H3C CloudOS 5.0 系统架构。

(5) 掌握 H3C CloudOS 5.0 主要特性。

(6) 使用 H3C CloudOS 5.0 主要功能。

8.2 OpenStack 介绍

8.2.1 OpenStack 概览

OpenStack 既是一个社区,也是一个项目和一个开源软件,提供开放源码软件,建立公有云和私有云。OpenStack 提供了一个部署云的操作平台或工具集,其宗旨在于帮助组织运行为虚拟计算或存储服务的云,为公有云、私有云,也为大云、小云提供可扩展的、灵活的云计算。

1. OpenStack 核心

OpenStack 的领域几乎涵盖了 IT 基础设施的所有范围,包括计算、存储、网络、虚拟化、高可用、安全、容灾等。其中的核心是对计算、网络和存储资源进行分配和管理,如图 8-1 所示。

OpenStack 架构由大量开源项目组成,各项目负责不同的组件。这些组件中包含 6 个稳定可靠的核心服务组件,用于处理计算(nova)、网络(neutron)、存储(cinder 和 swift)、身份认证(keystone)和镜像(glance)。

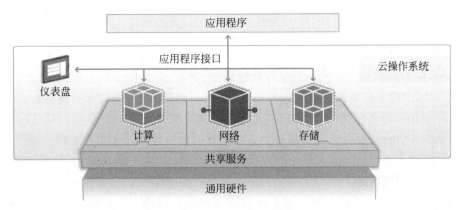

图 8-1　OpenStack 结构

除了 6 个核心服务组件构成 OpenStack 的基础框架，OpenStack 还为用户提供了十多种开发成熟度各异的可选服务组件，负责管理控制面板、编排、裸机部署、信息传递、容器及统筹管理等功能。

2. OpenStack 架构

OpenStack 的整体架构如图 8-2 所示，其中关于组件和对象的说明如下。

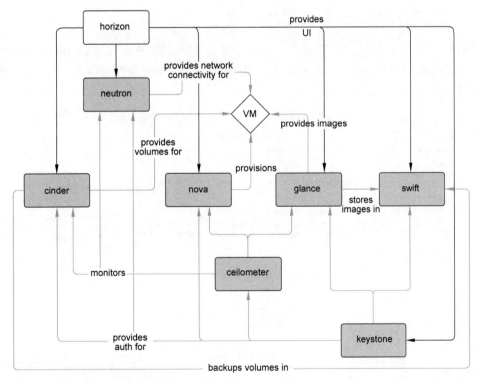

图 8-2　OpenStack 架构

（1）VM：虚拟机，由 OpenStack 架构中的计算、存储、网络、镜像等组件联合创建。

（2）nova：OpenStack 中负责计算的服务组件。计算通常由虚拟机完成，因此该组件主要提供虚拟机生命周期管理服务。

（3）neutron：OpenStack 中负责网络的服务组件。该组件用于为虚拟机提供虚拟网络和物理网络连接服务。

（4）glance：OpenStack 中负责镜像管理的服务组件。该组件用于管理虚拟机的启动镜像（即虚拟机的操作系统镜像），但并不存储镜像文件，仅负责保管镜像的元数据。

（5）swift：OpenStack 中负责对象存储的服务组件。该组件可以为虚拟机提供对象存储服务，对象存储中的文件通常具备单文件较大、访问不频繁、对延迟要求不高等特点。该组件通常可作为 glance 服务组件的后端存储，负责存放镜像文件。

（6）cinder：OpenStack 中负责块存储（存储卷）的服务组件。该组件可以为虚拟机提供块存储服务。相比于虚拟机内部文件系统，块存储（存储卷）独立于虚拟机之外，能够持久存在，不受虚拟机生命周期影响。

（7）keystone：OpenStack 中负责身份认证和权限管理的服务组件。该组件通过对用户进行认证与鉴权，为用户授予各组件服务的权限。

（8）ceilometer：OpenStack 中负责资源监控与统计的服务组件。云计算架构中，各类资源通常以云服务的形式提供给用户，通过该组件可以对服务资源进行监控和计量，并为监控、计费等提供信息。

（9）horizon：OpenStack 中的图形化 UI 界面组件。horizon 组件功能丰富，高度插件化，灵活且易于扩展，因此该组件可以被用于为 OpenStack 用户提供 portal 服务。

8.2.2 OpenStack 主要服务介绍

使用 OpenStack 搭建云平台，需要 OpenStack 中的各类服务组件（OpenStack services 是构成 OpenStack 的组件，后续简称为服务），如图 8-3 所示，这些服务提供了各种 API，使用户能够访问和使用基础设施资源。

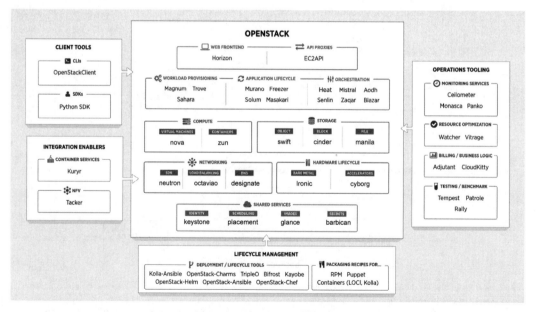

图 8-3　OpenStack 组件全景

（1）通过 keystone 服务可以对用户进行认证并授权用户使用各服务。

（2）通过 glance 服务可以管理虚拟机需要使用的各类镜像。

（3）通过 nova 服务可以创建和管理虚拟机。

（4）通过 cinder 服务可以为虚拟机增加存储空间。

（5）通过 neutron 服务可以创建和管理网络，让虚拟机之间、虚拟机与外网之间互通。

1. keystone 服务

keystone 服务用于为 OpenStack 其他服务提供身份验证、权限管理、令牌管理及名册管理。需要使用云计算资源的所有用户（该处的"用户"不是指虚拟机操作系统的用户，而是指需要使用 OpenStack 云平台中基础设施资源的用户）需要先在 keystone 服务中建立账号和密码，并定义权限。各 OpenStack 服务（如 glance、nova、neutron、cinder、swift 等）均需要在 keystone 中注册，并登记具体的 API。keystone 服务自身也要注册和登记 API。

keystone 的服务架构指通过与各对象交互，实现认证与授权。相关的概念和功能如图 8-4 所示，其说明如下。

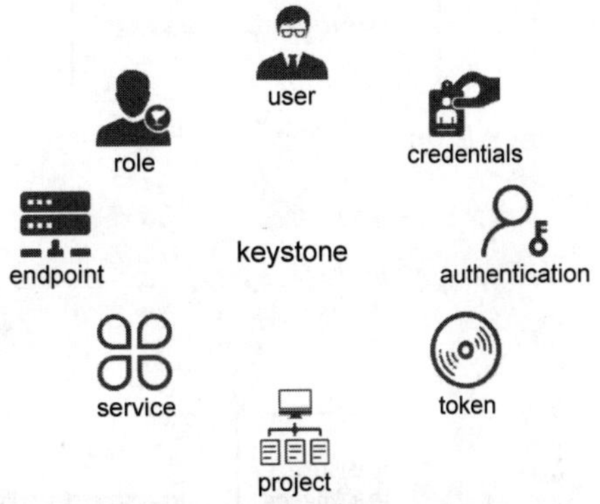

（1）user：keystone 授权使用者，可以是真正用户，也可以是系统或者服务。

（2）credentials：user 用来证明自己身份的信息。

（3）authentication：keystone 验证 user 身份的过程。

（4）token：数字和字母组成的字符串，认证后分给 user，作为鉴权依据。

图 8-4　keystone 服务架构

（5）project：将资源进行分组和隔离。

（6）service：任何通过 keystone 进行连接或管理的组件都被称为服务，如 nova、cinder、glance、neutron 等。

（7）endpoint：一个网络上可以访问的地址，通常为一个 URL。

（8）role：主要包括 authentication 和 authorization。

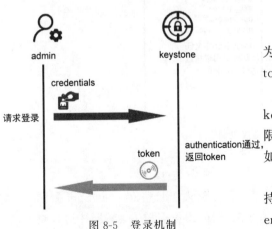

图 8-5　登录机制

keystone 的服务机制包括以下四种。

机制一：keystone 用户认证机制。keystone 为用户提供登录服务，对用户进行鉴权，并提供 token，如图 8-5 所示。

机制二：keystone 根据权限展示内容。keystone 可以根据用户 token，确认用户的权限范围，展示用户有访问权限的内容（项目等），如图 8-6 所示。

机制三：keystone 查询功能。keystone 支持为用户查询反馈信息，包括已注册服务的 endpoint 信息等，如图 8-7 所示。

机制四：keystone 鉴权功能。keystone 可在用户申请使用其他组件时，对用户进行鉴权服务，如图 8-8 所示。

2. glance 服务

glance 服务是 OpenStack 中提供镜像管理功能的服务组件。glance 服务提供了一套虚拟机镜像发现、注册、检索的系统，可以将镜像存储到以下任意一种存储中。

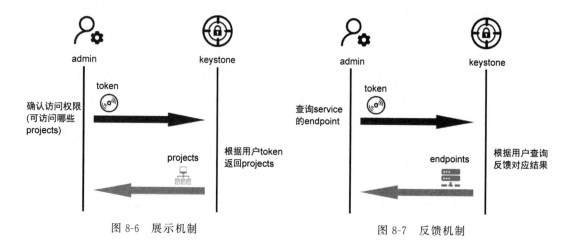

图 8-6　展示机制　　　　　　　　　图 8-7　反馈机制

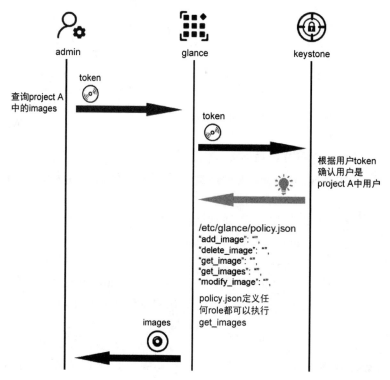

图 8-8　鉴权机制

（1）本地文件系统（默认）。

（2）OpenStack 对象存储（swift）。

（3）S3 直接存储。

（4）S3 对象存储（作为 S3 访问的中间渠道）。

（5）更多其他存储。

glance 服务架构中各功能模块的具体功能如下（见图 8-9）。

（1）glance-API：提供 API 接口，响应镜像查询、获取和存储请求。

（2）glance-registry：处理和存取镜像的元数据（metadata，包括 size/type）。

（3）database：存储镜像的元数据。

（4）store backend：存储真正的镜像文件。

3. nova 服务

nova 服务是 OpenStack 最核心的服务组件，用于调用虚拟化软件（如 KVM、Xen、Hyper-V 等），创建和管理虚拟机。

nova 的服务架构如图 8-10 所示，其架构中各模块的说明如下。

（1）nova-API：接收和响应用户 API 调用。

（2）nova-scheduler：虚拟机调度服务，负责选择在哪个计算节点运行虚拟机。

（3）nova-compute：调用 hypervisor API 实现虚机生命周期管理。

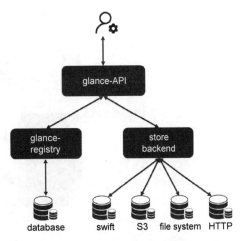

图 8-9　glance 服务架构

（4）hypervisor：计算节点运行的虚拟化管理程序（CAS/VMware 等）。

（5）nova-conductor：负责访问和更新数据库。

（6）nova-console：负责访问虚拟机的控制台。

（7）nova-cert：提供 x509 证书支持。

（8）queue：负责子服务之间相互的协调和通信。

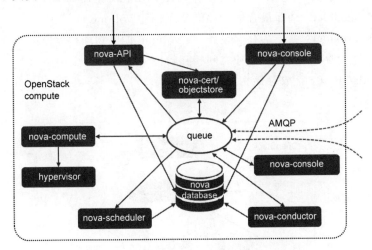

图 8-10　nova 服务架构

通过 nova 服务创建虚拟机的流程如图 8-11 所示，其具体步骤如下。

① 用户向 nova-API 发送创建虚拟机请求。

② nova-API 处理请求，并向 MQ 发送创建虚拟机的消息。

③ nova-scheduler 从 MQ 中获取消息并执行调度选择计算节点。

④ nova-scheduler 向 MQ 发送在某计算节点创建虚拟机的消息。

⑤ nova-compute 从 MQ 中获取消息并在该节点启动虚拟机。

⑥ nova-conductor 接收 MQ 发来的消息，访问和更新数据库。

4. cinder 服务

cinder 服务用于管理块存储，用户通过与 cinder 交互创建存储卷，将该存储卷挂载至虚拟

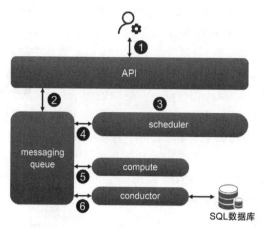

图 8-11　创建虚拟机流程

机中使用。

在 OpenStack 中,cinder 服务相当于一个专司块存储的管家,当虚拟机需要块存储时,就会询问管家去哪里获取具体的块设备。cinder 服务是插件式的,安装在具体的 SAN 设备里。

cinder 服务的架构如图 8-12 所示,其中各模块说明如下。

(1) cinder-API:接收 API 请求,调用 cinder-volume。

(2) cinder-volume:与 provider 协调工作,管理 volume 生命周期。

(3) cinder-scheduler:选择最合适的存储节点创建 volume。

(4) volume provider:数据的存储设备,为 volume 提供物理存储空间。

(5) queue:消息队列,负责子服务之间相互的协调和通信。

(6) cinder database:存放存储相关的数据。

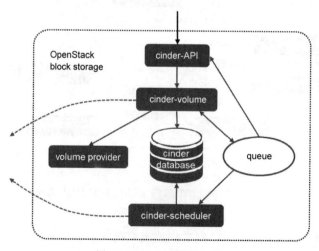

图 8-12　cinder 服务架构

通过 cinder 服务创建硬盘的流程如图 8-13 所示,其具体步骤如下。

① 用户向 cinder-API 发送创建硬盘请求,并调用 cinder-volume。

② cinder-API 处理请求,并向 MQ 发送创建硬盘的消息。

③ cinder-scheduler 从 MQ 获取消息,并执行调度选择存储节点。

④ cinder-scheduler 向 MQ 发送在某个存储节点创建硬盘的消息。

⑤ cinder-volume 从 MQ 中获取消息并在 provider 上创建硬盘。

5. neutron 服务

neutron 用于管理网络资源,提供一组应用编程接口(API),用户可以调用它们来定义网络(如 VLAN),并把定义好的网络附加给租户。

neutron 服务架构如图 8-14 所示,其中各模块说明如下。

(1) neutron-server:对外提供 API,接收请求,并调用 plugin 处理请求。

(2) neutron-plugin:处理 server 的请求,维护网络状态,并调用 agent 处理请求。plugin 包括 core plugin 和 service plugin,core plugin 维护 network、subnet 和 port 的状态,并负责调用相应的 agent 在 network provider 上执行相关操作。

(3) neutron agents:处理 plugin 的请求,并在 provider 上实现各种网络功能。

(4) network provider:提供网络服务的虚拟或物理网络设备。

(5) queue:消息队列,负责子服务之间相互的协调和通信。

(6) neutron database:存放 OpenStack 的网络状态信息。

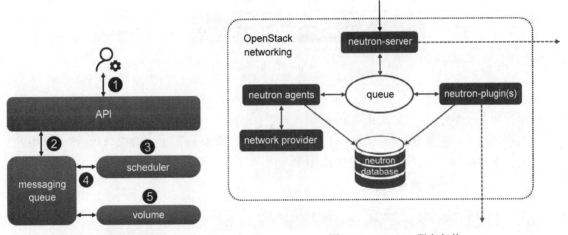

图 8-13　创建硬盘流程　　　　　图 8-14　neutron 服务架构

neutron 机制的简要说明如下。

(1) neutron 通过 plugin 和 agent 提供网络服务

(2) core plugin 维护 netowrk、subnet 和 port 的相关资源信息。

(3) service plugin 提供 router、FW、LB、VPN 等服务。

(4) plugin、agent 和 network provider 配套使用。

(5) plugin 解决的是网络要配置成什么样的问题。

(6) agent 解决的是网络要如何配置的问题。

8.2.3　OpenStack 运行机制

本节将介绍 OpenStack 的基础运行机制,即通过 keystone 服务鉴权、nova 服务创建虚拟机、cinder 服务创建存储、neutron 服务创建网络操作,配合对应的日志信息,展示 OpenStack

各组件的运行与配合机制。

1. 概览

OpenStack 拥有分层设计,其每一层的具体功能如下所示。

(1) portal 层即 UI 层,是对外提供云服务的 UI 界面或 RESTful API 接口。

(2) core 层即核心层,是各云计算功能的实现层。该层各 OpenStack 服务的核心功能向上与 portal 层云服务进行交互,向下与 OpenStack 层的控制服务有少量交互。

(3) OpenStack 层即控制层,该层的各 OpenStack 控制服务向上与 core 层对应的核心功能交互,向下与不同的虚拟化平台进行交互。

对应不同分层,OpenStack 在运行过程中也会产生各类日志,日志的路径如图 8-15 所示。

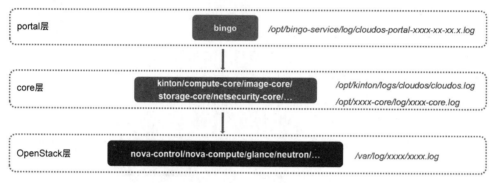

图 8-15　OpenStack 日志分层

2. 获取 token

用户与 keystone 服务交互获取 token。

用户通过 bingo 服务(portal 层)向 OpenStack 发送获取 token 的请求,OpenStack 中的 keystone 服务生成对应的 token 并返回给用户。

通过日志查看交互过程,如图 8-16 所示。

```
[INFO ] 10:21:25.164 [pool-1-thread-20005] c.h.c.common.rest.client.BaseClient - POST : http://api-leo-sys-h3cloud:8000/os/kinton/v1/keystone/token
[INFO ] 10:21:25.341 [pool-1-thread-20005] c.h.c.common.rest.client.BaseClient - tokenId is :eyJjdHki0iJKV1QiLCJlbmMi0iJBMTI4Q0JDLUhTMjU2IiwiYWxnIjoiZGlyIn0..Q9K59JyKI_txbLu
vS9IZKGdUh403v 8YmI T8Qt                                                                                                                              9aZ9tE
vq-0yA06eB1f                                                                                                mVWzxT8bHH0PChD6YJs1JVyRgPmqGeqZrdSmqEVU-9m_6
```

图 8-16　portal 层的 bingo 服务日志

用户通过 bingo 服务发送请求和接收 token,bingo 服务日志的路径为/opt/bingo-service/log/cloudos-portal-xxxx-xx-xx. x. log。

OpenStack 接到请求后,生成 token,并返回给用户,如图 8-17 所示。token 信息可使用 openstack token issue 命令查看。

```
[root@novarc-ggw5c /]# source /root/admin-openrc.sh
[root@novarc-ggw5c /]# openstack token issue
+-----------+-------------------------------------------------------------------------------------------+
| Field     | Value                                                                                     |
+-----------+-------------------------------------------------------------------------------------------+
| expires   | 2020-03-25T00:26:27+0000                                                                  |
|           |                                                                                           |
| id        | eyJjdHki0iJKV1QiLCJlbmMi0iJBMTI4Q0JDLUhTMjU2IiwiYWxnIjoiZGlyIn0..V6kV5hsV0_NsSVfry_rHDw.hJldrL-PpBSE978NW_C2SQn9xf-5aj7WKYG16ULhsFQ9bXPao6-asyl4_Zyhr2fEass1_E0z9amxSNPWb4i7EzXlGwz63f0SakyxEFi065syoIpoHa0B0PE5B-IWKD2r0xH |
|           | VihCDER_Uo2Nqpestfe8lm_dqr7FjvV_MAId22Kg5_0GRq7teb2l4mNisv6CE0RbSbfvnlkm2EfWQRfMfDowBPO-Q2EnwiP0SE94wfmezlGY4PK0AbblqT6t03iVL vTWTHcTXp-wwSS0squfAN3By-Ce9GneF-kOebCDErvhg5SLu82ghjp_B8omvT-ecuujseU0FNC_46025JNrvOS13069GIaU2HPSlHG-dW20x21H |
|           | 75203j7lvlml_zc-jCJK-N3sVn3BfIUGbv0c3hAK0A4K33BHQulGHdl1DHRD8mR6aqwcTRXax1jxePaPvAsPd9_0Lvrfk8ndwC5joIh3q0lfu25JppPcIdNAVw.Cqrf7j6amlyOWua-nJtv0A |
| project_id | 18d4033d-d9b0-446b-8468-5ab1f0bab110                                                      |
|           |                                                                                           |
| user_id   | b722e851-98dc-48f9-8e9a-823a30825496                                                      |
+-----------+-------------------------------------------------------------------------------------------+
```

图 8-17　OpenStack 中生成的 token

3. 创建虚拟机

用户可以通过与 nova 交互,创建虚拟机。

用户通过 portal 层的 bingo 服务发送创建虚拟机的请求(含虚拟机配置),bingo 服务日志的路径为/opt/bingo-service/log/cloudos-portal-xxxx-xx-xx. x. log。然后,bingo 服务向 core 层的服务传递请求,如图 8-18 所示。

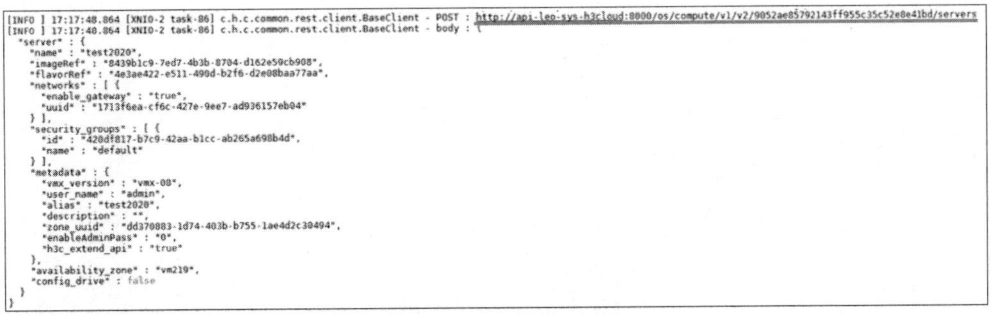

图 8-18 bingo 服务收到用户请求

compute-core 收到用户请求,其日志路径为/opt/compute-core/log/compute-core. log,如图 8-19 所示。

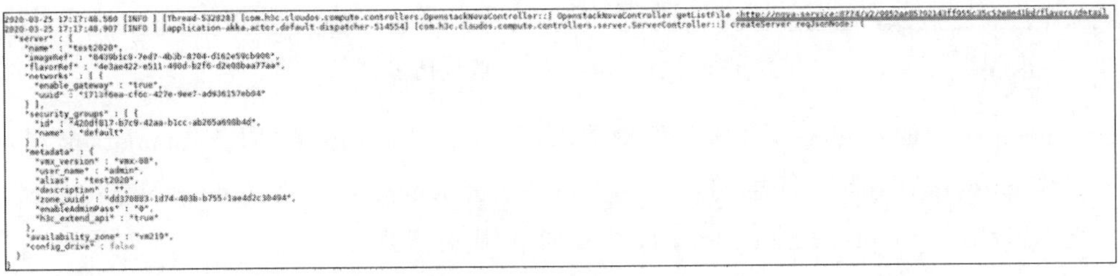

图 8-19 compute-core 收到请求

compute-core 中的 nova-API 服务处理请求,并由 nova-compute 服务(OpenStack 层)创建虚拟机。其中 nova-API 服务日志的路径为/var/log/nova/nova-api. log,nova-compute 服务日志的路径为/var/log/nova/nova-compute. log,如图 8-20 和图 8-21 所示。

图 8-20 nova-API 服务日志

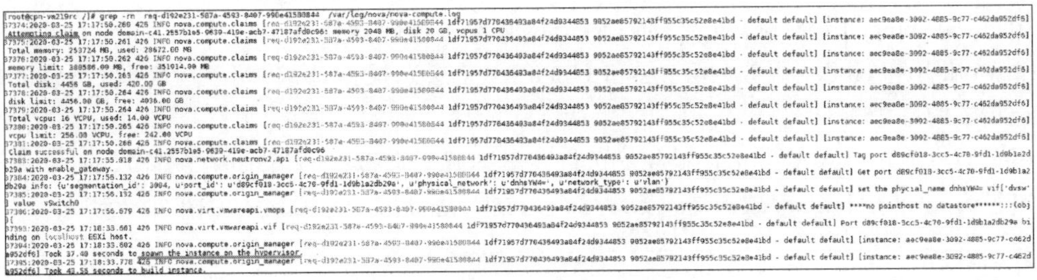

图 8-21 nova-compute 服务日志

4. 创建硬盘

用户可以与 cinder 服务交互，创建硬盘。

用户通过 portal 层的 bingo 服务发送创建硬盘的请求（含配置），bingo 服务的日志路径为/opt/bingo-service/log/cloudos-portal-xxxx-xx-xx. x. log。然后，bingo 服务向 core 层的服务传递请求，如图 8-22 所示。

```
[INFO ] 21:11:33.350 [XNIO-2 task-1] c.h.c.common.rest.client.BaseClient - POST : http://api-leo-sys-h3cloud:8000/os/storage/v1/v2/9052ae85792143ff955c35c52e8e41bd/volumes
[INFO ] 21:11:33.350 [XNIO-2 task-1] c.h.c.common.rest.client.BaseClient - body : {
"volume" : {
  "name" : "test2020",
  "description" : null,
  "size" : "1",
  "status" : "creating",
  "volumeNum" : 0,
  "multiattach" : false,
  "user_id" : "1df71957d770436493a84f24d9344853",
  "project_id" : "9052ae85792143ff955c35c52e8e41bd",
  "availability_zone" : "cinder35",
  "volume_type" : null,
  "attach_status" : "detached",
  "metadata" : {
    "user_name" : "admin",
    "storage_type_name" : "普通",
    "azone_uuid" : "3b720bcd-371e-4e6b-b78a-f07fb251d3a5",
    "azone_label" : "cinder35bm"
  }
}
}
```

图 8-22　bingo 服务收到用户请求

storage-core 收到用户请求，其日志路径为/opt/storage-core/log/storage-core. log，如图 8-23 所示。

```
2020-03-25 21:11:33.889 INFO [application-akka.actor.default-dispatcher-8] [com.h3c.cloudos.blockstorage.controllers.VolumeController] [VolumeController->createVolume] The request body is {"volume":{"name":"test2020","description":"null","size":"1","status":"creating","volumeNum":0,"multiattach":false,"user_id":"1df71957d770436493a84f24d9344853","project_id":"9052ae85792143ff955c35c52e8e41bd","availability_zone":"cinder35","volume_type":null,"attach_status":"detached","metadata":{"user_name":"admin","storage_type_name":"普通","azone_uuid":"3b720bcd-371e-4e6b-b78a-f07fb251d3a5","azone_label":"cinder35bm"}}}
2020-03-25 21:11:33.439 [ERROR] [ForkJoinPool.commonPool-worker-9] [com.h3c.cloudos.license.LicenseClientImpl::] [permitCheck][#lincenseName:CloudEnt,url:http://api-cancer-sys-h3cloud:11500/v2/statistics?feature=CloudEnt,resStatus:404
2020-03-25 21:11:33.449 [INFO] [ForkJoinPool.commonPool-worker-9] [com.h3c.cloudos.license.LicenseClientImpl::] [permitCheck][#lincenseName:CloudEntPlus,url:http://api-cancer-sys-h3cloud:11500/v2/statistics?feature=CloudEntPlus,respon
se:{"licenses":[{"feature":"CloudEntPlus","status":"ENABLE","type":"FUNCTION","count":1}]}]
```

图 8-23　storage-core 收到请求

storage-core 中的 cinder-API 服务处理请求，并由 cinder-volume 服务（openstack 层）创建硬盘。其中 cinder-API 服务日志的路径为/var/log/cinder/api. log，cinder-volume 服务日志的路径为/var/log/cinder/volume. log，如图 8-24 和图 8-25 所示。

```
2020-03-25 21:11:33.813 305 INFO cinder.api.openstack.wsgi [req-d98a776f-9d80-4bef-9c0d-c9f2232c2876 1df71957d770436493a84f24d9344853 9052ae85792143ff955c35c52e8e41bd - default default] POST http://cinder-service:8776/v2/9052ae85792143
ff955c35c52e8e41bd/volumes
2020-03-25 21:11:33.814 305 INFO cinder.api.v2.volumes [req-d98a776f-9d80-4bef-9c0d-c9f2232c2876 1df71957d770436493a84f24d9344853 9052ae85792143ff955c35c52e8e41bd - default default] Create volume of 1 GB
2020-03-25 21:11:33.839 305 INFO cinder.volume.api [req-d98a776f-9d80-4bef-9c0d-c9f2232c2876 1df71957d770436493a84f24d9344853 9052ae85792143ff955c35c52e8e41bd - default default] Availability Zones retrieved successfully.
2020-03-25 21:11:34.026 305 INFO cinder.volume.api [req-d98a776f-9d80-4bef-9c0d-c9f2232c2876 1df71957d770436493a84f24d9344853 9052ae85792143ff955c35c52e8e41bd - default default] Create volume request issued successfully.
2020-03-25 21:11:34.027 305 INFO cinder.api.openstack.wsgi [req-d98a776f-9d80-4bef-9c0d-c9f2232c2876 1df71957d770436493a84f24d9344853 9052ae85792143ff955c35c52e8e41bd - default default] http://cinder-service:8776/v2/9052ae85792143ff95
5c35c52e8e41bd/volumes returned with HTTP 202
```

图 8-24　cinder-API 服务日志

```
[root@cpn-cas35rc-4f2qk /]# grep -rn req-d98a776f-9d80-4bef-9c0d-c9f2232c2876 /var/log/cinder/volume.log
9068:2020-03-25 21:11:34.238 4903 INFO cinder.volume.flows.manager.create_volume [req-d98a776f-9d80-4bef-9c0d-c9f2232c2876 1df71957d770436493a84f24d9344853 9052ae85792143ff955c35c52e8e41bd - default default] Volume 9d505be9-ea2a-456a-8
bb9-01133856cc5f: being created as raw with specification: {'status': u'creating', 'volume_size': 1, 'volume_name': 'volume-9d505be9-ea2a-456a-86b9-01133856cc5f'}
4969:2020-03-25 21:11:38.439 4903 INFO cinder.volume.drivers.can.baseDriver [req-d98a776f-9d80-4bef-9c0d-c9f2232c2876 1df71957d770436493a84f24d9344853 9052ae85792143ff955c35c52e8e41bd - default default] success to create volume[volume-9d505be9-ea2a
9d505be9-ea2a-456a-86b9-01133856cc5f]
4970:2020-03-25 21:11:38.470 4903 INFO cinder.volume.flows.manager.create_volume [req-d98a776f-9d80-4bef-9c0d-c9f2232c2876 1df71957d770436493a84f24d9344853 9052ae85792143ff955c35c52e8e41bd - default default] Volume 9d505be9-ea2a
-456a-86b9-01133856cc5f (9d505be9-ea2a-456a-86b9-01133856cc5f): created successfully
4971:2020-03-25 21:11:38.483 4903 INFO cinder.volume.manager [req-d98a776f-9d80-4bef-9c0d-c9f2232c2876 1df71957d770436493a84f24d9344853 9052ae85792143ff955c35c52e8e41bd - default default] Created volume successfully.
```

图 8-25　cinder-volume 服务日志

5. 为虚拟机挂载硬盘

用户可以通过与 nova 和 cinder 交互，将创建的硬盘挂载至虚拟机。

用户通过 bingo 服务（portal 层）向 OpenStack 发送将硬盘挂载至虚拟机的请求，OpenStack 中的 nova 服务和 cinder 服务（core 层和 OpenStack 层），根据请求，相互配合，将指定的硬盘挂载至指定的虚拟机。

用户通过 portal 层的 bingo 服务发送将硬盘挂载至虚拟机的请求（含配置），bingo 服务的日志路径为/opt/bingo-service/log/cloudos-portal-xxxx-xx-xx. x. log，如图 8-26 所示。

```
[INFO ] 10:54:22.443 [XNIO-2 task-205] c.h.c.common.rest.client.BaseClient - POST : http://api-leo-sys-h3cloud:8000/os/compute/v1/v2/9052ae85792143ff955c35c52e8e41bd/servers/e8da0720-b744-4c4e-a
275-852e44b5f721/os-volume_attachments
[INFO ] 10:54:22.449 [XNIO-2 task-205] c.h.c.common.rest.client.BaseClient - body : {"volumeAttachment":{"volumeId": "f04158a9-01fe-40ac-be0c-77a5ccce60f5"}}
```

图 8-26　bingo 服务收到请求

bingo 服务向 core 层的服务传递请求,在/var/log/nova/nova-api. log 中查看 nova 收到挂载硬盘的 post 请求,如图 8-27 所示。

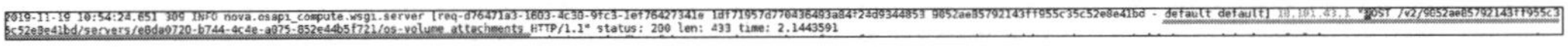

图 8-27　nova-API 服务日志

在/var/log/cinder/volume. log 中查看 nova 从 cinder 中获取的硬盘信息,如图 8-28 所示。

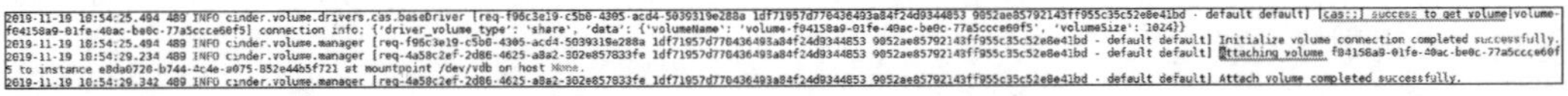

图 8-28　cinder-volume 服务日志

在/var/log/nova/nova-compute. log 中查看 OpenStack 层中,nova-compute 将硬盘挂载至虚拟机,如图 8-29 所示。

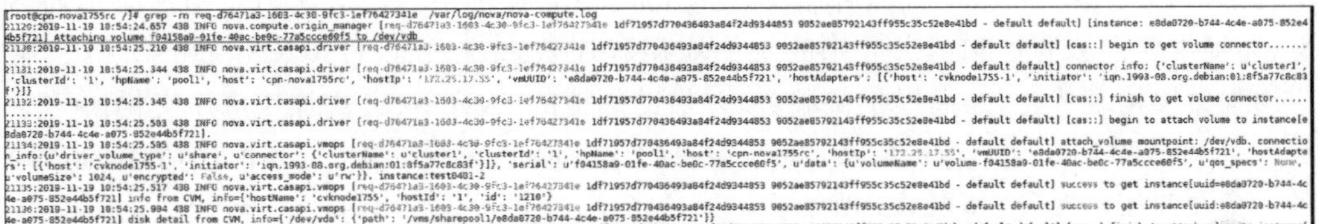

图 8-29　nova-compute 服务日志

6. 创建虚拟网卡

用户可以通过与 neutron 交互,创建虚拟网卡。

用户通过 portal 层的 bingo 服务向 OpenStack 发送创建虚拟网卡的请求,bingo 服务的日志路径为/opt/bingo-service/log/cloudos-portal-xxxx-xx-xx. x. log,如图 8-30 所示。

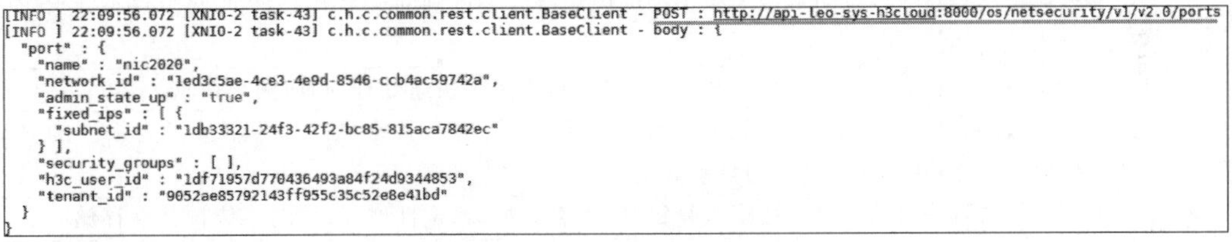

图 8-30　bingo 服务收到请求

bingo 收到请求后,向 core 层传递请求,netsecurity-core 服务收到请求并处理下发请求,日志路径为/opt/netsecurity-core/log/netsecurity-core. log,如图 8-31 所示。

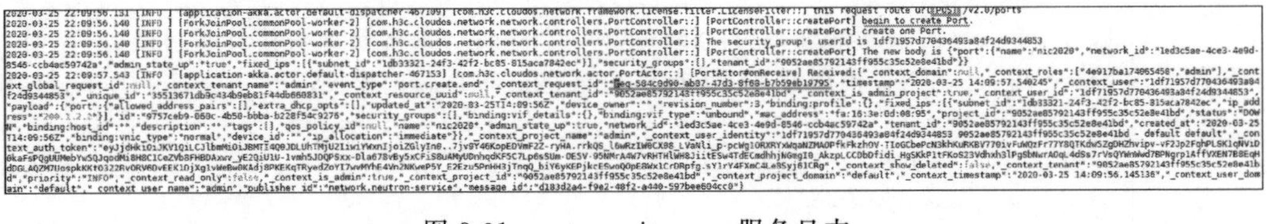

图 8-31　netsecurity-core 服务日志

neutron-server 收到请求后,调用 plugin 创建虚拟网卡,日志路径为/var/log/neutron/server. log,如图 8-32 所示。

图 8-32　neutron-server 服务日志

8.3　H3C CloudOS 云平台介绍

H3C CloudOS 作为全栈式云平台,聚合 AI、大数据、IoT 等多种技术能力及百态行业云场景化能力,借助强大算力与海量存储,依托数据智能分析手段,帮助用户在复杂且多样的 IT 环境中及时交付出色的应用程序和功能,并为容器化、微服务等重要 IT 举措提供支持,助力百行百业用户实现数字化转型。

8.3.1　H3C CloudOS 5.0 简介

H3C CloudOS 5.0 云平台基于前序版本新增了大数据服务、AI 服务等服务能力,并对 IaaS、PaaS 服务进行了全面改进,是一款经过容器优化的企业级全栈云平台。

H3C CloudOS 5.0 云平台拥有插拔式的开放架构,提供平台服务能力及用户应用的高扩展性,还提供面向云服务和用户应用的统一应用程序管理。同时,H3C CloudOS 5.0 云平台使应用程序架构现代化,从而提供微服务,并借助敏捷的 DevOps 方式加快应用交付。

H3C CloudOS 5.0 的基础服务、IaaS 服务、PaaS 服务等服务能力,在前序版本的基础上进行了全面的技术提升,如表 8-1 所示。

表 8-1　云平台的技术增强

分　类	技术提升点
基础平台	架构转型升级:由集成云架构升级为微服务云架构,以基础平台为基座,提供不同层面的服务能力
	部署环境简化:基础平台解耦外部共享存储,通过磁盘镜像技术形成一块高可用块存储,基础平台本身不再依赖共享存储
	资源二次调度:将不同资源消耗类型的应用混合调度到同一节点上,达到对节点不同资源的最大化利用
	请求按需限流:支持自动限流和自动熔断,系统能够快速处理、响应用户请求
	故障检测、可视、自愈:自研稳定性增强组件,支持约 50 种常见的以集群故障为根因的自动检测;支持其中 10 种故障的自动修复
	高可用数据库集群:自动故障恢复机制、不丢数据,稳定性增强,同时不依赖共享存储
IaaS	云备份:为虚拟机的所有云硬盘创建备份,通过备份快速恢复数据,保证虚拟机业务的持续可用性
	云网盘:为用户提供数据集中安全存储,解决数据资产管理问题
	CVM 集成:为用户提供统一的云服务和虚拟化资源管理入口,简化用户使用,降低资源需求
	GPU 资源调度:支持 GPU 资源虚拟化,为 AI 提供算力支持
PaaS	服务治理:双模服务治理,支持 SpringCloud、Istio;全景化服务拓扑及调用链分析(目前 CloudOS 5.0 在服务治理方面已经有 SpringCloud 和 Istio 的模式,正在开发基于 Dubbo 的服务治理模式)
	容器云引擎:依托容器资源管理调度框架,开发流水线等实现用户业务系统容器化,提升资源利用率和弹性伸缩能力
	应用管理引擎:依托应用编排和资源管理框架,微服务框架,中间件等,实现用户业务系统开发、上线、管理和运维一体化
	开发测试与 PaaS 联动:依托开发测试流水线与 PaaS 仓库,实现业务系统开发测试上线管理的流程化

续表

分　类	技术提升点
DaaS	云化大数据服务：数据平台升级为 Hadoop 3.0 版本，新增 Impla 组件 增强统一 SQL 引擎，支持存储过程、机器学习 SQL、图 SQL 与流 SQL，降低 Hadoop 使用复杂度 新增数据接入服务，提供分布式的实时数据入库能力 新增数据工厂服务，提供分布式任务调度与数据表、文件的可视化管理的能力

基于表 8-1，H3C CloudOS 5.0 实现了对数据中心异构资源的统一管理和智能调度，为上层的 XaaS 提供了对应的能力支持。

（1）基于稳定可靠的 IaaS 服务能力，有效拉通数据中心基础设施资源，并通过运营运维一体化门户自动化交付，助力用户完成信息化建设从成本中心到价值中心的升华。

（2）基于容器服务能力，为用户提供云化应用的最佳资源平台，从而保障客户业务稳定运行，为客户业务持续增长提供有力支撑。

（3）基于 DevOps 服务能力，融合 H3C 对 DevOps 的实践经验，助力客户建立业务开发、运营一体化管理体系，缩短客户业务交付周期，构建新业务流水线。

（4）基于微服务治理能力，为用户提供业界领先的微服务框架，让客户能够专注于业务本身，实现微服务应用的快速开发和高效管理，助力客户业务云化转型。

基于 IaaS 和容器服务提供的全面资源支撑，结合数据库即服务、中间件即服务、应用管理服务等 PaaS 相关能力，将微服务、DevOps 等多元场景有效拉通，全方位解决企业软件产品全生命周期面临的挑战和困难。

8.3.2　H3C CloudOS 5.0 云平台架构

H3C CloudOS 5.0 的架构可以用"1+1+N"来概括。平台采用服务化的架构设计，各个子系统之间采用 REST API 进行交互，每个子系统可以独立运行，对外交付以 1 个基础平台、1 组系统组件、N 组云服务的形式呈现，如图 8-33 所示。

图 8-33　H3C CloudOS 5.0 架构

1. H3C CloudOS 5.0 功能架构

H3C CloudOS 5.0 的功能架构如图 8-34 所示，它可以被划分为基础平台和云服务。

（1）基础平台包括建立在硬件基础上的虚拟化架构、容器架构，支持容器编排引擎（多K8s 集群），提供统一的系统管理、资源池管理、监控日志等服务。

（2）云服务包含 IaaS 服务、PaaS 服务、DevOps 服务，还增加了大数据服务、AI 服务。此外，云服务还在持续开发 SaaS 应用服务。

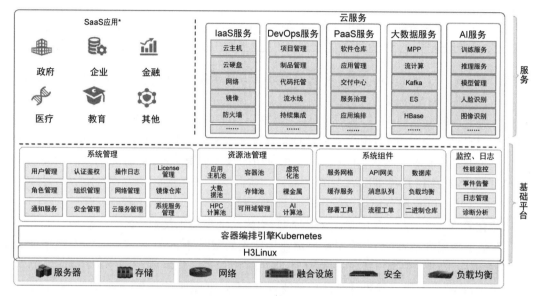

图 8-34　H3C CloudOS 5.0 功能架构

2. H3C CloudOS 5.0 逻辑架构

H3C CloudOS 5.0 的逻辑架构如图 8-35 所示。用户的所有请求都会通过 API 网关下发。H3C CloudOS 5.0 中使用的 API 网关为开源组件 Kong 网关，可用于隔离、认证、分发。API 网关与 keystone 搭配进行认证之后，即可根据用户请求分发至不同的服务，包括 IaaS 云服务、PaaS 云服务、大数据云服务等。依赖于分布式容器引擎，各类云服务可以实现服务治理、日志收集、故障检测、监控等功能。

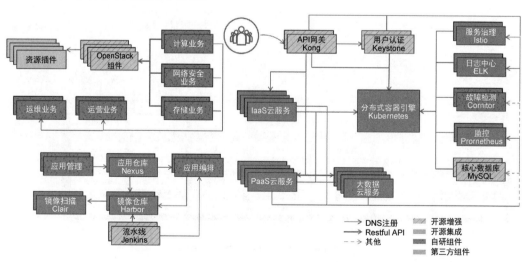

图 8-35　H3C CloudOS 5.0 逻辑架构

3. H3C CloudOS 5.0 技术架构

H3C CloudOS 5.0 的技术架构如图 8-36 所示,其中部分架构功能如下。

(1) image registry 指镜像仓库。

(2) CNI、网络策略(network policy)是一种关于 pod 间及 pod 与其他网络端点间所允许的通信规则的规范。

(3) flex volume 接口用于连接存储卷,具有可扩展性。

(4) CRI 为 K8s 容器运行时的接口,kubernetes 不会直接和容器打交道,kubernetes 的使用者能接触到的概念只有 pod,而 pod 里包含了多个容器。当在 kubernetes 里用 kubectl 执行各种命令时,是 kubernetes 工作节点里所谓"容器运行时"的软件在起作用,docker 就是一种容器运行时的软件。CRI 的存在是使 K8s 不被 docker 捆绑。

(5) cAdvisor 即容器监控工具(container advisor),被内嵌到 K8s 中作为 K8s 的监控组件,为容器用户提供了对其运行容器的资源使用和性能特征的理解。它是一个运行守护程序,用于收集、聚合、处理和导出有关正在运行的容器的信息。具体而言,对于每个容器,它保留了资源隔离参数,历史资源使用和完整历史资源。

(6) MaxScale 是 MySQL 数据中间件,其配置简单,能够实现读写分离,并且可以根据主从状态实现写库的自动切换。

(7) MHA 是 MySQL 的故障切换方案,用来保证数据库系统的高可用性,在宕机的时间内(通常 10~30s 内),完成故障切换。部署 MHA,可避免主从一致性问题。

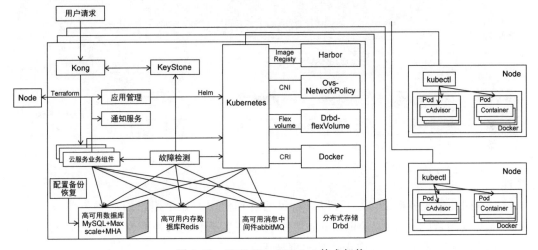

图 8-36　H3C CloudOS 5.0 技术架构

4. H3C CloudOS 5.0 IaaS 架构

在 IaaS 架构中,通过 OpenStack 对底层基础资源,如计算、存储、网络、安全等,进行统一管理,继而向用户提供各类计算、存储、网络、安全等服务,并支持用户自服务,如图 8-37 所示。其中 tenant self-service portal 指租户自助服务门户。

5. H3C CloudOS 5.0 PaaS 架构

在 PaaS 服务架构中,存在多个容器编排引擎,这意味着 PaaS 层可支持多个 K8s 集群,管理节点会更多,隔离性更强,高可用性和可靠性更好,如图 8-38 所示。

在服务支撑层中,相比于以往版本的 CloudOS 中使用 cloudify 组件对裸金属进行管理,H3C CloudOS 5.0 中丢弃了维护较为复杂的 cloudify 而采用 terraform 对虚拟机和裸金属进

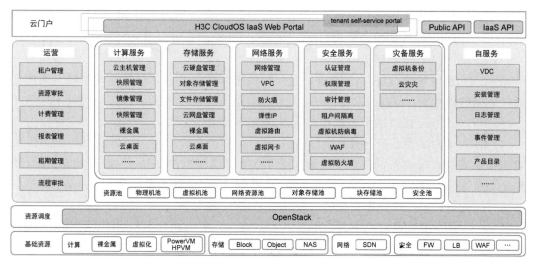

图 8-37 IaaS 架构

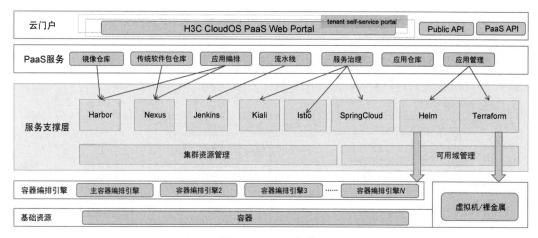

图 8-38 PaaS 架构

行管理。

针对不同的微服务框架,用户可以自行灵活选择使用。如果用户的新业务是基于 spring 或 dubbo 开发的,则选择对应的框架;如果用户不是基于上述两种开发的,则可以选择 istio,因为 istio 是无侵入性的,它的应用条件与框架无关。

6. H3C CloudOS 5.0 部署架构

相比于前序版本,H3C CloudOS 5.0 的部署根据最新的需求和业务场景进行了优化,如图 8-39 所示,其部署优化主要体现在以下方面。

(1) 为应用程序架构现代化而提供的微服务,包括 CloudOS 平台为云原生、微服务应用程序和现有的传统、有状态应用提供了通用的平台。凭借应用框架、编程语言工具方面的丰富选择,客户能够更快地为创新应用建立原型。

(2) 借助敏捷的 DevOps 方法加快应用交付,CloudOS 平台为开发和运维团队提供了通用平台,以确保应用组件的一致化和标准化,消除配置错误,使新功能投入生产时实现自动化部署,并在发生故障时回滚。

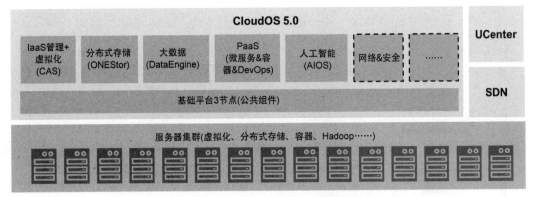

图 8-39　H3C CloudOS 5.0 部署架构

8.3.3　H3C CloudOS 5.0 云平台功能

本节将对 H3C CloudOS 5.0 中的功能按服务进行划分,如图 8-40 所示,并分别进行介绍。

图 8-40　CloudOS 功能

1. 云基础平台 plat 服务能力

云基础平台 plat 的主要服务能力包括安装部署、产品升级、API 网关、故障定位、日志收集和审批流程等。

(1) 安装部署。CloudOS 通过最简参数配置,分阶段操作,可以实现集群的便捷部署。在部署过程中,主要包括节点选择、网络配置、存储配置、组件安装四个环节。

① 节点选择。通过任一控制节点登录部署服务 GoMatrix 完成组件部署操作(系统组件安装、更新和卸载)。

② 网络配置。支持以三网隔离方式进行部署,即管理、存储、集群网络隔离,减小单个网络故障对平台的影响,安全并更易于维护。容器网络基于 OpenvSwitch 的软件定义网络(SDN),使用业界标准 OpenFlow 协议配置。

③ 存储配置。基础平台内置分布式高可用存储,解耦对外部共享存储的依赖。平台部署过程中,有状态服务配置内置存储即有状态服务存储配置、有状态服务使用内置分布式高可用存储、有状态服务使用外部共享存储。

④ 组件安装。根据业务需求选择部署。

CloudOS 部署分为以下四个主要步骤。

① 选择部署节点,该步骤支持三节点最小规模的高可用集群部署,支持添加和删除节点,支持控制节点替换及从任一控制节点进行部署,如图 8-41 所示。

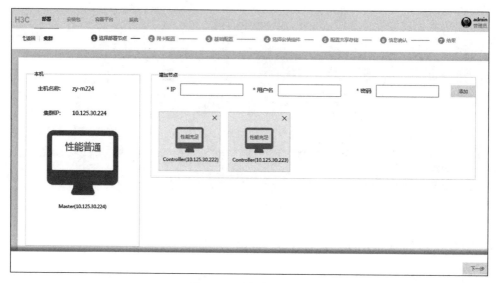

图 8-41　选择部署节点

　　② 增加网卡配置,该步骤支持以三网隔离方式进行部署,支持虚拟 IP 和 NTP 服务器配置,如图 8-42 所示。

图 8-42　网卡配置

　　③ 配置共享存储,CloudOS 支持安装包存储自定义配置,如图 8-43 所示。
　　④ 组件包安装,CloudOS 支持组件按需裁剪,如图 8-44 所示。
　　(2) 产品升级。云基础平台 plat 服务提供了多层面(节点操作系统、容器平台、安装部署服务、平台组件)的升级支持。以 CloudOS 云平台整体版本升级为例,其产品升级中的关键技术与规则如下。
　　① 支持节点操作系统升级。
　　② 支持容器平台包括网络组件的升级。
　　③ 支持安装部署服务的升级。

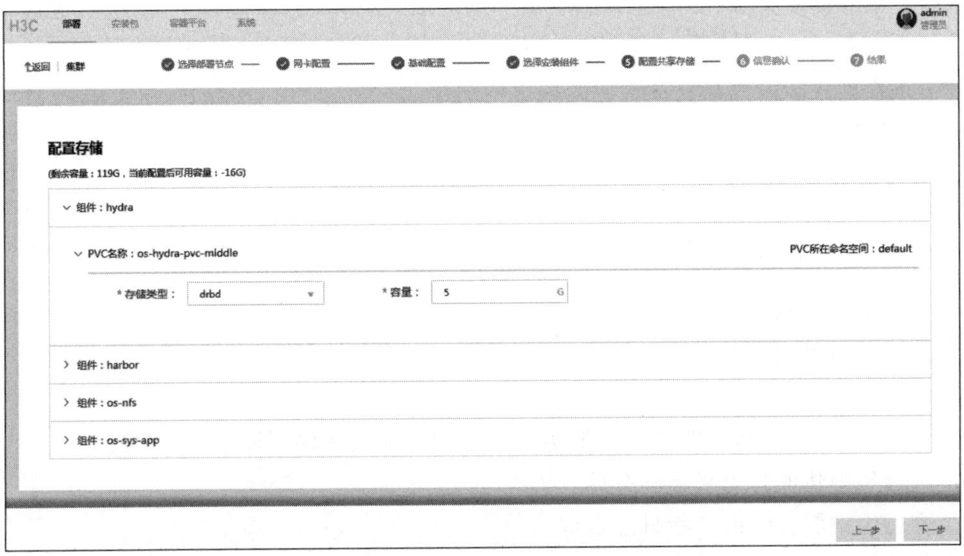

图 8-43 配置存储

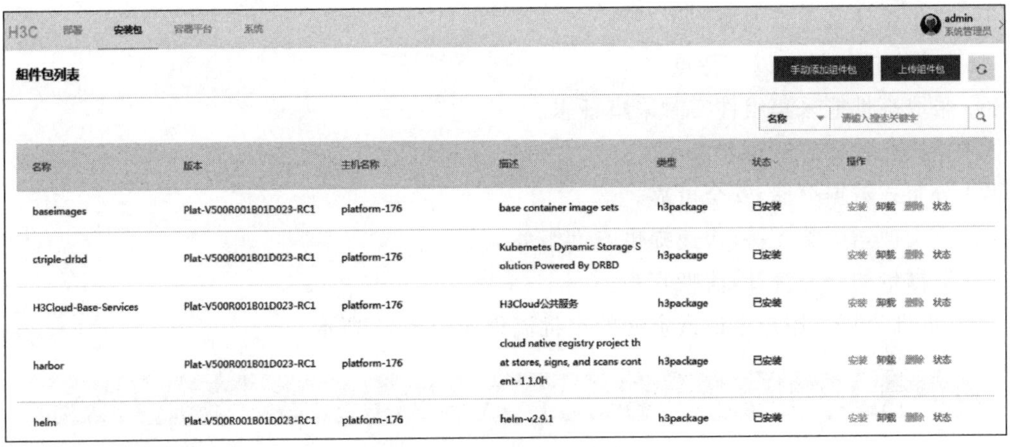

图 8-44 组件包安装

④ 支持平台组件升级及平台组件可选升级。

（3）API 网关。作为系统组件，API 网关负责转发云平台管理服务的调用请求，其主要服务说明如下。

① 服务注册：云服务和系统组件被注册至 API 网关，供其他组件调用。

② URL 映射规则：根据注册的服务路由配置映射到指定服务（RESTful API）。

③ 配置 log level：支持日志级别配置。

④ 接口证书配置：支持证书认证（默认采用基础认证）。

此外，API 网关还支持 API 限流、IP 过滤、服务健康探测等功能。

（4）故障定位。云基础平台 plat 中 ETCD 主要起调度作用，通过 API 调用 ETCD，ETCD 再调用节点中存储的数据进行上传。

云基础平台 plat 中的 ETCD 机制由 H3C 自研，自研对外依赖少，是稳定可靠的分布式任务调度器，该机制集成 50 余种故障检测任务、故障定位、故障解决，支持故障检测和部分修复，支持故障记录和修复记录,支持故障记录 syslog 外发,支持日志一键收集,系统一键巡检及一键巡检历史查看。

各节点中的故障检测修复进程包含如下检测项。

① iSCSI 连通性检查。

② 节点服务检查。

③ 节点 NTP 状态检查。

④ 节点 swap 状态检查。

⑤ 系统 I/O 性能检查。

⑥ 系统 kernel 日志检查。

⑦ 系统内存检查。

(5) 日志收集。云基础平台 plat 服务中日志中心模块提供了以下日志功能。

① 进行集中化的日志采集和存储。

② 支持组件服务级的诊断日志查询。

③ 支持组件服务级的系统日志查询。

④ 支持非格式化的日志接收和查询。

⑤ 提供系统日志情况概览统计。

日志中心模块具备以下特点。

① 采取高性能采集组件实时采集日志。

② 格式化的日志解析和展示。

③ 分布式数据存储,安全可靠。

④ 全文搜索引擎支持,快速提供查询服务。

⑤ 数据量的分类统计,清晰直观。

(6) 审批流程。用户申请云资源的审批流程如图 8-45 所示。

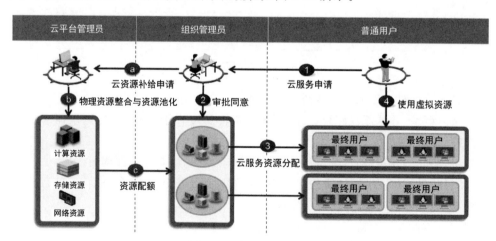

图 8-45　审批流程实例

① 用户提交云服务申请。

② 组织管理员收到申请,确认资源配额是否足够。如果足够,则直接审批同意;如果不足够,则需要申请云资源,申请云资源的步骤包括:首先,组织管理员向云平台管理员申请补

给云资源；其次，云平台管理员整合资源；最后，云平台管理员将资源配额分配给组织管理员所属组织。

③ 系统将云服务资源分配给用户。

④ 用户开始使用云服务。

2. IaaS 层服务能力

CloudOS 基于 OpenStack 提供了成熟的 IaaS 层服务能力，IaaS 层主要的服务能力包括 OpenStack 逻辑架构、CVM 集成功能、GPU 服务功能三种。

（1）OpenStack 逻辑架构。OpenStack 是由很庞大的组件构成的，不同组件之间相互关联，传送消息。目前 H3C CloudOS 5.0 仍沿用 OpenStack 的 pike 版本，OpenStack 的逻辑架构如图 8-46 所示。

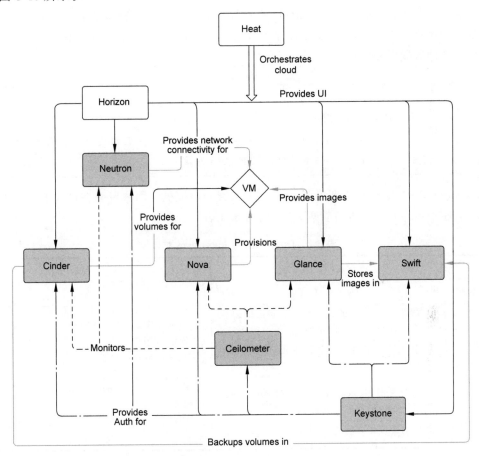

图 8-46 OpenStack 逻辑架构

围绕 VM 提供服务的组件包括以下几种。

① nova 为 VM 提供计算资源。

② glance 为 VM 提供镜像。

③ cinder 为 VM 提供块存储资源。

④ neutron 为 VM 提供网络资源及网络连接。

其他重要组件包括以下几种。

① heat 提供了基于模板来实现云环境中资源的初始化,依赖关系处理,部署等基本操作,也可以解决自动收缩,负载均衡等高级特性。

② horizon 提供了一个基于 Web 的自服务门户,与 OpenStack 底层服务交互,例如启动一个实例,分配 IP 地址及配置访问控制。

③ swift 提供对象存储服务。cinder 连接 VM 后所产生的数据可以备份到 swift 对象存储中。glance 提供的镜像可以保存在 swift 对象存储中。

CloudOS 中使用了 OpenStack 与 kubernetes,二者的差异在于 OpenStack 是一种虚拟化技术,其具有开放平台架构和标准化的 API,OpenStack 在 CloudOS 中定位为 IaaS 层平台服务,提供各类云服务,包括云主机(虚拟机)等;而 kubernetes 是一种容器管理编排引擎,其支持集群部署,具有微服务架构和 API 管理能力,kubernetes 在 CloudOS 中定位为 PaaS 层平台服务,用于管理容器(container)。

注意

OpenStack 管理的对象是 VM,运行在物理机上。

kubernetes 管理的 container 可以运行在物理机上,也可以运行在 VM 上,所以 kubernetes 不需要 OpenStack 的支持(即无强制依赖关系)。

在 CloudOS 中,IaaS 层需要通过 OpenStack 管理虚拟机。用户可以在这些虚拟机上运行 docker,并通过 kubernetes 进行管理,二者的对比如表 8-2 所示。

表 8-2　OpenStack 与 kubernetes 对比

对比项	OpenStack	kubernetes
语言差异	Python 语言	Go 语言
优点	① 隔离性强,所有的虚拟机都有自己的协议栈,各个虚拟机底层相互隔离 ② 采用开源技术,具有标准的 REST-API 接口	① 启动速度快,通常为秒级 ② 资源占用少 ③ 移植性好
缺点	① 资源占用多,虚拟化技术本身占用资源,宿主机性能有 10% 左右的消耗 ② 启动速度慢,通常为分钟级	① 隔离性不好,容器共用宿主机的内核,底层能够相互访问 ② 依赖宿主机内核,所以容器的系统选择有限制

(2) CVM 集成功能。H3C CloudOS 5.0 支持 CVM 集成功能,为用户提供统一的云服务和虚拟化资源管理入口,简化用户使用步骤,降低资源需求。

(3) GPU 服务功能。H3C CloudOS 5.0 在虚拟化的基础上,通过调用 CAS 实现了提供 GPU 服务功能,如图 8-47 所示。GPU 服务包含两种模式:①GPU 直通,即将 GPU 资源直接提供给云主机(虚拟机)使用;②GPU 虚拟化,即将 GPU 资源通过虚拟化创建多个 vGPU,并提供给云主机使用。

CloudOS 在图形化界面中提供了 GPU 资源的分配与释放功能,支持业务云主机根据策略自动分配和释放 GPU 资源。

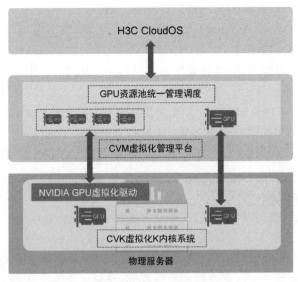

图 8-47 GPU 服务

CloudOS 中的 GPU 服务可以为广电、地震、气象和设计等行业的高性能计算业务提供快速高效的 GPU 资源供给能力,降低运维管理复杂度。

3. PaaS 层服务能力

CloudOS 提供了丰富的 PaaS 层服务能力。本节主要介绍业务云化发展、服务面向对象、业务应用流程、PaaS 层架构、PaaS 层关键能力及 PaaS 层服务优势。

(1) 业务云化发展。在实际业务中,对云服务的使用经历了三个阶段,如图 8-48 所示。

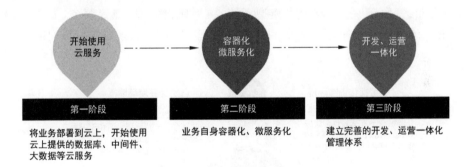

图 8-48 业务云化发展阶段

(2) 服务面向对象。PaaS 服务基于面向的对象,提供贴近业务场景的服务。

(3) 业务应用流程。CloudOS 中,PaaS 层服务是以应用管理为核心,结合 DevOps、服务治理、云服务目录,形成面向业务应用的一体化平台。

(4) PaaS 层架构。H3C CloudOS 5.0 版本中,PaaS 层具有多个容器编排引擎,这意味着 PaaS 层可支持多个 K8s 集群,这使得 CloudOS 可以管理更多容器节点,节点间的隔离性更强,也具备了更好的高可用性(可靠性)。

(5) PaaS 层关键能力。得益于 PaaS 的架构及面向对象的服务能力,可以帮助用户快速进行应用开发和业务创新,降低管理成本、提升研发效率。

(6) PaaS 层服务优势。

① 开放的服务接入能力。企业应用平台采用业界主流的开源容器编排引擎框架 kubernetes,

充分融入各领域服务能力,最大限度地发挥资源池价值。

平台对 AI(A)、big data(B)、cloud(C)进行了业务创新,根据用户的需求对上述业务进行编排组合,按需为用户提供服务。

采用插拔式的开放架构,实现多行业生态应用的深度集成,为用户提供更加丰富的服务能力,加速客户的业务创新。

② 业务敏捷开发,实现快速上线。企业应用平台提供的 PaaS 能力大幅度提升,不仅为用户的现代化应用程序架构提供了微服务能力,还通过敏捷的 DevOps 方法提供了加速应用交付的能力,提供容器、微服务、DevOps 组合式的业务能力,以及传统应用和云原生应用从研发到运营的一体化支撑平台。

③ 简单易用,开箱即用。企业应用平台内置 docker、kubernetes 集群、istio 微服务引擎等多种微服务能力,通过可视化页面配置,实现业务上线、监控、运维等全生命周期管理流程。

4. 大数据服务能力

随着数据技术时代的到来,企业数据规模不断增长,数据类型也变得复杂多样,传统数据库技术已无法满足企业海量多样化数据的有效存储、快速读取及分析挖掘的需求,急需一套专业化的大数据解决方案来点石成金,大数据服务在此背景下应运而生。

H3C CloudOS 5.0 支持集成大数据服务。大数据服务深度定制 Hadoop 生态系统,提供向导式的快速部署能力、方便易用的监控告警能力及多层级高可靠的数据安全能力,是全链路的数据接入、存储、计算、分析、管理与开发的新一代大数据平台,助力企业业务快速创新,完成 ICT 转型。

5. AI 服务能力

AI 服务是全方位的人工智能交互开发平台,为用户提供 AI 建模及部署的全流支持,其功能包括文件存储、镜像仓库、notebook、模型训练、模型库、在线推理等服务,如图 8-49 所示。同时,为了有效地管理平台各类资源,提供了集群管理、资源监控、多层级资源配额及工单管理等功能。

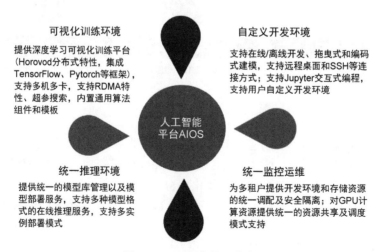

图 8-49　AI 服务核心能力

8.4　本章总结

本章主要讲解了以下内容。

（1）掌握 OpenStack 核心服务 compute、storage、network 的功能。

（2）了解 OpenStack 核心服务的机制。

（3）通过日志理解 OpenStack 的运行机制。

（4）了解云平台操作系统设计发展及 CloudOS 5.0 的技术架构。

（5）了解 CloudOS 5.0 操作系统所使用的 plat 主要特性。

（6）了解 CloudOS 5.0 IaaS 层增强特性。

（7）了解 CloudOS 5.0 PaaS 层技术说明。

（8）了解 CloudOS 5.0 所提供的大数据及 AI 服务功能。

8.5 习题和答案

8.5.1 习题

1. OpenStack 云平台包含（   ）功能相关的核心组件。（多选题）

　　A. 计算　　　　　　B. 存储　　　　　　C. 网络　　　　　　D. 身份认证

　　E. 镜像　　　　　　F. 编排

2. 用户通过 keystone 进行认证后，会获得（   ）。（单选题）

　　A. token　　　　　B. certification　　　C. authentication　　D. credentials

3. 在 OpenStack 中，日志分为（   ）。（多选题）

　　A. UI 层　　　　　　B. portal 层　　　　　C. core 层　　　　　　D. kubernete 层

4. OpenStack 与 kubernetes 之间差异的说明，不准确的是（   ）。（单选题）

　　A. OpenStack 使用 Python 语言开发，kubernetes 使用 Go 语言开发

　　B. OpenStack 虚拟化的优点是隔离性强，启动速度快且稳定性高

　　C. kubernetes 容器的优点是启动速度快，移植方便，资源占用少

　　D. 容器运行在虚拟机上时，可以由 OpenStack 来管理虚拟机

5. 在 CloudOS 5.0 中，关于 API 网关描述正确的是（   ）。（多选题）

　　A. 用户的所有请求都会通过 API 网关下发

　　B. API 网关为开源组件 Kong 网关

　　C. API 网关可用于隔离、认证、分发

　　D. API 网关支持服务健康探测、API 限流等

6. CloudOS 5.0 在 IaaS 层的技术增强点包括（   ）。（多选题）

　　A. 云硬盘　　　　　B. 云主机　　　　　　C. CVM 集成　　　　D. GPU 资源调度

7. PaaS 层的关键能力包括（   ）。（多选题）

　　A. 应用开发　　　　　　　　　　　　　　B. 应用托管

　　C. 应用测试　　　　　　　　　　　　　　D. 应用生命周期管理

8. CloudOS 5.0 使用的 OpenStack 版本为（   ）。（单选题）

　　A. Juno　　　　　　B. Mitaka　　　　　　C. Pike　　　　　　D. Queens

8.5.2 答案

1. ABCDE　2. A　3. BCD　4. B　5. ABCD　6. ACD　7. ABD　8. C

目 录

部署云计算虚拟化平台

1.1 实验内容与目标

完成本实验,应该能够达到以下目标。

(1)掌握服务器的基础配置。

(2)掌握 CAS 虚拟化软件的安装。

(3)掌握 CAS 双机热备的部署流程。

(4)掌握 CAS 虚拟化软件的 License 申请。

1.2 实验组网图

实验组网如图 1-1 所示,共享存储设备使用 ONEStor,交换机使用 S6300,服务器使用 x86 通用服务器。服务器管理网口、存储网口和业务网口分别为 eth0/eth1、eth2/eth4 和 eth3/eth5。服务器 cvknode1 需要安装 CVM、CVK,cvknode2 仅安装 CVK。

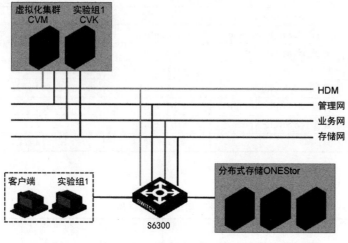

图 1-1 实验组网图

注意

CVK 主机根据实验设备数量考虑是否做链路聚合,本例中管理网、存储网、业务网均做链路静态主备聚合。

1.3 组网规划

S6300 交换机 VLAN、IP 地址、掩码规划如表 1-1 所示。

表 1-1   交换机规划

描　　述	所属 VLAN	IP 地址/掩码	网 口 划 分
管理网段	VLAN11	172.16.3.254/24	interface G1/0/1-G1/0/8
存储网段	VLAN12	172.16.4.254/24	interface G1/0/17-G1/0/32
业务网段	VLAN13	172.16.5.254/24	interface G1/0/33-G1/0/48
HDM 或 iLO 网段	VLAN14	172.16.2.254/24	interface G1/0/9-G1/0/16

ONEStor 共享存储设备网口、IP 地址、掩码规划如表 1-2 所示，该设备对外提供业务服务是业务高可用组的地址 172.16.4.36/24。

表 1-2   存储规划

设 备 名 称	描　　述	物 理 网 口	IP 地址/掩码	网　关
ONEStor	HDM 网口	ilo	172.16.2.27-29/24	172.16.2.254/24
	管理网	eth0	172.16.3.27-29/24	172.16.3.254/24
	块服务网	eth1	172.16.4.27-29/24	172.16.4.254/24
	存储网	eth2	172.16.5.27-29/24	172.16.5.254/24
	业务高可用组	—	172.16.4.36/24	172.16.4.254/24

服务器相关信息规划如表 1-3 所示，服务器 cvknode1 需要安装 CVM、CVK，cvknode2 仅安装 CVK。

表 1-3   服务器规划

主 机 名 称	网 段 分 类	物 理 网 口	IP 地址/掩码	网　关
cvknode01(CVM)	管理 vSwitch0	eth0/eth1	172.16.3.16/24	172.16.3.254
	存储 vSwitch-storage	eth2/eth4	172.16.4.16/24	—
	业务 vSwitch-App	eth3/eth5	—	—
	HDM	HDM 网口	172.16.2.16/24	
cvknode02	管理 vSwitch0	eth0/eth1	172.16.3.14/24	172.16.3.254
	存储 vSwitch-storage	eth2/eth4	172.16.4.14/24	—
	业务 vSwitch-App	eth3/eth5	—	—
	HDM	HDM 网口	172.16.2.14/24	

设备互联接口规划如表 1-4 所示。

表 1-4   设备互联接口规划

设　　备	物 理 网 口	设　　备	物 理 网 口
S6300	interface G1/0/1	cvknode1	HDM 网口
	interface G1/0/9		eth0
	interface G1/0/17		eth1
	interface G1/0/33		eth2
	interface G1/0/2	cvknode2	HDM 网口
	interface G1/0/10		eth0
	interface G1/0/18		eth1
	interface G1/0/34		eth2

1.4 实验设备与版本

本实验所需要的主要设备器材如表 1-5 所示。

表 1-5 设备列表

名称和型号	数 量	描 述
H3C UniServer R4900 G3 服务器	2	—
ONEStor 存储	3	使用 E3332 版本
H3C CAS-CAS 云计算管理平台-ISO 镜像文件	1	使用 CAS-E0730 版本
H3C CAS-CVM 虚拟化管理系统企业增强版软件 License 费用-管理 2 个物理 CPU	2	—
S6300	1	—
第 5 类 UTP 以太网连接线	若干	—
调试 PC	2	—
Xshell/MobaXtern 等 SSH 软件	1	SSH 软件带 FTP 功能

1.5 实验过程（以 H3C UniServer R4900 G3 举例）

实验任务一：配置 HDM

步骤一：进入 HDM 配置界面

默认配置下，HDM 专用网络接口 IP 地址为 192.168.1.2，用户名为 admin，密码为 Password@_。PC 机的网卡 IP 地址配置为 192.168.1.0/24 网段，将网线连接到服务器的 HDM 网口。打开浏览器，在地址栏输入 http://192.168.1.2。通过浏览器访问 HDM Web 界面。输入默认用户名和密码，单击"登录"按钮，如图 1-2 所示。

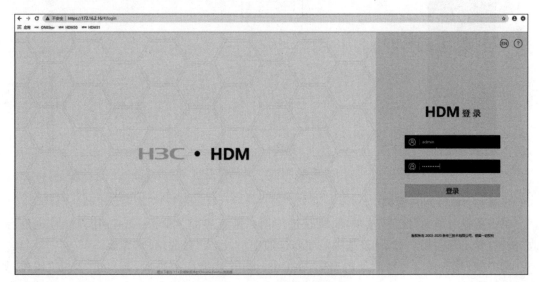

图 1-2 登录 HDM Web 界面

登录后，将显示信息界面。通过该界面可以快速掌握服务器的相关信息，如图 1-3 所示。

图 1-3 服务器信息

步骤二：修改 HDM 专用网络 IP 地址

单击左侧导航树"网络"菜单项，默认进入专用网口界面。选择"配置"标签，启用"IPv4 配置"，并根据规划配置 IPv4 地址、子网掩码和默认网关后，单击下方"保存"按钮，如图 1-4 所示。

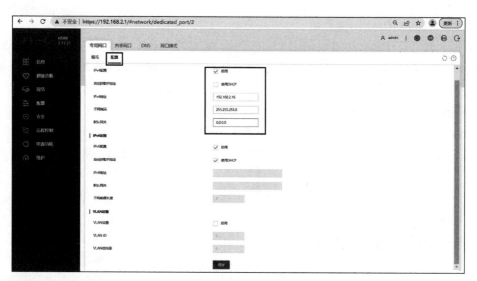

图 1-4 修改 HDM 专用网络 IP 地址

步骤三：修改用户密码

单击左侧导航树"配置"菜单项，默认进入用户配置界面。单击 admin 用户操作列的"修改"按钮，弹出修改用户对话框，选中需要修改的用户，进入"修改用户"界面。

选中"修改密码"，并输入新的密码 H3C@admin 并确认密码后，再单击"确定"按钮，如图 1-5 所示。

步骤四：启用远程控制台

单击左侧导航树"远程控制"菜单项，默认进入远程控制台界面，单击 KVM 下方"共享模式"按钮，如图 1-6 所示。

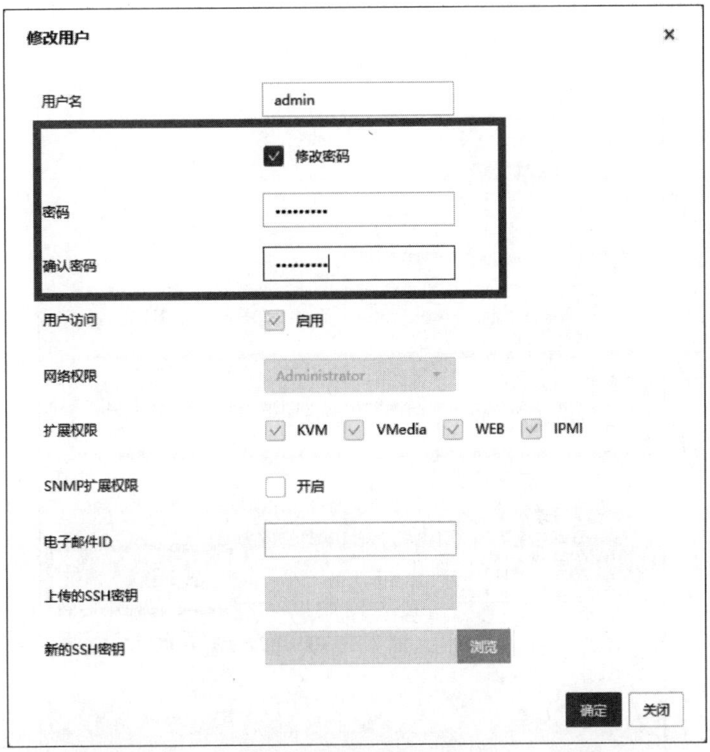

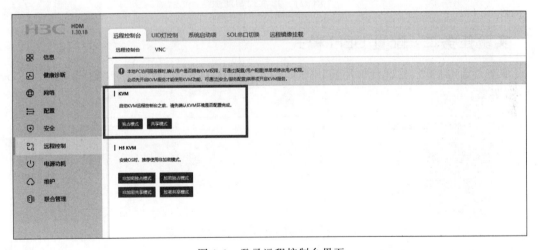

图 1-5 修改用户密码

图 1-6 登录远程控制台界面

注意

需要提前安装 Java 软件,如果提示"应用程序已被 Java 安全阻止",则可打开控制面板进行安全级别设置。

步骤五:添加例外站点

进入 PC 机的控制面板,单击"Java(32 位)"选项,打开 Java 控制面板对话框。单击"安全"标签,将不在"例外站点"列表上的应用程序的安全级别设置成"高",单击"例外站点"列表右侧的"编辑站点列表"按钮,并在打开的对话框中添加"https://172.16.2.16/"后单击"确定"按钮返回"安全"标签,随后再单击"确定"按钮,如图 1-7 所示。

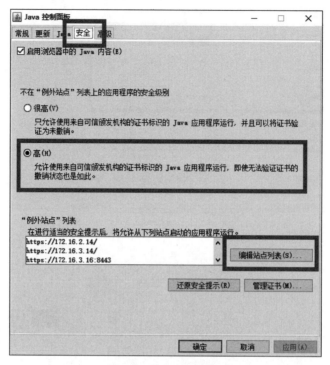

图 1-7 Java 控制面板

实验任务二:配置 UEFI 模式

服务器通电启动,通过自检后将出现如图 1-8 所示的界面,根据提示按 F7 键进入 Boot Menu 界面。

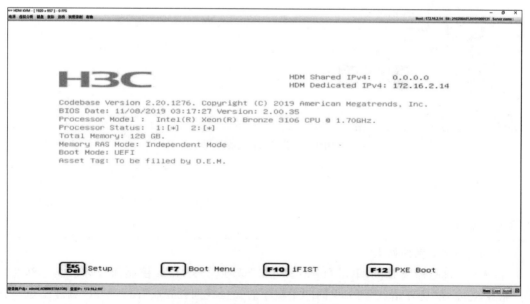

图 1-8 进入 Boot Menu 界面

利用↑键和↓键上下移动光标,选中 Enter Setup 选项,按 Enter 键,如图 1-9 所示。

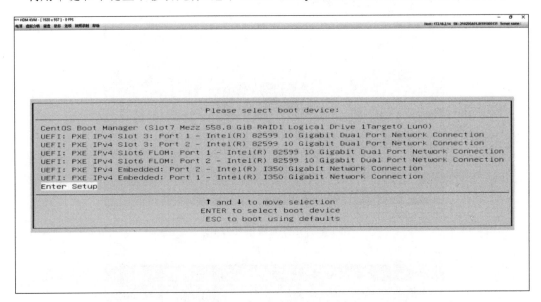

图 1-9　选中 Enter Setup

移动光标选中 System Language 选项,按 Enter 键,如图 1-10 所示。

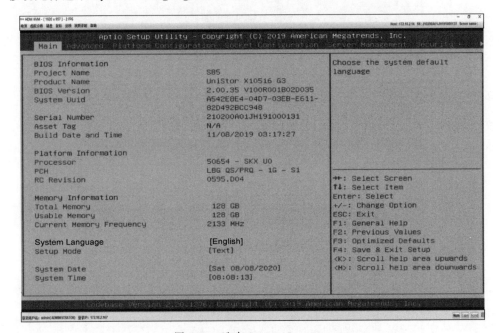

图 1-10　选中 System Language

移动光标选中"中文(简体)"选项,按 Enter 键,如图 1-11 所示。

利用←键和→键左右移动光标,选中"启动"标签,并利用↑键和↓键上下移动光标,选中"选择启动模式"选项,按 Enter 键,在弹出的对话框中选择 UEFI 选项,如图 1-12 所示。

利用←键和→键左右移动光标,选中"保存和退出"标签,并利用↑键和↓键上下移动光标,选中"保存更改并退出"选项,按 Enter 键退出 Boot Menu 界面,如图 1-13 所示。

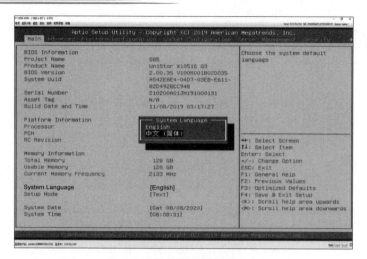

图 1-11 选择系统语言为中文

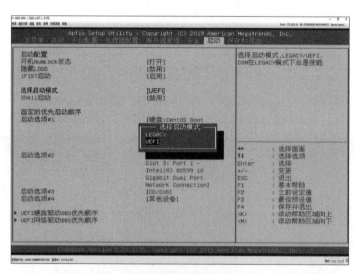

图 1-12 设置启动模式为 UEFI

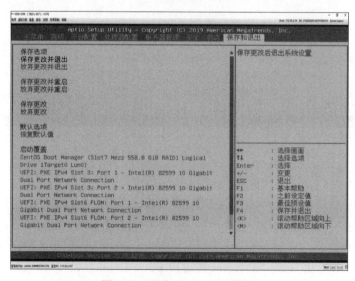

图 1-13 退出 Boot Menu 界面

实验任务三：配置 RAID

根据提示按 Esc 或者 Del 键进入 RAID 配置界面，如图 1-14 所示。

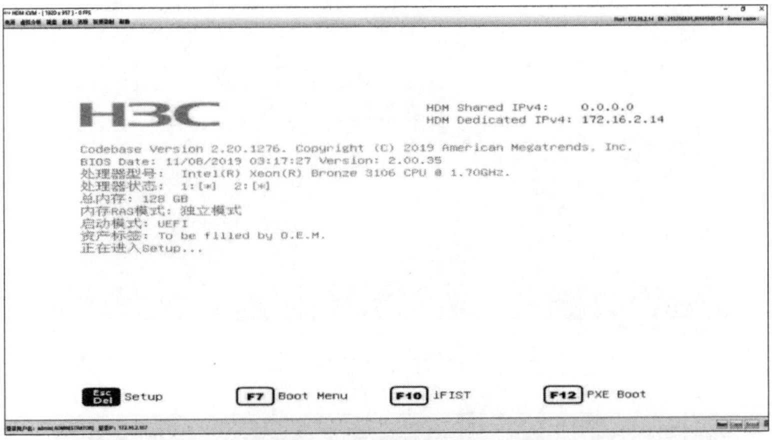

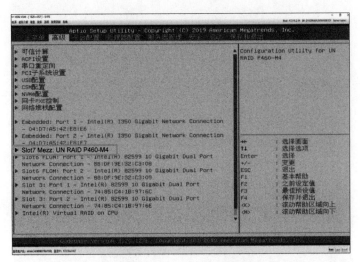

图 1-14　进入 RAID 配置界面

移动光标，进入高级界面，选择 Slot7 Mezz:UN RAID P460-M4 选项，进入 RAID 管理界面，如图 1-15 所示。

图 1-15　进入高级界面

移动光标选中"配置控制器设置"选项，并按 Enter 键，如图 1-16 所示。

选中"删除所有阵列配置"选项，并按 Enter 键，提示显示清除配置将会清除所有阵列配置，选中"提交更改"选项，如图 1-17 所示。

在高级页面中选择"阵列配置"选项，按 Enter 键，如图 1-18 所示。

选中"创建阵列"选项，按 Enter 键，如图 1-19 所示。

选择需要加入阵列的磁盘，按 Enter 键，如图 1-20 所示。

选择磁盘阵列的类型为 RAID 1，并选择"进入下一表格"选项，按 Enter 键，如图 1-21 所示。

按照默认程序进行配置，并选中"提交更改"选项，按 Enter 键，此时 RAID 已经创建完毕。

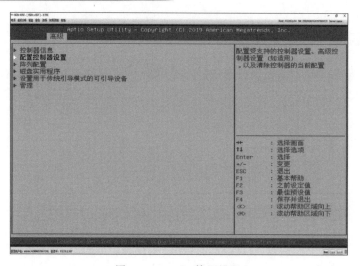

图 1-16　RAID 管理界面

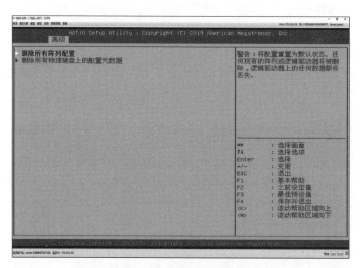

图 1-17　选择初始化磁盘

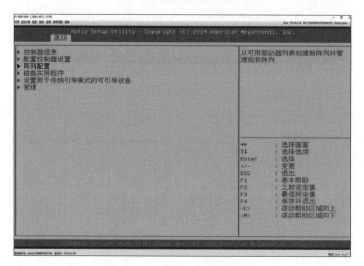

图 1-18　选择"阵列配置"选项

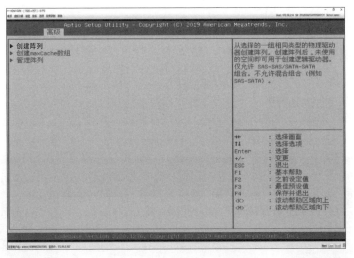

图 1-19　选择"创建阵列"选项

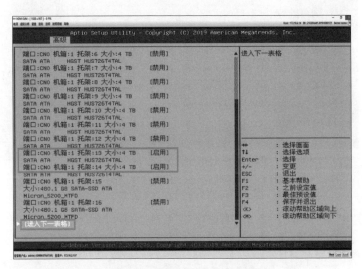

图 1-20　选择加入阵列的磁盘

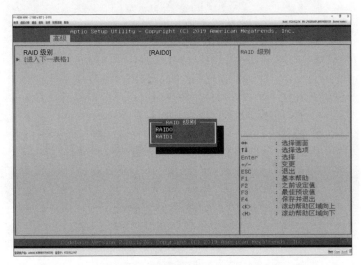

图 1-21　配置磁盘阵列为 RAID 1

实验任务四：安装 H3C CAS 虚拟化软件

步骤一：加载 CAS 本地 ISO 文件

选择"虚拟介质"标签，弹出虚拟介质对话框。单击"CD/DVD 介质：Ⅰ"后的"浏览"按钮，在打开的对话框中，选择需要安装的 CAS 镜像文件，单击"打开"按钮，然后在虚拟介质对话框中单击"连接"按钮，如图 1-22 所示。

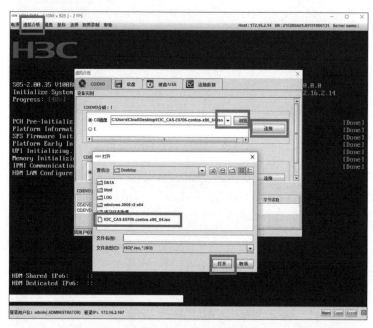

图 1-22　加载 CAS 本地镜像文件

单击左上角"电源"→"立即重启"菜单项，重启服务器，如图 1-23 所示。

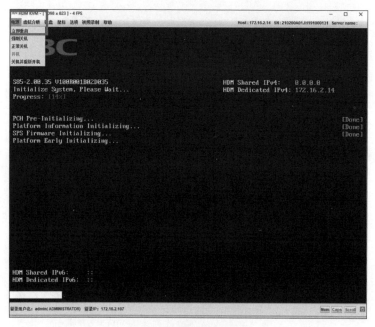

图 1-23　重启服务器

步骤二：启动安装

启动服务器,选择光盘启动或 U 盘启动,在如图 1-24 所示的启动安装界面选择 Install CAS-x86_64 选项,进入如图 1-25 所示的 CAS 系统安装界面。

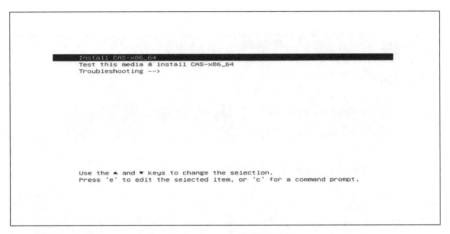

图 1-24　启动安装界面

图 1-25　系统安装界面

步骤三：配置网络参数

CAS 可以在不设置网络参数的情况下完成安装,系统默认选择 DHCP 模式。在安装完成后,若用户需要修改网络参数,则在服务器控制台中修改。

注意

如果要使用磁盘备份容灾或异构平台迁移功能,则应在安装过程中配置好管理网 IP。

如果要配置 IPv6 的地址,不配置 IPv4 的地址,则应将 IPv4 模式选择为 disable,否则会造成 IPv6 地址不通。

在如图 1-25 所示的系统安装界面中,单击 NETWORK & HOST NAME 按钮,进入网络参数设置界面,如图 1-26 所示。选择需要配置的网卡,单击右下角的 Configure 按钮,选择 Manual 模式,根据实验规划要求手动配置 IP 地址、子网掩码、服务器网关 IP 地址、DNS 服务器、域名等参数,单击 Save 按钮。在界面下方的 Host name 区域,设置服务器的主机名,单击界面左上角 Done 按钮,保存网络设置并返回系统安装界面。

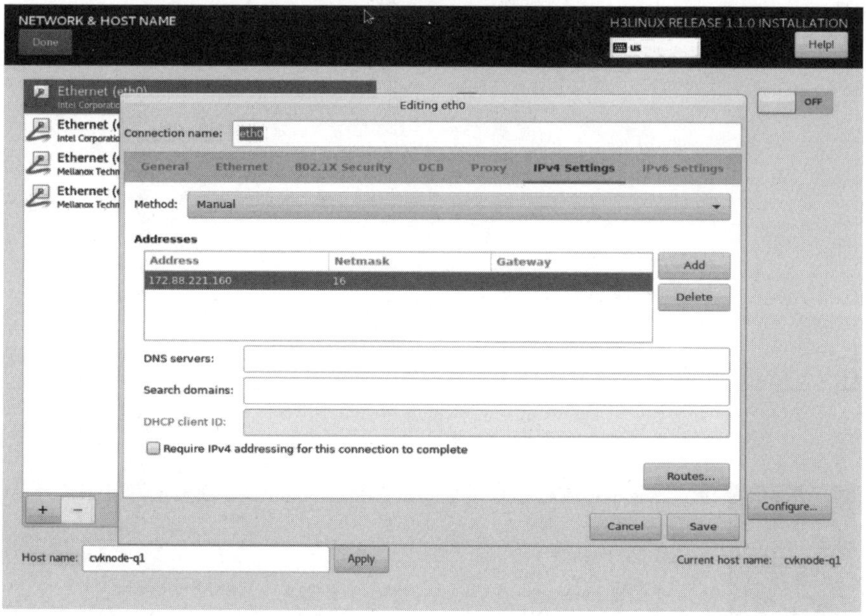

图 1-26   配置网络和主机名

步骤四:配置系统盘

在如图 1-25 所示的系统安装界面中,单击 INSTALLATION DESTINATION 按钮,进入选择系统盘界面,如图 1-27 所示。

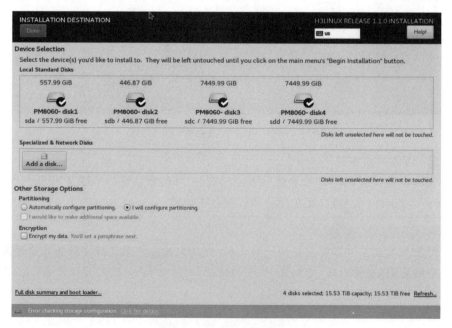

图 1-27   配置系统盘界面

在 Local Standard Disks 区域取消选中的不需要安装系统的磁盘,只保留一个磁盘,如图 1-28 所示。

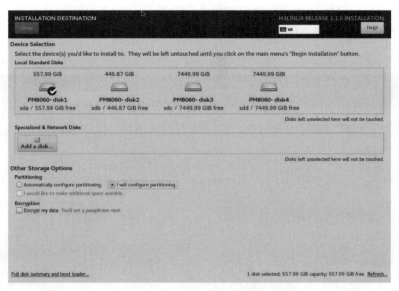

图 1-28　选择所需系统盘

步骤五：磁盘分区

注意

安装 CAS 时,系统盘支持自动分区和手动分区两种分区方式。如果对分区大小没有特殊要求,应使用自动分区,并确保磁盘空间大于等于120GiB。如果服务器已安装过系统,应使用手动分区方式将安装过的系统删除后,再进行磁盘分区。

(1) 自动分区。在 Partitioning 区域中选择 Automatically configure partitioning 选项,选择系统盘中的自动分区,单击 Done 按钮完成自动分区,返回系统安装界面,如图 1-29 所示。

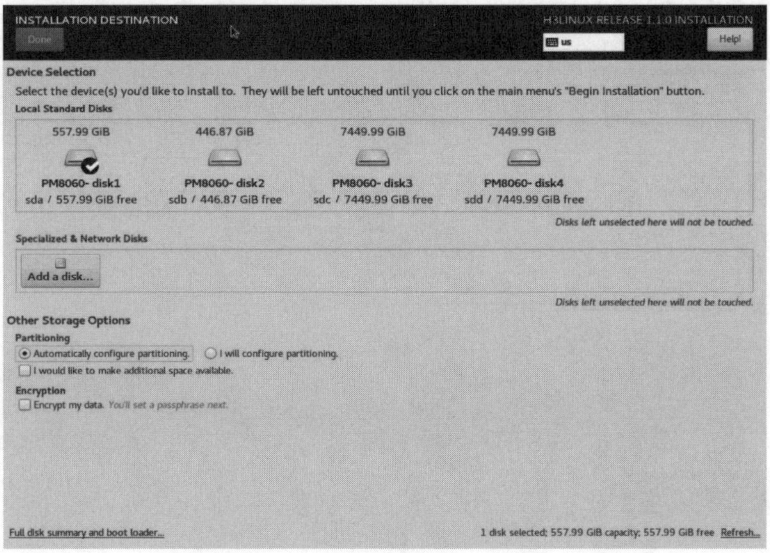

图 1-29　选择系统盘中的自动分区

　　（2）手动分区。进入选择系统盘界面后，选择 I will configure partitioning 选项，如图 1-30 所示，单击 Done 按钮进入手动分区界面，单击左下角的"＋"按钮，如图 1-31 所示，弹出增加挂载点对话框，在 Mount Point 的下拉框中选择对应分区，在 Desired Capacity 输入框中输入分区大小，单击 Add mount point 按钮完成分区的添加，如图 1-32 所示。按照此方法依次添加/、/boot/efi、/boot、swap、/vms、/var/log 分区，如图 1-33 所示。

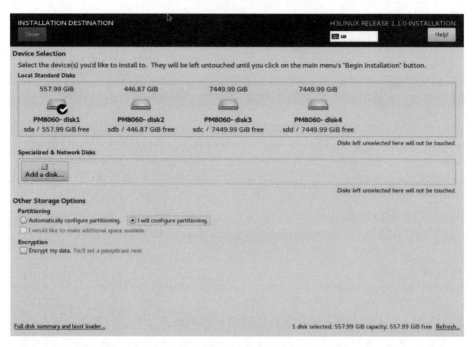

图 1-30　选择系统盘中的手动分区

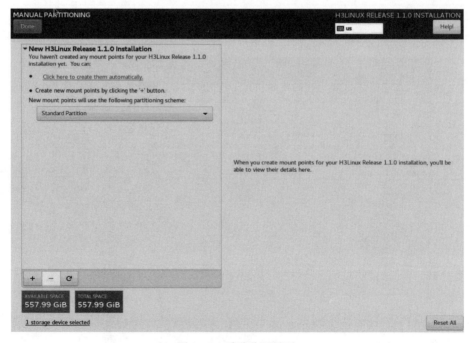

图 1-31　手动分区界面

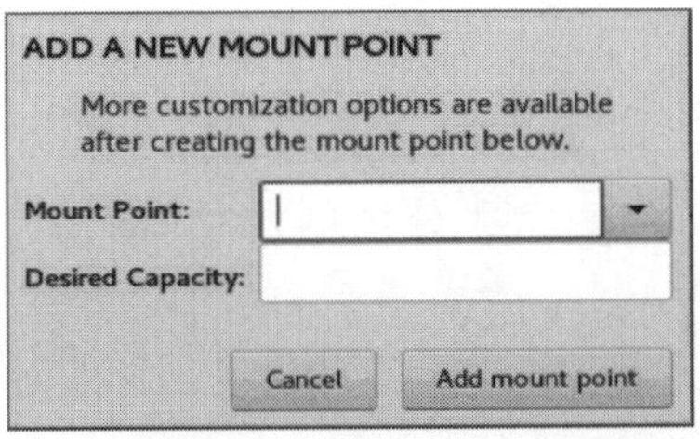

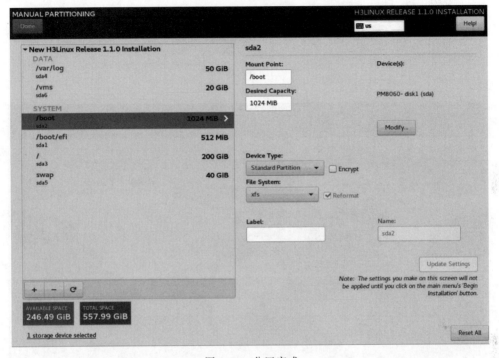

图 1-32　增加挂载点对话框

图 1-33　分区完成

分区完成后,单击 Done 按钮,在弹出的确认对话框中,单击 Accept Changes 按钮,返回到系统安装界面,如图 1-34 所示。

注意

搭建双机热备环境时,由于双机热备的数据库分区创建在/vms 分区下,并且/vms 分区自身需要一定量的空间,因此至少要为/vms 分区分配 30GiB 的空间。/vms 分区最小空间估算方法为:数据库分区(预估主机个数×10MiB＋预估虚拟机个数×15MiB)×15/1024MiB＋10GiB。在保证其他分区空间充足的前提下,应为/vms 分区分配尽量大的空间。

步骤六:时区设置

在系统安装界面单击 DATE & TIME 按钮,进入时区设置页面,设置正确的系统时间及时区,如图 1-35 所示。

步骤七:选择安装组件

在系统安装界面中单击 SOFTWARE SELECTION 按钮,进入选择待安装组件界面。选择具体安装的组件,安装程序默认选择 CVK 进行安装。如需安装管理服务器则应选中 CVM-

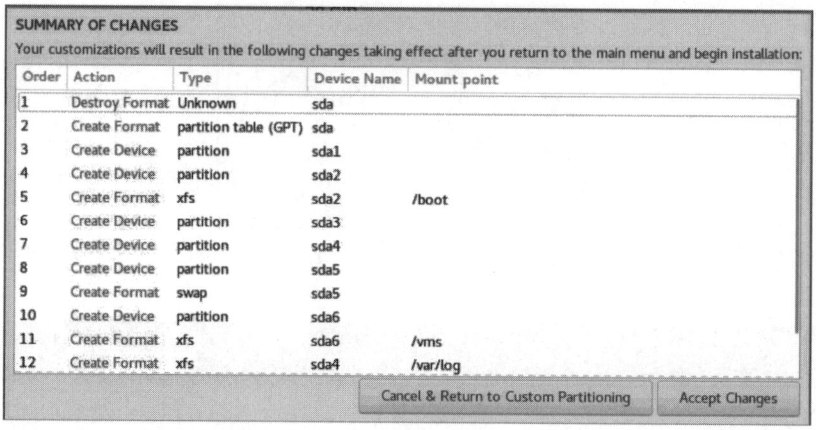

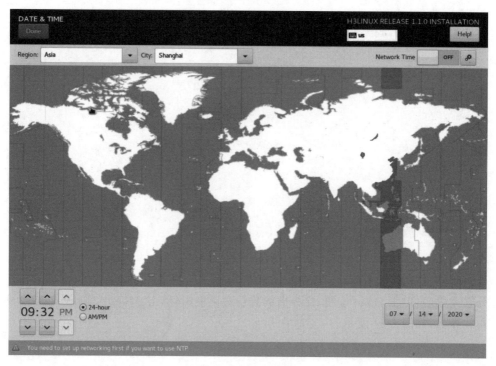

图 1-34　确认对话框

图 1-35　时区设置

Chinese 或 CVM-English 选项进行安装。如需安装业务服务器则应选中 CVK 选项进行安装。此处 Docker 选项为 H3Linux 自带的安装包,不会对 CAS 的安装产生影响,默认不安装该安装包,如图 1-36 所示。

在系统安装界面中单击 Begin Installation 按钮,开始安装。在安装过程中,用户需要设置 root 账户的密码,如图 1-37 所示。完成 root 密码设置后,继续进行安装。安装完成后,服务器会自动重启并进入参数配置页面,如图 1-38 所示。应在系统重启完成前退出光盘、断开虚拟光驱或拔掉 U 盘。

步骤八:配置服务器网络参数

如果在网络参数设置步骤使用默认设置,则为必选。若用户需要修改在安装过程中设置

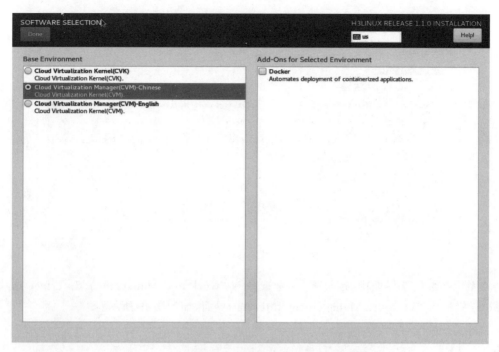

图 1-36 根据服务器类型选择安装 CAS 组件

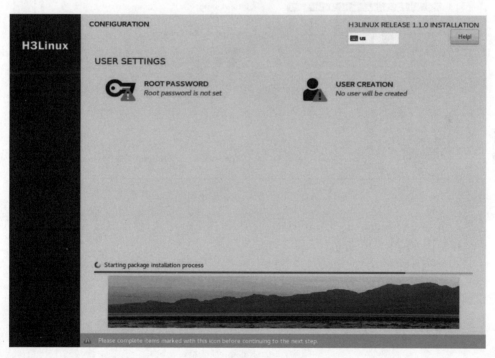

图 1-37 配置 root 密码

的网络参数,可以在服务器完成 CAS 的安装后,在服务器的控制台修改网络参数。

如果在安装过程中使用默认的网络参数设置,当管理网络中部署了 DHCP 服务器时,服务器会自动获取网络参数,用户可以在参数配置页面中查看相关信息,并按下列步骤将其修改为静态 IP 地址。

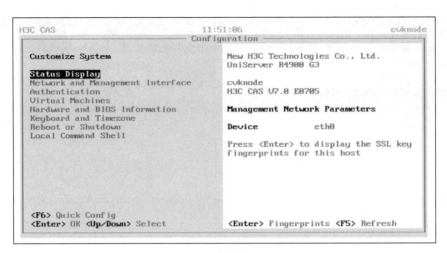

图 1-38　系统参数配置界面

在系统参数配置界面中,通过↑、↓键选择 Network and Management Interface 选项,单击 Enter 键进入 Configure Management Interface 界面,如图 1-39 所示。

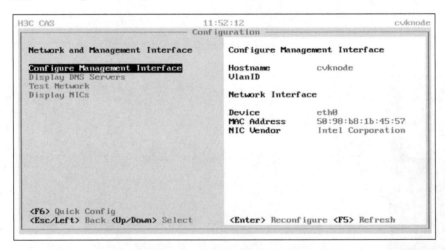

图 1-39　Configure Management Interface 界面

选择 Configure Management Interface 选项,单击 Enter 键,弹出 Log in 对话框,输入 root 的用户名和密码,如图 1-40 所示。

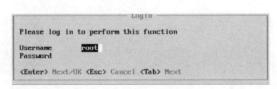

图 1-40　Log in 对话框

单击 Enter 键,进入选择管理网网卡页面,根据规划选择目标物理接口作为管理网口。管理网配置链路聚合时,应选择两个物理 eth 接口,如图 1-41 所示。

单击 Enter 键,进入设置静态 IP 地址界面,配置管理网 IP 地址、子网掩码、网关、主机名和 VLAN ID 等信息,单击 Enter 键完成配置,如图 1-42 所示。

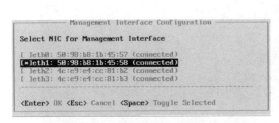

图 1-41   选择管理网网卡界面

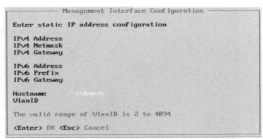

图 1-42   设置静态 IP 地址界面

步骤九：配置时间同步

H3C CAS 云计算管理平台软件安装完毕后，应在 H3C CAS 云计算控制台命令行接口界面手动配置各服务器的时间，使各主机间保持时间一致。配置时间相关命令介绍如表 1-6 所示。

表 1-6   命令介绍

命 令 行	功 能 介 绍
date -s "YYYY-MM-DD hh:mm[:ss]"	设置系统时间，例如 date -s "2022-03-14 10:30:00"
hwclock -w	将时间信息写入 BIOS

步骤十：登录 CAS 云计算管理平台

本地计算机打开浏览器，在地址栏中输入 http://<管理服务器 IP>或者 https:// <管理服务器 IP>(如 http://172.16.3.16 或者 https://172.16.3.16)，进入 CAS 登录界面，如图 1-43 所示。

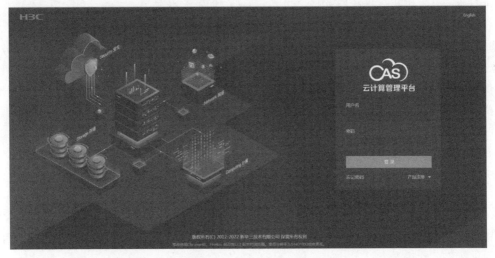

图 1-43   CAS 登录界面

输入用户名和对应的密码（默认的用户名和密码为 admin 和 Cloud@1234），即可进入 CAS 云计算管理平台的首页。登录后的显示界面如图 1-44 所示，主要包括了"概览""云资源""云业务""监控告警""系统"五大功能。

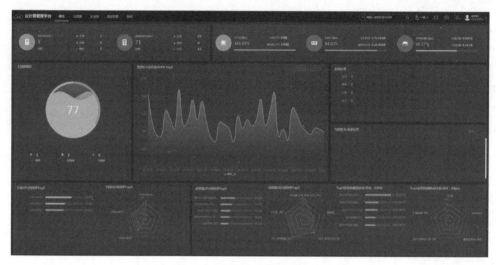

图 1-44　H3C CAS 云计算管理平台首页

实验任务五：部署 CVM 双机热备（可选）

部署 CVM 双机热备时需要注意以下事项。

（1）仅支持新部署的 CAS 云平台中的 CVM 管理平台采用双机热备配置，不支持已有 CAS 云平台中的 CVM 管理平台升级成双机热备，因为原有数据无法保留。

（2）搭建双机热备的两台主机名称应使用字母、数字等简单的命名方式，不建议使用点"."等特殊字符，否则可能会导致搭建双机热备失败。

（3）服务器安装完 CAS 后，搭建双机热备之前，若需要修改主机名称，可以在服务器的控制台进行修改；双机热备搭建完成后，不应再修改 CVM 主机名。

（4）CAS 仅支持在 root 模式下搭建双机热备，即需开启 root SSH 权限。

（5）双机热备主机因为网络异常出现脑裂，待网络恢复正常后，会自动协商出主服务器。若脑裂时 CVK 主机的性能数据发送的是现在的备用服务器，脑裂恢复后，CVK 主机的性能数据仍向现在的备用服务器发送性能数据，导致主管理平台性能数据丢失，此时在主管理平台上需执行连接主机操作，保证 CVK 主机性能数据发送正确。

（6）双机热备部署或增加本地同步分区盘的过程中，要保证服务器健壮性，不能重启和关闭服务器。若出现故障，服务器重启或断电，则需要重新部署搭建。

（7）如果服务器使用了软 RAID 构建的硬盘、NVMe 硬盘或 VROC 构建的硬盘作为系统盘，由于其盘符不是 SDX 的格式，因此不支持搭建双机热备。

（8）双机热备的主备两台主机可以作为 CVK 主机，允许加入热备主机自己管理的主机池中使用；如果双机热备的主备两台主机要作为 CVK 主机加入另外一个 CVM 管理的平台中，则必须重新格式化安装。

（9）新双机热备（CMSD）创建本地同步分区后，双机热备主机不能再作为 CVK 主机使用。

搭建双机热备的两台 CVM 主机时需同时满足以下条件。

（1）在配置双机热备时，由于双机热备的数据同步分区创建在/vms 分区下，并且该分区自身需要一定量的空间，因此安装 CVM 进行手动分区时，应至少为/vms 分区分配 30GiB 的空间。在保证其他分区空间充足的前提下,应为/vms分区分配尽量大的空间。

(2) 全新安装的系统,没有作为CVK主机使用过,管理平台中无纳管的CVK主机。

(3) 主机上的存储池必须保持系统默认配置,即只有isopool和defaultpool两个存储池。

(4) 安装的CAS软件版本号必须相同,且安装的CAS组件必须相同。

(5) 两台主机之间的管理网络必须相通。

(6) 推荐用同一云平台中的CVK作为高级仲裁。搭建双机的两台主机和高级仲裁的系统应一致。

(7) 搭建双机的两台主机系统盘大小应一致。

CVM双机热备支持以下两种方式同步虚拟机模板数据。

(1) FC或iSCSI共享模板存储方式。可以使用FC或iSCSI共享模板存储方式同步虚拟机模板数据。

(2) 本地同步分区方式。当双机热备的两台主机无法使用共享存储LUN时,可以使用本地同步分区,用于同步主备管理平台之间的虚拟机模板数据。例如使用虚拟机作为CVM双机节点,主备管理平台无法使用FC存储设备上的LUN,又无法添加iSCSI存储设备上的LUN时,可以配置本地同步分区。

双机热备搭建成功后,在CVM管理平台中,进入"云资源"→"虚拟机模板"→"模板存储"界面,单击"增加模板存储"按钮或者进入"系统管理"→"双机热备配置"→"模板存储"界面,单击"增加"按钮,可增加一个本地同步分区类型的模板存储。

注意

若有FC或iSCSI类型的共享存储,优先使用共享存储。若既要使用同步分区又要使用FC/iSCSI类型的共享存储,建议先增加本地同步分区类型的模板存储,再挂载FC/iSCSI存储设备上的LUN。

由于涉及格式化,须使用本地磁盘作为新的同步分区。创建本地同步分区类型的模板存储时,主、备节点存在如下限制条件。

(1) 主、备节点不能作为CVK主机加入管理平台中。

(2) 主、备节点上不能添加除默认存储池外的其他存储池。

(3) 主、备节点不能作为零存储(vStor)的计算节点。

(4) 主、备节点不能作为ONEStor的计算节点。

(5) 主、备节点上不能发现和挂载FC和iSCSI存储设备上的LUN(此种情况下应拔除cable线后再重新操作)。

(6) 主、备节点的本地磁盘要求大小一致,其识别的设备名称应相同(即都为/dev/sd*)。

只有当上述所有条件都满足要求时,才能成功创建本地同步分区类型的模板存储。

系统安装时有如下要求。

(1) 两台服务器采用相同的引导方式进行系统安装,即都为BIOS方式或者都为UEFI方式,二者不可混用。

(2) 两台服务器必须采用自动分区方式安装同一版本的CVM系统。

(3) 要求主备两台服务器的时间保持一致。如果不一致,可配置NTP服务器来同步时间,也可参照实验任务四的步骤九:配置时间同步,手动同步服务器时间。

只需在一个CVM管理平台中进行部署,即可实现双机备份功能。搭建过程中,因为需要初始化本地及对端硬盘分区,会花费较长时间,具体花费时间长短与实际环境中的硬盘大小及网络速度有关。一般的千兆网络环境下,每100GB硬盘大约花费20分钟,而在万兆网络环境中,花费时间会适当减少。

选择顶部"系统"标签,单击左侧导航树"双机热备配置"菜单项,进入热备主机列表页面。单击"热备搭建"按钮,在弹出的热备搭建对话框中输入虚IP地址、子网掩码、备机IP地址、备机root密码、选择仲裁方式并根据选择输入仲裁主机IP地址、仲裁主机root密码或者仲裁IP地址1、仲裁IP地址2,输入预估主机个数、预估虚拟机个数、数据库分区大小,然后单击"确定"按钮,如图1-45所示。

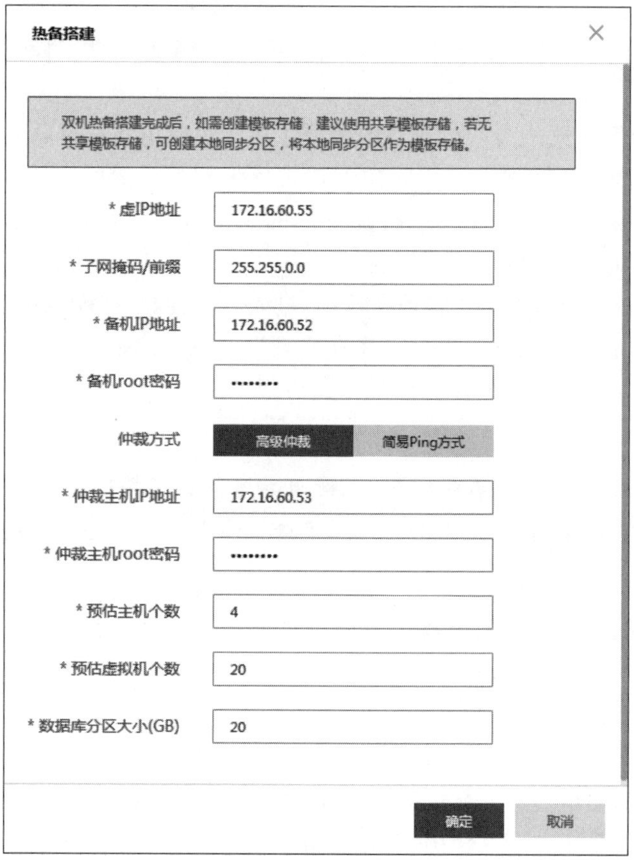

![热备搭建对话框]

图1-45　双机热备配置

在弹出的热备搭建确认对话框中输入参数CONFIRM,单击"确定"按钮,如图1-46所示。

开始搭建双机热备环境时,管理平台将跳转到双机热备配置界面,展示搭建进度。双机热备搭建成功后,会跳转到登录界面,如图1-47所示。

注意

如果双机热备搭建失败,搭建界面会中途停止,并且界面下方会提示"配置失败,请尝试重新登录并配置",详细的错误信息将保存在/var/log/cvm_master.log和/var/log/cvm_master_slave.log日志文件中。根据失败所在的阶段和日志可以找到对应的原因,并对配置进行修改,然后重新搭建。

图 1-46　热备搭建确认对话框

图 1-47　CVM 登录界面

实验任务六：申请正式 License（本地授权）

步骤一：获取主机信息

H3C CAS License 需要和 CVM 主机的物理信息进行绑定，因此在申请前需要收集 CVM 主机的信息。收集完成后会生成 host.info 文件，需将该文件下载到本地计算机。登录 CAS 云计算管理平台，选中顶端的"系统"标签，单击左侧导航树中的"License 管理"菜单项，进入 License 管理页面。单击"本地授权"按钮，弹出"产品注册"对话框。完成基本信息的填写，单击"确定"按钮，如图 1-48 所示。

单击"下载"按钮，将 host.info 文件下载到本地计算机，如图 1-49 所示。

步骤二：获取授权码信息

发货设备的附件中已经包含了授权码信息，某局点的授权书文件，如图 1-50 所示。

步骤三：激活 License

在浏览器地址栏中输入 H3C License 管理平台地址 http://www.h3c.com/cn/License 后按 Enter 键，登录 H3C License 管理平台。选择"License 激活申请"标签，进入 License 激活申请界面，如图 1-51 所示。

图 1-48 正式申请 License

图 1-49 下载 host.info 文件

图 1-50 授权码信息

图 1-51 选择 License 激活申请

输入授权信息。H3C License 管理平台支持通过以下方式输入授权码，应用时根据需要进行选择。

（1）单个输入授权码。在图 1-51 的授权码输入框中粘贴或手动输入完整的授权码字符串，然后单击"搜索 & 追加"按钮，H3C License 管理平台会自动获取该授权码对应的授权信息。重复执行该操作可输入多个授权信息。

（2）上传二维码自动识别授权码。单击图 1-51 中的"…"按钮，H3C License 管理平台会弹出"上传二维码的授权码图片"界面，上传授权码的二维码图片后，单击图 1-51 中所示的"搜索 & 追加"按钮，H3C License 管理平台会自动获取二维码图片关联的授权信息。重复执行该操作可输入多个授权信息。

（3）批量导入授权码。单击图 1-51 中的"导入 & 追加"按钮，弹出"请上传导入文件"对话框，如图 1-52 所示。单击"下载授权码 Excel 清单模板"链接，下载授权码 Excel 清单模板，Excel 清单模板内容如图 1-53 所示。在模板中输入授权码，保存模板并上传该 Excel 文件，即可一次导入多个授权码，获取多份授权信息。

图 1-52　批量导入授权

图 1-53　授权码 Excel 清单模板内容

授权信息输入完毕后，选中需要激活的授权码，如图 1-54 所示，单击"下一步"按钮，进入绑定硬件设备界面。

图 1-54　授权信息输入完毕界面

在绑定硬件设备界面中,确认上一步输入的授权码是否为本次需要激活的授权码,如图 1-55 所示。

图 1-55　确认授权码信息

输入设备信息时应根据 H3C License 管理平台界面的提示进行输入。H3C License 管理平台支持通过以下方式输入设备信息,用户可根据需要进行选择。

(1) 一对一绑定。单击图 1-55 所示列表中自定义设备标识列的 ... 按钮,根据界面提示输入设备信息分别将单个授权码和单台设备绑定,如图 1-56 所示。多次执行该步骤,可以将多个授权码和不同设备绑定。

图 1-56　输入设备信息界面

(2) 多对一绑定。选中图 1-55 所示列表中需要绑定的授权码,单击"批量录入设备"按钮将多个授权码和同一台设备绑定。

(3) 多对多绑定。选中图 1-55 所示列表中的授权信息并单击"导出"按钮,将所有选中的授权信息导出到一个 Excel 文件。在 Excel 文件中录入设备信息,再单击"导入"按钮导入

Excel 文件,完成授权码和设备的批量绑定。

注意

对于 CVM 双机热备场景,在"请选择双机备份类型"栏中单击"双机热备"选项,输入服务产品合同号;在"主设备"和"备份设备"栏中,单击"选择文件"按钮,分别上传两台主机信息文件。

将所有需要激活的授权码和设备绑定完毕后,阅读并选中"我已了解:授权码与硬件设备绑定后,对应的授权就与硬件设备进行了绑定。进行绑定操作时,请确保输入信息的准确,以免因授权码与硬件设备的错误绑定,导致目标设备没有获得正确的授权。"选项,如图 1-57 所示,并单击"下一步"按钮,进入用户数据录入界面。

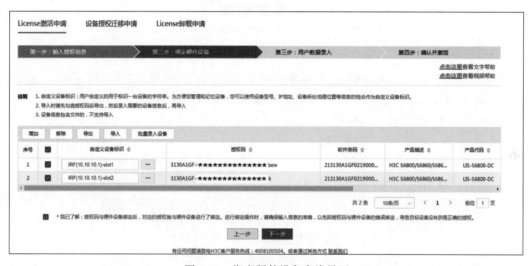

图 1-57 绑定硬件设备完毕界面

按要求输入用户信息,如图 1-58 所示。

图 1-58 用户数据录入界面

阅读并选中"已阅读并同意法律声明所述服务条款各项内容 H3C 授权服务门户法律声明"选项,如图 1-59 所示,并单击"确认并激活 License"按钮。

图 1-59 确认并激活界面

  再次核对授权信息和设备信息,在提示界面中单击"确定"按钮,如图 1-60 所示。单击"确定"按钮后,H3C License 管理平台会自动生成激活码或激活文件,并将激活码或激活文发送到"申请联系人 E-mail"对应的邮箱。

图 1-60 核对授权信息和设备信息界面

  可以通过以下方式获取激活信息。

  (1)单击"获取激活信息"按钮,可复制激活码或者将激活文件下载到 PC 端,如图 1-61 所示。

图 1-61 激活申请成功界面

  (2)单击"批量获取激活信息"按钮,可一键获取本次申请激活操作申请到的所有激活码或激活文件,如图 1-61 所示。

步骤四：上传 License 注册文件

在 CAS 登录界面中单击"产品注册"→"本地授权"链接,弹出"产品注册"对话框,如图 1-62 所示。输入超级管理员密码 Cloud@1234,License 操作中选择"使用 License 文件对产品进行注册"选项,并选择国家/地区后,单击"下一步"按钮,进入注册 Llicense 界面。

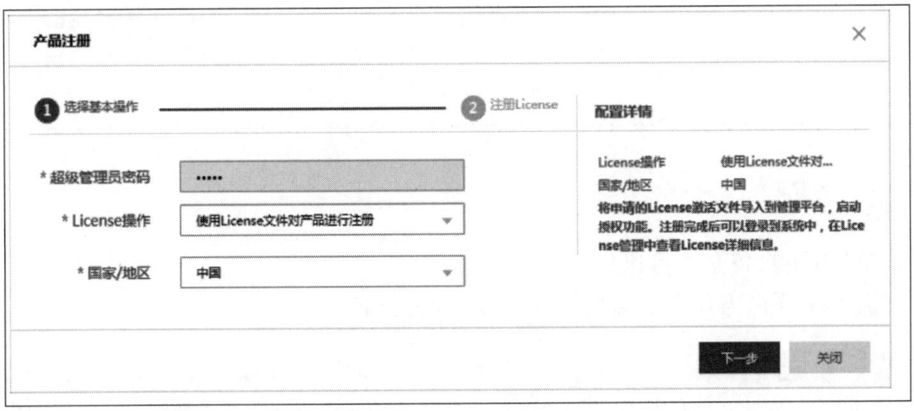

图 1-62　产品注册对话框

选择 License 文件(文件后缀名为.lic)后,如图 1-63 所示,单击"上传"按钮,注册成功后会出现注册成功提示。

图 1-63　注册 License 界面

注册成功后直接登录 CAS 管理平台,选择"系统"→"License 管理"菜单项,进入 License 管理界面可查看授权信息。

1.6　实验中的命令列表

命令列表如表 1-7 所示。

表 1-7　命令列表

命　　令	描　　述
vlan *vlan-id*	创建 VLAN 并进入 VLAN 视图
port *interface-type interface-number* to *interface-type interface-number*	将连续以太网接口加入某个 VLAN 中

续表

命　　令	描　　述
interface *interface-type interface-number*	进入相应接口视图
ip address *ip-address*〔 *mask-length* ｜ *mask* 〕	配置管理以太网接口的 IPv4 地址
port access vlan *vlan-id*	将当前 access 端口加入指定的 VLAN 中
date -s "YYYY-MM-DD hh：mm[：ss]"	设置系统时间
hwclock -w	将时间信息写入 BIOS 中

1.7　思考题

1. CVM 双机热备是否可以用虚拟机部署？

2. 安装 CAS 时，为什么不需要选择安装 CVK 组件？

1.8　思考题答案

1. 可以。早期 CVM 双机不支持添加本主机 CVK 时，为了节省服务器资源，允许虚拟机部署。但是新双机已经支持纳管自身所在的 CVK 主机，因此虚拟机部署 CVM 双机热备意义不大。

2. CVK 组件是运行在基础设施层和上层客户操作系统之间的虚拟化内核软件。针对上层客户操作系统对底层硬件资源的访问，CVK 用于屏蔽底层异构硬件之间的差异性，消除上层客户操作系统对硬件设备以及驱动的依赖。需要资源池化的服务器均需要安装 CVK 组件，所以 CVK 组件为默认安装选项，无须选中。

部署云资源

2.1 实验内容与目标

完成本实验,应该能够达到以下目标。

(1)掌握主机池、集群和主机的配置。

(2)掌握虚拟交换机的配置。

(3)掌握共享文件系统的配置。

(4)掌握虚拟机的创建和操作系统的安装。

(5)掌握 CAStools 工具的安装和使用。

2.2 实验组网图

此步骤同实验 1.2 节,此处略。

2.3 组网规划

此步骤同实验 1.3 节,此处略。

2.4 实验设备与版本

此步骤同实验 1.4 节,此处略。

2.5 实验过程

实验任务一:配置 NTP 服务

本实验任务通过配置 NTP 时间服务器使管理平台系统中所有物理主机的系统时间保持一致。

步骤一:进入 NTP 时间服务器配置页面

单击顶部"云资源"标签,进入云资源概要页面,单击右上角"更多操作"按钮,选择弹出的"NTP 时间服务器"菜单项,弹出设置 NTP 时间服务器的对话框,配置 NTP 服务,如图 2-1 所示。

步骤二:配置 NTP 时间服务器的相关参数

在弹出的设置 NTP 时间服务器对话框中输入 CVM 主机的 IP 地址,还可以根据需要设置 NTP 备用服务器的 IP 地址,当 NTP 主服务器发生故障时,可以保证管理平台中所有物理主机正常同步 NTP,单击"确定"按钮完成 NTP 配置,如图 2-2 所示。

图 2-1　选择 NTP 时间服务器

图 2-2　设置 NTP 时间服务器

实验任务二：增加主机池

步骤一：创建主机池

单击顶部"云资源"标签，进入云资源概要页面，单击"增加主机池"按钮增加主机池，如图 2-3 所示。

图 2-3　增加主机池

在弹出的增加主机池对话框中输入主机池名称"UISC"，然后单击"确定"按钮，完成主机池的创建，如图 2-4 所示。

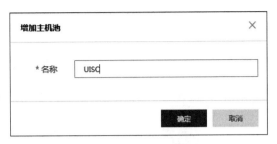

图 2-4　设置主机池名称

步骤二：查看主机池

主机池创建完成后，在云资源页面下将显示新增加的主机池 UISC，如图 2-5 所示。

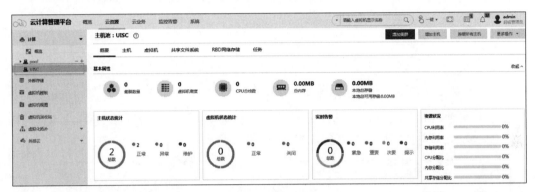

图 2-5　查看主机池

实验任务三：增加集群

步骤一：进入增加集群页面

单击顶部"云资源"标签，在左侧计算资源池中选择主机池 UISC，进入主机池 UISC 概要页面，单击"增加集群"按钮，弹出增加集群对话框，如图 2-6 所示。

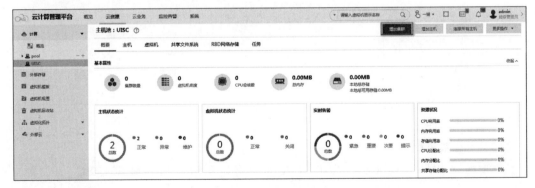

图 2-6　增加集群

步骤二：配置增加集群的参数信息

弹出的增加集群对话框包含 2 个子页面，分别为基本信息和高级设置。在基本信息页面的"集群名称"项中输入集群名称 UISC_0，并单击"启用 HA"按钮开启集群 HA，如图 2-7 所示。

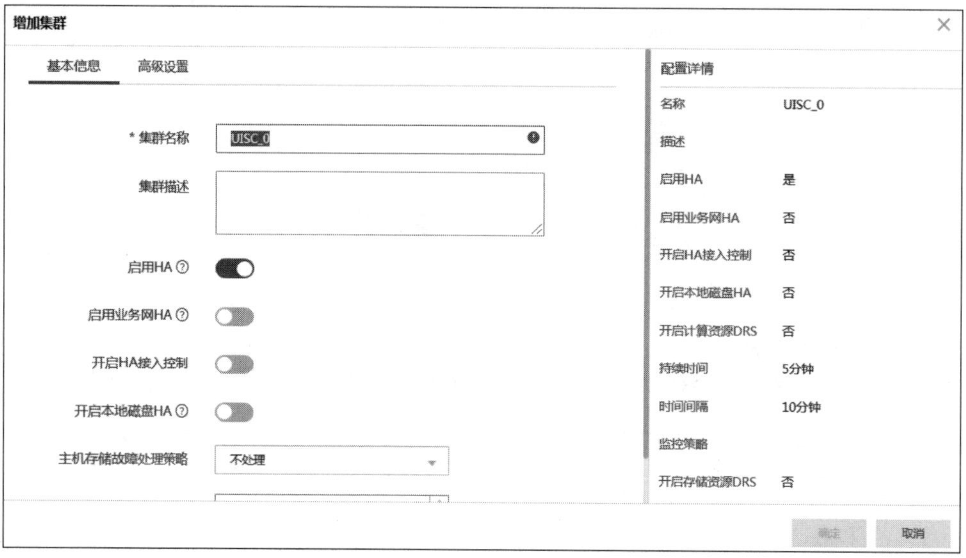

图 2-7　集群基本信息

在高级设置页面可根据需要,选择是否开启计算资源 DRS、存储资源 DRS,并设置 DRS 的生效时间段,之后单击"确定"按钮完成操作,如图 2-8 所示。

图 2-8　集群高级设置

步骤三:查看集群

集群增加完成后,单击 UISC 按钮,下拉列表将显示新增加的集群 UISC_0,如图 2-9 所示。

实验任务四:增加主机

步骤一:进入增加主机对话框

单击顶部"云资源"标签,选择左侧计算资源池中的集群 UISC_0,进入集群 UISC_0 的概

图 2-9   增加集群完成

要信息页面,单击"增加主机"按钮,弹出增加主机对话框,如图 2-10 所示。

图 2-10   增加主机

步骤二:配置增加主机的参数信息

在弹出的增加主机对话框中输入主机的"IP 地址""用户名"和"密码",单击"确定"按钮增加 CVK 主机,也可以开启"批量增加主机"按钮批量增加主机,如图 2-11 所示。

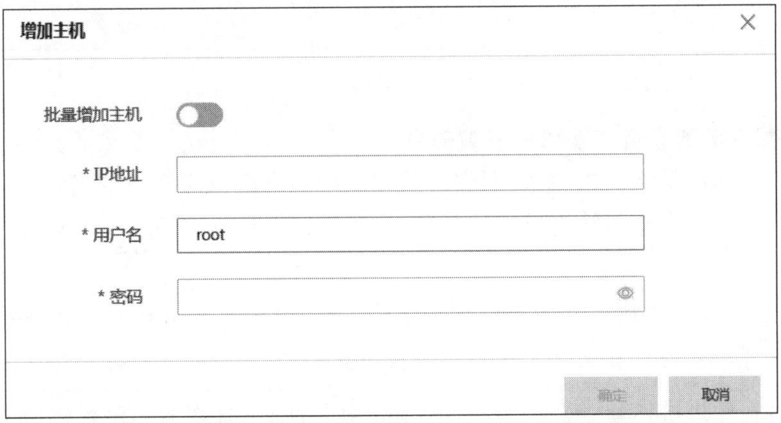

图 2-11   设置主机信息

步骤三:查看增加的主机

增加主机完成后,在云资源概要页面,单击 UISC_0 按钮,下拉列表将显示新增加的主机 cvknode15、cvknode16 和 cvknode17,如图 2-12 所示。

图 2-12　增加主机完成

实验任务五：增加虚拟交换机

步骤一：进入增加虚拟交换机页面

在主机的虚拟交换机页面，单击"增加"按钮，弹出"增加虚拟交换机"对话框，如图 2-13 所示。

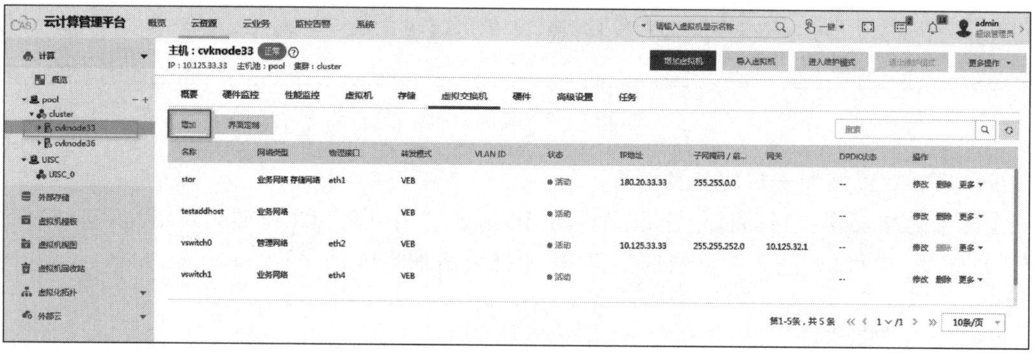

图 2-13　增加虚拟交换机

步骤二：配置增加虚拟交换机的参数信息

在弹出的"增加虚拟交换机"对话框中的名称项中输入虚拟交换机的名称 vs_storage_ex，网络类型项选择"存储网络"，转发模式项选择 VEB，单击"下一步"按钮，如图 2-14 所示。

注意

集群内所有主机的虚拟交换机名称必须保持一致，否则业务迁移时会出现问题。为了避免这个问题，如果集群内所有主机的虚拟交换机一致的话，建议在集群界面增加 vSwitch。

根据规划，在物理接口项中选择 eth4 和 eth5 网卡，IP 地址栏和子网掩码项中输入规划的 IP 地址和子网掩码信息，单击"下一步"按钮，如图 2-15 所示。

物理接口选择了多个网卡之后，还需要配置虚拟交换机链路聚合模式和负载分担模式。根据规划，在链路聚合模式项中选择"静态"模式，负载分担模式项中选择"主备"模式，其他选项默认，完成虚拟交换机配置后，单击"确定"按钮，完成虚拟交换机配置，如图 2-16 所示。

步骤三：查看增加的虚拟交换机

虚拟交换机增加完成后，在物理主机的虚拟交换机管理页面中将显示新增加的虚拟交换机

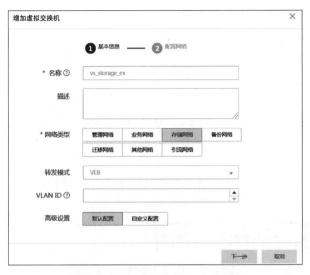

图 2-14　设置虚拟交换机基本信息

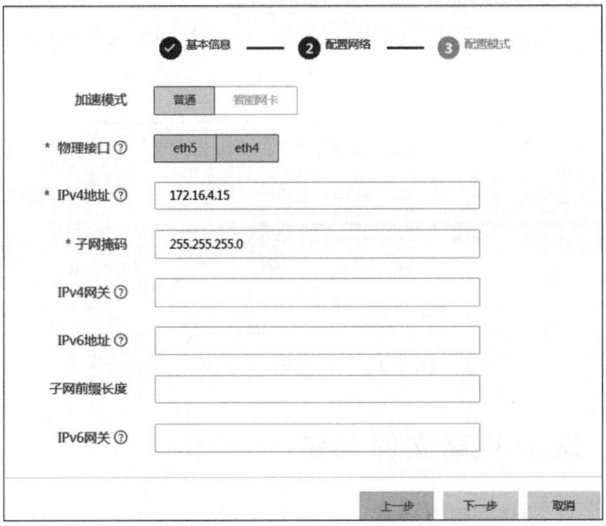

图 2-15　配置虚拟交换机网络

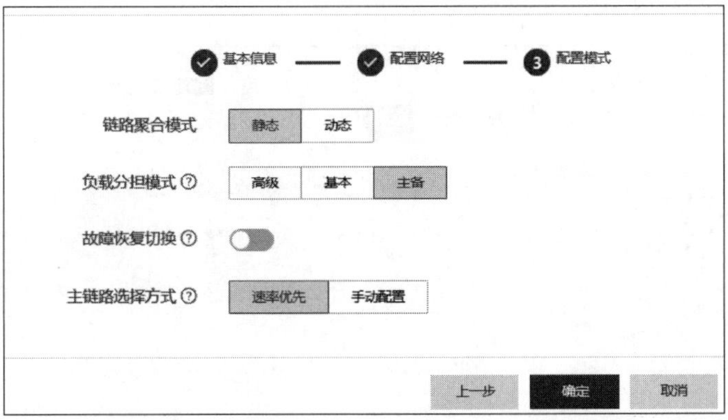

图 2-16　配置虚拟交换机模式

vs_storage_ex，如图 2-17 所示。

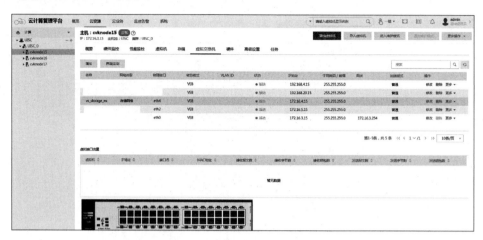

图 2-17　虚拟交换机配置完成

步骤四：创建名为 vs_business 的业务虚拟交换机

参考步骤一～步骤三的配置流程，创建一个名为 vs_business 的业务虚拟交换机，如图 2-18 所示。

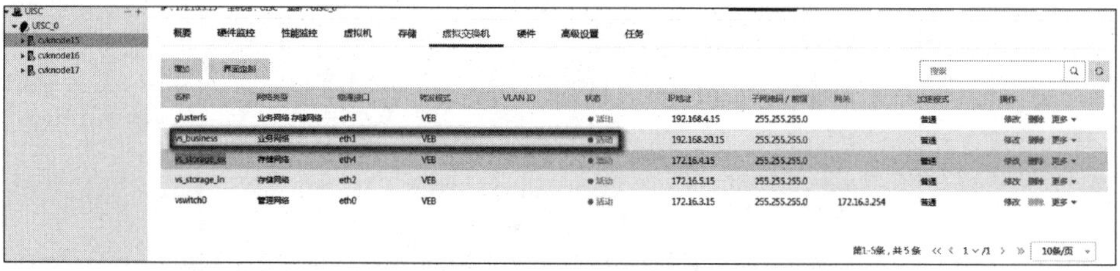

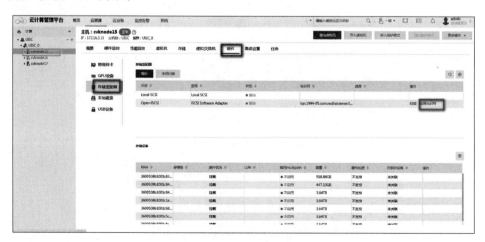

图 2-18　业务虚拟交换机

实验任务六：增加共享文件系统

步骤一：修改服务器 initiator 的信息

在主机的硬件管理页面，选择左侧"存储适配器"选项进入存储适配器页面，单击"设置标识符"按钮，如图 2-19 所示。

图 2-19　存储适配器

在弹出的"设置标识符"对话框中输入规划 initiator 的标识符,然后单击"确定"按钮完成操作,如图 2-20 所示。

图 2-20　设置标识符

修改完成后,initiator 的信息如图 2-21 所示。

图 2-21　主机 initiator 信息

步骤二:创建并分配存储卷

在 ONEStor 的块存储管理页面中,选择左侧"卷管理"→"存储卷"菜单项,进入存储卷管理页面,单击"新建"按钮新建存储卷,如图 2-22 所示。

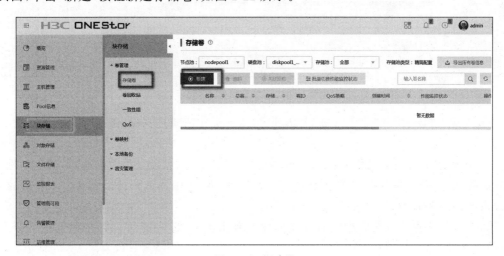

图 2-22　新建卷

在"创建存储卷"对话框页面,输入存储卷名称 sharefile-lun01,并设置存储卷大小为 3TB,单击"确定"按钮完成操作,如图 2-23 所示。

图 2-23 创建存储卷

存储卷创建完成之后,在存储卷管理页面可以看到创建的存储卷,如图 2-24 所示。

图 2-24 存储卷创建完成

选择左侧"卷映射"→"业务主机"菜单项,进入业务主机管理页面,单击"新建"按钮增加业务主机,如图 2-25 所示。

创建业务主机时,在"名称"栏中输入业务主机名称信息,可以是主机名也可以是 IP 地址,在"操作系统"栏中选择客户端类型为 CAS,在"启动器"栏中输入修改后的 CVK 主机的 iqn 信息,如图 2-26 所示。

其他的 CVK 主机也按照相同的方式创建业务主机,创建完成后可以在业务主机管理界面查看。

选择左侧"卷映射"→"业务主机组"菜单项,进入业务主机组管理页面,单击"创建"按钮创建新的业务主机组,如图 2-27 所示。

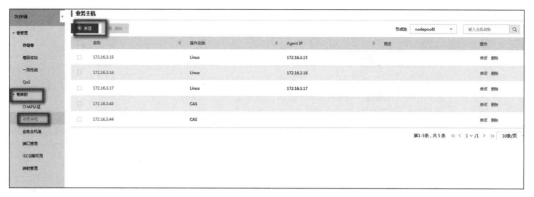

图 2-25　新建业务主机

图 2-26　创建业务主机

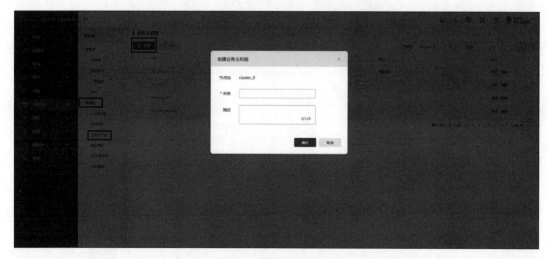

图 2-27　创建业务主机组

在弹出的"创建业务主机组"对话框中的"名称"栏中输入业务主机组名称,单击"确定"按钮完成业务主机组的创建,如图 2-28 所示。

在业务主机组管理页面,单击之前创建的业务主机组 uistorHostGroupS,进入业务主机组管理页面,如图 2-29 所示。

图 2-28　创建业务主机组

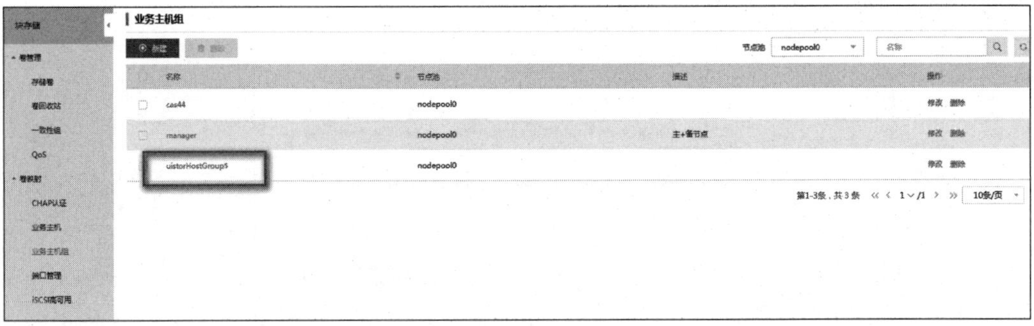

图 2-29　映射管理

单击页面上的"添加"按钮,弹出添加主机对话框,将 CAS 主机添加到业务主机组中,如图 2-30 所示。

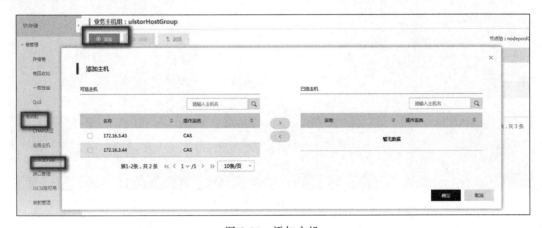

图 2-30　添加主机

选择"卷映射"→"映射管理"菜单项,进入映射管理页面。单击上述步骤中创建的业务主机组,在映射管理页面中单击"添加"按钮,弹出添加卷到业务主机组的对话框,为该业务主机组下的所有主机添加卷映射,如图 2-31 所示。

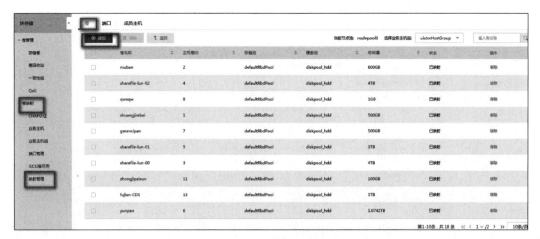

图 2-31　添加卷映射

在弹出的对话框中将之前创建的卷 sharefile-lun-01 添加到业务主机组,单击"确定"按钮,回到卷管理界面,sharefile-lun-01 卷已经映射到该业务主机组,如图 2-32 所示。

	卷名称	主机卷ID	存储池
	muban	2	defaultRbdPool
	sharefile-lun-02	4	defaultRbdPool
	qweqw	8	defaultRbdPool
	shuangjirebei	1	defaultRbdPool
	gerencipan	7	defaultRbdPool
	sharefile-lun-01	5	defaultRbdPool
	sharefile-lun-00	3	defaultRbdPool
	zhongjipeixun	11	defaultRbdPool
	fujian-CDS	13	defaultRbdPool
	yunpan	6	defaultRbdPool

图 2-32　查看卷映射

步骤三:配置共享文件系统

在之前创建的主机池 UISC 的共享文件系统管理页面中,单击"增加共享文件系统"按钮,弹出"增加共享文件系统"对话框,如图 2-33 所示。

弹出的"增加共享文件系统"对话框中,包括基本信息和 LUN 信息两个配置子页面。

图 2-33 共享文件系统

在基本信息配置页面中的"名称"栏中输入规划的共享文件系统的名称 sharefile-lun01,在"类型"栏中选择"iSCSI 共享文件系统",然后单击"下一步"按钮,如图 2-34 所示。

图 2-34 共享文件系统的基本信息

在 LUN 信息配置页面的"IP 地址"栏中输入共享存储设备的 IP 地址信息,其中 IP 是 ONEStor 存储的存储外网 IP,如图 2-35 所示。

在 LUN 信息栏单击右边的搜索按钮,在弹出的选择 LUN 页面中,选择搜索到的 LUN 信息,并单击"确定"按钮,如图 2-36 所示。

回到配置 LUN 信息的页面,单击"确定"按钮,完成共享文件系统的创建,如图 2-37 所示。

增加成功后,主机池的共享文件系统管理页面将显示新增加的共享文件系统 sharefile-lun01,如图 2-38 所示。

步骤四:增加共享文件系统类型存储池

在集群 UISC_0 的共享存储管理页面中,单击"增加"按钮,为集群增加共享文件系统类型存储池,如图 2-39 所示。

图 2-35 共享文件系统的基本 LUN 信息

IP地址 ⇕	NAA ⇕	LUN ⇕	容量 ⇕
172.16.4.15	360000000000000000e0...	iqn.2018-01.com.h3c.on...	100.00MB
172.16.4.15	360000000000000000e0...	iqn.2018-01.com.h3c.on...	64.00MB
172.16.4.15	360000000000000000e0...	iqn.2018-01.com.h3c.on...	1.07TB
172.16.4.15	360000000000000000e0...	iqn.2018-01.com.h3c.on...	1.00GB

第1-4条，共4条 《 ‹ 1∨/1 › 》 10条/页 ▾

确定 取消

图 2-36 搜索到的 LUN 信息

增加共享文件系统 ✕

✓ 基本信息 ——— ② LUN信息

* IP地址 ⑦ 172.16.4.15

* LUN iqn.2018-01.com.h3c.onestor:48a6292d7f0c408ca175aef8f8c88c27-lu... 🔍

NAA 360000000000000000e000000c19ce976

业务存储 ⬤○

请确保配置的LUN信息未被其他的共享文件系统、iSCSI网络存储、RBD网络存储、模板存储以及其他的管理平台使用。

上一步 **确定** 取消

图 2-37 添加完 LUN 信息

图 2-38　主机池完成共享文件系统的增加

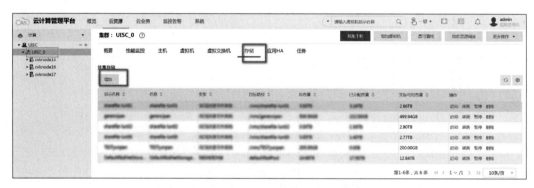

图 2-39　集群增加共享文件系统类型存储池

在弹出"增加共享存储"对话框的"类型"栏中选择"共享文件系统"选项,在"共享文件系统"栏搜索选择之前主机池上创建的共享文件系统 sharefile-lun01,如图 2-40 所示。

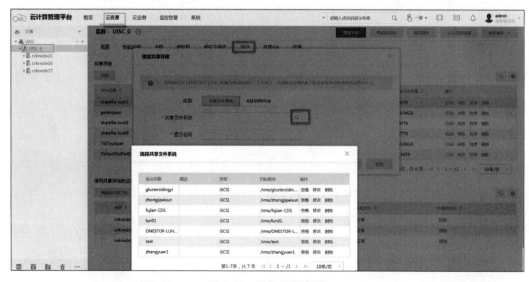

图 2-40　增加共享存储

单击"选择主机"按钮,在弹出的"选择主机"对话框中选中使用此共享文件系统存储池的主机,如图 2-41 所示。

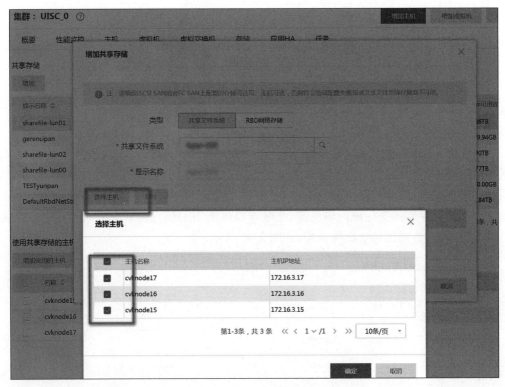

图 2-41 选择主机

确认信息无误后,单击"确定"按钮完成增加主机操作,回到增加共享存储对话框页面,单击"确定"按钮,如图 2-42 所示。

图 2-42 选择共享存储

此时会弹出"操作确认"对话框,确认是否启动集群下引用此共享存储,并单击"确定"按钮,如图 2-43 所示。

图 2-43　操作确认

　　之后会弹出"格式化共享文件系统"对话框。在"簇大小"栏选择默认值,"锁类型"栏需要根据存储类型的不同,设置不同选项,"锁类型"有两个选项:分布式锁和硬件辅助锁。硬件辅助锁对存储有要求,需要存储服务器支持 CAW 特性。本实验中使用的 ONEStor 存储支持硬件辅助锁。如果存储不支持硬件辅助锁,此时选择该类型的锁在格式化过程中会报错。单击"确定"按钮,确认格式化共享文件系统,如图 2-44 所示。

图 2-44　选择簇大小和锁类型

　　在集群的存储管理页面,单击之前创建的共享存储操作列的"启动"按钮,启动共享存储,如图 2-45 所示。

图 2-45　启动共享存储

弹出"操作确认"对话框,单击"确定"按钮完成操作,如图 2-46 所示。

图 2-46　操作确认

启动共享存储后,使用此共享存储的主机存储池状态变成活动状态,如图 2-47 所示。

图 2-47　主机完成增加共享文件系统类型存储池操作

在主机 cvknode15 的存储管理页面中可以看到新挂载的存储池已经处于活动状态,如图 2-48 所示。

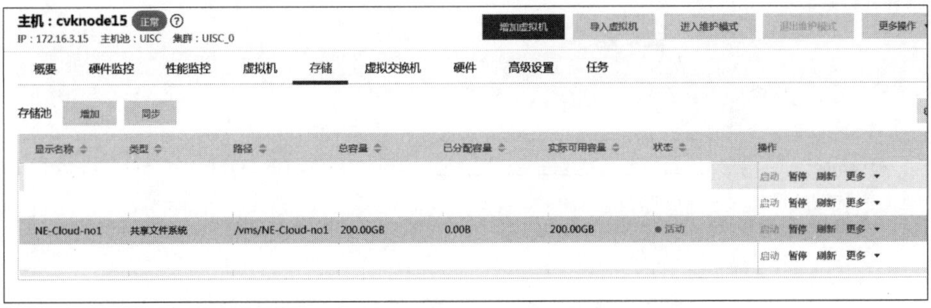

图 2-48　在存储管理页面查看活动状态

实验任务七：上传操作系统镜像文件

步骤一：上传镜像文件

在主机 cvknode15 的存储管理页面中,选中存储池 isopool,单击"上传文件"按钮,弹出"上传文件"对话框,如图 2-49 所示。

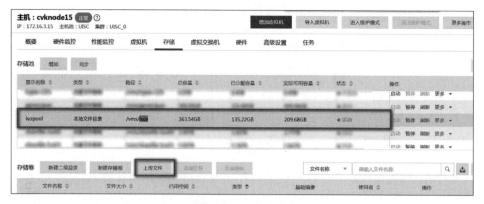

图 2-49　上传文件

在弹出的"上传文件"对话框中,单击"请选择文件 把文件拖曳到这里"区域,弹出选择上传的本地文件对话框,如图 2-50 所示。

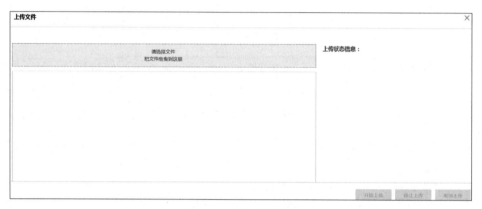

图 2-50　文件上传页面

在本地计算机上选择需要上传的操作系统 ISO 文件,单击"打开"按钮,如图 2-51 所示。

图 2-51　选择文件

回到上传文件页面,页面将显示选择的操作系统 ISO 文件信息,单击"开始上传"按钮,开始上传文件,如图 2-52 所示。

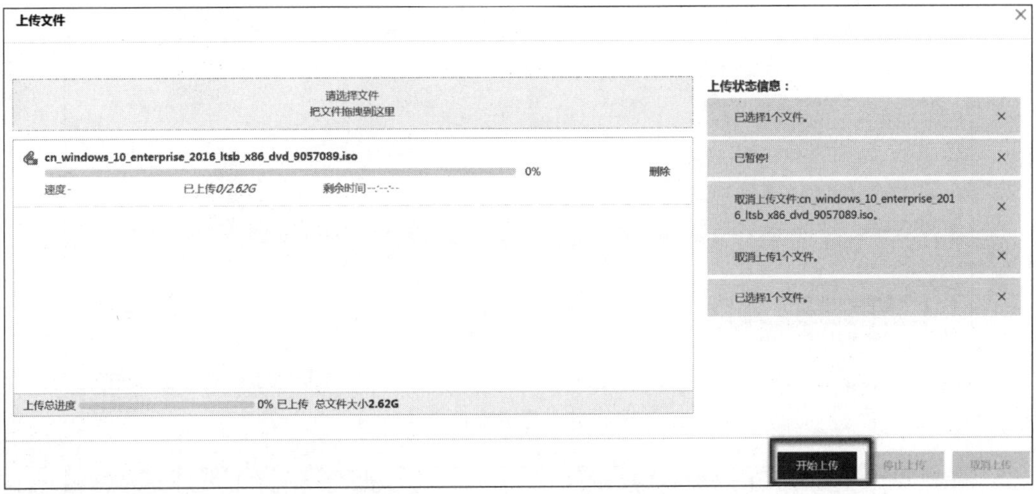

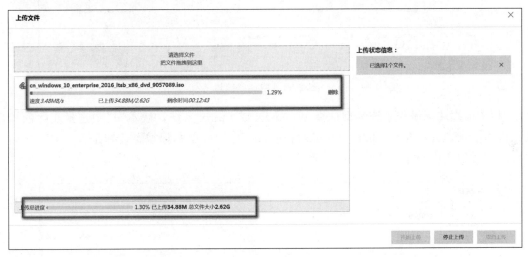

图 2-52　开始上传

步骤二:查看进度信息

上传过程中将显示文件上传的上传速度和上传进度等信息,如图 2-53 所示。

图 2-53　上传进度

步骤三:查看上传的文件

上传成功后在存储池 isopool 的存储卷列表中将显示上传的文件,如图 2-54 所示。

实验任务八:创建虚拟机

步骤一:增加虚拟机

在主机概要信息页面中,单击"增加虚拟机"按钮,弹出增加虚拟机的对话框,如图 2-55 所示。

步骤二:配置增加虚拟机的基本信息

在"增加虚拟机"对话框的基本信息页面的"显示名称"栏中输入虚拟机的名称信息,"操作

图 2-54　完成文件上传

图 2-55　增加虚拟机

系统"栏中根据实际操作系统类型选择 Windows 或 Linux 系统,"版本"栏中选择实际的操作系统版本信息,"自动迁移"和"CAStools 自动升级"栏则根据实际需要选择是否开启。之后单击"确定"按钮完成操作,如图 2-56 所示。

图 2-56　虚拟机的基本信息配置

步骤三：配置增加虚拟机的硬件信息

在"增加虚拟机"对话框的"硬件信息"页面，根据需要设置增加虚拟机的 CPU 和内存信息，在"网络"栏中选择管理虚拟交换机 vswitch0，如图 2-57 所示。

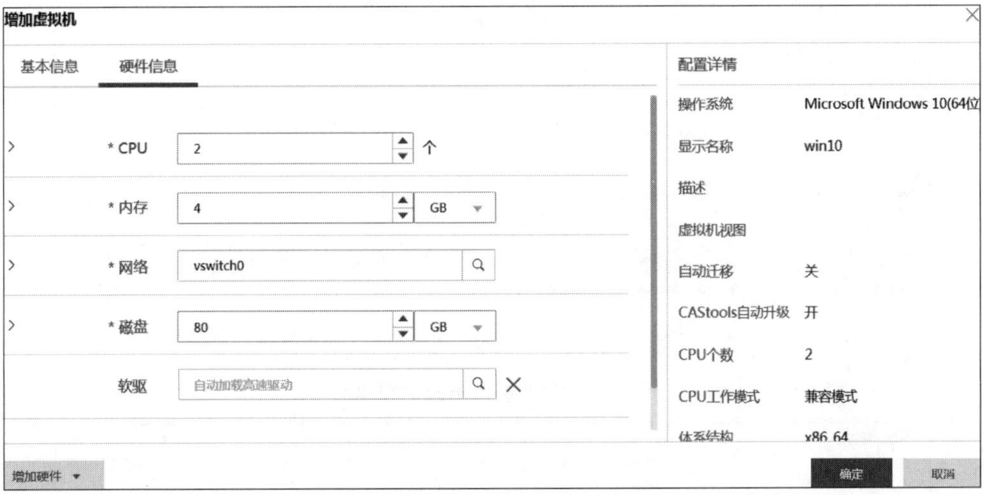

图 2-57　虚拟机的硬件信息配置

单击"光驱"选项右边的 🔍 图标，如图 2-58 所示，弹出"选择存储"对话框，在存储池 isopool 中选择之前上传的操作系统 ISO 文件，然后单击"确定"按钮，如图 2-59 所示。

图 2-58　选择虚拟机光驱镜像文件

回到增加虚拟机页面，光驱信息显示如图 2-60 所示，之后单击"确定"按钮完成新增虚拟机的创建。

步骤四：查看增加的虚拟机

增加虚拟机完成后，在主机的虚拟机管理页面中将显示增加的虚拟机，此时为关闭状态，如图 2-61 所示。

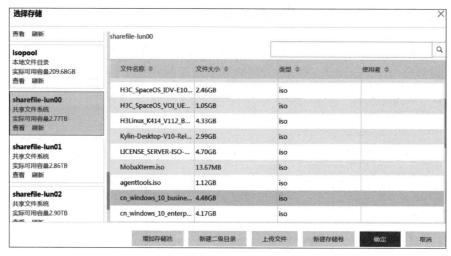

图 2-59　选择操作系统 ISO 文件

图 2-60　完成操作系统 ISO 文件的选择

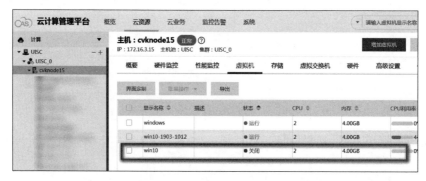

图 2-61　增加虚拟机完成

实验任务九：虚拟机安装操作系统

步骤一：启动虚拟机

在虚拟机概要信息页面中，单击"启动"按钮启动虚拟机，如图 2-62 所示。

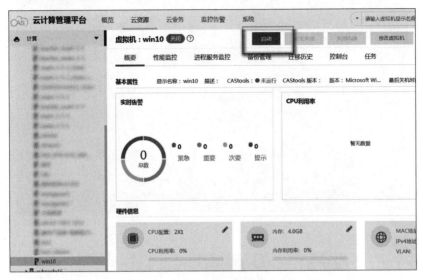

图 2-62 启动虚拟机

步骤二：登录虚拟机

启动虚拟机后，单击右上角"控制台"按钮，通过控制台登录虚拟机，如图 2-63 所示。

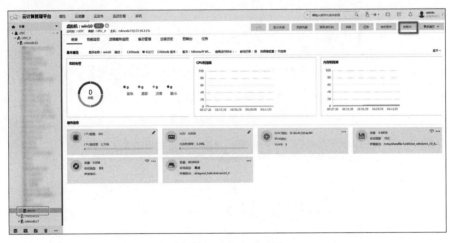

图 2-63 虚拟机控制台

步骤三：安装操作系统

在控制台根据操作系统的安装步骤完成操作系统的安装，如图 2-64 所示。

在安装 Windows 操作系统时无法发现磁盘信息，这是因为选择了 virtio 硬盘，Windows 安装盘中没有对应的驱动，此时需要单击"加载驱动程序（L）"按钮（前提为"允许自动加载 virtio 驱动"已经被选中），如图 2-65 所示。

弹出"加载驱动程序"对话框，如图 2-66 所示。

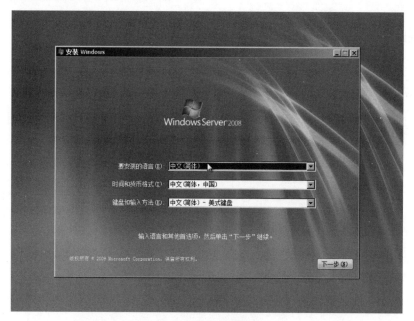

图 2-64　操作系统安装

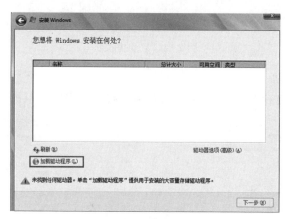

图 2-65　加载驱动程序

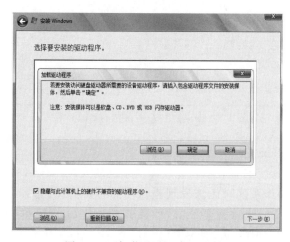

图 2-66　"加载驱动程序"对话框

图 2-64　操作系统安装

图 2-65　加载驱动程序

图 2-66　"加载驱动程序"对话框

选择带有 SCSI controller 的选项后单击"下一步"按钮安装 virtio 硬盘驱动,如图 2-67 所示。

图 2-67　安装硬盘驱动

virtio 硬盘驱动完成后,安装界面显示 virtio 硬盘信息,如图 2-68 所示。

图 2-68　硬盘信息

虚拟机操作系统安装完成后,通过控制台登录虚拟机,如图 2-69 所示。

步骤四:断开挂载的 ISO 文件

虚拟机安装完成后,需要将虚拟光驱中挂载的 ISO 文件断开连接。

在虚拟机概要页面,单击右上角的"修改"按钮,进入虚拟机修改页面。在修改虚拟机页面中选择左侧的"光驱"选项,进入修改光驱页面,单击"断开连接"按钮,如图 2-70 所示。

步骤五:删除软驱设备

虚拟机使用 virtio 硬盘时会自动为虚拟机创建软驱设备,用于虚拟机操作系统安装 virtio

图 2-69 完成操作系统安装

图 2-70 断开光驱

驱动。当虚拟机操作系统安装完成后,需要删除该软驱设备,如图 2-71 所示。

实验任务十:虚拟机安装 CAStools 工具

步骤一:虚拟机光驱连接 ISO 安装文件。

在修改虚拟机页面中,选择左侧"光驱"选项,单击"连接"按钮。在弹出的"选择文件"对话框中的"类型"栏中选择"安装 CAStools",此时"选择文件"栏会自动加载 CAStools 文件所在的路径,然后单击"确定"按钮,如图 2-72 所示。

CAStools 工具的安装文件选择完成后,在"源路径"栏中显示该安装文件的路径信息,如

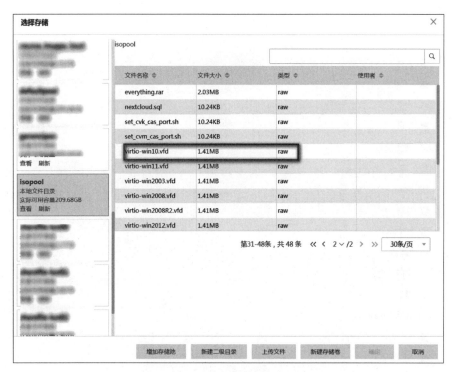

图 2-71　删除软驱

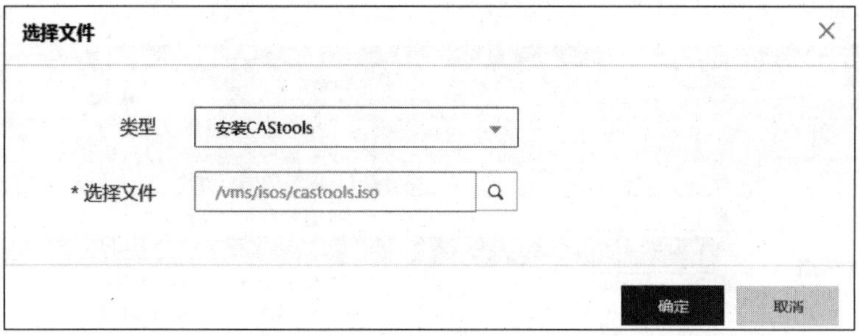

图 2-72　选择 CAStools 的安装文件

图 2-73 所示。

步骤二：操作系统中安装 CAStools。

通过控制台登录虚拟机，虚拟机的虚拟光驱挂载了 CAStools 工具，找到并运行 CAStools 工具的安装文件，如图 2-74 所示。

弹出 CAStools 的安装对话框，根据提示开始安装 CAStools。在弹出的"Windows 安全"对话框中，选中"始终信任来自'Red Hat, Inc.'的软件"选项，并单击"安装"按钮，如图 2-75 所示。

安装过程中提示安装完成后重启虚拟机，单击"确认"按钮，如图 2-76 所示。

CAStools 安装完成后，单击"关闭"按钮，如图 2-77 所示。

虚拟机安装 CAStools 工具后，在虚拟机的概要页面可以查看到 CAStools 的运行状态和版本信息，如图 2-78 所示。

CAStools 工具安装完成后，在修改虚拟机页面的"光驱"修改页面中单击"断开连接"按

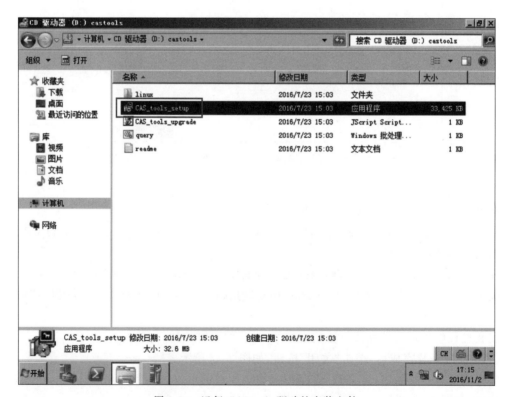

图 2-73 光驱连接 CAStools

图 2-74 运行 CAStools 驱动的安装文件

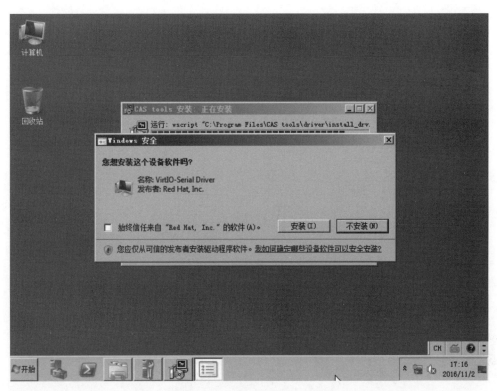

图 2-75 安装 CAStools 驱动

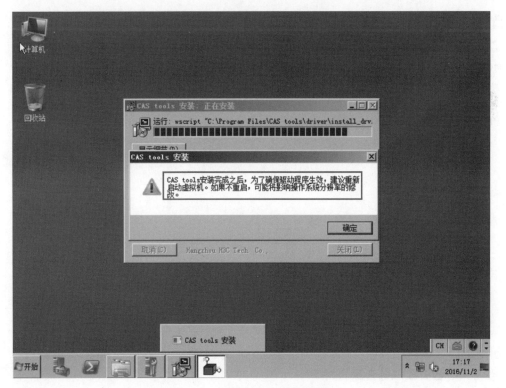

图 2-76 安装完成后重启虚拟机

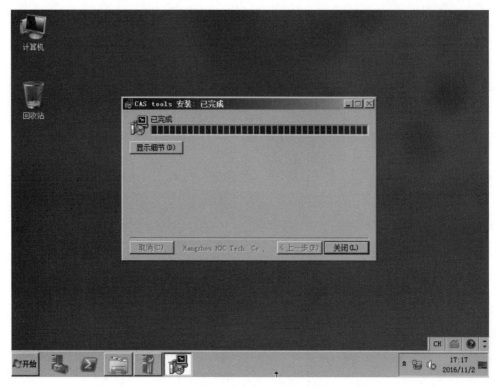

图 2-77　完成 CAStools 安装

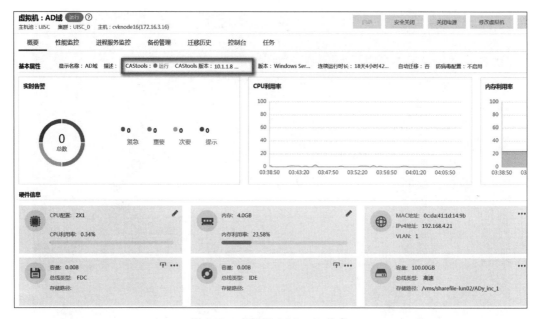

图 2-78　虚拟机 CAStools 状态

钮,如图 2-79 所示。

步骤三:查看虚拟机资源利用率

CAStools 安装完成后,系统可以准确监控到虚拟机的资源利用率,资源利用情况可以在虚拟机的概要页面查看,如图 2-80 所示。

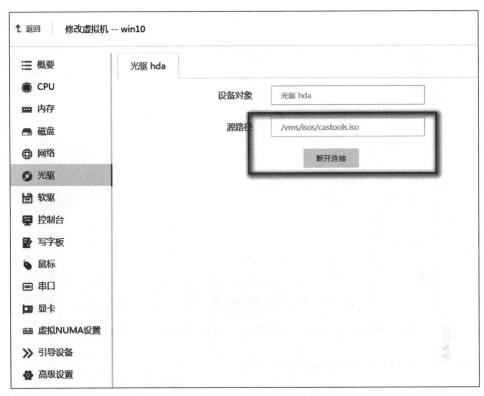

图 2-79　光驱断开 CAStools

图 2-80　虚拟机性能监控

实验任务十一：为虚拟机分配 IP 地址

虚拟机安装完成后，默认不存在 IP 地址，CAS 软件可以通过 CAStools 工具为虚拟机分配 IP 地址。

步骤一：查看虚拟机原 IP 地址

在虚拟机的概要页面的硬件信息栏中，IP 地址信息显示为自动获取失败的地址，如图 2-81 所示。

步骤二：为虚拟机配置 IP 地址

在修改虚拟机页面中，选择"网络"选项，在 IPv4 信息栏选中"手工配置"复选框，手动配置

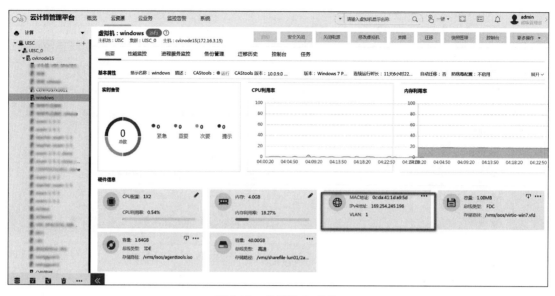

图 2-81　虚拟机 IP 地址

虚拟机的 IPv4、子网掩码等信息，如图 2-82 所示。然后单击"应用"按钮。

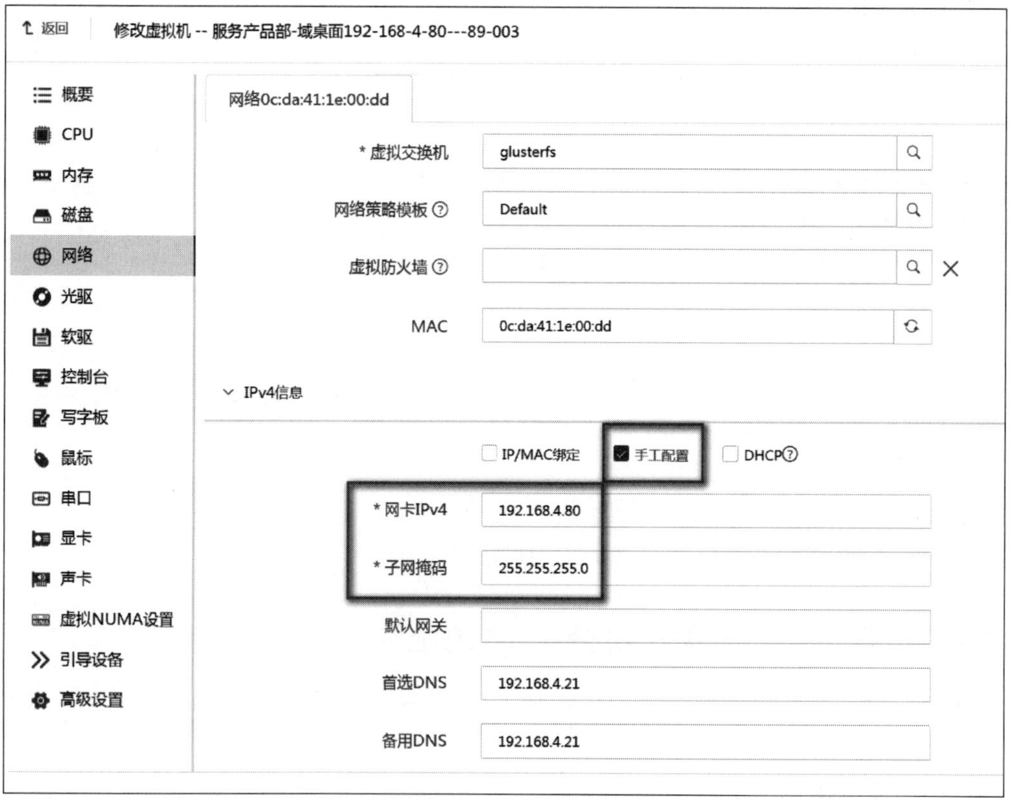

图 2-82　设置虚拟机网络

　　虚拟机 IP 地址配置成功后，在虚拟机概要页面可查看刚配置的 IP 地址信息，如图 2-83 所示。

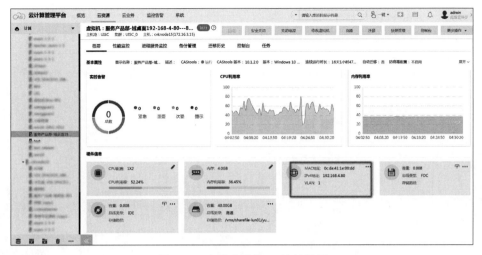

图 2-83　完成虚拟机 IP 地址配置

2.6　实验中的命令列表

本实验章节不涉及后台操作命令。

2.7　思考题

1. 为什么需要配置 NTP 服务？
2. 为什么需要在虚拟机内部安装 CAStools 工具？
3. CentOS 虚拟机如何部署 CAStools？

2.8　思考题答案

1. CAS 虚拟化系统中，需要保证所有 CVM、CVK 主机的系统时间保证一致。

2. 虚拟机和该虚拟机所在的主机之间相互隔离，CAS 系统无法获取到虚拟机内部的资源使用情况，因此无法准确显示虚拟机的 CPU、内存等资源的利用率。而 CAStools 实际上起到 agent 的角色，监控操作系统内部资源使用情况。

3. 先在修改虚拟机页面，用虚拟光驱连接 CAStools 镜像，之后进入 Linux 操作系统中执行 mount/dev/cdrom/media/挂载光驱设备，然后执行 cd/media/linux/命令，进入代理工具的 linux 目录下，执行. /CAS_tools_install. sh 命令运行安装脚本安装 CAStools 镜像。

虚拟机管理

3.1　实验内容与目标

完成本实验,应该能够达到以下目标。

(1)掌握虚拟机的模板、克隆、快照、备份、修改、迁移和关联等功能。

(2)掌握 CAS 系统的动态资源调度功能。

(3)掌握 CAS 系统的高可靠性功能。

3.2　实验组网图

此步骤同实验 1.2 节,此处略。

3.3　组网规划

此步骤同实验 1.3 节,此处略。

3.4　实验设备与版本

此步骤同实验 1.4 节,此处略。

3.5　实验过程

实验任务一：增加模板存储

步骤一：进入模板存储页面

选择顶部"云资源"标签,选择左侧 图标,单击虚拟机模板菜单项,进入虚拟机模板列表页面,如图 3-1 所示。

单击"模板存储"按钮,进入模板存储列表页面,如图 3-2 所示。

步骤二：增加模板存储

单击"增加模板存储"按钮,弹出"增加模板存储"对话框。在对话框中的"目标路径"栏中输入"/muban",在"类型"栏中选择"iSCSI 共享目录"选项,然后单击"确定"按钮,如图 3-3 所示。

步骤三：查看新增模板存储信息

完成增加模板后,在模板存储页面可查看新增加的模板存储信息,如图 3-4 所示。

实验任务二：制作虚拟机模板

步骤一：制作虚拟机模板镜像

对于将要制作成模板的虚拟机,建议删除软驱,将 DVD 光驱弹出,将虚拟机内部 IP 地址

图 3-1　虚拟机模板

图 3-2　模板存储页面

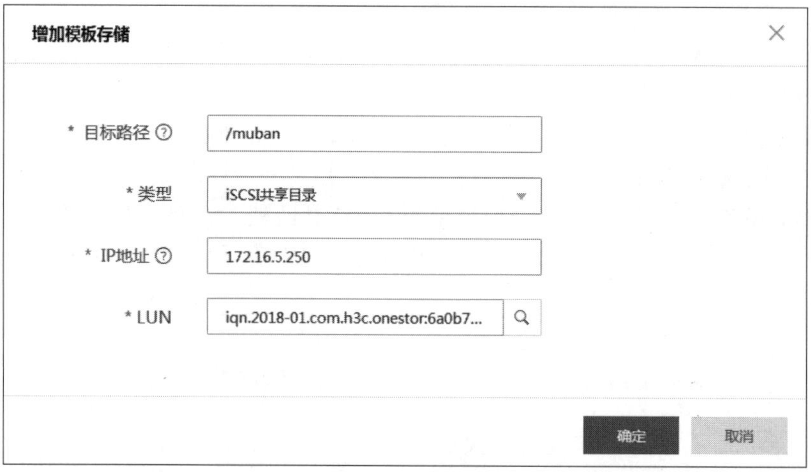

增加模板存储

* 目标路径 ⑦	/muban
* 类型	iSCSI共享目录 ▼
* IP地址 ⑦	172.16.5.250
* LUN	iqn.2018-01.com.h3c.onestor:6a0b7... 🔍

确定　　取消

图 3-3　增加模板存储

图 3-4　模板存储

获取方式设置成通过 DHCP 方式获取,关闭内部防火墙策略,并更新系统补丁,安装必要的软件以及开启远程登录。

打开"网络和共享中心"对话框,单击左下角的"Windows 防火墙"选项,如图 3-5 所示。

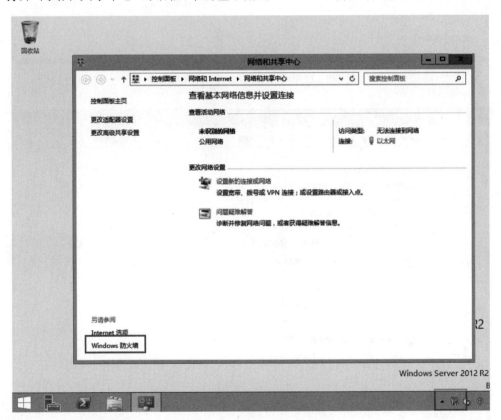

图 3-5　打开 Windows 防火墙

单击左侧的"启用或关闭 Windows 防火墙"选项,设置防火墙的策略,如图 3-6 所示。

为了实验演示效果,如果存在防火墙则无法 ping 通。因此需关闭 Windows 防火墙,然后单击"确定"按钮,如图 3-7 所示。

图 3-6　启用或关闭 Windows 防火墙策略

图 3-7　关闭 Windows 防火墙

在"控制面板\系统和安全\系统"页面,单击"远程设置"选项设置系统属性,如图 3-8所示。

图 3-8　远程设置

选中"允许远程连接到此计算机(L)"选项并单击"确定"按钮完成系统属性设置,如图 3-9所示。

图 3-9　允许远程连接到此计算机

在 CAS 虚拟化管理平台页面中选择顶部"云资源"标签,单击左侧导航树"计算"→"主机池"→"主机"进入虚拟机管理页面,单击"安全关闭"按钮将该虚拟机关闭,如图 3-10 所示。

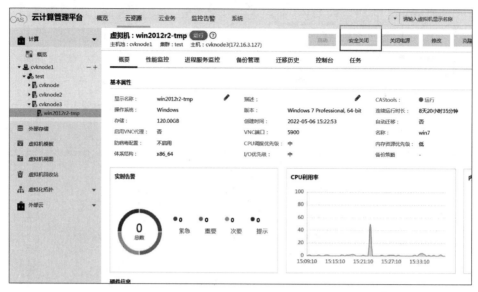

图 3-10　虚拟机安全关闭

步骤二:将虚拟机镜像克隆为模板

在虚拟机管理页面单击"更多操作"按钮,选择"克隆为模板"选项,弹出"克隆为模板"对话框,如图 3-11 所示。

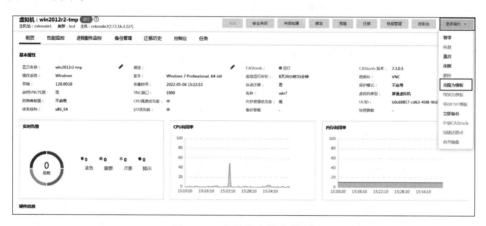

图 3-11　虚拟机克隆为模板

步骤三:克隆虚拟机模板

在弹出的"克隆为模板"对话框中,在"模板名称"栏中根据规划输入模板名称 win2012r2-temp,如图 3-12 所示。

在"模板存储"栏目中选择模板存储位置,并单击"确定"按钮完成模板存储设置,如图 3-13 所示。

在"克隆为模板"对话框中单击"确定"按钮,开始执行制作虚拟机模板操作,如图 3-14 所示。

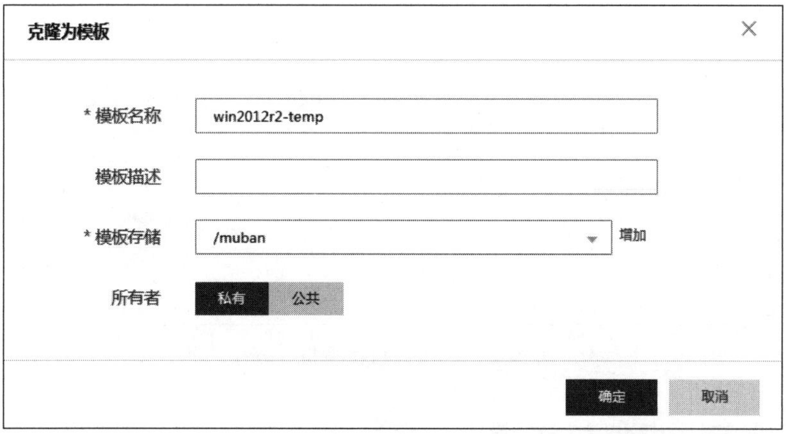

图 3-12　克隆为模板

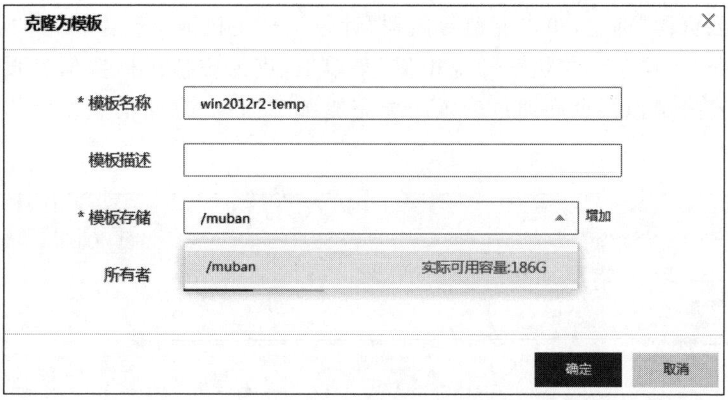

图 3-13　选择模板存储位置

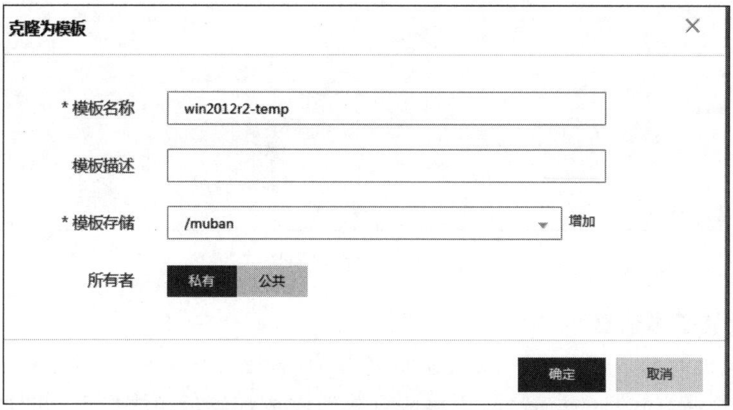

图 3-14　执行操作

步骤四：查看新增的虚拟机模板

虚拟机模板制作完成后，进入虚拟机模板页面，查看新增的 win2012r2-temp 虚拟机模板，如图 3-15 所示。

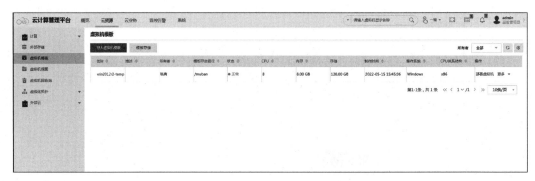

图 3-15　完成虚拟机模板的制作

实验任务三：虚拟机克隆

步骤一：克隆虚拟机

选择顶部"云资源"标签，单击左侧导航树"计算"→"主机池"→"主机"→"虚拟机"或者"计算"→"主机池"→"集群"→"主机"→"虚拟机"菜单项，进入虚拟机概要信息页面，单击"克隆"按钮，在弹出的克隆虚拟机页面通过配置向导完成基本信息、存储信息及网络信息的配置，如图 3-16 所示。

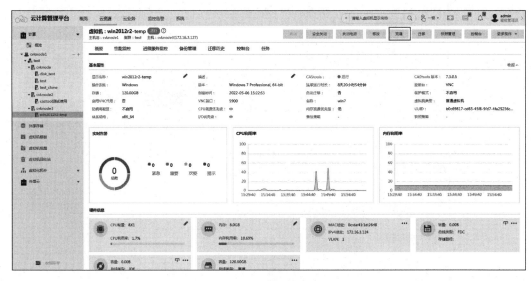

图 3-16　虚拟机克隆

步骤二：配置基本信息

在克隆虚拟机的基本信息页面输入显示名称为 win2012r2-temp_clone，选择克隆方式为"完全克隆"，并选择克隆目的位置为"主机内克隆"，完成配置后单击"下一步"按钮进入存储信息配置页面，如图 3-17 所示。

步骤三：配置存储信息

在存储信息配置页面，单击"目的存储池"配置项后的 🔍 按钮，选择需要的存储池信息，如图 3-18 所示。

选择 isopool 存储池，并单击"确定"按钮，完成存储信息配置，然后单击"下一步"按钮进入

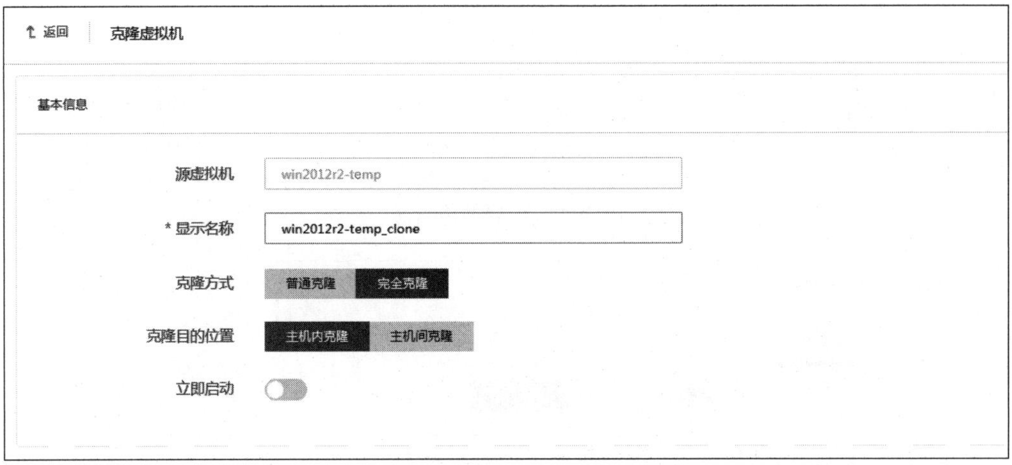

图 3-17　基本信息

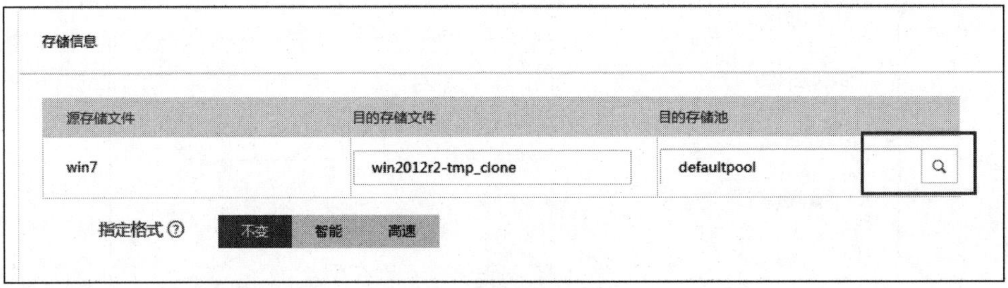

图 3-18　选择存储池信息

网络信息配置页面,如图 3-19 所示。

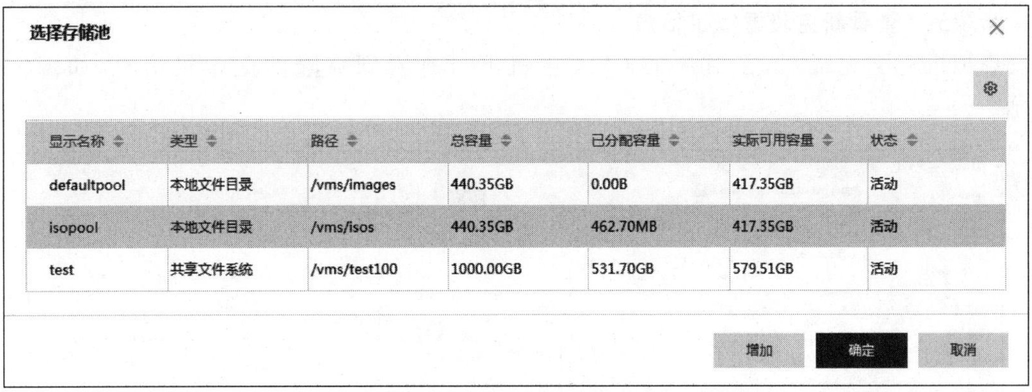

图 3-19　完成存储信息配置

步骤四:配置网络信息

在网络信息配置页面可为虚拟机配置网卡信息,在虚拟交换机栏中选择 vSwitch 0 选项,单击网络参数后的 🔍 可配置网络参数信息,如图 3-20 所示。在设置网络参数页面中,选择"手工分配"方式,并根据规划配置 IP 地址和子网掩码,然后单击"确定"按钮开始克隆虚拟机,如图 3-21 所示。

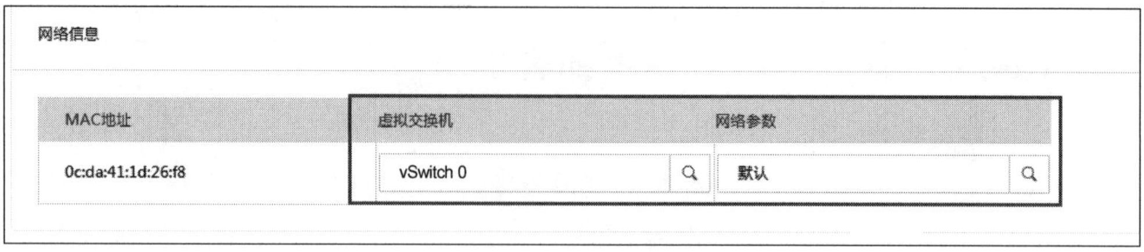

网络信息
MAC地址
虚拟交换机
网络参数
0c:da:41:1d:26:f8
vSwitch 0
默认

图 3-20 配置网络信息

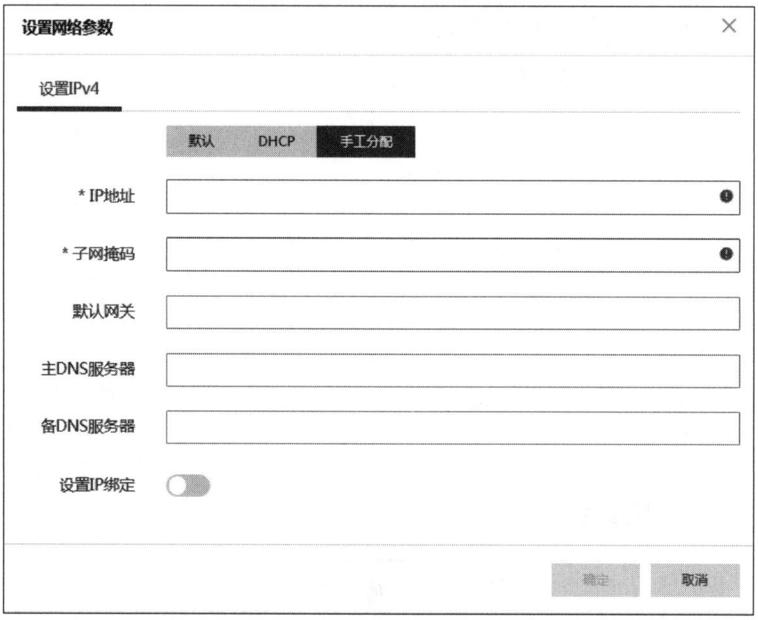

设置网络参数
设置IPv4
默认
DHCP
手工分配
* IP地址
* 子网掩码
默认网关
主DNS服务器
备DNS服务器
设置IP绑定
确定
取消

图 3-21 设置网络参数

步骤五：查看新克隆虚拟机信息

虚拟机克隆完成后，在对应的 CVK 主机下可查看新克隆的虚拟机信息，如图 3-22 所示。

云计算管理平台
虚拟机：win2012r2-temp_clone
基本属性
实时告警
CPU利用率
内存利用率
硬件信息

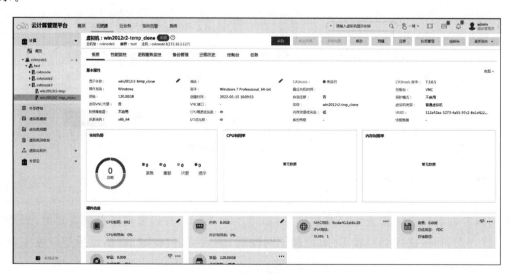

图 3-22 完成虚拟机的克隆

实验任务四：通过虚拟机模板部署虚拟机

步骤一：部署虚拟机

选择顶部"云资源"标签，单击左侧虚拟机模板 图标，进入虚拟机模板列表页面。选择待部署虚拟机的模板，单击操作列的"部署虚拟机"按钮，开始部署虚拟机。在弹出的部署虚拟机配置对话框中，根据需要配置虚拟机的基本信息、主机集群、存储信息、网络信息及系统信息，如图 3-23 所示。

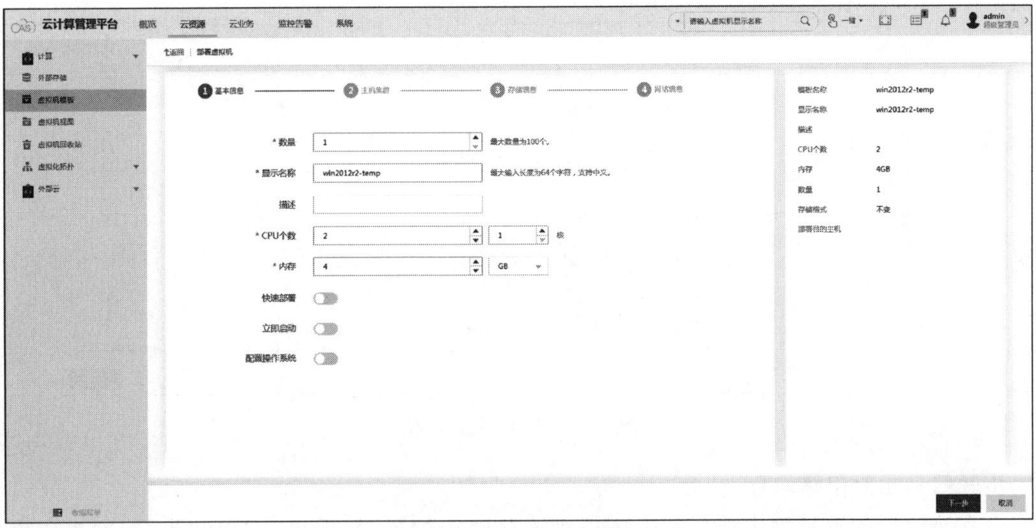

图 3-23　部署虚拟机

步骤二：配置基本信息

在基本信息页面中，配置数量为 1、显示名称为 win2012r2-temp、CPU 个数为 2，内存为 4GB，配置完成后单击"下一步"按钮进入主机集群配置页面，如图 3-24 所示。

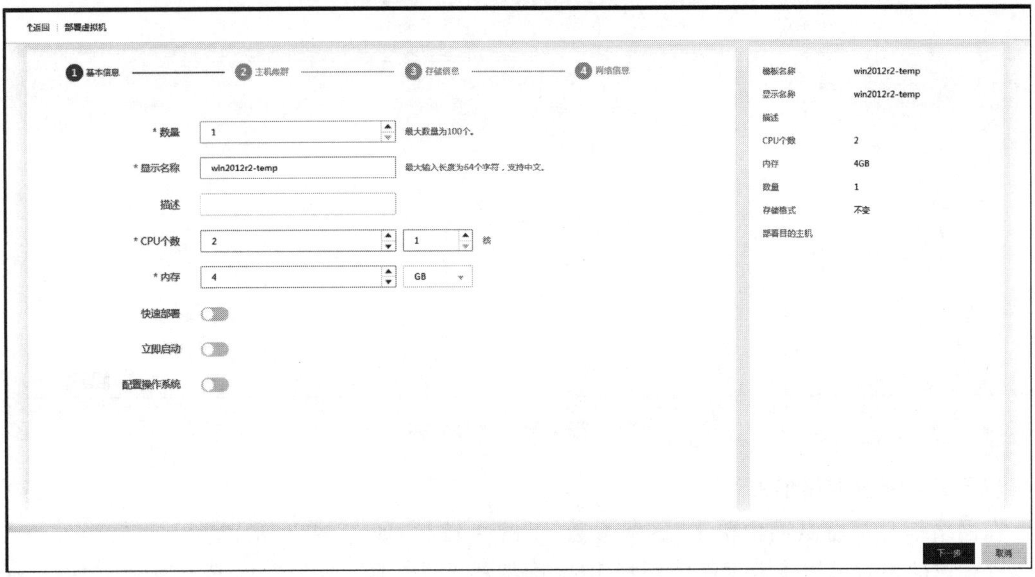

图 3-24　虚拟机信息

步骤三：配置主机集群

在主机集群配置页面中选择部署虚拟机的 CVK 主机位置,然后单击"下一步"按钮进入存储信息配置页面,如图 3-25 所示。

图 3-25　配置主机集群

步骤四：配置存储信息

在存储信息配置页面中选择部署虚拟机的存储池位置,然后单击"下一步"按钮进入网络信息配置页面,如图 3-26 所示。

图 3-26　配置存储信息

步骤五：配置网络信息

在网络信息配置页面中单击"网络参数"下的 🔍 按钮,如图 3-27 所示。

在弹出的设置网络参数页面中选择 IPv4 配置模式为"手工分配",根据规划输入 IPv4 地址和子网掩码,然后单击"确定"按钮完成网络参数配置并返回虚拟机部署页面,如图 3-28 所示。

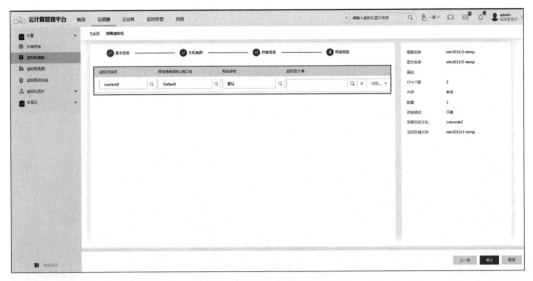

图 3-27　虚拟机网络参数

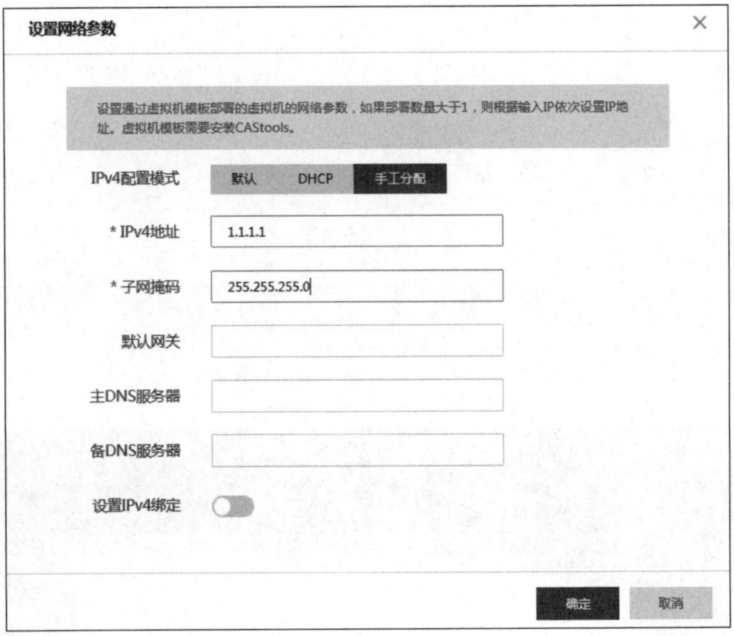

图 3-28　网络参数配置

步骤六：开始部署虚拟机

回到部署虚拟机页面后单击"确定"按钮开始部署虚拟机，如图 3-29 所示。

虚拟机部署完成后，在左侧导航栏对应的主机下可查看新增部署的虚拟机，如图 3-30 所示。

实验任务五：虚拟机快照

步骤一：查看虚拟机的 TXT 文件

登录虚拟机操作系统，查看创建快照前虚拟机上 TXT 文件的内容，如图 3-31 所示。

图 3-29 完成虚拟机部署配置

图 3-30 查看部署的虚拟机

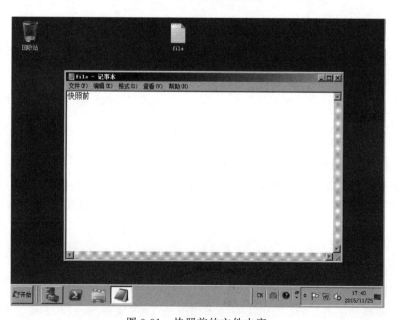

图 3-31 快照前的文件内容

步骤二：进入虚拟机快照管理页面

选择顶部"云资源"标签，单击左侧导航树"计算"→"主机池"→"主机"→"虚拟机"或者"计算"→"主机池"→"集群"→"主机"→"虚拟机"菜单项，进入虚拟机概要信息页面，如图 3-32 所示。单击"快照管理"按钮，弹出"虚拟机快照管理"对话框，如图 3-33 所示。

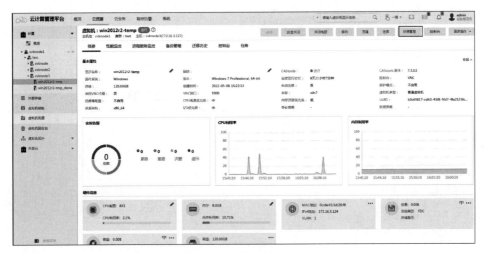

图 3-32 进入快照管理页面

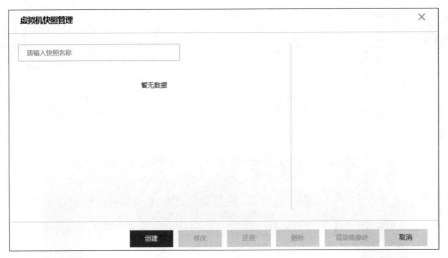

图 3-33 虚拟机快照管理页面

步骤三：创建虚拟机快照

在虚拟机快照管理对话框中单击"创建"按钮，弹出创建快照对话框，输入名称和描述，并选择快照类型，然后单击"确定"按钮完成操作，如图 3-34 所示。

虚拟机快照创建后，在虚拟机快照管理页面可显示已创建的快照信息，如图 3-35 所示。

步骤四：修改 TXT 文件

虚拟机执行快照后，登录虚拟机的操作系统，修改虚拟机中 TXT 文件的内容，如图 3-36 所示。

步骤五：再次创建快照

按照步骤三的方式再次执行创建虚拟机快照操作，可在虚拟机快照管理页面看到第二次

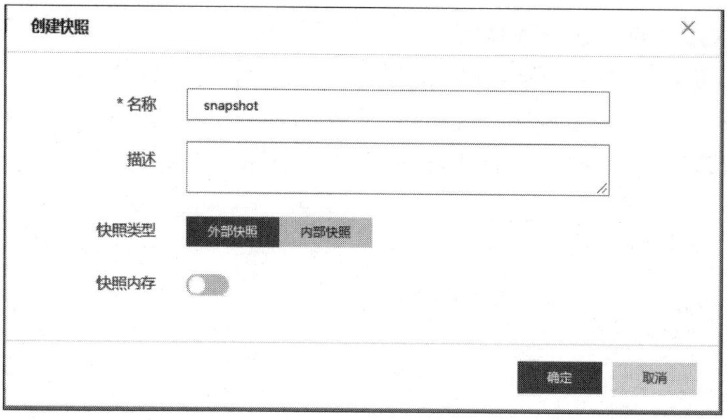

图 3-34　创建快照

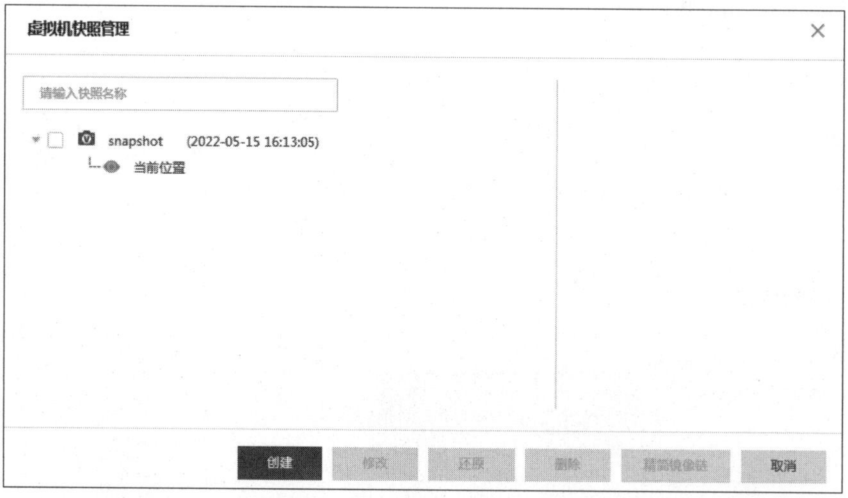

图 3-35　完成虚拟机快照创建

图 3-36　虚拟机快照后修改虚拟机文件内容

创建的快照,如图 3-37 所示。

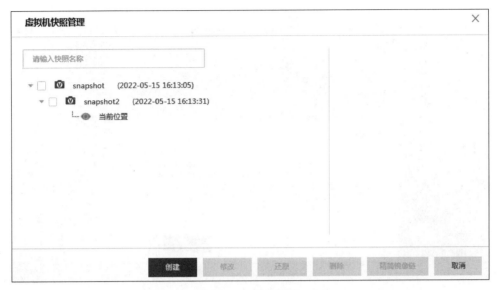

图 3-37　创建快照

步骤六:删除 TXT 文件

删除虚拟机中 TXT 的文件,并清空回收站,如图 3-38 所示。

图 3-38　清空回收站

步骤七:还原虚拟机到第二次创建快照前的状态

在虚拟机快照管理页面中选择第二次快照 snapshot02,然后单击"还原"按钮,在弹出的对话框中单击"确认"按钮将虚拟机还原为第二次创建快照前的状态,如图 3-39 所示。

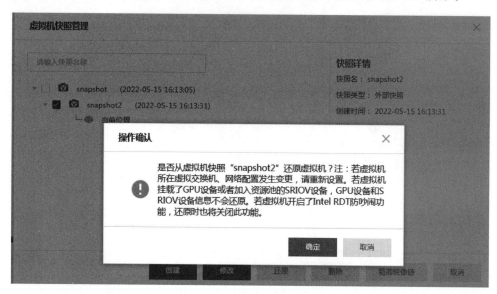

图 3-39　还原虚拟机快照

快照还原完成后登录虚拟机,虚拟机成功还原到第二次创建快照前的状态,如图 3-40
所示。

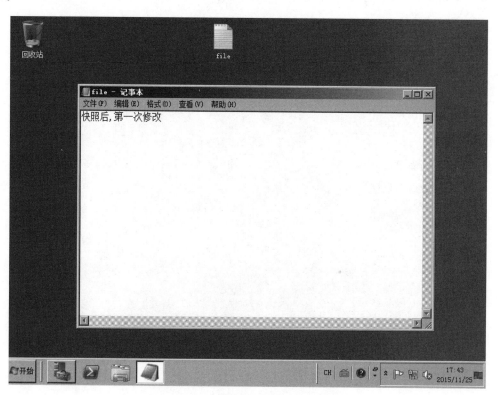

图 3-40　虚拟机还原到第二次创建快照前的状态

步骤八:还原虚拟机到第一次创建快照前的状态

在虚拟机快照管理页面中选择第一次快照 snapshot,然后单击"还原"按钮,在弹出的对话框中单击"确认"按钮将虚拟机还原为第一次创建快照前的状态,如图 3-41 所示。

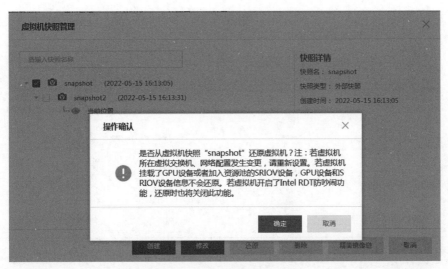

图 3-41 虚拟机快照还原

还原操作完成后,虚拟机成功还原到第一次创建快照前的状态,如图 3-42 所示。

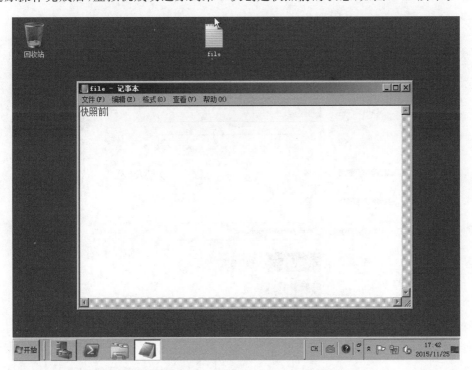

图 3-42 虚拟机还原到第一次创建快照前的状态

实验任务六:虚拟机备份

步骤一:进入虚拟机备份页面

选择顶部"云资源"标签,单击左侧导航树"计算"→"主机池"→"主机"→"虚拟机"或者"计算"→"主机池"→"集群"→"主机"→"虚拟机"菜单项,进入虚拟机概要信息页面。在虚拟机概要信息页面中单击"更多操作"按钮,选择"立即备份"菜单项,弹出立即备份对话框,如图 3-43 所示。

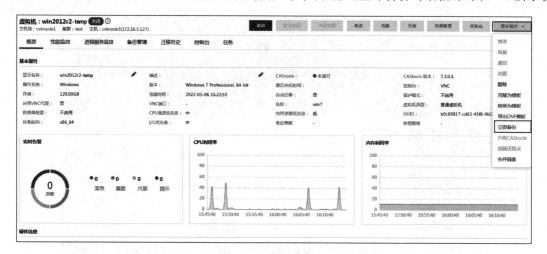

图 3-43 虚拟机备份

步骤二:配置基本信息

在基本信息页面输入备份文件名,然后单击"下一步"按钮进入备份设置页面,如图 3-44 所示。

图 3-44 基本信息

步骤三:备份设置

在备份设置页面选择备份目的地为"主机本地目录",输入备份位置并选择备份模式为"全量备份",然后单击"完成"按钮,开始虚拟机备份,如图 3-45 所示。

图 3-45 备份设置

步骤四：查看备份信息

虚拟机备份完成后，在备份管理页面可以查看到备份信息，如图 3-46 所示。

图 3-46 备份管理

实验任务七：修改虚拟机

步骤一：查看虚拟机配置

选择顶部"云资源"标签，单击左侧导航树"计算"→"主机池"→"主机"→"虚拟机"或者"计算"→"主机池"→"集群"→"主机"→"虚拟机"菜单项，进入虚拟机概要信息页面，可查看虚拟机的 CPU 配置为 2 个 1 核 CPU，内存配置为 4GB，如图 3-47 所示。

登录虚拟机操作系统，通过"控制面板"→"系统和安全"→"系统"查看虚拟机的配置为 1 个 CPU，内存配置为 4GB，如图 3-48 所示。

步骤二：修改虚拟机配置

选择顶部"云资源"标签，单击左侧导航树"计算"→"主机池"→"主机"→"虚拟机"或者"计算"→"主机池"→"集群"→"主机"→"虚拟机"菜单项，进入虚拟机概要信息页面，单击"修改虚拟机"按钮，弹出修改虚拟机页面。将虚拟机 CPU 个数修改为 4 个，然后单击"应用"按钮，如图 3-49 所示。

图 3-47 查看虚拟机配置

图 3-48 操作系统中的 CPU 和内存配置

将内存修改为 8GB,然后单击"应用"按钮,如图 3-50 所示。

步骤三:查看修改后的虚拟机配置

虚拟机的配置修改完成后,在虚拟机概要信息页面和虚拟机"控制面板/系统和安全/系统"页面可检查是否成功修改,如图 3-51 所示。

图 3-49 修改虚拟机 CPU 配置

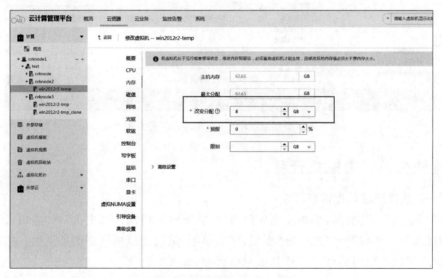

图 3-50 修改虚拟机内存配置

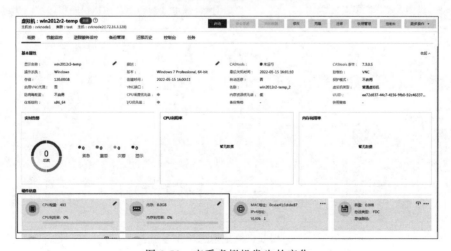

图 3-51 查看虚拟机发生的变化

操作系统显示虚拟机的配置,CPU 的个数被修改为 4 个,内存被修改为 8GB,如图 3-52 所示。

图 3-52　操作系统中 CPU 和内存配置发生变化

实验任务八:虚拟机迁移

步骤一:选择迁移的虚拟机

　　选择顶部"云资源"标签,单击左侧导航树"计算"→"主机池"→"主机"→"虚拟机"或者"计算"→"主机池"→"集群"→"主机"→"虚拟机"菜单项,进入虚拟机概要信息页面。单击"迁移"按钮,弹出迁移虚拟机对话框进入迁移虚拟机页面,如图 3-53 所示。

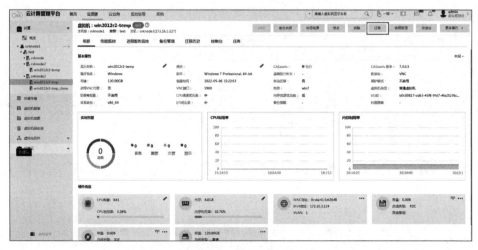

图 3-53　虚拟机迁移

步骤二：配置迁移参数

在迁移虚拟机页面配置迁移类型为"更改主机"，选择目的主机为 cvknode2，迁移超时时长配置为 5 分钟，如图 3-54 所示。

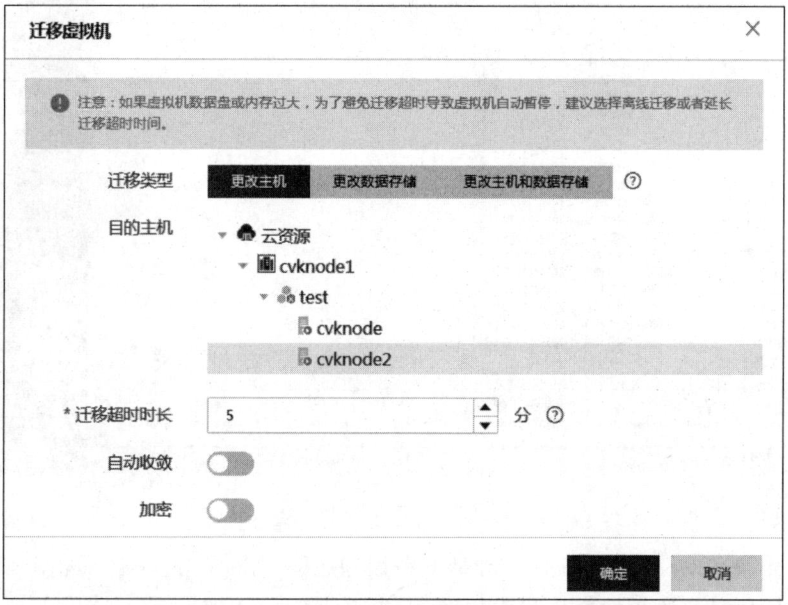

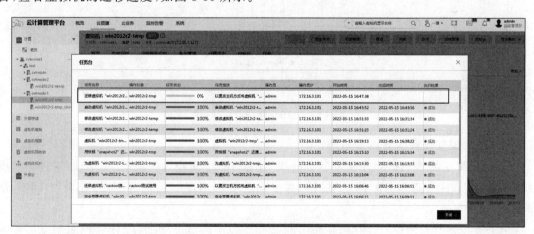

图 3-54 配置迁移参数

步骤三：查看迁移结果

迁移完成后选择顶部"云资源"标签，单击左侧导航树"计算"→"主机池"→"主机"或者"计算"→"主机池"→"集群"→"主机"菜单项，选择对应的主机，并单击右上角的 图标进入任务台，查看虚拟机的迁移进度，如图 3-55 所示。

图 3-55 查看虚拟机是否迁移成功

实验任务九：动态资源调度

步骤一：上传 CPU 加压工具

将 CVK 主机的 CPU 加压工具上传至 CVK 主机的 /root 目录，如图 3-56 所示。

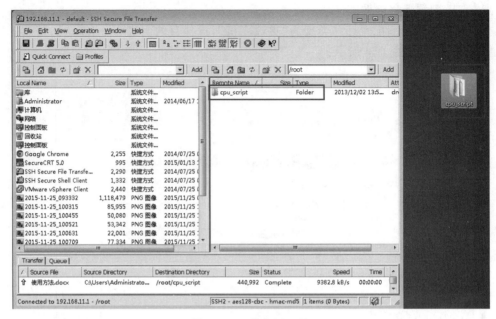

图 3-56　上传加压工具

在 CVK 主机的 /root/cpu_script 目录下,对 exhaust_cpu、release 和 weird_shell 三个文件添加可执行权限操作,执行的命令代码如图 3-57 所示。

```
root@CAS-CVK01:~/cpu_script# ls -l
total 448
-rw-r--r-- 1 root root 440992 Mar 25  2013 使?梅???.docx
-rw-r--r-- 1 root root   2684 Mar 25  2013 exhaust_cpu
-rw-r--r-- 1 root root    174 Mar 25  2013 file_exc
-rw-r--r-- 1 root root     64 Mar 25  2013 release
-rw-r--r-- 1 root root     93 Mar 21  2013 weird_shell
root@CAS-CVK01:~/cpu_script#
root@CAS-CVK01:~/cpu_script#
root@CAS-CVK01:~/cpu_script#
root@CAS-CVK01:~/cpu_script# chmod 777 exhaust_cpu
root@CAS-CVK01:~/cpu_script# chmod 777 release
root@CAS-CVK01:~/cpu_script# chmod 777 weird_shell
root@CAS-CVK01:~/cpu_script#
root@CAS-CVK01:~/cpu_script# ls -l
total 448
-rw-r--r--  1 root root 440992 Mar 25  2013 使?梅???.docx
-rwxrwxrwx  1 root root   2684 Mar 25  2013 exhaust_cpu
-rw-r--r--  1 root root    174 Mar 25  2013 file_exc
-rwxrwxrwx  1 root root     64 Mar 25  2013 release
-rwxrwxrwx  1 root root     93 Mar 21  2013 weird_shell
root@CAS-CVK01:~/cpu_script#
```

图 3-57　增加可执行权限操作

步骤二：配置计算资源调度策略

选择顶部"云资源"标签,单击左侧导航树"计算"→"主机池"→"集群"菜单项,进入集群概要信息页面。单击"动态资源调度"按钮,弹出动态资源调度对话框,开启计算资源 DRS,如图 3-58 所示。

单击监控策略右侧的 🔍 图标,在弹出的选择监控策略页面中选择"计算资源调度监控策略",并单击"修改"按钮,根据配置向导修改监控策略,如图 3-59 所示。

进入修改监控策略页面,将 CPU 的预置条件修改为"CPU 利用率＞＝60",单击"确定"按钮返回选择监控策略页面,再单击"确定"按钮,返回动态资源调度页面,如图 3-60 所示。

在动态资源调度页面单击"确定"按钮完成计算资源 DRS 的配置,如图 3-61 所示。

图 3-58　开启计算资源 DRS

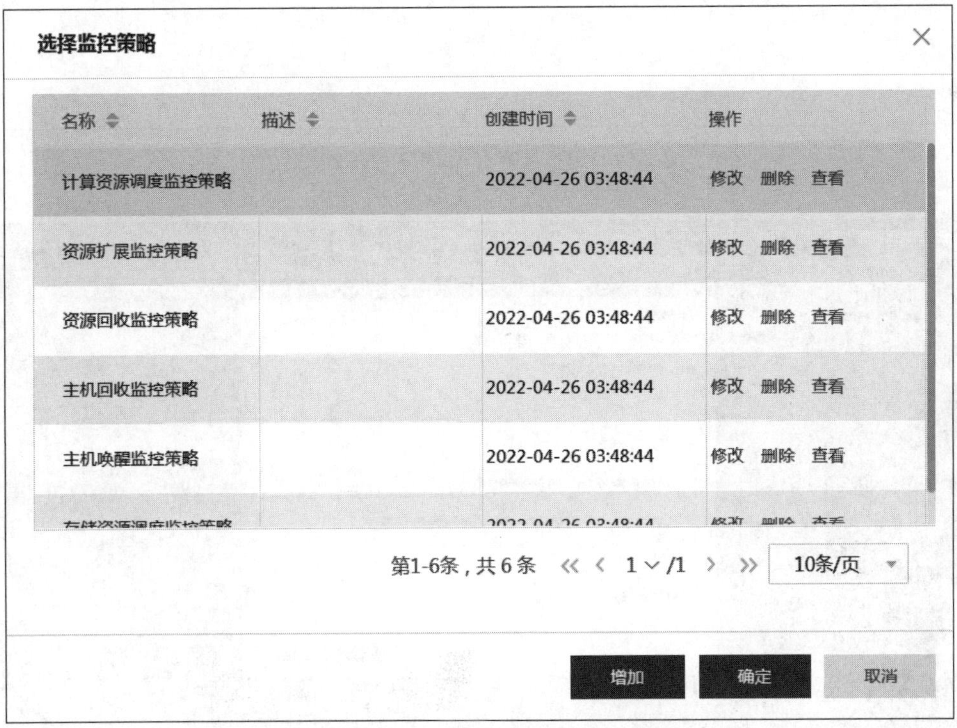

图 3-59　选择计算资源调度监控策略

步骤三：开启自动迁移

选择顶部"云资源"标签，单击左侧导航树"计算"→"主机池"→"主机"→"虚拟机"或者"计算"→"主机池"→"集群"→"主机"→"虚拟机"菜单项，选择虚拟机 win2012r2-temp_clone，单击"修改"按钮开启自动迁移功能，然后单击"应用"按钮完成配置，如图 3-62 所示。

步骤四：执行 CPU 加压程序

在 CAS-CVK01 主机的/root/cpu_script 目录下执行./exhaust_cpu 命令，根据提示配置

图 3-60　调整计算资源 DRS 的预置关系

图 3-61　完成计算资源 DRS 的配置

CVK 主机为 CPU 加压的最大值,如图 3-63 所示。

步骤五:查看虚拟机迁移

选择虚拟机 win2012r2-temp_clone 所在的 CVK 主机,单击"性能监控"页签查看 CPU 利用率,当 CPU 利用率超过 70%并持续了一段时间后,虚拟机迁移到集群下的另一台 CVK 主机上,如图 3-64 所示。

云计算管理平台
概览
云资源
云业务
监控告警
系统
admin
计算
cvknode1
Cluster
cvknode
cvknode2
cvknode3
win2012r2-temp_clone
修改虚拟机 -- win2012r2-temp_clone
增加硬件
概要
CPU
内存
磁盘
网络
光驱
软驱
控制台
写字板
鼠标
串口
显卡
虚拟NUMA设置
* 显示名称
win2012r2-temp_clone
描述
自动迁移
高可靠性
时间同步
CAStools自动升级
高级设置
应用
取消

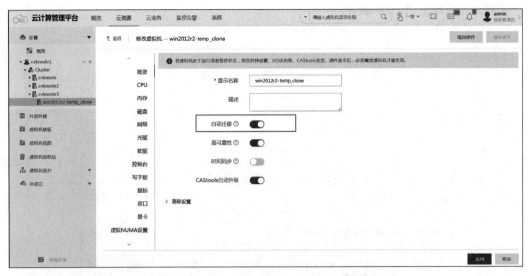

图 3-62　虚拟机开启自动迁移功能

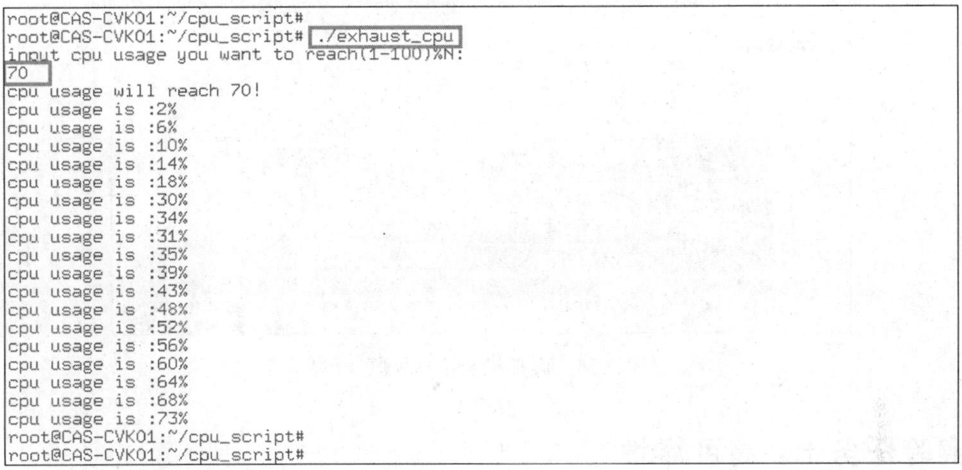

root@CAS-CVK01:~/cpu_script#
root@CAS-CVK01:~/cpu_script# ./exhaust_cpu
input cpu usage you want to reach(1-100)%N:
70
cpu usage will reach 70!
cpu usage is :2%
cpu usage is :6%
cpu usage is :10%
cpu usage is :14%
cpu usage is :18%
cpu usage is :30%
cpu usage is :34%
cpu usage is :31%
cpu usage is :35%
cpu usage is :39%
cpu usage is :43%
cpu usage is :48%
cpu usage is :52%
cpu usage is :56%
cpu usage is :60%
cpu usage is :64%
cpu usage is :68%
cpu usage is :73%
root@CAS-CVK01:~/cpu_script#
root@CAS-CVK01:~/cpu_script#

图 3-63　执行 CPU 加压程序

虚拟机：win2012r2-temp_clone
运行
主机池：cvknode1　集群：Cluster　主机：cvknode2(172.16.3.128)
启动
安全关闭
概要
性能监控
进程服务监控
备份管理
迁移历史
控制台
任务
CPU利用率
100
80
60
40
20
0
19:13:50
19:14:50
19:15:50
19:16:50
19:17:50
19:18:50
19:19:50
19:20:50

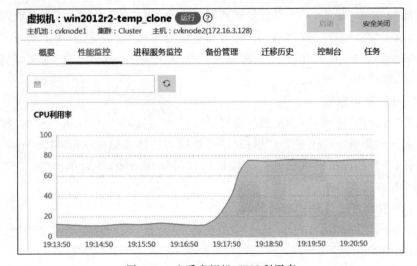

图 3-64　查看虚拟机 CPU 利用率

步骤六：释放主机 CPU 资源

在 CVK 主机上执行 ./release 命令释放主机的 CPU 资源，如图 3-65 所示。

```
root@CAS-CVK01:~/cpu_script#
root@CAS-CVK01:~/cpu_script#
root@CAS-CVK01:~/cpu_script#
root@CAS-CVK01:~/cpu_script# ./release
root@CAS-CVK01:~/cpu_script#
root@CAS-CVK01:~/cpu_script#
root@CAS-CVK01:~/cpu_script#
root@CAS-CVK01:~/cpu_script#
```

图 3-65　执行 CPU 释放程序

选择原 CVK 主机的"性能监控"标签，可以看到虚拟机 win2012r2-temp_clone 的 CPU 利用率恢复正常，如图 3-66 所示。

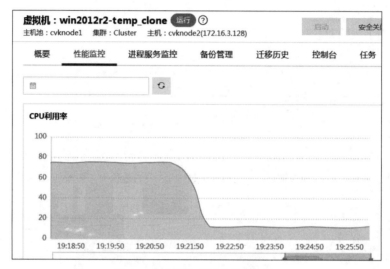

图 3-66　虚拟机利用率恢复正常

实验任务十：高可靠性

步骤一：修改集群高可靠性

选择顶部"云资源"标签，单击左侧导航树"计算"→"主机池"→"集群"菜单项，进入集群概要信息页面，单击"高可靠性"按钮，弹出"修改集群高可靠性"对话框，启用 HA，并在启用优先级栏中选择"中级"选项，在"主机存储故障处理策略"栏中选择"故障迁移"选项，配置完成后单击"确定"按钮，如图 3-67 所示。

步骤二：开启高可靠性

选择顶部"云资源"标签，单击左侧导航树"计算"→"主机池"→"主机"→"虚拟机"或者"计算"→"主机池"→"集群"→"主机"→"虚拟机"菜单项。选择虚拟机 win2012r2-temp_clone，单击"修改"按钮，在修改虚拟机页面开启虚拟机的高可靠性功能，然后单击"应用"按钮完成配置，如图 3-68 所示。

步骤三：触发高可靠性功能时的影响

使用命令 ping ip-address -t，长 ping 虚拟机的 IP 地址，判断触发高可靠功能时对虚拟机的网络影响，如图 3-69 所示。

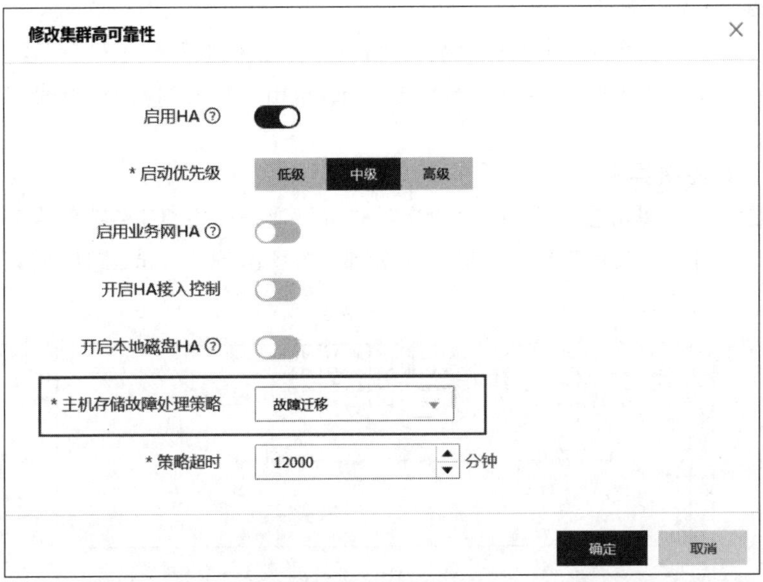

图 3-67　修改集群高可靠性

图 3-68　开启虚拟机高可靠性功能

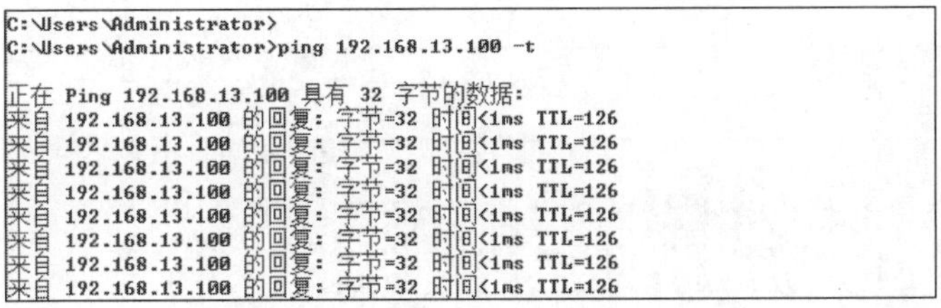

图 3-69　长 ping 虚拟机 IP 地址

步骤四：重启 CVK 主机

选择顶部"云资源"标签,单击左侧导航树"计算"→"主机池"→"主机"或者"计算"→"主机池"→"集群"→"主机"菜单项,选择虚拟机所在主机,单击"更多操作"→"重启主机"选项,重启 CVK 主机。

步骤五：CVK 主机异常

CVK 主机重启后,单击左侧导航树"计算"→"主机池"→"主机"或者"计算"→"主机池"→"集群"→"主机"菜单项,发现 CVK 主机状态异常,并且出现了 ping 超时的情况,如图 3-70 所示。

```
来自 192.168.13.100 的回复: 字节=32 时间<1ms TTL=126
来自 192.168.13.100 的回复: 字节=32 时间<1ms TTL=126
来自 192.168.13.100 的回复: 字节=32 时间<1ms TTL=126
来自 192.168.13.100 的回复: 字节=32 时间<1ms TTL=126
请求超时。
请求超时。
请求超时。
请求超时。
请求超时。
请求超时。
请求超时。
```

图 3-70　CVK 主机异常

步骤六：虚拟机迁移后恢复正常

将虚拟机正常迁移到 CVK 主机 cvknode2 中,如图 3-71 所示,并且可以 ping 通虚拟机,如图 3-72 所示。

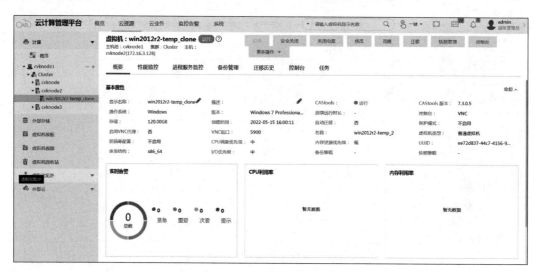

图 3-71　虚拟机发生迁移

```
请求超时。
请求超时。
请求超时。
请求超时。
请求超时。
请求超时。
来自 192.168.13.100 的回复: 字节=32 时间=4ms TTL=126
来自 192.168.13.100 的回复: 字节=32 时间<1ms TTL=126
来自 192.168.13.100 的回复: 字节=32 时间<1ms TTL=126
来自 192.168.13.100 的回复: 字节=32 时间<1ms TTL=126
请求超时。
来自 192.168.13.100 的回复: 字节=32 时间<1ms TTL=126
来自 192.168.13.100 的回复: 字节=32 时间<1ms TTL=126
来自 192.168.13.100 的回复: 字节=32 时间<1ms TTL=126
来自 192.168.13.100 的回复: 字节=32 时间<1ms TTL=126
```

图 3-72　虚拟机恢复正常

3.6　实验中的命令列表

命令列表如表 3-1 所示。

表 3-1　命令列表

命　　令	描　　述
chmod 777 filename	为文件添加读、写、可执行权限操作
./filename	运行程序
ping ip -t	检测地址是否 ping 通

3.7　思考题

1. 通过虚拟机模板部署虚拟机时，在配置操作系统时，初始化方式有两个选项，分别为快速初始化和完全初始化，这两种初始化方式有何区别？

2. CVK 主机开启计算资源 DRS 功能后，该 CVK 主机的 CPU 和内存资源达到了计算资源 DRS 功能的触发条件，但是未触发虚拟机迁移，原因是什么？

3. 为什么 CVK 主机异常并触发了 CAS 的 HA 功能后，虚拟机从故障 CVK 主机迁移到另一台正常 CVK 主机，但是业务还是受影响？

3.8　思考题答案

1. 若选择快速初始化，在部署虚拟机的过程中，使用 CAStools 工具软件自动初始化虚拟机操作系统内的网络参数和系统参数，适用于操作系统为 Windows 和 Linux 类型的虚拟机；若选择完全初始化，在虚拟机部署的过程中，首先使用微软 Sysprep 工具软件删除操作系统特定的信息，例如计算机安全标识符（SID）和事件日志等，然后利用 CAStools 工具软件自动初始化虚拟机操作系统内的网络参数和系统参数，该方式仅适用于操作系统为 Windows 类型的虚拟机。

2. 该 CVK 主机下的虚拟机没有开启自动迁移功能。

3. 触发 HA 功能后，虚拟机虽然迁移到了正常 CVK 主机上运行，但是虚拟机在正常主机上重新启动，仍然会影响业务。

维 护 管 理

4.1　实验内容与目标

完成本实验,应该能够达到以下目标。

(1) 掌握 CAS/Windows 虚拟机日志的收集方法。

(2) 掌握 CVK 主机管理 IP 和主机名的修改方法。

(3) 掌握 CVK 主机系统 root 用户密码更改的方法。

(4) 掌握虚拟机视图使用的方法。

(5) 掌握 CAS 用户权限管理的方法。

(6) 掌握 CAS 平台版本升级的方法。

(7) 掌握 CAS 常用命令。

4.2　实验组网图

此步骤同实验 1.2 节,此处略。

4.3　组网规划

此步骤同实验 1.3 节,此处略。

4.4　实验设备与版本

此步骤同实验 1.4 节,此处略。

4.5　实验过程

实验任务一: CAS 平台日志收集

步骤一:选取需要收集日志的主机

登录 CVM 管理界面,在"系统管理"→"操作日志"→"日志文件收集"界面进行 CAS 平台日志文件收集操作,如图 4-1 所示。

在日志文件收集页面中,选中"云资源"选项将默认收集云资源下所有主机日志,物理主机日志文件大小和时间范围使用默认值,单击"日志文件收集"按钮开始日志文件收集。

步骤二:下载日志文件压缩包

日志收集完毕后,单击"下载"按钮,将日志文件压缩包(默认名称为 cas. tar. gz)下载至操作计算机本地,如图 4-2 所示。

图 4-1 CAS 日志文件收集

图 4-2 日志文件压缩包下载

实验任务二：虚拟机日志收集（Windows）

虚拟机日志是定位虚拟机操作系统以及运行于系统上的软件问题时必不可少的日志,本实验以收集较为常见的 Windows Server 系统（Windows Server 2008R2）的系统日志为例,简要介绍如何收集虚拟机日志。不同的操作系统定位不同的问题,应与系统、应用软件维护厂商沟通后收集相关日志分析。

步骤一：登录操作界面

在页面左侧的导航树中,选择"计算"中主机节点下安装了 Windows 2008 系统的虚拟机。

在右侧页面中,选择"控制台"标签,在远端控制台参数处,单击 Java 链接或"网页"链接,弹出对应的"Java 控制台"或者"网页控制台"远程管理窗口。如果具备远程登录环境,也可以通过远程桌面协议 RDP 登录 Windows 系统进行相关操作,如图 4-3 所示。

步骤二：收集系统日志

登录系统后,通过单击"开始"按钮,选择"管理工具"→"服务器管理器"菜单项,打开"服务器管理器"对话框,如图 4-4 所示。

在"服务器管理器"对话框中,展开左侧导航树中的"诊断"→"事件查看器"→"Windows日志"项,右击其下的"系统"菜单项,在弹出菜单中选择"将所有事件另存为"菜单项,保存Windows 系统日志,如图 4-5 所示。

另存文件的命名规则为"主机名＋日期",保存类型为事件文件 EVTX 类型的日志文件,如图 4-6 所示。

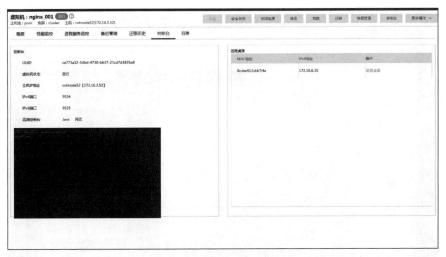

图 4-3 虚拟机控制台界面

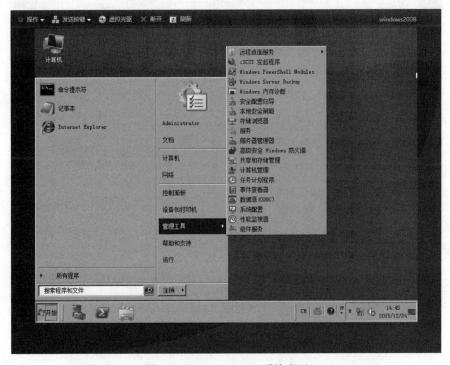

图 4-4 Windows 2008 系统桌面

单击"保存"按钮,完成日志收集。

实验任务三:CAS 平台主机管理 IP 和主机名称变更

CAS 平台的主机名和管理 IP 地址与 CAS 平台的 HA、零存储、双机 CVM 的特性功能息息相关,在有零存储、双机 CVM 的场景下,如果已经运行相关业务,严禁更改主机名和管理 IP 地址。

对于本实验中的计算虚拟化场景,cvknode2 主机的 IP 和名称修改,需要按如下操作步骤进行(本实验以修改主机 cvknode2 为例)。

图 4-5　服务器管理器界面

图 4-6　事件文件保存界面

步骤一：迁移 CVK 主机上正常运行的虚拟机

在 CVM 管理平台中，展开左侧导航树中的"计算"菜单项，并选择 CVK 主机节点，如图 4-7 所示。

在右侧的主机详情页面中，单击"进入维护模式"按钮，在弹出的"进入维护模式"对话框中，选中"自动迁移主机上运行或暂停的虚拟机到其他的主机"和"自动迁移主机中处于关闭状态的虚拟机到其他的主机"选项，如图 4-8 所示。

单击"确定"按钮，主机将进入"维护状态"，如图 4-9 所示。

图 4-7　进入维护模式界面

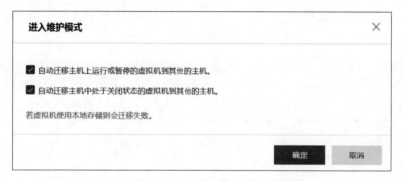

图 4-8　主机界面维护模式

图 4-9　主机维护状态

等待主机进入维护状态后,在主机详情页面,选择"存储"页签。列表中的所有存储池均为"不活动"状态,如图 4-10 所示。

步骤二：删除 CVK 主机

在 CVM 管理平台中,展开左侧导航树中的"计算"菜单项,并选中主机 cvknode2。

图 4-10 维护状态下的存储池状态

在右侧主机页面中,单击右上角的"更多操作"按钮,并选择"删除主机"选项,将主机节点 cvknode2 删除,如图 4-11 所示。

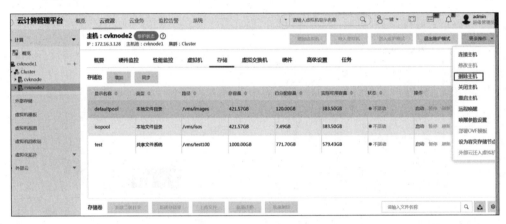

图 4-11 主机选项界面

步骤三:修改 CVK 主机管理 IP 和主机名称

通过使用管理平台或者直连服务器的 KVM 窗口,登录 CVK 主机 Xsconsole 界面(本实验中通过 H3C UIS HDM 界面的 KVM 功能远程访问),如图 4-12 所示。

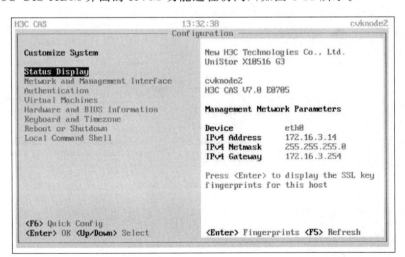

图 4-12 Xsconsole 界面

选择 Network and Management Interface 选项,并按 Enter 键,进入网络和管理接口配置选项,如图 4-13 所示。

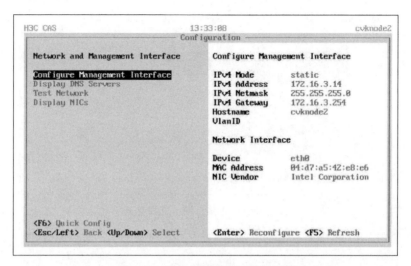

图 4-13　网络与管理接口配置界面

选择 Configure Management Interface 选项,按 Enter 键,并在弹出的对话框中输入 root 用户名和密码,然后按 Enter 键确认,进入下一步管理接口网卡选择界面,如图 4-14 所示。

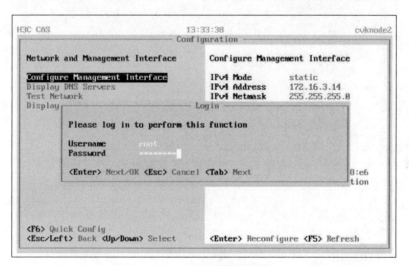

图 4-14　用户登录验证界面

在管理接口网卡选择界面(如果需要更改网口,可在此界面选择正确的网卡和聚合模式)中,可以直接按 Enter 键,进入下一步,如图 4-15 所示。

在管理接口配置界面修改主机管理 IP 和主机名称,如图 4-16 所示。

本实验中将主机管理 IP 地址(IP Address 参数)设置为 172.16.3.127,主机名称(Hostname 参数)修改为 cvknode3,然后按 Enter 键,进入配置确认页面,如图 4-17 所示。

确认各配置无误后,按 Enter 键,保存配置,如图 4-18 所示。

在弹出的网络配置成功窗口中,按 Enter 键,主机管理 IP 地址和主机名称修改完成,如图 4-19 所示。

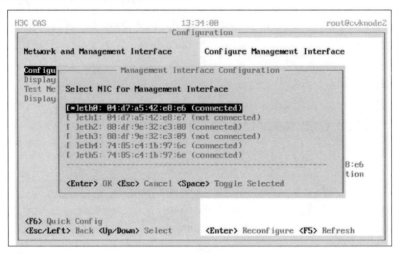

图 4-15　管理接口网卡选择界面

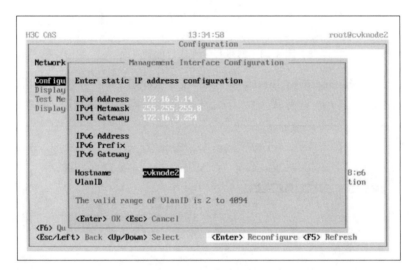

图 4-16　管理接口配置界面

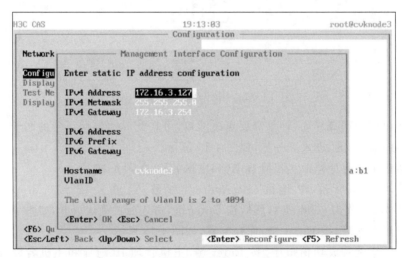

图 4-17　修改后的管理接口配置信息

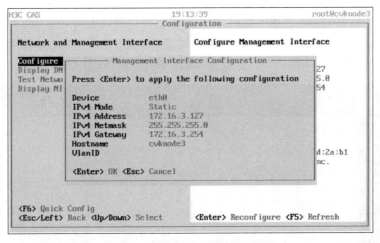

图 4-18　管理接口配置确认界面

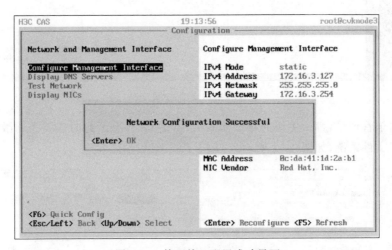

图 4-19　管理接口配置成功界面

　　修改完成后,返回 Configuration 页面,选择 Configure Management Interface 选项,可以在页面右侧查看修改后的主机管理 IP 地址和主机名称(为保障后续实验的进行,在本实验任务完成后,将修改的主机管理 IP 和名称修改回之前的设置),如图 4-20 所示。

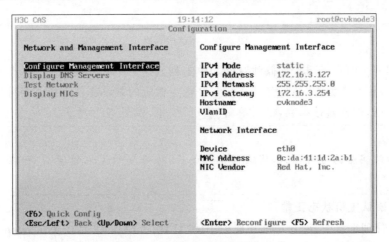

图 4-20　网络和管理接口配置界面

修改完成后,返回 CVM 管理平台的 Web 界面重新添加该主机:在左侧导航树中展开"计算"菜单项,选择集群节点;然后在右侧的集群详情页面中,单击"增加主机"按钮;输入主机的 IP 地址、用户名、密码,并单击"确定"按钮,增加主机完成,如图 4-21 所示。

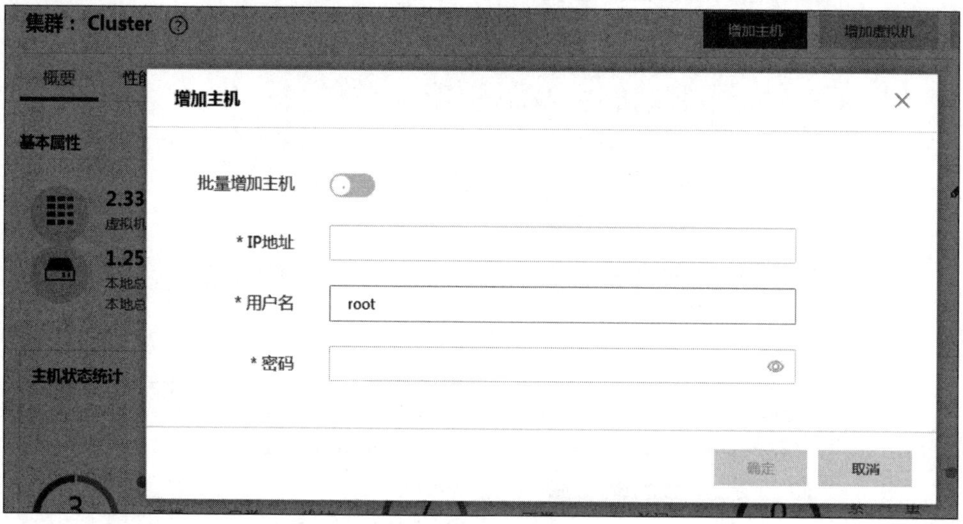

图 4-21　增加主机

主机增加至管理平台后,主机的存储池处于"不活动"状态。此时需要手动激活存储池,并重新挂载共享文件系统,如图 4-22 所示。

图 4-22　存储池界面

在主机详情页面中,选择"存储池"标签,单击列表上方的"增加"按钮,弹出增加存储池窗口。在窗口中,选择类型为"共享文件系统",并指定相应的共享文件系统和名称参数。然后单击"下一步"按钮,配置其他参数,最后单击"确定"按钮,如图 4-23 所示。

注意

为保障后续实验的进行,在本实验任务完成后,将修改的主机管理 IP 和名称修改回之前的设置。

步骤四:确认主机状态正常

在 CVM 管理平台中,展开左侧导航树中的"计算"菜单项,并选中主机 cvknode2。在页面右侧的主机详情页面中,查看主机名称后的状态,确认主机状态为正常,如图 4-24 所示。

图 4-23 添加共享文件系统

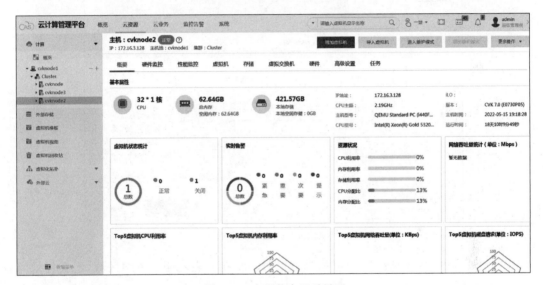

图 4-24 主机状态显示界面

步骤五：修改主机系统 root 用户密码

对于已经被 CVM 管理的 CVK 主机，可以通过 CVM 管理界面直接修改 CVK 系统的 root 密码。在 CVM 管理平台中，展开左侧导航树中的"计算"菜单项，并选中主机 cvknode2。在右侧的主机详情页面中，单击右上角的"更多操作"按钮，并在下拉菜单中选择"修改主机"选项，弹出修改主机窗口，如图 4-25 所示。

步骤六：修改主机界面完成密码修改

在窗口中，输入新的密码和确认密码，单击"确定"按钮，完成 root 用户的密码修改，如图 4-26 所示。

实验任务四：虚拟机视图

步骤一：增加虚拟机视图

在 CVM 管理平台中，选择顶部"云资源"标签，并在左侧导航树中选择"虚拟机视图"菜单

图 4-25　主机选项界面

图 4-26　修改主机界面

项。在右侧页面中，单击列表上方的"增加目录"按钮，在列表左侧的视图区域，配置目录的名称，如图 4-27 所示。

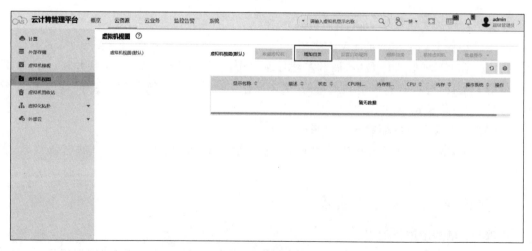

图 4-27　增加目录

步骤二：收藏虚拟机

在虚拟机视图页面中,选择 test1 目录,并单击右侧列表上方的"收藏虚拟机"按钮,如图 4-28 所示。

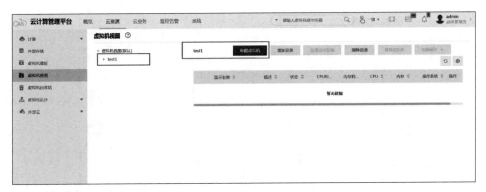

图 4-28 虚拟机视图

在弹出的窗口中,选择一组业务关联性较大的虚拟机,并单击"确定"按钮,收藏完成,如图 4-29 所示。

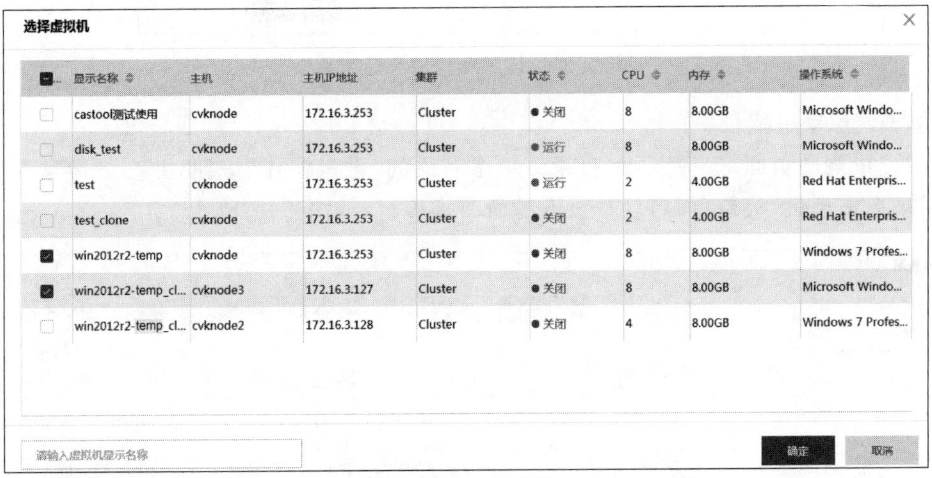

图 4-29 选择虚拟机

步骤三：设置启动规则

在虚拟机视图页面,选择对应的目录,单击"设置启动规则"按钮,如图 4-30 所示。

图 4-30 虚拟机启动规则设置入口

在弹出的窗口中,拖动虚拟机以设置虚拟机启动的先后顺序。然后设置虚拟机启动和关闭的间隔,本实验中,设置虚拟机"启动/关闭间隔"为 60 秒。最后单击"确定"按钮,配置完成,如图 4-31 所示。

设置启动规则
win2012r2-temp_clone
win2012r2-temp
* 启动/关闭间隔
60
秒
确定
取消

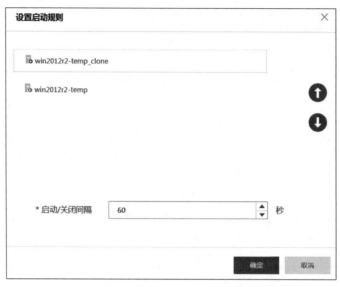

图 4-31 设置虚拟机启动规则

步骤四:启动虚拟机

在虚拟机视图页面,选择 test1 目录。单击右侧的"批量操作"按钮,并在下拉菜单中选择"启动目录下虚拟机"菜单项,启动目录下的所有虚拟机,如图 4-32 所示。

虚拟机视图
虚拟机视图(默认)
test1
win2012r2-tmp
win2012r2-tmp_clone
test1
收藏虚拟机
增加目录
设置启动规则
删除目录
移除虚拟机
批量操作
启动目录下虚拟机
安全关闭目录下虚拟机
显示名称
描述
状态
CPU利...
内存利...
CPU
win2012r2-temp
关闭
0.00%
0.00%
8
8.00 GB
Windows 7...
更多
win2012r2-temp_clone
关闭
0.00%
0.00%
8
8.00 GB
Microsoft ...
更多
第1-2条,共2条
10条/页

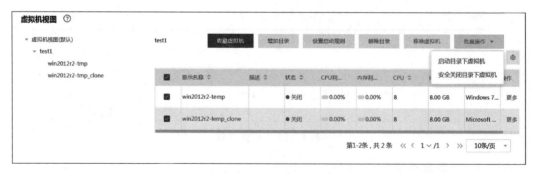

图 4-32 批量启动

观察任务台中的虚拟机启动顺序,以及时间间隔,正常应该在 60 秒左右,如图 4-33 所示。

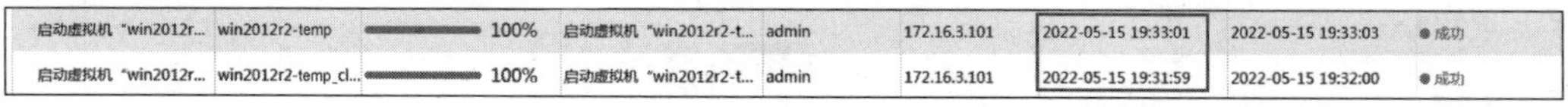

启动虚拟机 "win2012r...
win2012r2-temp
100%
启动虚拟机 "win2012r2-t...
admin
172.16.3.101
2022-05-15 19:33:01
2022-05-15 19:33:03
成功
启动虚拟机 "win2012r...
win2012r2-temp_cl...
100%
启动虚拟机 "win2012r2-t...
admin
172.16.3.101
2022-05-15 19:31:59
2022-05-15 19:32:00
成功

图 4-33 虚拟机任务台

实验任务五:权限管理

步骤一:创建操作员分组

在 CVM 管理平台中,选择顶部"系统"标签,并在左侧导航树中选择"操作员管理"→"操作员分组"菜单项,在操作员分组页面增加操作员分组,如图 4-34 所示。

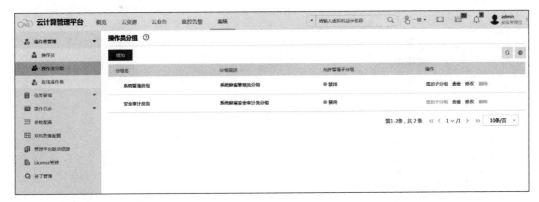

图 4-34 操作员分组

单击"增加"按钮,进入增加分组页面。设置分组名、描述,并指定是否允许管理子分组。本实验中设置分组名为 test-usergroup01,如图 4-35 所示。

图 4-35 增加分组

单击"下一步:权限设置"按钮,进行权限设置,本实验任务中设置一个只读权限的分组,故以下选项默认不变,如图 4-36 所示。

单击"确定"按钮,增加分组完成。在操作员分组页面中,查看操作员分组列表,可以看到新增的操作员组 test-usergroup01 已经添加,如图 4-37 所示。

步骤二:创建操作员

在"操作员管理"→"操作员"页面中,单击"增加"按钮,进入增加操作员页面,如图 4-38 所示。

在页面中,按照参数要求填写操作员的基本信息,设置登录名,选择认证方式,设置密码。选择操作员姓名和操作员分组,以及资源授权类型,如图 4-39 所示。

在配置访问策略参数时,选择为 test-user1 用户设置相应的访问 CVM 管理界面的策略,如图 4-40 所示。

图 4-36　权限设置

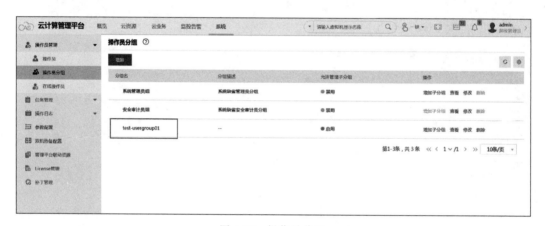

图 4-37　操作员分组

图 4-38　增加操作员

图 4-39　操作员基本信息

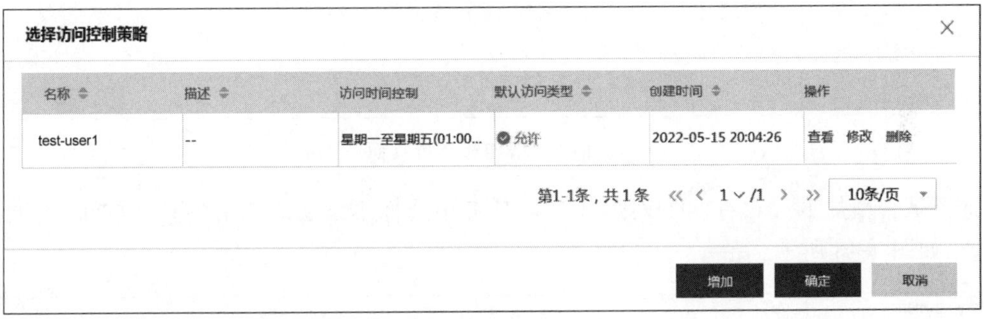

图 4-40　访问策略设置

在弹出的窗口中,单击"增加"按钮,增加名为 user-acl 的访问策略,默认访问类型为"允许",访问时间是每天 8:00—18:00 的上班时间点,允许 172.16.3.1～172.16.3.254 地址范围内的客户端访问 CVM 管理平台,如图 4-41 所示。

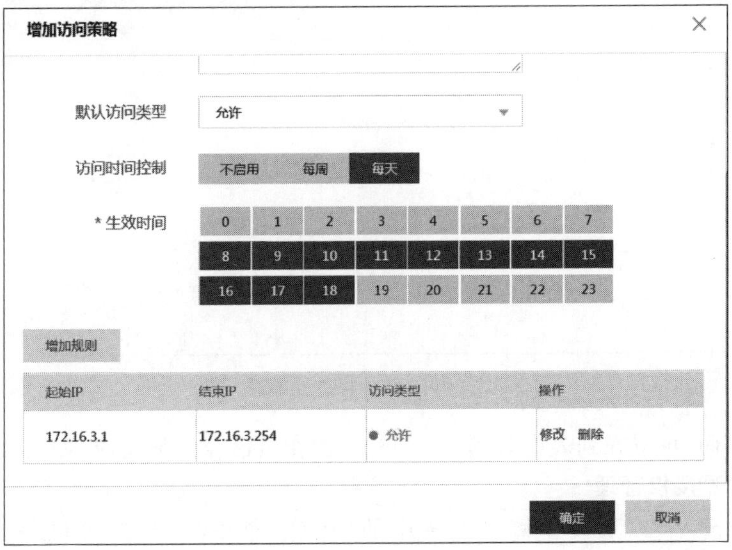

图 4-41　访问策略设置

配置完成后,单击"确定"按钮,返回增加操作员页面。单击"下一步"按钮,进入权限设置页面,如图 4-42 所示。

图 4-42　增加操作员页面

选择是否增加 test-user1 的权限,本实验任务中选择不添加。单击"确定"按钮,增加操作员完成,如图 4-43 所示。

图 4-43　增加操作员权限

在操作员页面,可以在列表中看到 test-user1 操作员已经增加完成,如图 4-44 所示。

步骤三:资源授权管理

在 CVM 管理平台,展开左侧导航树中的"计算"菜单项,选择主机池节点,如图 4-45 所示。

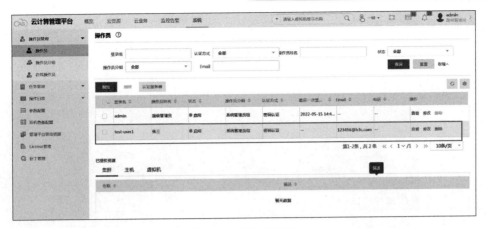

图 4-44 操作员列表

在主机池详情页面中，单击"更多操作"按钮，并在下拉菜单中选择"资源授权管理"菜单项，如图 4-45 所示。

图 4-45 资源授权管理

在授权管理分组窗口中，选择新创建的 test-usergroup01 操作员分组。单击"确定"按钮，操作完成，如图 4-46 所示。

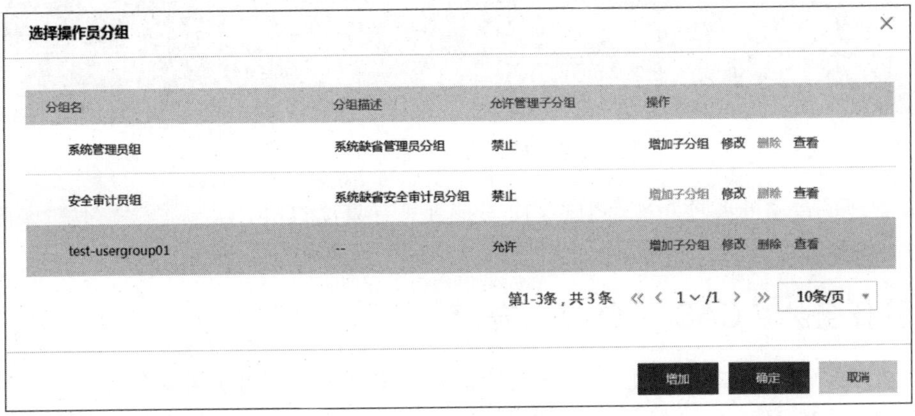

分组名	分组描述	允许管理子分组	操作
系统管理员组	系统缺省管理员分组	禁止	增加子分组 修改 删除 查看
安全审计员组	系统缺省安全审计员分组	禁止	增加子分组 修改 删除 查看
test-usergroup01	--	允许	增加子分组 修改 删除 查看

第1-3条，共3条 《 〈 1∨/1 〉 》 10条/页 ▼

增加　确定　取消

图 4-46 资源授权管理

步骤四：只读用户测试

在 CVM 管理平台中，单击右上角的用户按钮，并在下拉菜单中选择"退出"选项。单击弹出窗口中的"确定"按钮，如图 4-47 所示。

图 4-47　退出当前用户账号

使用 test-user1 用户的账号和密码信息，登录系统，如图 4-48 所示。

图 4-48　用户登录界面

查看管理平台中的各项功能，测试该用户是否只有只读权限，无"新增""修改""删除"等权限，如图 4-49 所示。

实验任务六：CAS 平台版本升级

升级 CAS 平台版本软件前必须仔细阅读配套版本说明书中有关升级注意事项、升级前准备工作的内容，按照版本说明书中的相关升级方法完成升级操作。本实验任务指导从 E0730P05 版本升级至 E0750 版本，熟悉指导升级过程中涉及的一般操作，其他版本升级步

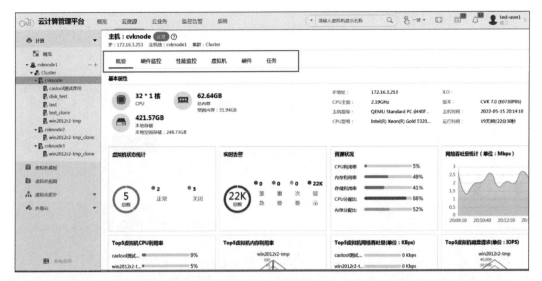

图 4-49 CVM 管理界面

骤、方法请参考对应版本说明书中的升级指导。

步骤一：查看 CAS 平台版本

通过 CVM 管理主界面右上角管理链接中倒数第 2 个按钮，选择"关于"选项，确认升级前的版本，如图 4-50 所示。

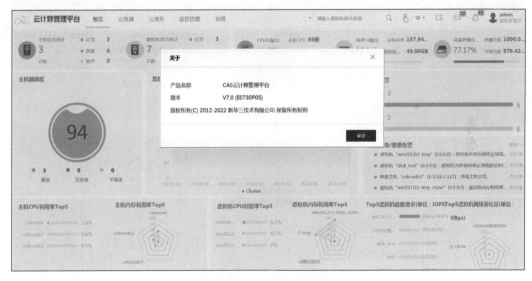

图 4-50 CVM 管理界面

根据弹出对话框中信息，确认升级前版本为 E0730P05 版本，如图 4-51 所示。

步骤二：禁用 CVM 下所有集群高可靠性 HA

在 CVM 管理平台，展开左侧导航树中的"计算"菜单项，选择集群 Cluster 选项。然后在右侧集群详情页面中，单击右上角的"高可靠性"按钮，弹出窗口，如图 4-52 所示。

在弹出的"修改集群高可靠性"对话框中，将"启用 HA"参数关闭。然后单击"确定"按钮，完成该集群的 HA 功能的禁用，如图 4-53 所示。

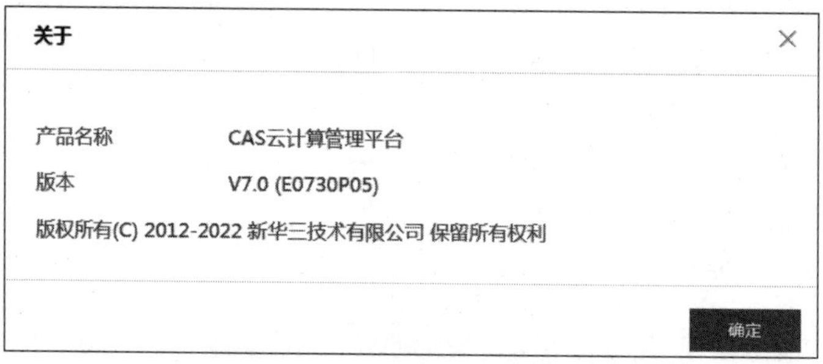

关于　　　　　　　　　　　　　　　　　　　　　　　　　　×

产品名称　　　　CAS云计算管理平台

版本　　　　　　V7.0 (E0730P05)

版权所有(C) 2012-2022 新华三技术有限公司 保留所有权利

确定

图 4-51　在关于界面中查看 CVM 版本

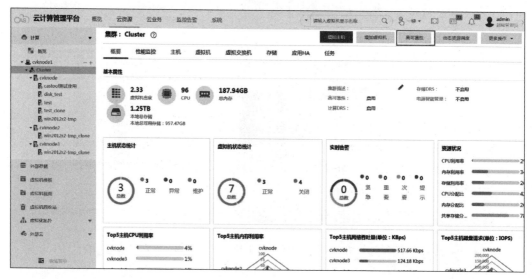

图 4-52　集群选项界面

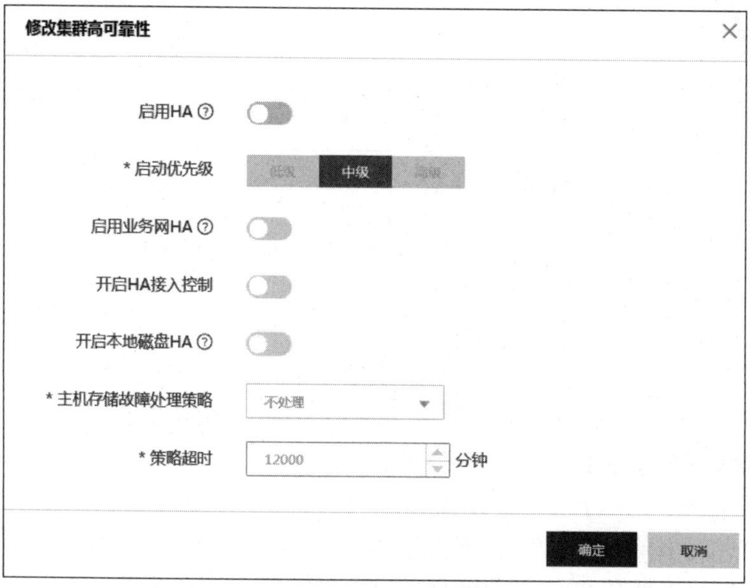

修改集群高可靠性　　　　　　　　　　　　　　　　　　　　　×

启用HA ⑦

* 启动优先级　　　低级　**中级**　高级

启用业务网HA ⑦

开启HA接入控制

开启本地磁盘HA ⑦

* 主机存储故障处理策略　　不处理　　▼

* 策略超时　　　12000　　　分钟

确定　　取消

图 4-53　集群高可靠性界面

步骤三：通过 CVM 升级 CAS 版本

使用 SSH 工具将 CAS 升级包 CAS-E0750-Upgrade-centos-x86_64.tar.gz 上传至 CVM 主机的/root 目录下，如图 4-54 所示。

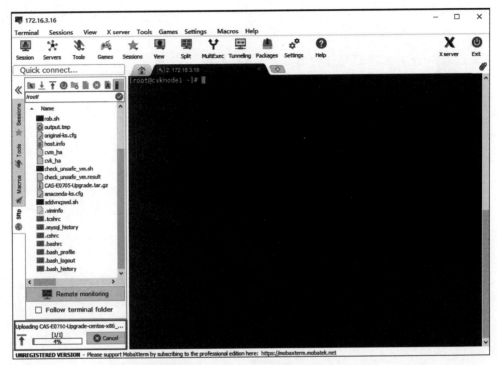

图 4-54　SSH 工具上传升级补丁包

登录 CVM 主机，进入/root 目录下，执行 ls 命令查看镜像文件是否已经存在，如图 4-55 所示。

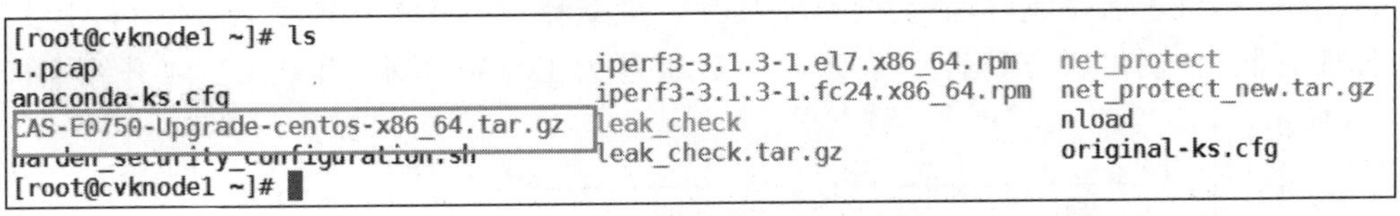

```
[root@cvknode1 ~]# ls
1.pcap                                  iperf3-3.1.3-1.el7.x86_64.rpm      net_protect
anaconda-ks.cfg                         iperf3-3.1.3-1.fc24.x86_64.rpm     net_protect_new.tar.gz
CAS-E0750-Upgrade-centos-x86_64.tar.gz  leak_check                        nload
harden_security_configuration.sh        leak_check.tar.gz                 original-ks.cfg
[root@cvknode1 ~]#
```

图 4-55　执行 ls 命令确认镜像包已经存在

在 CVM 主机的/root 目录下，执行 md5sum 命令查看镜像文件的 MD5 值，确认同版本说明书中的 MD5 值一致。

在 CVM 主机的/root 目录下，执行"tar -xzvf CAS-E0750-Upgrade-centos-x86_64.tar.gz"命令解压缩版本升级包。解压缩完成后，会生成 upgrade.e0750 目录。进入该版本升级包目录，然后执行"./upgrade.sh precheck"命令做升级前的预检查。

升级前的预检查完成后，如果检查通过，则可以执行"./upgrade.sh"命令升级版本，如图 4-56 所示。

确认升级集群及主机无误后输入 yes，开始进行如下升级操作。

[INFO] Prechecking all hosts in parallel, this may take some time...
[INFO] Pre-check has passed.
[WARN] CAS will be upgraded from V7.0 E0705 to V7.0 E0708. Continue? [yes/no]:

```
[root@cvknode1 ~]# ls
l.pcap
anaconda-ks.cfg                    iperf3-3.1.3-1.el7.x86_64.rpm    net_protect         output.tmp
CAS-E0750-Upgrade-centos-x86_64.tar.gz  iperf3-3.1.3-1.fc24.x86_64.rpm  net_protect_new.tar.gz  THEMIS.log.1
harden_security_configuration.sh   leak_check                       nload               upgrade.e0750
[root@cvknode1 ~]# cd upgrade.e0750/   leak_check.tar.gz                original-ks.cfg     主机报表.html
[root@cvknode1 upgrade.e0750]# ./upgrade.sh
```

图 4-56　执行升级命令

升级过程每台主机需要几分钟时间，当出现如图 4-57 所示的命令提示符时表示升级完成。

```
[ OK ] Upgrade CAS(E0708) is done!
*******************************************************************
[INFO] Upgrade end time: 2020-08-23 14:44:39

[INFO] Begin to post-check status of CAS environment. Please wait...

[INFO] Single path of shared storage pools post-checking. Please wait...
Authorized users only. All activity may be monitored and reported
Authorized users only. All activity may be monitored and reported
Authorized users only. All activity may be monitored and reported
Authorized users only. All activity may be monitored and reported
[ OK ] Single path of shared storage pools post-check... Done

[INFO] Copy package to all hosts.
[INFO] cvk package(E0708) on CVK(172.16.3.14) exists and matched, skip copying.
[INFO] cvk package has been copied to 2 hosts.
[INFO] Begin to post-check status of CVKs. Please wait...
[ OK ] Begin to post-check status of CVKs... Done
[INFO] host(172.16.3.16) post-checking appended test. Please wait...
[ OK ] host(172.16.3.16) post-check appended test. Done
[ OK ] Post-check status of CAS environment... Done
[WARN] Please see the post-check report for more detailed results: /var/log/upgrade/postcheck-report_
20200823143211.txt
[WARN] The kernel of system has been upgraded. Please reboot the upgraded host mannually before perfo
rming any other operations.
```

图 4-57　升级结束

根据提示部分版本升级由于涉及内核的升级，因此需要重启服务器才能生效。此时可以通过迁移虚拟机的方式，做到依次重启主机的操作。

步骤四：检查升级后 CAS 平台版本

待 CVK 主机重启完成后，清空浏览器缓存。重新登录 CVM 管理平台，在 CVM 管理平台主界面右上角选择"关于"选项，确认升级后版本为 E0750 版本，确认 CVM 升级完成，如图 4-58 所示。

图 4-58　在关于界面查看版 CVM 版本

步骤五：启用 CVM 下所有集群高可靠性 HA

在 CVM 管理平台，展开左侧导航树中的"计算"菜单项，选择集群 Cluster。然后在右侧集群详情页面中，单击右上角的"高可靠性"按钮，弹出窗口，如图 4-59 所示。

将"启用 HA"参数开启，并单击"确定"按钮，完成该集群的 HA 功能的启用，如图 4-60

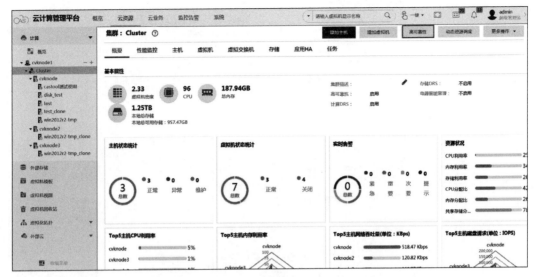

图 4-59 集群选项界面

所示。

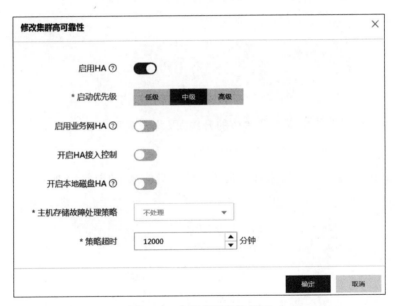

图 4-60 集群高可靠性界面

实验任务七：常用命令使用

步骤一：virsh 常用命令

virsh list --all 命令可以在 CVK 主机后台查看该 CVK 主机下的所有虚拟机列表及虚拟机运行状态，running 表示虚拟机运行中，paused 表示虚拟机暂停中，shut off 表示虚拟机未运行，如图 4-61 所示。

virsh list 命令可以查看所有运行（包含暂停）的虚拟机，如图 4-62 所示。

virsh start xxx，其中 xxx 为虚拟机名称，表示启动虚拟机，如图 4-63 所示；virsh shutdown xxx 表示关闭虚拟机；virsh restart xxx 表示重启虚拟机。

```
[root@cvknode1 ~]# virsh list --all
 Id    Name                          State
-------------------------------------------------
 62    Centos7.0-tmp                 running
 64    win2012r2-tmp_clone           paused
 -     win2012r2-test                shut off
 -     win2012r2-tmp                 shut off

[root@cvknode1 ~]#
```

图 4-61　virsh list all 命令

```
[root@cvknode1 ~]# virsh list
 Id    Name                          State
-------------------------------------------------
 62    Centos7.0-tmp                 running
 64    win2012r2-tmp_clone           paused

[root@cvknode1 ~]#
```

图 4-62　virsh list 命令

```
[root@cvknode1 ~]# virsh list --all
 Id    Name                          State
-------------------------------------------------
 62    Centos7.0-tmp                 running
 64    win2012r2-tmp_clone           paused
 -     win2012r2-test                shut off
 -     win2012r2-tmp                 shut off

[root@cvknode1 ~]# virsh start win2012r2-temp
Domain win2012r2-tmp started

[root@cvknode1 ~]# virsh list --all
 Id    Name                          State
-------------------------------------------------
 62    Centos7.0-tmp                 running
 64    win2012r2-tmp_clone           paused
 65    win2012r2-tmp                 running
 -     win2012r2-test                shut off

[root@cvknode1 ~]# ~
```

图 4-63　virsh start 命令

virsh domblklist xxx 表示查看虚拟机所有的磁盘信息,如图 4-64 所示。

```
[root@cvknode1 ~]# virsh domblklist win2012r2-tmp
Target     Source
------------------------------------------------
fda        -
hda        -
vda        /vms/ONEStor_DLM/win2012r2-tmp
```

图 4-64　virsh domblklist 命令

virsh pool-list --all 命令可以从 CVK 主机后台查看该 CVK 主机下的所有存储池的运行状态,active 表示存储池运行中,inactive 表示存储池不活动,如图 4-65 所示。

```
[root@cvknode1 ~]# virsh pool-list --all
Name                State      Autostart
------------------------------------------------
defaultpool         active     yes
isopool             active     yes
localstor01-ssd     active     yes
localstor02-hdd     active     yes
ONEStor_DLM         active     yes
ONEStor_High_LUN01  active     yes
ONEStor_iscsi_lun3  active     yes
ONEStor_LUN01_200G  active     yes
ONEStor_middle_LUN2 active     yes
win-test3-hdd2      active     yes
```

图 4-65　virsh pool-list --all 命令

virsh pool-start xxx 命令启用存储池,存储池由 inactive 变成 active,如图 4-66 所示。

图 4-66 virsh pool-start 命令

常见的 virsh 命令如表 4-1 所示。

表 4-1 virsh 常用命令表

virsh 命令	说 明
virsh list --all	列出当前 CVK 上所有的虚拟机及状态
virsh dumpxml vm-name	获取当前状态虚拟机配置的 XML
virsh define vm.xml	通过 XML 创建虚拟机
virsh undefine vm-name	从 libvirt 删除虚拟机
virsh start vm-name	虚拟机开机
virsh suspend vm-name	暂停虚拟机
virsh resume vm-name	恢复暂停中的虚拟机
virsh shutdown vm-name	正常关闭虚拟机
virsh destroy vm-name	断电关机虚拟机
virsh domblklist vm-name	查询虚拟机存储设备
virsh domjobinfo vm-name	查询虚拟机当前任务状态
virsh dominfo vm-name	查询虚拟机信息
virsh vncdisplay vm-name	列出虚拟机 vnc 端口号

步骤二:qemu 常用命令

qemu-img info xxx --backing-chain 可以查看虚拟机磁盘的多级镜像结构,以及镜像的格式,如图 4-67 所示。

qemu-img check xxx 检查虚拟机是否有磁盘坏道,如图 4-68 所示。

qemu-img convert -O qcow2 /vms/ONEStor_DLM/win2012r2-tmp/vms/ONEStor_DLM/win2012r2-tmp.new.qcow2 命令主要是用来格式化镜像,其中-O 指转换输出的文件格式,其他参数可以使用--help 或 man 查看,如图 4-69 所示。

```
[root@cvknode1 ~]# virsh domblklist win2012r2-tmp
Target     Source
------------------------------------------------
fda        -
hda        -
vda        /vms/ONEStor_DLM/win2012r2-tmp

[root@cvknode1 ~]# qemu-img info /vms/ONEStor_DLM/win2012r2-tmp --backing-chain
image: /vms/ONEStor_DLM/win2012r2-tmp
file format: qcow2
virtual size: 40G (42949672960 bytes)
disk size: 9.5G
cluster_size: 262144
Format specific information:
    compat: 1.1
    lazy refcounts: false
    refcount bits: 16
    corrupt: false
[root@cvknode1 ~]#
```

图 4-67   qemu 命令

```
[root@cvknode1 ~]# qemu-img check /vms/ONEStor_DLM/win2012r2-tmp
No errors were found on the image.
39000/163840 = 23.80% allocated, 7.01% fragmented, 0.00% compressed clusters
Image end offset: 10225451008
[root@cvknode1 ~]#
```

图 4-68   qemu 命令检查磁盘坏道

另外转换后的文件名中最后的.qcow2 只用作标示,可以为任意内容。目前支持能够识别转换的源虚拟机磁盘文件格式如下。

Supported formats: vvfat vpc vmdk vdi sheepdog raw host_cdrom host_floppy host_device file qed qcow2 qcow parallels nbd dmg tftp ftps ftp https http cow cloop bochs blkverify blkdebug

```
[root@cvknode1 ~]# qemu-img convert -O qcow2 /vms/ONEStor_DLM/win2012r2-tmp /vms/ONEStor_DLM/win2012r2-tmp.new.qcow2
[root@cvknode1 ~]# ll /vms/ONEStor_DLM/win2012r2-tmp.new.qcow2
-rw-r--r-- 1 root root 10223091712 Aug 23 20:06 /vms/ONEStor_DLM/win2012r2-tmp.new.qcow2
[root@cvknode1 ~]#
```

图 4-69   qemu 格式化镜像

步骤三:常见服务

前台包含 CVM/CIC 的配置界面由管理员操作,可以实现虚拟化平台的管理功能,主要包含 tomcat、casserver 等。tomcat 进程的描述和服务管理表示为 service tomcat8 restart/start/status/stop,分别指重启、启动、查询状态、停止,如图 4-70 所示。

```
[root@cvknode1 ~]# service tomcat8 status
Redirecting to /bin/systemctl status tomcat8.service
● tomcat8.service - Apache Tomcat Web Application Container
   Loaded: loaded (/usr/lib/systemd/system/tomcat8.service; enabled; vendor preset: disabled)
   Active: active (running) since Sun 2020-08-23 14:44:34 CST; 6h ago
  Process: 2689 ExecStart=/var/lib/tomcat8/bin/startup.sh (code=exited, status=0/SUCCESS)
 Main PID: 2712 (java)
    Tasks: 239
   CGroup: /system.slice/tomcat8.service
           ├─ 595 ssh -l root -T -o BatchMode=yes -e none -- 172.16.3.16 sh -c 'if 'nc' -q 2>&1 | grep "requires an argument" >/dev/null 2>&1; then ARG=-q0;else ARG=;fi...
           ├─2712 /usr/bin/java -Djava.util.logging.config.file=/var/lib/tomcat8/conf/logging.properties -Djava.util.logging.manager=org.apache.juli.ClassLoaderLogManag...
           ├─4767 ssh -l root -T -o BatchMode=yes -e none -- 172.16.3.16 sh -c 'if 'nc' -q 2>&1 | grep "requires an argument" >/dev/null 2>&1; then ARG=-q0;else ARG=;fi...
           ├─4770 ssh -l root -T -o BatchMode=yes -e none -- 172.16.3.16 sh -c 'if 'nc' -q 2>&1 | grep "requires an argument" >/dev/null 2>&1; then ARG=-q0;else ARG=;fi...
           ├─4777 ssh -l root -T -o BatchMode=yes -e none -- 172.16.3.16 sh -c 'if 'nc' -q 2>&1 | grep "requires an argument" >/dev/null 2>&1; then ARG=-q0;else ARG=;fi...
           ├─5948 ssh -l root -T -o BatchMode=yes -e none -- 172.16.3.14 sh -c 'if 'nc' -q 2>&1 | grep "requires an argument" >/dev/null 2>&1; then ARG=-q0;else ARG=;fi...
           ├─6140 ssh -l root -T -o BatchMode=yes -e none -- 172.16.3.14 sh -c 'if 'nc' -q 2>&1 | grep "requires an argument" >/dev/null 2>&1; then ARG=-q0;else ARG=;fi...
           ├─11303 python /opt/bin/ntp_check.pyc start
           ├─15838 ssh -l root -T -o BatchMode=yes -e none -- 172.16.3.16 sh -c 'if 'nc' -q 2>&1 | grep "requires an argument" >/dev/null 2>&1; then ARG=-q0;else ARG=;fi...
           ├─24016 ssh -l root -T -o BatchMode=yes -e none -- 172.16.3.16 sh -c 'if 'nc' -q 2>&1 | grep "requires an argument" >/dev/null 2>&1; then ARG=-q0;else ARG=;fi...
           ├─24017 ssh -l root -T -o BatchMode=yes -e none -- 172.16.3.16 sh -c 'if 'nc' -q 2>&1 | grep "requires an argument" >/dev/null 2>&1; then ARG=-q0;else ARG=;fi...
           ├─24027 ssh -l root -T -o BatchMode=yes -e none -- 172.16.3.16 sh -c 'if 'nc' -q 2>&1 | grep "requires an argument" >/dev/null 2>&1; then ARG=-q0;else ARG=;fi...
           ├─24031 ssh -l root -T -o BatchMode=yes -e none -- 172.16.3.16 sh -c 'if 'nc' -q 2>&1 | grep "requires an argument" >/dev/null 2>&1; then ARG=-q0;else ARG=;fi...
           └─24074 ssh -l root -T -o BatchMode=yes -e none -- 172.16.3.16 sh -c 'if 'nc' -q 2>&1 | grep "requires an argument" >/dev/null 2>&1; then ARG=-q0;else ARG=;fi...

Aug 23 14:44:34 cvknode1 systemd[1]: Starting Apache Tomcat Web Application Container...
Aug 23 14:44:34 cvknode1 startup.sh[2689]: Tomcat started.
Aug 23 14:44:34 cvknode1 systemd[1]: Started Apache Tomcat Web Application Container.
[root@cvknode1 ~]#
```

图 4-70   tomcat 服务

casserver 进程的描述和服务管理表示为 service casserver restart/start/status/stop,分别

指重启、启动、查询状态、停止，如图 4-71 所示。

```
[root@cvknode1 ~]# service casserver status
Redirecting to /bin/systemctl status casserver.service
● casserver.service - Cas Server
   Loaded: loaded (/usr/lib/systemd/system/casserver.service; enabled; vendor preset: disabled)
   Active: active (running) since Sun 2020-08-23 14:44:34 CST; 6h ago
  Process: 2747 ExecStart=/var/lib/casserver/bin/casserver.sh start (code=exited, status=0/SUCCESS)
 Main PID: 2792 (java)
    Tasks: 126
   CGroup: /system.slice/casserver.service
           ├─ 2792 /usr/lib/jvm/java-1.8.0/bin/java -server -Xms512m -Xmx4096m -Duser.language=zh -Duser.c
           ├─18795 ping -c 4 172.16.3.16
           └─18796 ping -c 4 172.16.3.14

Aug 23 14:44:34 cvknode1 systemd[1]: Starting Cas Server...
Aug 23 14:44:34 cvknode1 casserver.sh[2747]: Using CASSERVER_HOME:   /var/lib/casserver
Aug 23 14:44:34 cvknode1 casserver.sh[2747]: Using CASSERVER_TMPDIR: /var/lib/casserver/temp
Aug 23 14:44:34 cvknode1 casserver.sh[2747]: Using JAVA_HOME:        /usr/lib/jvm/java-1.8.0
Aug 23 14:44:34 cvknode1 systemd[1]: Started Cas Server.
[root@cvknode1 ~]# ~
```

图 4-71　casserver 服务

cas_mon 进程的描述和服务管理表示为 service cas_mon restart/start/status/stop，分别指重启、启动、查询状态、停止，如图 4-72 所示。

```
[root@cvknode1 ~]# service cas_mon status
Redirecting to /bin/systemctl status cas_mon.service
● cas_mon.service - cas_mon service
   Loaded: loaded (/usr/lib/systemd/system/cas_mon.service; enabled; vendor preset: disabled)
   Active: active (running) since Sun 2020-08-23 21:04:23 CST; 5min ago
  Process: 4653 ExecStart=/usr/sbin/cas_mon (code=exited, status=0/SUCCESS)
 Main PID: 4686 (cas_mon)
    Tasks: 13
   CGroup: /system.slice/cas_mon.service
           ├─ 4686 /usr/sbin/cas_mon
           ├─25311 /usr/bin/python /opt/bin/ocfs2_share_filesystem_check.pyc
           ├─25375 sh -c timeout 10 ping -I vswitch0 172.16.3.254 -c 6 -s 1500 | grep '100% packet loss'
           ├─25376 timeout 10 ping -I vswitch0 172.16.3.254 -c 6 -s 1500
           ├─25377 grep 100% packet loss
           └─25378 ping -I vswitch0 172.16.3.254 -c 6 -s 1500

Aug 23 21:04:23 cvknode1 systemd[1]: Starting cas_mon service...
Aug 23 21:04:23 cvknode1 systemd[1]: Started cas_mon service.
[root@cvknode1 ~]#
```

图 4-72　cas_mon 服务

cvk_ha 进程的描述和服务管理表示为 service cvk_ha restart/start/status/stop，分别指重启、启动、查询状态、停止，如图 4-73 所示。

```
[root@cvknode1 ~]# service cvk_ha status
Redirecting to /bin/systemctl status cvk_ha.service
● cvk_ha.service - cvk_ha
   Loaded: loaded (/usr/lib/systemd/system/cvk_ha.service; enabled; vendor preset: disabled)
   Active: active (running) since Sun 2020-08-23 21:04:23 CST; 6min ago
  Process: 4716 ExecStart=/usr/sbin/cvk_ha (code=exited, status=0/SUCCESS)
  Process: 4646 ExecStartPre=/usr/sbin/modprobe chbk (code=exited, status=0/SUCCESS)
 Main PID: 4796 (cvk_ha)
    Tasks: 4
   CGroup: /system.slice/cvk_ha.service
           └─4796 /usr/sbin/cvk_ha

Aug 23 21:04:23 cvknode1 systemd[1]: Starting cvk_ha...
Aug 23 21:04:23 cvknode1 systemd[1]: Started cvk_ha.
```

图 4-73　cvk_ha 服务

cvm_ha 进程的描述和服务管理表示为 service cvm_ha restart/start/status/stop，分别指重启、启动、查询状态、停止（仅在 CVM 主机上有该服务），如图 4-74 所示。

libvirtd 进程的描述和服务管理表示为 service libvirtd restart/start/status/stop，分别指重启、启动、查询状态、停止，如图 4-75 所示。

```
[root@cvknode1 ~]# service cvm_ha status
Redirecting to /bin/systemctl status cvm_ha.service
● cvm_ha.service - cvm_ha
   Loaded: loaded (/usr/lib/systemd/system/cvm_ha.service; enabled; vendor preset: disabled)
   Active: active (running) since Sun 2020-08-23 21:03:55 CST; 7min ago
  Process: 2943 ExecStart=/usr/sbin/cvm_ha (code=exited, status=0/SUCCESS)
 Main PID: 3104 (cvm_ha)
    Tasks: 4
   CGroup: /system.slice/cvm_ha.service
           └─3104 /usr/sbin/cvm_ha

Aug 23 21:03:54 cvknode1 systemd[1]: Starting cvm_ha...
Aug 23 21:03:55 cvknode1 systemd[1]: Started cvm_ha.
[root@cvknode1 ~]#
```

图 4-74　cvm_ha 服务

```
[root@cvknode1 ~]# service libvirtd status
Redirecting to /bin/systemctl status libvirtd.service
● libvirtd.service - Virtualization daemon
   Loaded: loaded (/usr/lib/systemd/system/libvirtd.service; enabled; vendor preset: enabled)
   Active: active (running) since Sun 2020-08-23 21:04:23 CST; 14min ago
     Docs: man:libvirtd(8)
           https://libvirt.org
 Main PID: 4087 (libvirtd)
    Tasks: 17 (limit: 32768)
   CGroup: /system.slice/libvirtd.service
           └─4087 /usr/sbin/libvirtd

Aug 23 21:04:23 cvknode1 systemd[1]: Starting Virtualization daemon...
Aug 23 21:04:23 cvknode1 systemd[1]: Started Virtualization daemon.
Aug 23 21:04:34 cvknode1 ovs-vsctl[10662]: ovs|00001|vsctl|INFO|Called as ovs-vsctl -t 3 -- set Open_vSwitch . acls=[]
[root@cvknode1 ~]#
```

图 4-75　libvirtd 服务

4.6　实验中的命令列表

实验中的命令列表如表 4-2 所示。

表 4-2　命令列表

命　　令	描　　述
cd directory	进入某目录
ls	查看当前目录下文件的列表
./upgrade.sh	执行升级脚本 upgrade.sh

4.7　思考题

1. CAS 平台中被 CVM 管理的主机,如果要修改主机管理 IP 和主机名称时为什么要删除 CVK 主机?

2. CAS 平台版本升级前,为何要禁用所有集群的 HA?

3. 在设置权限实验时,如果未设置"资源授权管理",此时用 test-user1 用户登录 CVM 管理界面能否看到虚拟机列表。

4.8　思考题答案

1. CVK 主机被 CVM 管理后会生成隐藏的 mhost 文件,该文件记录了 CVM 的主机名称,同理 CVM 上也存在 hosts 文件记录被 CVM 管理的 CVK 主机 IP 和主机名称的对应关系,这就决定了主机名称的修改需要先解除这一关联。所以,在 Xsconsole 界面做了相关限制,当修改主机管理 IP 和主机名称时会检测是否存在 mhost 文件,若存在则不允许修改。

2. 因为 CAS 平台版本的升级,对于升级的模块组件会有服务停止和重启的操作,如 libvirtd 虚拟机管理服务、openvswitch-switch 虚拟交换机等服务都与主机状态是否正常密切相关,当这些服务重启时可能导致集群 HA 高可靠性认为主机不可用从而触发虚拟机的故障迁移。所以,为了避免出现这种情况,在 CAS 平台版本升级前需要暂时禁用集群的 HA 特性。

3. 不行,因为未对 test-user1 设置资源授权访问的权限,故无法查看虚拟机信息。